U0190559

智能控制

主　编　周德俭
副主编　吴　斌

重庆大学出版社

内 容 提 要

本书系自动化专业本科系列教材之一。书中以智能控制的基本原理、主要技术以及智能控制技术在生产实际中的应用为主线进行论述。全书内容包括:概论,分级递阶智能控制,基于模糊推理的智能控制系统,基于神经元网络的智能控制技术,遗传算法及其在智能控制中的应用,专家控制系统,基于规则的仿人智能控制,智能控制应用实例。

本书可作为工科自动化类专业的本科生、研究生教材,也可供有关科技人员参考。

图书在版编目(CIP)数据

智能控制/周德俭主编. —重庆:重庆大学出版社,
2005.8(2022.8 重印)
(自动化专业本科系列教材)
ISBN 978-7-5624-3401-6

Ⅰ.智… Ⅱ.周… Ⅲ.智能控制—高等学校—教材 Ⅳ.TP273

中国版本图书馆 CIP 数据核字(2005)第 046679 号

智 能 控 制
主 编 周德俭
副主编 吴 斌
责任编辑:曾令维 邵孟春 版式设计:曾令维
责任校对:许 玲 责任印制:张 策
*
重庆大学出版社出版发行
出版人:饶帮华
社址:重庆市沙坪坝区大学城西路 21 号
邮编:401331
电话:(023) 88617190 88617185(中小学)
传真:(023) 88617186 88617166
网址:http://www.cqup.com.cn
邮箱:fxk@cqup.com.cn (营销中心)
全国新华书店经销
POD:重庆新生代彩印技术有限公司
*
开本:787mm×1092mm 1/16 印张:17 字数:424 千
2005年 8 月第 1 版 2022年 8 月第 4 次印刷
ISBN 978-7-5624-3401-6 定价:48.00 元

前言

人类已开始进入智能化的工业时代,这一时代的明显标志就是智能自动化,而作为智能自动化基础的人工智能和智能控制的应运而生与快速发展则是历史的必然。智能控制作为一门新兴的理论技术目前还处于发展初期,各种新的智能控制理论和方法还在不断涌现和发展之中。随着这种发展趋势,智能控制在自动化领域的作用将越来越大,在实际中的应用将越来越广泛,学习和掌握这门技术的意义重大。

本书以智能控制的基本原理、主要技术及智能控制技术在生产实际中的应用为主线展开介绍和论述。编著中较注意技术原理论述和应用介绍之间的关系,力求使全书既能反映出智能控制技术所包含的主要内容,又能突出应用性强和易学易懂的特点。为此,在章节的安排和内容的取舍上参考同类教材和结合实际教学、实践经验进行了认真的斟酌。

本书主要阅读对象为工科院校本科生、研究生,可作为工科自动化类专业的专业课程教材,也可作为非自动化类专业的选修课教材,以及作为从事相关专业的工程技术人员的学习参考书。作为本科生教材时,参考学时为36~48学时。

全书共8章,第1章和8.1节由桂林理工大学周德俭教授编著;第5、6章和8.2、8.3节由西南科技大学吴斌副教授编著;第2章由重庆理工大学余成波教授编著;第7章由桂林理工大学刘电霆副教授编著;第4章由桂林理工大学张烈平副教授编著;第3章由桂林电子科技大学李春泉博士编著。全书由周德俭教授主编和统稿,吴斌副教授任副主编。在教材编写过程中,桂林理工大学的霍红颖、韩可轶等人参加了有关资料收集、文稿计算机处理工作。编写中还借鉴或引用了所列出的参考文献中的有关内容。在此一并予以感谢。

由于编者水平有限,书中难免存在疏漏之处,请读者批评指正。

编　者

2017年10月

目录

第 1 章 概论

1.1 智能控制的基本概念

1.1.1 智能控制的结构理论

智能控制(IC: Intelligent Control)是一门新兴的交叉前沿学科,具有非常广泛的应用领域。智能控制术语于 1967 年由 Leondes 和 Mendel 首先使用,1971 年著名美籍华人科学家傅京孙(K. S. Fu)教授从发展学习控制的角度首次正式提出智能控制学科与建立智能控制理论的构想。

傅京孙把智能控制概括为自动控制(AC:Automation Control)和人工智能(AI: Artificial Intelligence)的交集,即

$$IC = AC \cap AI \tag{1.1}$$

这种交叉关系可用图 1.1 形象地表示,它主要强调人工智能中"仿人"的概念与自动控制的结合。

萨里迪斯(Saridis)等人从机器智能的角度出发,对傅京孙的二元交集结构理论进行了扩展,引入运筹学(OR:Operations Research)并提出了三元交集结构,即

$$IC = AI \cap AC \cap OR \tag{1.2}$$

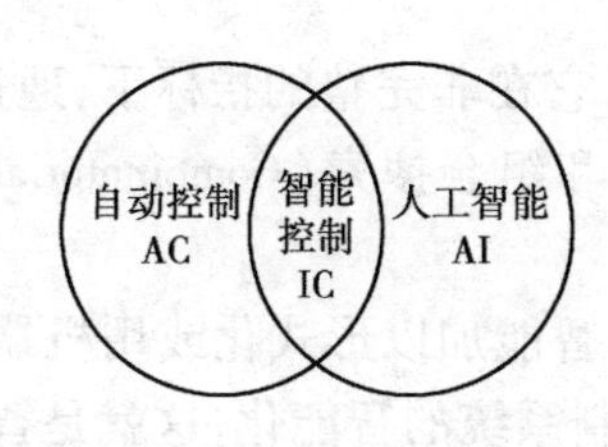

图 1.1　智能控制的二元结构

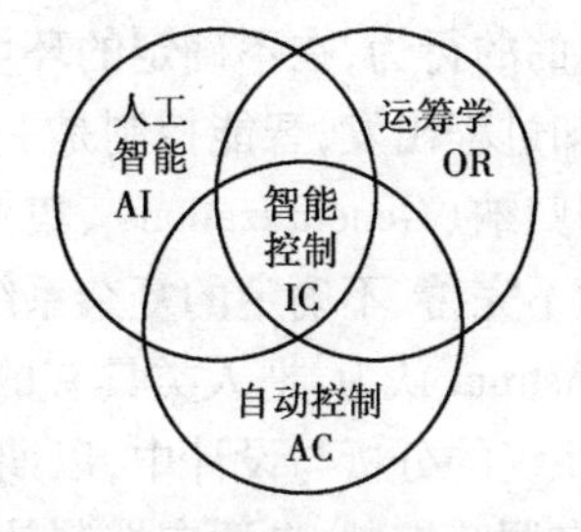

图 1.2　智能控制的三元结构

图 1.2 为三元交集结构示意图,三元交集除"智能"与控制之外,还强调了更高层次控制中的调度、规划、管理和优化的作用。

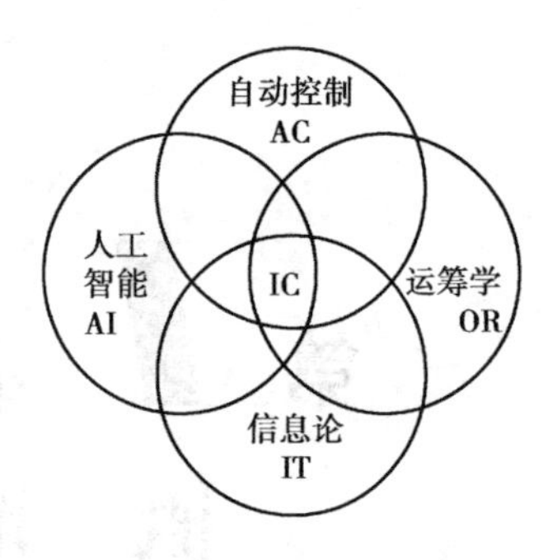

图 1.3　智能控制的四元论结构

我国学者蔡自兴教授于 1989 年提出把信息论（IT：Information Theory）包括进智能控制结构理论的四元论结构（如图 1.3 所示），即

$$IC = AI \cap AC \cap IT \cap OR$$

提出四元论结构的 4 点理由是：

1）信息论与控制论、系统论相互作用和相互靠拢，构成缺一不可的“三论”观点是众所周知的，既然控制论（自动控制）和系统论（运筹学）已成为智能控制的理论结构中的成员，信息论也不应例外。

2）许多智能控制系统是以知识和经验为基础的拟人控制系统，而知识只是信息的一种形式，人工智能或智能控制中都离不开信息论的参与作用。

3）人体器官控制具有信息论的功能，而智能控制力图模仿的恰是人体活动功能。

4）智能控制以信息熵为测度，建立智能控制系统的原则是要使总熵最小，而熵函数是现代信息论的重要基础之一。

上述几种结构理论中，三元论是较普遍接受的智能控制结构理论。而且几种关于智能控制结构理论的不同见解都存在着某些共识：

1）智能控制是多种学科的交叉学科。

2）智能控制以自动控制为基础，并以人工智能和自动控制相结合为主要标志而形成自动控制发展新阶段。

3）智能控制在发展过程中不断地吸收运筹学、信息论、系统论、计算机科学、模糊数学、心理学、生理学、仿生学、控制论等学科的思想、方法和新的研究成果，已在发展和完善之中。

1.1.2　智能控制的定义

智能控制由于其新兴和正在发展中，至今尚无统一的定义，所以有多种描述形式。

从三元交集论的角度定义智能控制，它是一种应用人工智能的理论与技术，以及运筹学的优化方法，并和控制理论方法与技术相结合，在不确定的环境中，仿效人的智能（学习、推理等），实现对系统控制的控制理论与方法。

从系统一般行为特性出发，J. S. Albus 认为，智能控制是有知识的“行为舵手”，它把知识和反馈结合起来，形成感知-交互式、以目标为导向的控制系统。该系统可以进行规划、产生有效的、有目的的行为，在不确定的环境中，达到规定的目标。

从认知过程出发，智能控制是一种计算上有效的过程，它在非完整的指标下，通过最基本的操作，即归纳（Generalization）、集注（Focusing Attention）和组合搜索（Combinatorial Search）等，把表达不完善、不确定的复杂系统引向规定的目标。

K. J. Astrom 认为，把人类具有的直觉推理和试凑法等智能加以形式化或用机器模拟，并用于控制系统的分析与设计中，以期在一定程度上实现控制系统的智能化，这就是智能控制。他还认为自调节控制、自适应控制就是智能控制的低级体现。

对人造智能机器而言，往往强调机器信息的加工处理，强调语言方法、数学方法和多种算法的结合。因此，可以定义智能控制为认知科学的研究成果和多种数学编程的控制技术的结合。它把施加于系统的各种算法和数学与语言方法融为一体。

从控制论的角度出发,智能控制是驱动智能机器自主地实现其目标的过程。或者说,智能控制是一类无需人的干预就能够独立地驱动智能机器实现其目标的自动控制。

以上描述说明,智能控制具有认知和仿人的功能;能适应不确定性的环境;能自主处理信息以减少不确定性;能以可靠的方式进行规划、产生和执行有目的的行为,获取最优的控制。

1.2 智能控制的发展概况

1.2.1 智能控制的产生

人们将智能控制的产生归结为二大主因,一是自动控制理论发展之必然;二是人工智能的发展提供了机遇。

自从奈魁斯特(H. Nyquist)1932 年发表了有关反馈放大器的稳定性论文至今,控制理论从形成到发展,已经历了近 70 年的历程,3 个阶段。

第一阶段(20 世纪 40 ~ 50 年代)是经典控制理论的成熟和发展阶段。它以调节原理为标志,主要研究对象是单变量常系数线性系统,主要解决单输入单输出控制问题,研究方法主要采用以传递函数、根轨迹、频率特性为基础的频域分析法。

到了 20 世纪 60 年代,由于计算机技术的成熟和发展,以及所需控制的系统不再是简单的单输入单输出线性系统,促使控制理论由经典控制理论向现代控制理论过渡,进入了控制理论发展的第二阶段(20 世纪 60 ~ 70 年代)。现代控制理论以庞特里亚金(Pontryagin)的极大值原理,贝尔曼(Bellman)的动态规划,卡尔曼(Kalman)的滤波理论和能控性、能观性理论,李亚普诺夫(Lyapunov)的稳定性理论为基石,形成了以最优控制、系统辨识和最优估计、自适应控制等为代表的完整的理论体系。现代控制理论主要研究对象是多输入多输出系统,不仅可以研究线性系统,也可以研究有非线性或分布参数特性的系统。研究方法主要采用状态空间描述法,实现了从直接根据被控对象的物理特性研究向根据参数估计与系统辨识等理论研究的扩展。它的计算方法也从过去的手工计算向计算机处理的方向转变和发展。

经典控制理论和现代控制理论统称为传统控制理论,其共同特点是:各种理论与方法都建立在对象的数学模型基础上,对能够得到准确数学模型的对象能进行有效的控制。但是,随着科技的发展,需研究的对象和系统越来越复杂,基于数学模型描述和分析的传统控制理论已很难解决一些复杂系统的问题。例如:

1)传统控制通常认为控制对象和干扰模型是已知的或经过辨识可得的,对于不确定性的模型难以适用。

2)对于具有高度非线性的控制对象,传统控制理论中有限的非线性控制方法难以适用。

3)对于智能机器人系统、复杂工业过程控制系统、计算机集成制造系统、航天航空控制系统、社会经济管理系统、环保及能源系统等具有复杂的控制任务要求的系统,传统控制理论那种对系统输出量为定值(调节系统)或者为跟随期望的运动轨迹(跟踪系统)的单一控制任务要求方式已难以适用。

然而,在生产实践中,许多复杂的生产过程中难以实现的目标控制,往往可以通过熟练的技术人员或专家的操作获得满意的控制效果。为此,人们开始探索开辟控制理论的新途径,研究如何不依赖确定性的数学模型,而有效地将熟练的人类经验知识和控制理论结合解决复杂系统控制问题,并孕育了新的一代控制理论——智能控制的诞生和发展,进入了控制理论的第三发展阶段(20 世纪 80 年代至今)。控制理论发展的 3 个阶段的主要特征见表 1.1。

表 1.1 自动控制理论发展阶段特征

阶段	第一阶段	第二阶段	第三阶段
时期	20 世纪 40 ~ 50 年代	20 世纪 60 ~ 70 年代	20 世纪 80 年代至今
理论基础	经典控制理论	现代控制理论	智能控制理论
研究对象	单因素控制	多因素控制	多层次众多因素控制
分析方法	传递函数、频域法	状态方程、时域法	智能算子、多级控制
研究重点	反馈控制	最优、随机、自适应控制	大系统理论、智能控制
核心装置	自动调节器	电子数字计算机	智能机器系统
应用	单机自动化	机组自动化	综合自动化

智能控制的概念主要是针对控制对象及其环境、目标和任务的不确定性和复杂性而提出来的。一方面,这是由于实现大规模复杂系统控制的需要,是控制理论发展之必然;另一方面,也是由于人工智能、现代计算机技术和微电子学等学科的高速发展,使控制的技术工具发生了革命性的变化。

人工智能产生于 20 世纪 50 年代,它是控制论、信息论、系统论、计算机科学、神经生理学、心理学、数学,以及哲学等多种学科相互渗透的结果,也是电子数字计算机的出现和广泛应用的结果。人工智能的基本思想是用机器模仿和实现人类的智能,实现脑力劳动自动化或部分自动化。早在 1965 年,傅京孙首先提出把基于符号操作和逻辑推理的启发式规则用于学习控制系统,Mendel 教授进一步在空间飞行器的学习控制中应用了人工智能技术。这是人工智能的符号主义、逻辑主义学派的观点首先与控制理论结合,实现智能控制的大胆尝试。随后的智能控制的提出和发展历程,是伴随着人工智能的发展而发展的,人工智能作为智能控制的基础和重要组成部分,它的每一个重要成就都对智能控制的发展起到积极的推动作用。

无论是智能控制产生和形成初期,启发式程序、专家系统等以符号主义学派为主流的人工智能思想的促进作用,而导致以学习控制、专家控制为标志的智能控制的体系结构和基本技术的形成;还是应用模糊集理论、神经网络等人工智能技术形成的智能控制理论和方法,它们都与人工智能的发展密切相关。可以说,人类已开始进入智能化的工业时代,这一时代的明显标志就是智能自动化,而作为智能自动化基础的人工智能和智能控制的应运而生与快速发展则是历史的必然。

1.2.2 智能控制的发展

1971 年傅京孙提出智能控制概念,并在文章"学习控制系统和智能控制系统:人工智能与自动控制的交叉"中归纳了 3 种类型的智能控制系统:

1)人作为控制器的控制系统。图 1.4 是操纵驾驶杆为目标的手动控制系统,这里,人作为控制器包含在闭环控制回路中。由于人具有识别、决策、控制等功能,因此对于不同的控制

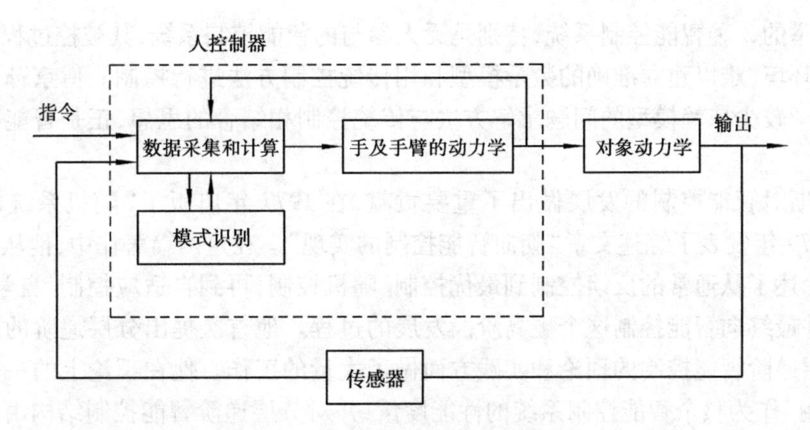

图1.4 人作为控制器的控制系统

任务及不同的对象和环境情况，它具有自学习、自适应和自组织的功能，自动采用不同的控制策略以适应不同的情况。

2）人机结合作为控制器的控制系统。图1.5示意的是一个遥控操作系统，在这样的控制系统中，机器（主要是计算机）完成那些连续进行的需要快速计算的常规控制任务。人则主要完成任务分配、决策、监控等任务。

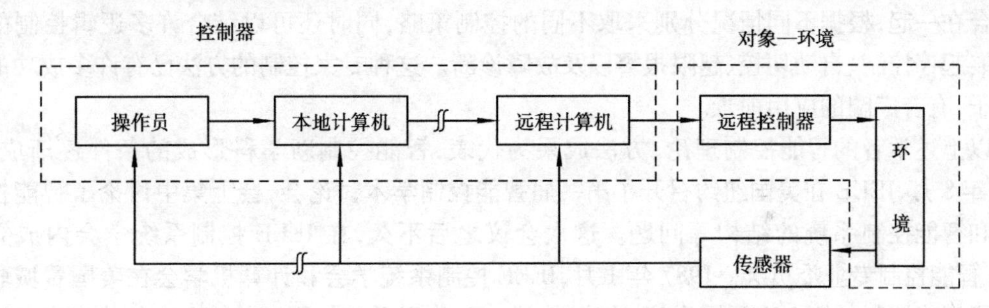

图1.5 人机结合作为控制器的遥感操作系统

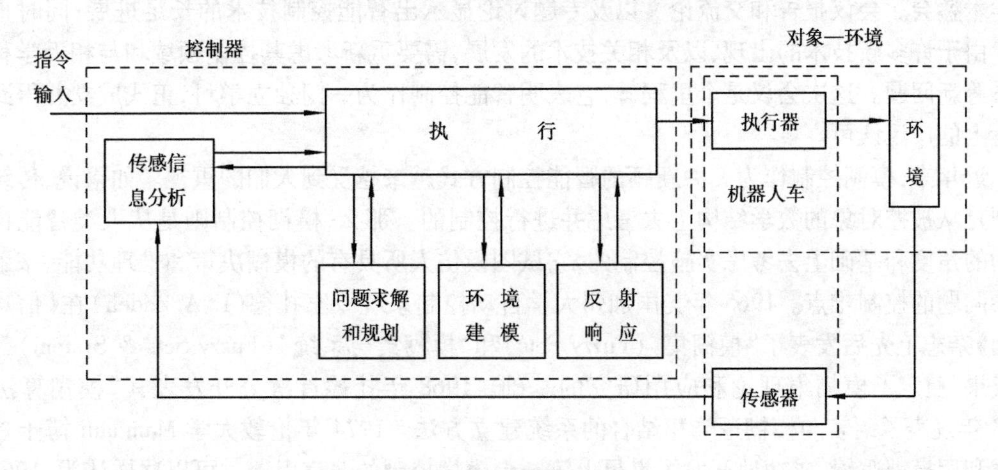

图1.6 自主机器人系统

3）无人参与的智能控制系统。图1.6示意的是一个自主机器人系统，这里的自主式控制器需要完成问题求解和规划、环境建模、传感信息分析和低层的反馈控制（反射响应）等任务。

以上列举的3种智能控制系统，特别是无人参与的智能控制系统，其被控过程是一个复杂和不确定的环境，难以建立准确的数学模型和用传统控制方法进行控制。傅京孙提出的将人工智能技术中较少依赖模型的问题求解方法与传统控制相结合的思想，正是智能控制的基本内容。

萨里迪斯对智能控制的发展做出了重要贡献，在1977年出版了“随机系统的自组织控制”一书，1979年发表了综述文章“朝向智能控制的实现”。在这两篇著作中，他从控制理论发展的观点，论述了从通常的反馈控制到最优控制、随机控制，再到自适应控制、自学习控制、自组织控制，并最终向智能控制这个更高阶段发展的过程。他首次提出分层递阶的智能控制结构，并在分层递阶智能控制的理论和实践方面做了大量的工作。他在理论上的一个重要贡献是定义了“熵”作为整个智能控制系统的性能度量，并对分层递阶智能控制结构由上而下的组织级、协调级和执行级每一级定义了熵的计算方法，证明了在执行级的最优控制等价于使用某种熵最小的方法。他还对采用神经元网络 Boltzman 机来实现组织级的功能，利用 Petri 网作为工具来实现协调级的功能等问题进行了研究。

K. J. 奥斯特洛姆(Astrom)对智能控制的发展也做出了重要的贡献。他在1986年发表的“专家控制”著名文章中，提出了引入人工智能中的专家系统技术的另一种类型的智能控制系统。它借助于专家系统技术，将常规的 PID 控制、最小方差控制、自适应控制等不同方法有机地结合在一起，根据不同情况分别采取不同的控制策略，同时还可以结合许多逻辑控制的功能，如：起停控制、自动切控、越限报警以及故障诊断。这种专家控制的方法已有许多成功的应用例子，有着广阔的应用前景。

以上述学者的智能控制理论、方法成果为代表，智能控制新学科形成的条件逐渐成熟。1985年8月，IEEE 在美国纽约召开了第一届智能控制学术讨论会，会上集中讨论了智能控制原理和智能控制系统的结构等问题。这次会议之后不久，在 IEEE 控制系统学会内成立了 IEEE 智能控制专业委员会。1987年1月，IEEE 控制系统学会和计算机学会在美国费城联合召开了智能控制的第一次国际会议，来自美、欧、日、中以及其他国家的150余位代表出席了这次学术盛会。会议报告和交流论文以及专题讨论显示出智能控制技术的长足进展；同时也说明了由于许多新技术的出现，以及相关技术的发展，需要重新考虑其控制领域和与相近学科的关系等新问题。这次会议是个里程碑，它表明智能控制作为一门独立学科，正式成立并得到了国际上的广泛认可。

近年来，模糊控制作为一种新颖的智能控制方式越来越受到人们的重视。如果说，传统的控制是从被控对象的数学结构上去考虑并进行控制的。那么，模糊控制则是从人类智能控制活动的角度和基础上去考虑实施控制的，它试图模仿人所具有的模糊决策和推理功能，来解决复杂问题的控制难点。1965年美国加州大学自动控制系统专家扎德(L. A. Zadeh)在《信息与控制》杂志上先后发表了“模糊集”(Fuzzy Sets)和“模糊集与系统”(Fuzzy Sets & System)等研究成果，奠定了模糊集理论和应用研究的基础。1968年扎德首次公开发表其“模糊算法”，1973年发表了语言与模糊逻辑相结合的系统建立方法。1974年伦敦大学 Mamdani 博士首次尝试利用模糊逻辑，成功地开发了世界上第一台模糊控制的蒸汽引擎。可以这样认为，1965—1974年是模糊控制发展的第一阶段，即模糊数学发展和成形阶段；1974—1979年为第二阶段，这是产生简单控制器的阶段；1979年至今是发展高性能模糊控制的第三阶段。1979年 T. J. Procky 和 E. H. Mamdani 共同提出了自学习概念，使系统性能大为改善。1983年日本富士电机开创了模糊控制在日本的第一项应用——水净化处理。之后,富士电机致力于模糊逻辑元件的开发和研究,并于1987年在仙台地铁线上采用了模糊逻辑控制技术,1989年又把模糊控制消费品推向高潮,从而使得日本逐渐成为这项技术的主导国家。今天,模糊逻辑控制技术已经应用到相当广泛的领域之中。

神经网络控制又是智能控制的一个重要分支。自从1943年McCulloch和Pitts提出形式神经元的数学模型以来,神经网络的研究开始了它的艰难历程。20世纪50年代至80年代是神经网络研究的萧条期,此时,专家系统和人工智能技术发展相当迅速,但仍有不少学者致力于神经网络模型的研究。如Albus在1975年提出的CMAC神经网络模型,利用人脑记忆模型提出了一种分布式的联想查表系统,Grossberg在1976年提出的自共振理论解决了无导师指导下的模式分类。到了80年代,人工神经网络进入了发展期。1982年,Hopfield提出了HNN模型,解决了回归网络的学习问题。1986年PDP小组的研究人员提出的多层前向传播神经网络的BP学习算法,实现了有导师指导下的网络学习,从而为神经网络的应用开辟了广阔的前景。神经网络在许多方面试图模拟人脑的功能,并不依赖于精确的数学模型,因而显示出强大的自学习和自适应功能。神经网络在机器人方面的许多研究成果显示了它广泛的应用前景。

遗传算法(GA:Genetic Algorithms)是人工智能的重要新分支,是基于达尔文进化论,在计算机上模拟生命进化机制而发展起来的一门新学科。GA由美国J. H. Holland博士在1975年提出,从80年代中期开始,随着人工智能的发展和计算机技术的进步逐步成熟,应用日渐增多。不仅应用于人工智能领域(如机器学习等),也开始在工业系统,如控制、机械、土木、电力工程中得到成功应用,显示出了诱人的前景,与此同时,GA也得到了国际学术界的普遍肯定。遗传算法根据适者生存,优胜劣汰等自然进化规则来进行搜索计算和问题求解。对许多用传统数学难以解决或明显失效的复杂问题,特别是优化问题,GA提供了一个行之有效的新途径,也为人工智能和智能控制的研究带来了新的生机。

智能控制作为一门新兴的理论技术,现在还处于发展初期。基于遗传算法的智能控制,基于Petro网理论和方法的智能控制,遗传算法、神经网络和模糊控制相结合的综合优化控制系统等新的智能控制理论和方法在不断涌现和发展之中。可以预见,随着系统理论、人工智能和计算机技术的发展,智能控制将会有更大的发展,并在实际中获得更加广泛的应用。

1.3 智能控制的研究对象和研究内容

1.3.1 智能控制的研究对象

智能控制是自动控制的最新发展阶段,主要用于解决传统控制技术与方法难以解决的控制问题。主要研究对象为:

1)具有复杂的任务要求、高度非线性、时变性、不确定性和不完全性等特征,一般无法获得精确数学模型,或根本无法建立数学模型的系统控制问题。

2)需要对环境和任务的变化具有快速应变能力,需要运用知识进行控制的复杂系统的控制问题。

3)采用传统控制方法时,必须提出并遵循一些苛刻的线性化假设等难以达到控制期望目标的复杂系统的控制问题。

4)采用传统控制方法时,控制成本高、可靠性差或控制效果不理想的复杂系统的控制问题。

1.3.2　智能控制的主要研究内容

根据智能控制基本研究对象的开放性、复杂性、多层次、多时标和信息模式的多样性、模糊性、不确定性等特点,其主要研究内容如下:

1)智能控制基础理论的研究。主要为对智能控制认识论和方法论的研究,探索人类的感知、判断、推理和决策的活动机理。

2)智能控制基本方法的研究。研究各种智能控制方法,如含有离散事件和动态连续时间子系统的交互反馈混合系统的分析与设计;基于故障诊断的系统组态理论和容错控制;基于实时信息学习的自动规划生成与修改方法;基于模糊逻辑和神经网络以及软计算的智能控制方法;实时控制的任务规划的集成和基于推理的系统优化方法;在一定结构模式条件下,系统的结构性质分析和稳定性分析方法等。

3)智能控制系统研究。智能控制系统基本结构模式的分类,多个层次上系统模型的结构表达;系统的学习、自适应和自组织等概念的软分析和数学描述;处理组合复杂性的数学和计算的框架结构;在根据实验数据和机理模型所建立的动态系统中,对不确定性的辨识、建模与控制等。

4)智能控制系统应用研究。智能控制及其智能控制系统在工业过程控制、计算机集成系统、机器人、航天航空控制系统等领域的应用研究。

1.3.3　智能控制研究的数学工具

传统控制理论主要采用微分方程、状态方程,以及各种数学变换等作为研究的数学工具,它本质上是数值计算方法。而人工智能则主要采用符号处理、一阶谓词逻辑等作为研究的数学工具。两者有着根本的区别。智能控制研究的数学工具则是上述两个方面的交叉和结合,它主要有以下几种形式:

(1)符号推理与数值计算的结合

专家控制是符号推理与数值计算的结合的典型例子,它的上层是采用人工智能中的符号推理方法的专家系统,下层是采用数值计算方法的传统控制系统。因此,整个智能控制系统的数学研究工具是这两种方法的结合。

(2)离散事件系统与连续时间系统分析的结合

计算机集成制造系统(CIMS)和智能机器人是典型的智能控制系统,它们属于离散事件系统与连续时间系统分析结合的形式。例如在CIMS中,可用离散事件系统理论来分析和设计上层任务的分配和调度、零件的加工和传输等;而机床及机器人的控制等下层的控制,则采用常规的连续时间系统分析方法。

(3)介于两者之间的方法

1)神经元网络。它本质上是非线性的动力学系统,但并不依赖于模型,通过许多简单的关系来描述复杂的函数关系。

2)模糊集理论。它形式上是利用规则进行逻辑推理,但其逻辑取值可在0与1之间连续变化，采用数值的方法而非符号的方法进行处理。

神经元网络和模糊集理论这两种方法，在某些方面如逻辑关系、不依赖于模型等类似于人工智能的方法；而其他方面，如连续取值和非线性动力学等特性，则类似于通常的数值方法，即传统控制理论的数学工具。因而它们是介于二者之间的数学工具，且同为进行智能控制研究的主要数学工具。

1.4 智能控制系统结构及其功能特点与类型

1.4.1 智能控制系统的基本结构

智能控制系统是实现某种控制任务的一种智能系统。这种系统具备一定的智能行为，对于一个问题的激励输入，能利用其智能行为产生合适的求解问题的响应。例如，对于智能控制系统，激励输入是任务要求及反馈的传感信息等，产生的响应则是合适的决策和控制作用。

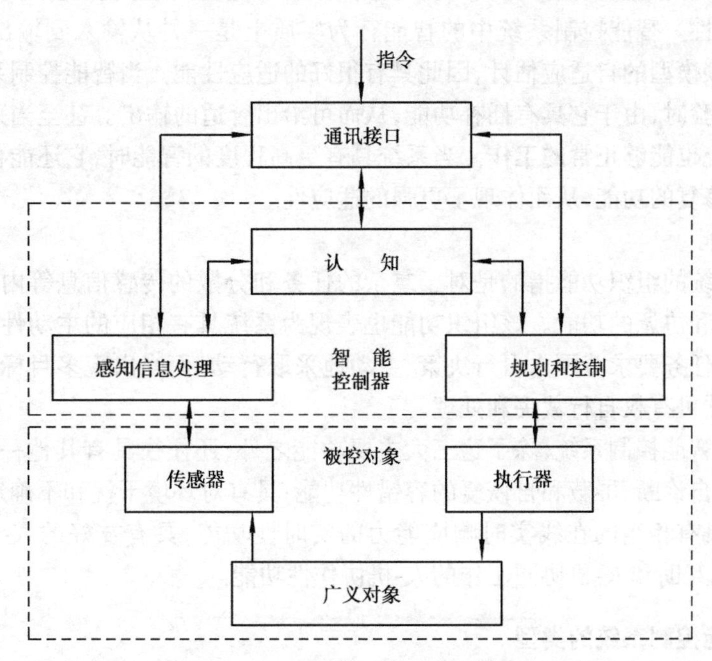

图 1.7 智能控制系统的基本结构

如图 1.7 所示为智能控制系统的基本结构。在该系统中，广义对象包括通常意义下的控制对象和所处的外部环境。感知信息处理部分将传感器递送的分级的和不完全的原始信息加以处理，并要在学习过程中不断加以辨识、整理和更新，以获得有用的信息。认知部分主要接收和储存知识、经验和数据，并对它们进行分析、推理，做出行动的决策并送至规划和控制部分。通讯接口除建立人-机之间的联系外，也建立系统中各模块之间的联系。规划和控制是整个系统的核心，它根据给定的任务要求、反馈信息及经验知识，进行自动搜索、推理决策、动作规划，最终产生具体的控制作用，经执行部件作用于控制对象。

智能控制系统有多种类型，对于不同用途的智能控制系统，其结构形式和功能与图 1.7 系统会有所差异。

1.4.2 智能控制系统的主要功能特点

智能控制系统有学习功能、适应功能、组织功能三大主要功能特点。

(1)学习功能

G. N. 萨里迪斯对学习系统的定义为:一个系统,如果能对一个过程或其环境的未知特征所固有的信息进行学习,并将得到的经验用于进一步的估计、分类、决策或控制,从而使系统的性能得到改善,那么就称该系统为学习系统。

智能控制系统是具有学习功能的系统,其学习功能可能有低有高,低层次的学习功能主要包括对控制对象参数的学习,高层次的学习则包括知识的更新。具有学习功能的控制系统也称为学习控制系统,它主要强调其具备学习功能的特点。为此,学习控制系统也可看成是智能控制系统的一种。

(2)适应功能

智能控制系统的适应功能比传统的自适应控制中的适应功能具有更广泛的含义,它包括更高层次的适应性。智能控制系统中的智能行为实质上是一种从输入到输出之间的映射关系,是一种不依赖模型的自适应估计,因此具有很好的适应性能。当智能控制系统的输入不是已经学习过的经验时,由于它具有插补功能,从而可给出合适的输出。甚至当系统中某些部分出现故障时,系统也能够正常的工作。当系统具有更高程度的智能时,它还能自动进行故障诊断,甚至具备自修复的功能,从而体现了更强的适应性。

(3)组织功能

智能控制系统的组织功能指的是对于复杂的任务和分散的传感信息等内容,智能控制系统具有自行组织和协调的功能。该组织功能也表现为系统具有相应的主动性和灵活性,即智能控制器可以在任务要求范围内自行决策、主动地采取行动,而当出现多目标冲突时,在一定的限制下,控制器可有权自行裁决和处理。

一个理想的智能控制系统,除了这三大主要功能之外,还往往具有其他一些功能。例如:对各类故障进行自诊断、屏蔽和自恢复的容错性功能;具有对环境干扰和不确定性因素不敏感的鲁棒性功能;具有相当的在线实时响应能力的实时性功能;具有友好的人-机界面,能保证人-机通信、人-机互助和人-机协同工作的人-机协作性功能。

1.4.3 智能控制系统的类型

可以按系统的构成原理、系统的结构形式和系统实现功能等对智能控制系统进行分类。但是,由于智能控制有各种形式和各种不同的应用领域,又尚处于发展阶段,因此至今仍无统一的分类方法。若基于智能理论和技术已有的研究成果,以及当前的智能控制系统的研究现状,按其构成的原理进行分类,大致可分为以下几类:

(1)仿人智能控制系统

仿人智能控制把起控制作用的人作为控制环节,对其特性进行研究和模仿,建立其数学模型,并构造相应的控制器,实现对控制对象的控制。仿人智能控制所要研究的主要目标是控制器本身,而不是被控对象,即系统直接对人的控制经验、技巧和各种直觉推理逻辑进行测辨、概括和总结,使控制器的结构和功能更好地从宏观上模拟控制专家的功能行为,从而实现在缺乏精确数学模型的状况下,对控制对象进行有效的控制。

事实上,如PID比例、积分、微分控制等控制理论本身的研究,也都是从模仿人的控制行为开始的。傅京孙阐述智能控制的基本理论和系统时,首先提出的也是人作为控制器的系统。因此,从广义上说,各种智能控制方法研究的共同点,就是使工程控制系统具有某种"仿人"性质的智能,即研究人脑的微观和宏观的结构功能,并把它移植到工程控制系统中来。至今,仿人智能控制的研究已取得了很多成果,例如在分级递阶智能控制系统框架的基础上,进一步从宏观结构和行为功能上模仿人的运动控制系统的提出与实现等。

(2)专家控制系统

专家系统技术在工程控制中的应用和二者的结合形成了专家控制系统(ECS: Expert Control System)。它是一种已广泛使用于故障诊断、各种工业过程控制和工业设计的智能控制系统。专家系统模拟人类技术操作者、工程师的经验和知识,并将其与控制器的算法结合,实现对工业过程的有效控制。由于专家的经验通常以规则形式表示,因此,有时也称专家控制系统为基于规则的控制。按照专家系统影响被控过程的不同形式,专家控制系统可以分为直接专家控制系统和间接专家控制系统两种类型。

1)直接专家控制系统。在直接专家控制系统中,专家系统位于内环或执行级中,以及外环或监控级中。一般由专家系统根据测量到的过程信息和知识库中的规则,导出每一采样时刻的控制信号,驱动过程,实现控制作用。即专家系统直接给出控制信号,影响被控过程。

2)间接专家控制系统。在间接专家控制系统中,专家系统位于外环或监控级中,专家系统通过层间界面指导内环或执行级的工作,专家系统只是通过控制器的结构或参数进行调整,间接地影响被控过程。例如,为防止控制回路中突变产生的影响,在自适应控制中可以设计有从结构中切除参数估计过程的专家系统;在PID控制器中可以有自调整参数的专家系统。在这些情况下,专家系统只是根据其各种输入信号和专家经验,完成切断参数估计过程或调整PID参数,而不直接在每个采样周期内都去确定控制动作。

专家控制系统在智能控制理论与方法的探索中是较早实现的一类智能控制系统,实用中多采用间接专家控制系统。由于专家控制系统不需要对象的精确数学模型,因此,它是解决不确定性系统的一种有效途径。

(3)模糊控制系统

模糊控制(FC: Fuzzy Control)是模糊逻辑理论在控制领域中的应用,它是一种有效的智能控制技术。模糊控制核心为模糊推理,它同样是根据人的控制经验,模仿人的控制决策。与专家控制系统类似,其推理过程也是基于规则形式表示的人类经验,只是模糊控制和专家控制的理论基础不同,前者基于模糊集合理论,后者基于专家控制系统原理。因此,人们也常将专家控制系统和模糊控制均归类为基于规则的控制。

模糊控制单元一般由规则库、模糊化、模糊推理和清晰化4个功能模块组成,如图1.8示意。

模糊化模块实现对系统变量论域的模糊划分和对清晰输入值的模糊化处理。规则库用于存储系统的基于语言变量的控制规则和系统参数。模糊推理是一种从输入空间到输出空间的非线性映射关系,即如果已知"控制状态A",则通过模糊推理推论出"控制作用B"。清晰化模块将推论出的"控制作用B"转换为清晰化的输出值。

模糊控制的特点是:一方面,模糊控制提供了一种实现基于自然语言描述规则的控制规律的新机制;另一方面,模糊控制器提供了一种改进非线性控制器的替代方法,这些非线性控制器一般用于控制含有不确定性和难以用传统非线性理论来处理的装置。

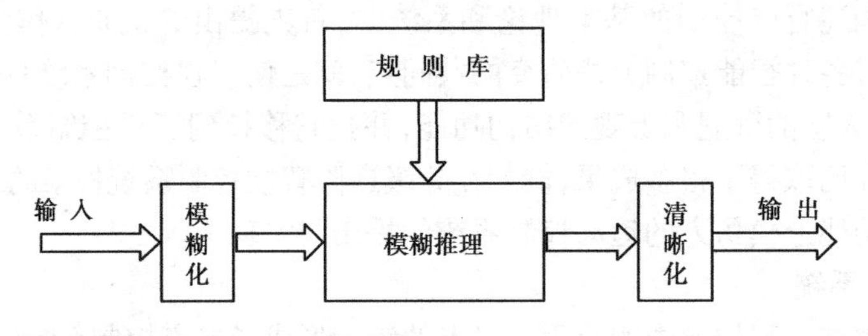

图 1.8　模糊控制单元基本结构

(4)神经网络控制系统

神经网络控制或神经控制是基于人工神经网络的控制(ANN-Based Control)的简称。人工神经网络采用仿生学的观点与方法来研究人脑和智能系统中的高级信息处理技术,具有许多优异的性能。它的可塑性、自适应性和自组织性使它具有很强的学习能力;它的并行处理机制使它求解问题的时间很短,具有满足实时性要求的潜力;它的分布存储方式使它的鲁棒性和容错性都相当良好;它在非线性系统建模和辨识、自适应控制方面的作用很显著。

基于神经网络的控制系统,其控制问题可以看做是一类模式识别问题。其识别模式是一些关于受控的状态、输出或某个性能评价函数的变化信号。这些信号经神经网络映射成控制信号,即使在神经网络输入信息量不充分的情况下,也能快速地对模式进行识别,产生适当的控制信号,其控制效果由系统的评价函数反映。系统评价函数作为一类变化信号输入神经网络,以作为神经网络的学习算法或学习准则。

(5)遗传算法及其控制系统

遗传算法(GA:Genetic Algorithms)根据生物进化的模型提出,是一种基于自然选择和基因遗传学原理的优化搜索方法。它抽象和严谨地解释自然界的适应过程,将自然生物系统的重要机理运用到工程系统、计算机系统和商业系统等人工系统的设计中。遗传算法根据进化论的3个主要原因:遗传、变异和选择,将“优胜劣汰,适者生存”的生物进化原理引入待优化参数形成的编码串群体中,按照一定的适配值函数及一系列遗传操作对各个体进行筛选,从而使适配值高的个体被保留下来,组成包含上一代的大量信息的新的群体,并且引入了新的优于上一代的个体。这样周而复始,群体中个体适应度不断提高,直至满足一定的极限条件,得到优化参数的最优解。

遗传算法在计算机上模拟生物的进化过程和基因的操作,并不需要对象的特定知识,也不需要对象的搜索空间是连续可微的,具有全局寻优的能力,能够在复杂空间进行全局优化搜索,并且具有较强的鲁棒性。很多用常规优化算法能有效解决的问题,采用遗传算法寻优技术往往能得到更好的优化效果,其应用领域涉及函数优化、自动控制、图像识别、机器学习等,并正在向其他学科和领域渗透,形成一种与神经网络、模糊控制等技术结合的新型的智能控制系统整体优化的结构形式。

(6)集成智能控制系统

集成智能控制系统是指由几种智能控制方法或机理融合在一起而构成的智能控制系统。

专家系统和模糊控制等基于规则的系统有许多优点,例如可以模拟无法用数学模型表达的控制知识;能够像专家一样处理复杂和异常的情况;在已知基本规则的情况下,无需输入大

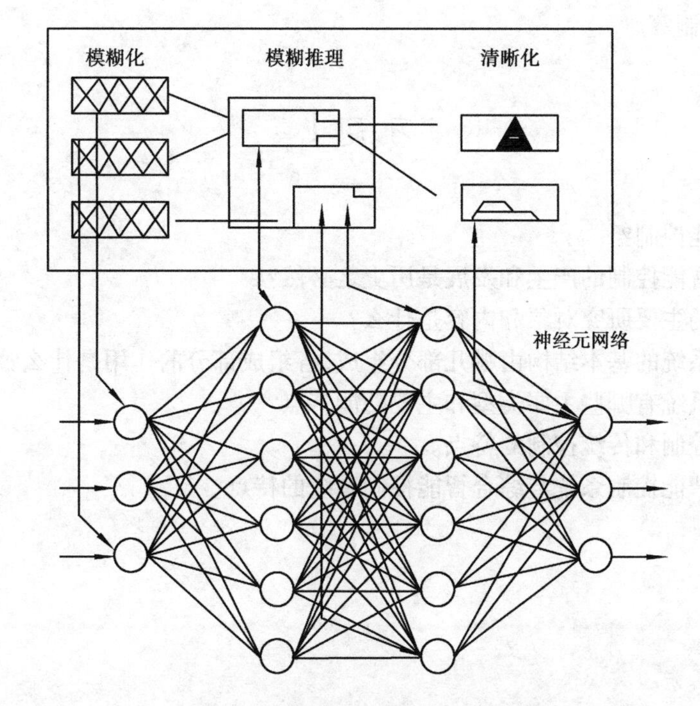

图1.9 模糊神经控制系统功能结构

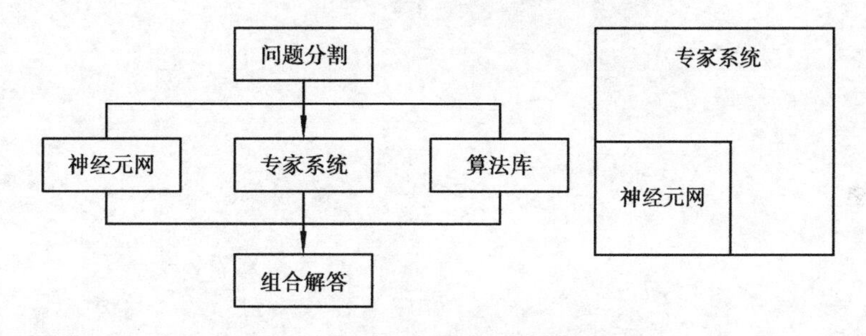

图1.10 神经网络专家控制系统结构

量的细节数据,即可运行;易于对推理作出解释等。它的缺点是获取知识困难,没有或很少有学习的功能,不便于并行处理。而神经网络却有很强的自学习和自适应能力,可以在训练样本中自动获取知识,具有并行处理的特征。它的缺点是网络中映射规则是透明的,训练时间较长,结合的解释比较困难,出现事先未经训练的异常情况时,难以应付。将基于规则的控制与基于神经网络的控制二者结合形成的集成智能控制系统,则具有取长补短,整体控制效能大幅度提高的作用。这类控制系统有模糊神经(FNN)控制系统(图1.9)、神经网络专家控制系统等(图1.10)。

同理,通过两种以上智能方法或机理的融合,还可以形成基于遗传算法的模糊控制系统、模糊专家系统等各种集成智能控制系统。

(7)综合智能控制系统

综合智能控制系统也称组合控制系统,它将智能控制与传统控制模式有机组合、综合应用,以便取长补短,获取互补特性,提高整体优势,以期获得人类、人工智能和控制理论高度紧密结合的智能控制系统。该类控制有PID模糊控制、自组织模糊控制、基于神经网络的自适应控制、重复学习控制等。

习题1

1. 什么是智能控制？
2. 为什么说智能控制的产生和发展是历史之必然？
3. 智能控制的主要研究对象和内容是什么？
4. 智能控制系统的基本结构由哪几部分组成，各组成部分的作用是什么？
5. 智能控制系统有哪些主要类型和主要功能特点？
6. 比较智能控制和传统控制的特点。
7. 简述集成智能控制系统与综合智能控制系统的特点。

第2章 分级递阶智能控制

分级递阶智能控制(Hiearchical Intelligent Control)是在人工智能、自适应控制和自组织控制、运筹学等理论的基础上,逐渐发展形成的,是智能控制的最早理论之一。目前智能递阶控制理论主要有两类,一类是由萨里迪斯(D. N. Saridis)提出的基于3个控制层和IPDI原理的三级递阶智能控制理论,另一类是由维拉(Villa)提出的基于知识描述/数学解析的两层混合智能控制理论,此两类控制理论在递阶结构上是类似的。

本章将主要以萨里迪斯的分级递阶智能控制理论为例,介绍分级递阶智能控制的基本原理。

2.1 递阶智能控制基本原理

2.1.1 递阶控制的基本原理

(1)大系统的基本控制结构

对于复杂的大系统,由于系统阶次高、子系统相互关联,系统的评价目标多且相互矛盾,因此在分析大系统的控制问题时,一般把大系统的控制分为互相关联的子系统的控制问题来处理。根据信息交换的方式和子系统关联方式的不同,可将大系统控制分为以下3种基本类型:

1)集中控制系统

在集中控制系统中,控制中心直接控制每个子系统,每个子系统只得到整个系统的部分信息,控制目标相互独立。其优点是系统运行的有效性较高,便于分析与设计;但若控制中心有故障,则整个系统将瘫痪。集中控制系统的一般结构如图2.1所示。

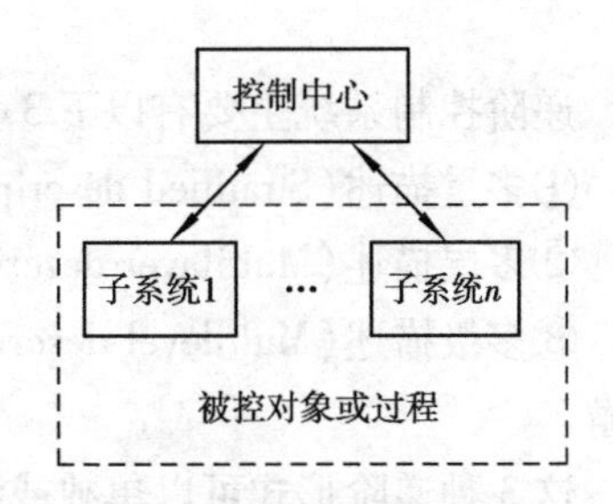

图2.1 集中控制系统框图

2)分散控制系统

在分散控制系统中,控制中心控制若干分散控制器,而每个分散控制器控制一个独立的控制目标,即具体的子系统。此类结构的优点在于局部故

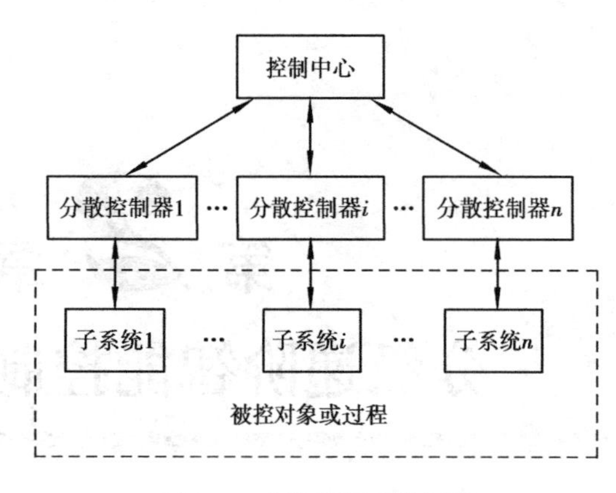

图 2.2　分散控制系统框图

障不至于影响整个系统,但全局协调运行较困难。分散控制系统的一般结构如图 2.2 所示。

3)递阶控制系统

当系统由若干个可分的相互关联的子系统构成时,可将系统所有决策单元按照一定优先级和从属关系递阶排列,同一级各单元受到上一级的干预,同时又对下一级单元施加影响。同一级单元若目标相互冲突,由上一级单元协调。这是一种多级多目标的结构,各单元在不同级间递阶排列,形成金字塔形结构,上下级交换信息,子系统之间可以通过上级交换信息。同一级间的目标冲突由上一级协调,协调的总目标是使全局优化。此类结构的优点是全局与局部控制性能都较高,灵活性与可靠性好,任何子过程的变化对决策的影响都是局部性的。递阶控制系统的一般结构如图 2.3 所示。

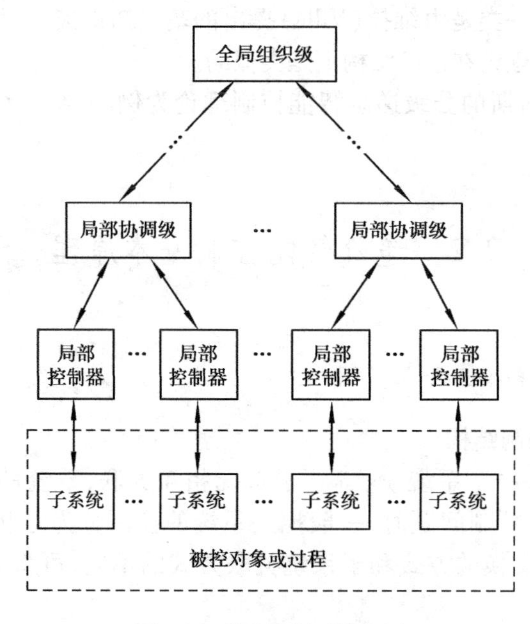

图 2.3　递阶控制系统框图

递阶控制系统主要有以下 3 种基本的递阶形式:

①多重描述(Stratified description):主要从建模考虑。

②多层描述(Multilayer description):把一个复杂的决策问题进行纵向分解。

③多级描述(Multilevel description):考虑各子系统之间的关联,将每一层的决策问题横向分解。

这 3 种递阶形式可以单独或组合存在于一个大系统之中。

(2)递阶控制的基本原理

在递阶控制中,控制系统由许多控制器组成,最下面一级的每个控制器只控制一个具体的子系统。每一级控制器从上一级控制器(或决策单元)接受信息,以控制下一级控制器(或子系统),各控制器之间的冲突由上一级控制器(或协调器)进行协调。协调的目的是通过对下层控制器施加干预信号来调整该层各控制器的决策,即起到协调作用以满足整个系统控制目标的要求。完成协调作用的决策单元称为协调器。

递阶控制的基本原理是把一个总体问题 P 分解成若干有限数量的子问题 $P_i(i=1,\cdots,n)$。总体问题 P 的目标是使复杂系统的总体准则取得极值,则不考虑子问题之间的关联时,有

$$[P_1,P_2,\cdots,P_n] \text{ 的解} \Rightarrow P \text{ 的解}$$

考虑到子问题之间因存在关联而可能产生冲突(耦合作用),引入一个协调参数,以解决关联产生的目标冲突。用 $P_i(\lambda)$ 代替 P_i,有

$$[P_1(\lambda),P_2(\lambda),\cdots,P_n(\lambda)]\mid_{\lambda^0\to\lambda^*} \text{ 的解} \Rightarrow P \text{ 的解}$$

递阶控制的协调问题便是选择适当的 λ,从初值 λ^0 通过迭代到达终值 λ^*,使递阶控制达到最优。

协调一般基于以下两种基本原则:

1)关联预测协调原则

在控制中,协调器预测各子系统的关联输入输出变量,下层的决策单元根据预测的关联变量求解各自的决策问题。协调器再根据各子系统达到的性能指标修正关联预测值,下层的决策单元再根据新预测的关联变量求解决策问题。不断预测—求解—修正预测—求解,直到总体目标最优。这是一种直接干预模式,可在线应用。

2)关联平衡协调原则

在控制中,下层的决策单元把关联变量作为独立变量处理,独自求解各自的决策问题。协调器通过施加干预信号去平衡、修正各子系统的性能指标,以保证最后子系统的关联约束满足,总体目标最优。这种原则又称为目标协调原则。

递阶系统协调控制的任务是通过协调控制,使大系统中的各子系统相互协调、配合、制约、促进。从而,在实现各子系统的子目标、子任务的基础上,实现整个大系统的总目标、总任务。

递阶结构兼有集中结构和分散结构的优点,成为大系统控制的重要形式。因此,对于大型、复杂和不确定性系统,往往采用递阶控制,如工程技术领域中的多级计算机控制与管理系统;社会经济领域中的国家行政管理系统;生物生态领域中的脊椎动物神经系统等。

2.1.2　分级递阶智能控制的基本结构

在设计一个复杂系统时,都是从最下层包括过程在内的直接控制装置开始,然后再逐步增加高层的决策控制单元,以增加复杂性和扩展其功能,一个复杂系统很自然地隐含了内在的递阶形式。因此,多级递阶的控制结构是智能控制的典型结构,在递阶控制系统中应用智能控制便形成了多级递阶智能控制。多级递阶智能控制系统的结构与一般的多级递阶控制系统的结构形式基本相同,其差别主要在于递阶智能控制采用了智能控制器,利用了人工智能的原理与方法,使得递阶智能控制系统具有利用知识与处理知识的能力,具有不同程度的自学习能力等。递阶智能控制理论对智能控制系统的形成起到了重要作用,是最早应用于工业实践的智能控制理论。

由萨里迪斯提出的分级递阶智能控制理论是按照 IPDI(Increasing Precision with Decreasing Intelligent)"精度随智能提高而降低"的原则去分级管理系统,它由组织级、协调级、执行级三级组成的,如图2.4所示。

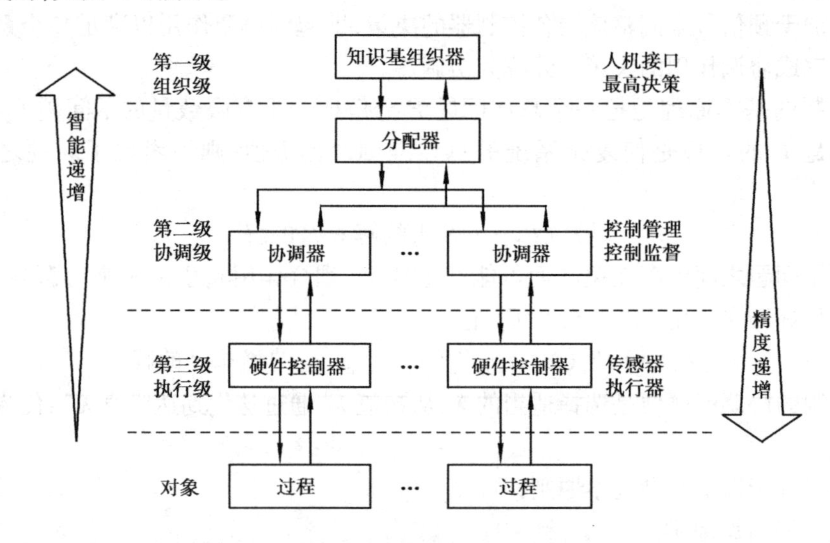

图2.4 分级递阶智能控制系统结构示意图

(1)组织级(Organization level)

组织级是递阶智能控制系统的最高级,是智能系统的"大脑",能够模仿人的行为功能,它具有相应的学习能力和高级决策的能力,需要高级的信息处理。组织级监视并指导协调级和执行级的所有行为,具有最高的智能程度。组织级能够根据用户对任务的不完全描述与实际过程和环境的有关信息,组织任务,提出适当的控制模式向低层下达,以实现预定的控制目标。

(2)协调级(Coordination level)

协调级是递阶智能控制系统的次高级,其任务是协调各控制器的控制作用与各子任务的执行。

协调级可以进一步划分为两个分层:控制管理分层与控制监督分层。控制管理分层基于下层的信息决定如何完成组织级下达的任务,以产生施加给下一层的控制指令;控制监督分层的任务是保证、维持执行级中各控制器的正常运行,并进行局部参数整定与性能优化。

协调级一般由多个协调控制器组成,每个协调控制器既接受组织级的命令,又负责多个执行级控制器的协调。

协调级是组织级与执行级之间的接口,运算精度相对较低,但有较高的决策能力与一定的学习能力。

(3)执行级(Excutive level)

执行级是递阶智能控制系统的最低一级,由多个硬件控制器组成,其任务是完成具体的控制任务,并不需要决策、推理、学习等功能。执行级的控制任务通常是执行一个确定的动作,执行级控制器直接产生控制信号,通过执行结构作用于被控对象(过程);同时执行级也通过传感器测量环境的有关信息,并传递给上一级控制器,给高层提供相关决策依据。

执行级的智能程度最低,而控制精度最高。

递阶智能控制系统3个基本控制级的级联交互结构如图2.5所示。

递阶智能控制系统作为一个整体,把用户指令转换为一个物理操作序列,系统的输出是一组施加于被控过程的具体指令。系统的操作是由用户指令及与环境交互作用的传感器的输入信息决定的。传感器有外部传感器与内部传感器，分别提供工作环境（外部）和每个子系统（内部）的监控信息。

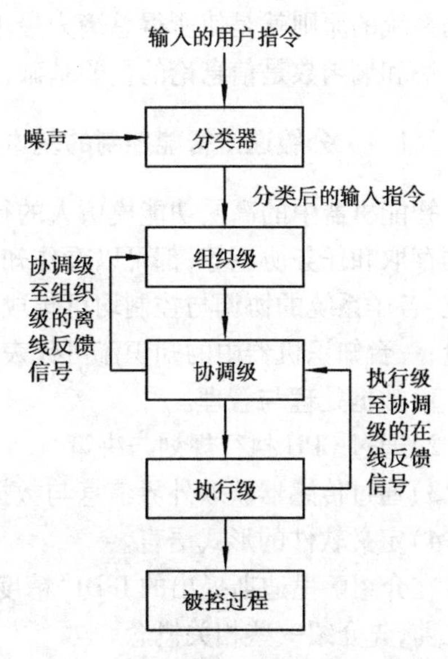

图2.5　递阶智能系统的级联结构

2.1.3　递阶智能控制的熵准则

对于图2.4所示的多级递阶智能控制系统，从最低级执行级→次高级协调级→最高级组织级，智能要求逐步提高，越高的层次越需要高的智能，而精度则递减，此类结构具有以下特点：

1）越是处于高层的控制器，对系统的影响也越大。

2）越是处于高层，就有越多的不确定性使问题的描述难于量化。

可见，递阶智能控制的智能主要体现在高层次上，在高层次遇到的问题往往具有不确定性。因此，在高层次上应该采用基于知识的组织级，以便于处理信息与利用人的直觉推理逻辑和经验。这样分级递阶智能控制系统就能在最高级的组织级的统一组织下，实现对复杂系统的优化控制，且扩展线路明确、易于解析描述。

对于不确定性问题，通常采用熵（Entropy）函数作为性能的度量，以熵最小去确定最优控制策略。对于熵的定义可以在有关信息论的资料中查阅，为方便读者理解，有必要对相关概念作简要的介绍。

从信息论的角度看，控制系统可以看作是信息系统，信息是对事物不确定性的度量，增加信息是不确定性的减少或消除。香农（C. E. Shannon）提出的信息负熵是对信息不确定性的定量描述，系统状态的不确定性可以由系统熵的概率密度指数函数获取。

对于离散的随机过程 x，熵 $H(x)$ 的定义为

$$H(x) = -\sum P(x)\ln P(x) \tag{2.1}$$

对于连续随机过程 x，有

$$\begin{aligned} H(x) &= -\int P(x)\ln P(x)\,\mathrm{d}x \\ &= -E[\ln P(x)] \end{aligned} \tag{2.2}$$

式中　$P(x)$——x 的概率密度函数；

　　　$E[\ ]$——期望值。

由熵的表达式可知，熵是随机变量自信息的数学期望，熵越大，期望值越大。同时，熵越大就表明不确定性越大，时间序列越随机，功率谱越平坦。而选择对数度量信息的方便之处在于两个信息相加的总信息量对于每个信息单独存在时各自信息量之和。

在萨里迪斯的递阶智能控制系统中，对智能控制系统的各级采用熵作为测度。组织级是智能控制系统的最高层次，可以采用熵来衡量所需要的知识；协调级连接组织级与执行级，可以采用熵测量协调的不确定性；而在执行级，熵函数表示系统的执行代价，等价于系统所消耗的能量。每一级的熵相加成为总熵，可以用于表示控制作用的总代价。设计和建立递阶智能

控制系统的原则就是使所得总熵为最小。

熵和熵函数是信息论的重要基础,并表明了信息论是组成智能控制的重要部分。

2.1.4 分级递阶智能控制的基本原理

智能机器中的高层功能模仿人的行为,是基于知识系统的。控制系统的规划、决策、学习、数据存取和任务协调等,都可以看作知识的处理与管理。同时,可以用熵作为度量去衡量控制系统,各子系统的协调与控制均可集成为适当的函数。因此,可把知识流作为此类系统的关键变量,一台知识机器中的知识流可代表以下方面:

1)数据处理与管理。

2)通过 CPU 执行规划与决策。

3)通过传感器获取外界信息与数据。

4)定义软件的形式语言。

在介绍萨里迪斯提出的 IPDI“精度随智能提高而降低”的分级递阶智能控制理论基本原则之前,先介绍一些相关概念。

定义 2.1 机器知识(Machine Knowledge,K)定义为消除智能机器指定任务的不确定性所需要的结构信息。知识是一个由机器自然增长的累积量。

定义 2.2 机器知识流量(Rate of Machine Knowledge,R)定义为通过智能机器的知识流,即机器知识的流率。

定义 2.3 机器智能(Machine Intelligence,MI)定义为对事件或活动的数据库(DB)进行操作以产生知识流的动作或规则的集合,即分析和组织数据,并把数据变换为知识。

定义 2.4 机器不精确性(Machine Imprecision)是执行智能机器任务的不确定性。

定义 2.5 机器精确性(Machine Precision)是机器不精确性的补。

一类出现信息的机器知识可以表示为

$$K = -\alpha - \ln P(K) = [\text{能量}] \tag{2.3}$$

式中 $P(K)$——知识的概率密度;

α——选取的系数。

概率密度函数 $P(K)$ 满足的表达式与杰恩(Jaynes)最大熵原则一致

$$\begin{aligned} P(K) &= e^{-\alpha-K} \\ \int_x P(K)\,dx &= 1 \\ \alpha &= \ln\int e^{-K}dx \end{aligned} \tag{2.4}$$

在这种概率密度函数 $P(K)$ 的选择下,知识 K 的熵也就是不确定性最大。

知识流是具有离散状态的智能机器的主要变量,在一定的时间间隔 T 下,可以表示为

$$R = \frac{K}{T} = [\text{功率}] \tag{2.5}$$

知识流满足下列关系

$$MI:(DB) \to (R) \tag{2.6}$$

可见,机器智能对数据库进行操作产生知识流。当知识流(R)固定时,较小的知识库要求有较多的机器智能,而较大的知识库要求的机器智能则相应较少。

由于概率论是处理不确定性的经典理论,因此可以用事件发生的概率去描述和计算推理的不确定性测度。知识流、机器智能、知识数据库之间的概率关系可以如下表示。

MI 和 *DB* 的联合概率产生知识流的概率可表示为

$$P(MI,DB) = P(R) \tag{2.7}$$

由概率论的基本理论可推出

$$P(MI/DB)P(DB) = P(R) \tag{2.8}$$

等式两端取自然对数可得

$$\ln P(MI/DB) + \ln P(DB) = \ln P(R) \tag{2.9}$$

上述公式表示出知识流、机器智能与知识数据库之间的简单概率关系,因此各种函数的熵便可起到测量的作用。式(2.9)两端取期望值,可得熵方程

$$H(MI/DB) + H(DB) = H(R) \tag{2.10}$$

如果 *MI* 与 *DB* 无关,则有

$$H(MI) + H(DB) = H(R) \tag{2.11}$$

由上式可知,在建立和执行任务时,期望知识流量不变,则增大数据库 *DB* 的熵(不确定性),就要减小机器智能 *MI* 的熵,即数据库中数据或规则减小,精度降低,就要求减小机器智能的不确定性,提高机器智能的智能程度;反之,若减小数据库 *DB* 的熵,便可增大机器智能 *MI* 的熵,即数据库中数据或规则增加,精度提高,对机器智能的要求便可降低。这就是 IPDI 原则,此原则适合递阶系统的单个层级与多个层级。

在分级递阶智能控制系统中,组织级起到主导作用,处理知识的表示与处理,主要应用人工智能,智能程度最高,但精度最低;协调级连接组织级与执行级,涉及决策方式及表示,主要应用人工智能与运筹学实现控制,具有一定的智能程度;执行级是最低层,具有很高的控制精度,采用常规控制方式实现,智能程度最低。

综上所述,分级递阶智能控制的基本原理为:系统按照自上而下精度渐增、智能递减的原则建立递阶结构,而智能控制器的设计任务是寻求正确的决策和控制序列,以使整个系统的总熵最小。这样,递阶智能控制系统就能在最高级组织级的统一组织下,实现对复杂、不确定系统的优化控制。

2.2　分级智能控制的结构与理论

2.2.1　组织级的结构与理论

组织级作为递阶智能控制系统的最高层,其作用是对给定的外部命令或任务,确定能够完成该任务的子任务(动作)组合;并将所求的子任务要求送到协调级,由协调级将处理后的具体动作要求送至执行级;最后还需要将协调级反馈的任务执行的结果进行性能评估,同时对以前存储的知识信息加以修改,以起到学习的作用,组织级的结构见图2.6,其主要功能有以下几种:

1)推理:将不同的基本动作与接收的命令通过推理规则联系起来,产生控制目标与为达到目标所需进行的活动,并从概率上评估每个动作。

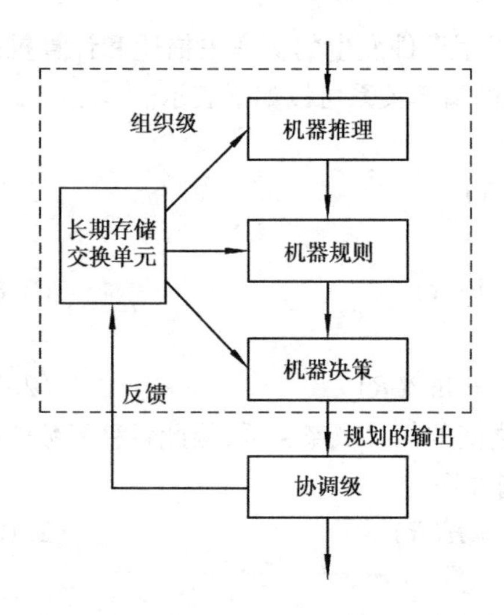

图2.6 组织级的结构图

2)规划:对动作进行排序,并用熵函数计算活动的不确定性。

3)决策:选择最大可能的规划,即最小总熵的规划,这是一个完全有序的活动序列,是下达给协调级的任务或指令。

4)反馈:在执行每次任务并对此评估之后,从较低层选取反馈信息通过学习算法更新概率。

5)存储交换:更新长效记忆存储器中的内容。

组织级通过人机接口和用户(操作员)进行交互,执行最高决策的控制功能,主要是对知识进行处理。组织级的功能建立在人工智能的知识表示、推理、规划、决策、记忆交换、反馈学习的基础上,其任务是典型的人工智能中的问题求解,可以用模糊自动机或 Boltzmann 机神经网络(BM 网络)等实现组织级的相关功能。这里将介绍由 Moed 和 Saridis 提出的采用 Boltzmann 机神经网络(BM 网络)实现组织级功能的方法。

Boltzmann 机是由 G. E. Hinton 等借助统计物理学的方法提出的,可用于模式分类、预测、组合优化及规划等方面。Boltzmann 机与其他神经网络的根本区别在于各单元输出是随机函数而不是确定性函数,对于给定结点的输出计算是利用其概率,其学习算法能把能量极小化与熵结合起来。标准的 BM 网络应用能量作为代价函数,通过使其极小去寻找最优的状态。若将能量与知识联系起来,则能量的含义表示知识缺乏的程度,即能量的减少表示知识的增加,也是不确定性的程度减少。因此,可根据能量表示在给定任务要求下所得基元事件组合的概率,并可进一步计算出熵函数。利用 Boltzmann 机能够完成样本训练、任务规划(工作状态)与机器学习的相关功能。

为便于分析,定义相关概念如下。

首先定义基元事件集合 $E=\{e_1,e_2,\cdots,e_n\}$,e_i 可以表示基本动作、动作对象、动作结果等,它们是最基本的事件,这些基元的组合可以表示外部的任务要求与子任务的组合。

在 BM 神经网络中,基元 e_i 表示了网络的结点(关于 Boltzmann 机神经网络的概念可参阅本书其他章节)。一个基本的神经元由以下三部分结点组成,如图2.7所示。

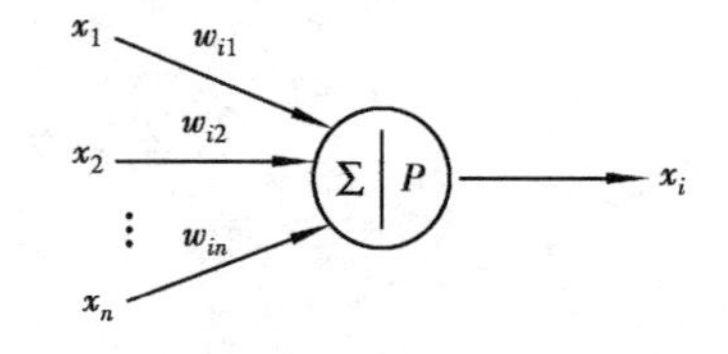

图2.7 BM 网络中的一个神经元

1)输入结点,表示外部的输入命令,即要求的目标。

2)输出结点,由基元事件组成,基元事件的适当组织可实现要求的目标。

3)隐结点,实现输入与输出结点之间的连接关系,与外界无联系。

对于第 i 个神经元,其输入总和为

$$s_i = \sum_{j=0}^{n} w_{ij}x_j \tag{2.12}$$

其输入可以用一个二进制随机变量 $x_i=\{0,1\}$ 表示,概率为

$$P_{(x_i=1)} = P_i = \frac{1}{1+\mathrm{e}^{-s_i/T}}$$

$$P_{(x_i=0)} = 1 - P_i = \frac{e^{-s_i/T}}{1 + e^{-s_i/T}} \tag{2.13}$$

$x_i=1$ 表示神经元结点被激发，$x_i=0$ 表示结点处于闲置状态，参数 T 是网络的温度参数。

网络的状态向量 $\boldsymbol{x}=\{x_1,x_2,\cdots,x_i,x_n\}$ 表示了一组 0 和 1 的有序组合，描述了 BM 网络的状态。对于给定的输入，当 BM 网络达到稳定时，取相应的输出结点的状态，便可得到执行任务的基元事件的最优的有序组合。

定义 BM 网的能量函数为

$$K(\boldsymbol{x}) = \frac{1}{2}\sum_i \sum_j w_{ij}x_jx_i \tag{2.14}$$

其中，BM 网具有对称的连接权系数，即 $w_{ij}=w_{ji}$，$w_{ii}=0$。

BM 网处于某一状态的概率决定于在此状态下的能量，能量越低（知识越多），不确定性的程度减小，概率越大。由杰恩最大熵原理与前述的知识的概率表达式，则给定任务要求下所得到输出基元事件组合的概率为

$$P[K(\boldsymbol{x})] = e^{-\alpha-K(x)} \tag{2.15}$$

Boltzmann 机的实际运行分为两个阶段，第一个阶段是学习与训练阶段，根据学习样本对网络进行训练，将知识分布地存储于网络的连接权 w_{ij} 中；第二阶段是工作阶段，根据网络的实际输入得到合适的输出。Boltzmann 机事先必须进行学习和训练，学习时必须给出一组样本，每个样本包括以下内容：

1）输入的任务要求，由输入结点的状态表示。

2）输出的基元事件组合，由输出结点的状态表示。

3）这一对输入输出的概率，反映了在该组约束条件下 BM 网络的能量。

在训练时，已知样本的输入输出结点受到约束，设其状态为 $\boldsymbol{x}_s$，相应的概率为 $P_s(\boldsymbol{x}_s)$，由式(2.15)可推出此状态下要求的能量应该为

$$K_s(\boldsymbol{x}_s) = -\alpha - \ln P_s(\boldsymbol{x}_s) \tag{2.16}$$

取代价函数为

$$J = \sum_s [K(\boldsymbol{x}_s) - K_s(\boldsymbol{x}_s)]^2 + \alpha \sum_i \sum_j w_{ij}^2 \tag{2.17}$$

式中　$K(\boldsymbol{x}_s)$——BM 网实际的能量函数；

s——样本数。

网络学习的目的是通过给定的学习样本，经学习后得到 Boltzmann 机各个神经元之间的连接权 w_{ij}，使代价函数 J 极小。可以证明，J 只有一个全局极小值，且取得极小值时有 $K(\boldsymbol{x}_s)=K_s(\boldsymbol{x}_s)$。在学习阶段（训练阶段）的寻优时，可以通过一阶梯度寻优算法寻求最优的连接权系数 w_{ij} 以使 J 极小。

在 BM 网络学习好后，便可进行任务规划：首先将要求的任务转换为一定的基元组合，并将它们作为 BM 网络的输入约束向量；然后对 BM 网络进行搜索计算，找出能量函数的最小点，此刻的网络状态为 $\boldsymbol{x}^*$，输出结点状态则对应要求的子任务输出。根据这时的能量函数 $K(\boldsymbol{x}^*)$，可计算出相应的输入输出的概率 $P[K(\boldsymbol{x}^*)]$。由于对应的是能量极小值，因此，此刻的 $P[K(\boldsymbol{x}^*)]$ 是最大概率，即搜索的结果是找到了一组最大可能完成任务的子任务组合。这时的信息熵是最小的，即不确定性程度最小，也就是规划的结果的不确定性最低。

由于连接权系数 w_{ij} 已经在学习时被寻优，因此在进行任务规划（工作状态）时，寻优目标

函数是能量函数或熵函数,被寻优的参数是网络的状态 $\boldsymbol{x}$(与输入结点相应的状态分量是受约束的),即规划时的寻优计算改变的是网络的结点状态 $\boldsymbol{x}$。规划寻优计算可以采用模拟退火算法或扩展子区间随机搜索算法,这两种寻优算法可以跳出局部极小值,而收敛到全局极小值,以确定最小的能量函数 $K(\boldsymbol{x})$。

在一次任务执行后,需要对任务执行的结果进行评价,并根据性能评价修改 Boltzmann 机的连接权系数 w_{ij},此过程便是一个机器学习的过程。由于 Boltzmann 机在样本训练时每个学习样本都赋予了一个概率,如果执行的任务本身就是一个学习样本,则在机器学习时根据实际运行结果修改先前的概率,具体修改可以采用随机逼近学习算法。如果所执行的任务不属于已有的学习样本,则可将任务的输入输出对加入新的样本,并根据任务执行的结果修改任务规划时所计算出的概率。在一次任务执行后,修改相应的样本概率与长效记忆存储器中的内容;并根据新的样本概率对 Boltzmann 机重新进行训练,以获取新的连接权系数 w_{ij}。在下一次接受外部任务输入命令时,Boltzmann 机将按照新的参数与结构进行任务规划,这是一个反复进行的学习与训练过程。

综上所述,Boltzmann 机能从几个代表不同本原事件的结点(神经元)搜索出最优内连关系,以产生代表某个定义最优任务的信息串。

2.2.2 协调级的结构与理论

协调级由一定数量的具有固定结构的协调器组成,接受从组织级传来的命令,经过实时信息处理,向执行级传送可供执行的具体动作的序列。

组织级中的每个任务在协调级分解为不同的子任务,协调级的目标便是阐述实际控制问题并决定如何规划执行。由于系统是递阶控制结构的,因此,规划也是递阶的。

协调级以组织级已经形成的规划为基础,进行与具体知识(信息)处理的有关的决策。协调级不具有组织级的推理能力,其智能在于:在以往经验和环境约束的基础上,用最有希望的方式执行组织级的规划。

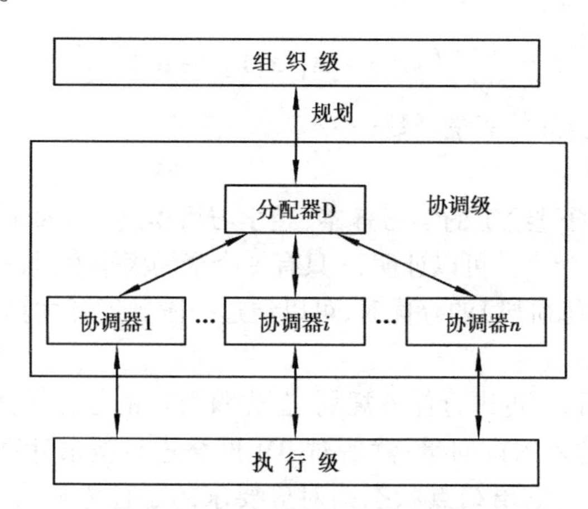

图 2.8 协调级内部的树型结构

协调级一般采用图 2.8 所示的树形结构。D 是根结点,称为分配器(Dispatcher),C 是子结点的有限集合,称为协调器(Coordinator)。每个协调器与分配器之间存在双向联系,而协调器之间无直接的联系。

从组织级传来的命令首先送到协调级中的分配器，这些命令是基元事件的组合。协调级中分配器的任务是处理对协调器的控制与通信，需要有以下能力：

1）通信能力：接受上层的组织级的信息，向下层的执行级发送信息。

2）数据处理能力：描述组织级的命令信息和执行级上传的反馈信息。

3）任务处理能力：识别要执行的任务，选择合适的控制步骤，为组织级产生反馈信息。

4）学习能力：根据任务不断执行所取得经验逐渐减少决策的不确定性，能够不断改进任务执行的能力。

分配器根据当前工作状态，将组织级的基元事件序列反映为面向协调器的控制行动，并送往相应的协调器。协调器在特定领域具有确定性功能，能够完成分配器按不同方法给定的同一种任务，并从多种方案中选择一种动作。每个协调器均与一定的装置相连，并对这些装置进行操作和数据传输。协调器能够将控制动作顺序变换成具有必需数据的和面向硬件的实时操作动作，并发送给执行装置；并把执行任务和结果报告给分配器。在分配器的监督下，协调器相互合作，共享信息。

由于协调器处于树形结构的较低的位置上，协调器与分配器具有不同的时间尺度。分配器中的一步可能等于协调器中的许多步。但协调器所具备的功能与分配器完全相同，具有相同的组织结构，由数据处理器、任务处理器、学习处理器组成，如图2.9所示。

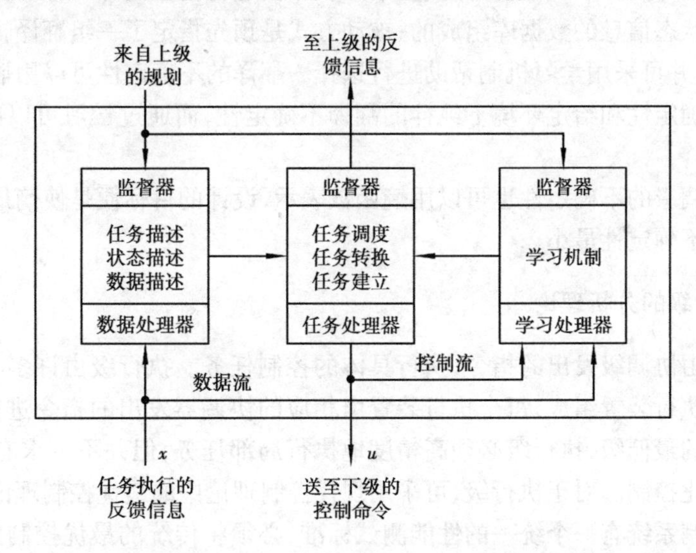

图2.9　分配器与协调器统一的内部结构

数据处理器的功能是提供与被执行任务有关的信息和系统的当前状态信息，即完成任务描述、状态描述和数据描述。数据处理器还包括一个监控器，能够根据上层的指令信息和下层的反馈信息对这3个层次的描述进行维护和修改，并且监控器还负责处理数据处理器与任务处理器之间的联系。

任务处理器的功能是为下级单元建立控制命令，采用递阶决策，分为3个步骤：任务调度、任务转换（翻译）、任务建立。任务调度确认要执行的子任务。任务转换将任务或内部操作分解为控制动作，并以合适的次序排列。任务建立过程通过搜索数据库中的数据描述将实际值赋给控制动作，建立完全的控制命令送至低层单元。所有任务完成后，调用监控器，同时监控器也负责连接任务处理器与学习处理器。

学习处理器的功能是使用不同的学习机制，改善任务处理器的特性，以减少在决策和信息处理中的不确定性，常用线性随机学习算法。

综上所述，协调级的基本功能可以看作是将组织级发出的高级命令语言翻译成低层装置可以执行的操作语言。协调级具体实现的方法可以有很多种，利用 Petri 网翻译器实现上述功能是方法之一。Petri 网是德国学者 Cah Abam Petri 在 1962 年提出的，用于构造系统模型及动态性能分析，后来被用作知识表示的方法。Petri 网作为一种知识表示法，克服了其他知识表示法不能处理并行推理的弱点，因此 Petri 网被普遍认为是描述具有并行或异步并发行为系统的一种有用工具。

利用 Petri 翻译网(Transducer)实现的语言决策方法对协调级进行分析与建模的方法是由 F. Y. Wang 和 Saridis 提出的。Petri 网可以描述协调级中各模块之间的连接关系，并处理在协调过程中所遇到的并发活动和仲裁冲突等问题，可作定性和定量的分析。

协调级的决策过程是通过任务调度与任务翻译两个步骤实现的。对于要求的作业，任务调度的作用在于识别出可以执行的合适的任务。当一个任务被确定后，Petri 网翻译器将该任务分解为子任务序列，而子任务被赋予实时信息后，便可将它们送至相应的执行单元以完成具体的控制任务。基于 Petri 网的执行规则能够设计出简单而统一的调度步骤。而任务翻译可采用主动和被动翻译两种形式，主动方式基于知识库去进行任务的翻译，该知识库是由规则和描述环境与系统状态信息的数据库组成的；被动方式是预先指定了一组翻译，再按照当前局势选择其中的一个，并可采用学习机制帮助进行选择。翻译的不确定性可以用熵函数表示，分别为环境引起的不确定性和给定环境下纯粹的翻译不确定性，而通过学习可以减小纯粹的翻译不确定性。

对于整个协调级的不确定性也可以用熵函数表示，设计的目标便是使熵最小，即协调级分配与协调任务的不确定性最小。

2.2.3 执行级的分析理论

执行级执行由协调级发出的指令，执行具体的控制任务。执行级由许多与专门协调器相连接的常规硬件执行装置组成，每个执行装置由相应的协调器发出的指令进行访问。作为递阶智能控制系统的最低级，执行级必须高精度地执行局部任务，但并不要求有更多的智能，可采用常规的最优化控制。对于执行级，可采用现代控制理论中的最优控制理论进行设计。

为使智能控制系统有一个统一的性能测试标准，必须将传统的最优控制的描述方法转换为用熵进行描述。Saridis 提出了一种用熵函数衡量执行级的控制性能的方法，所用的熵函数可以用来测量执行级选择控制作用时的不确定性。因此，用熵作为整个智能控制系统统一的性能测试的度量标准，便可将低层的实际控制问题与高层的信息论的分析方法统一起来。

对于某个具体的控制任务，其反馈控制的平均性能测度为一熵函数，最优控制则对应于熵最小。对于已知数学模型或可辨识模型的过程，采用常规控制理论就可以实现最优控制；对于不确定性系统，也可以根据确定的结束条件、性能指标或协调级所定义的费用函数等实现最优控制。对于不确定性问题，可以采用熵函数作为性能的度量。执行级的控制代价可以用某个熵表示，该熵测量并挑选控制(执行某一任务)的不确定性，通过挑选某一最优控制，使熵最小，即执行的不确定性最小。

设系统的状态方程和输出方程分别为

$$\begin{cases}\dot{\boldsymbol{x}} = f(\boldsymbol{x},\boldsymbol{u}(\boldsymbol{x},t),t) & \boldsymbol{x}(t_0) = \boldsymbol{x}_0 \\ \boldsymbol{y} = g(\boldsymbol{x},t) & \boldsymbol{x}(t_f) \in M_f\end{cases} \tag{2.18}$$

式中　$\boldsymbol{x}$——状态矢量；

$\boldsymbol{u}$——控制矢量；

$\boldsymbol{y}$——输出矢量；

$\boldsymbol{x}_0$——t_0 时刻的初始状态矢量，t_f 时刻的状态矢量；

M_f——状态空间 Ω_x 中的一个子集。

为测量系统性能，以拉格朗日（Lagrangian）函数定义虚构的广义能量函数如下：

$$V(\boldsymbol{x}_0,\boldsymbol{u}(\boldsymbol{x},t),t_0) = \int_{t_0}^{t_f} L(\boldsymbol{x},\boldsymbol{u}(\boldsymbol{x},t),t)\,\mathrm{d}t \tag{2.19}$$

其中，$L(\boldsymbol{x},\boldsymbol{u}(\boldsymbol{x},t),t) > 0$，$V(\boldsymbol{x}_0,\boldsymbol{u}(\boldsymbol{x},t),t_0)$ 是标量函数。控制目标是在容许控制空间 Ω_u 中任意选择控制矢量 $\boldsymbol{u}(\boldsymbol{x},t)$，使得标量 V 极小，可以表示为 V 的期望值等于 K，即

$$E[V(\boldsymbol{x}_0,\boldsymbol{u}(\boldsymbol{x},t),t_0)] = \min\left\{\int_{t_0}^{t_f} L(\boldsymbol{x},\boldsymbol{u}(\boldsymbol{x},t),t)\,\mathrm{d}t\right\} = K \tag{2.20}$$

为应用熵函数研究此控制问题，设控制矢量 $\boldsymbol{u}(\boldsymbol{x},t)$ 在 Ω_u 中按照概率密度 $P[\boldsymbol{u}(\boldsymbol{x},t)]$ 进行分布，并有

$$\int_{\Omega_u} P[\boldsymbol{u}(\boldsymbol{x},t)]\,\mathrm{d}x = 1 \tag{2.21}$$

该概率分布的熵为

$$H(\boldsymbol{u}) = -\int_{\Omega_u} P[\boldsymbol{u}(\boldsymbol{x},t)]\ln P[\boldsymbol{u}(\boldsymbol{x},t)]\,\mathrm{d}x \tag{2.22}$$

此熵函数代表了在容许控制域 Ω_u 中选择控制矢量 $\boldsymbol{u}(\boldsymbol{x},t)$ 的不确定性。根据杰恩最大熵原则，可以选择 $P[\boldsymbol{u}(\boldsymbol{x},t)]$ 使熵为最大，则所得的概率密度是在给定信息基础上最小可能的估计，对应 $\boldsymbol{u}(\boldsymbol{x},t)$ 选择的不确定性最大。由于熵函数和广义能量函数均是泛函数，可以通过变分法求出使 $\boldsymbol{u}(\boldsymbol{x},t)$ 选择的不确定性最大的概率密度为

$$\begin{aligned}P[\boldsymbol{u}(\boldsymbol{x},t)] &= \mathrm{e}^{-\{\lambda+\mu V[\boldsymbol{x}_0,\boldsymbol{u}(\boldsymbol{x},t),t_0]\}} \\ \ln P[\boldsymbol{u}(\boldsymbol{x},t)] &= -\{\lambda + \mu V[\boldsymbol{x}_0,\boldsymbol{u}(\boldsymbol{x},t),t_0]\}\end{aligned} \tag{2.23}$$

λ 和 μ 是适当的参数，满足

$$\int_{\Omega_u} P[\boldsymbol{u}(\boldsymbol{x},t)]\,\mathrm{d}x = \int_{\Omega_u} \mathrm{e}^{-\{\lambda+\mu V[\boldsymbol{x}_0,\boldsymbol{u}(\boldsymbol{x},t),t_0]\}}\,\mathrm{d}x = 1$$

$$\mathrm{e}^{-\lambda}\int_{\Omega_u} \mathrm{e}^{-\mu V[\boldsymbol{x}_0,\boldsymbol{u}(\boldsymbol{x},t),t_0]}\,\mathrm{d}x = 1$$

$$\mathrm{e}^{\lambda} = \int_{\Omega_u} \mathrm{e}^{-\mu V[\boldsymbol{x}_0,\boldsymbol{u}(\boldsymbol{x},t),t_0]}\,\mathrm{d}x \tag{2.24}$$

把选择的概率密度代入式（2.22）的熵函数表达式，并结合式（2.23）得出熵函数为

$$\begin{aligned}H(\boldsymbol{u}) &= \int_{\Omega_u} P[\boldsymbol{u}(\boldsymbol{x},t)]\{\lambda + \mu V[\boldsymbol{x}_0,\boldsymbol{u}(\boldsymbol{x},t),t_0]\}\,\mathrm{d}x \\ &= \lambda\int_{\Omega_u} P[\boldsymbol{u}(\boldsymbol{x},t)]\,\mathrm{d}x + \mu\int_{\Omega_u} P[\boldsymbol{u}(\boldsymbol{x},t)]V[\boldsymbol{x}_0,\boldsymbol{u}(\boldsymbol{x},t),t_0]\}\,\mathrm{d}x\end{aligned} \tag{2.25}$$

为使系统具有最优性能，广义能量函数 V 应取极小，并考虑到式（2.20）和式（2.21），有

$$H(\boldsymbol{u}^*) = \lambda + \mu E\{V[\boldsymbol{x}_0,\boldsymbol{u}^*(\boldsymbol{x},t),t_0]\} \tag{2.26}$$

由式(2.26)可知相应的最优控制矢量 $\boldsymbol{u}^*(\boldsymbol{x},t)$ 应当使此熵函数 $H(\boldsymbol{u})$ 取极小。同时,由式(2.22)可知,熵函数 $H(\boldsymbol{u})$ 取极小时,概率 $P[\boldsymbol{u}(\boldsymbol{x},t)]$ 应当取最大值。因此,对于某个具体选择的控制,最优反馈控制等效于熵取极小值,以使具体执行的不确定性最小。

由于熵满足可加性,因此由任何子系统组合而成的系统都可以对其总熵最小化而成为最优系统。当系统存在过程噪声和测量噪声时,同样可以用熵去描述,此时状态 $\boldsymbol{x}$ 用估计值 $\hat{\boldsymbol{x}}$ 代替。

以上介绍的是由 Saridis 提出的用熵的概念将递阶智能机器人的三级统一描述的方法,同样也适用于一般性的递阶智能控制系统。熵的概念使信息论与最优控制之间建立了等价的测度关系,熵函数为递阶智能控制系统的统一的性能测度提供了理论基础。基于熵的理论与方法对于智能控制系统的分析有重要的意义,并仍然有很多工作可做。

2.2.4 递阶智能控制系统

递阶智能控制理论作为较早的智能控制理论,自 20 世纪 70 年代以来,已经被应用于不同设备、系统的专题研究和工业应用。早期的递阶智能系统有实验室机器人操作机、核电站控制器等。

在实际应用中,可以采用不同的基于知识的表示和搜索推理技术的组合,如谓词逻辑、语义网络、模糊集合、黑板专家系统和神经网络等,以组成递阶智能控制系统。20 世纪 80 年代以来,工业过程控制、机器人控制等开始逐渐采用递阶智能控制理论。

(1)机械手分级递阶智能控制系统

美国普渡大学(Purdue University)高级自动化研究实验室(AARL)成功地将分级递阶智能控制理论应用于机器人控制,设计了一个 PUMA600 机械手智能控制系统。图 2.10 给出了此机器人的三级递阶结构。

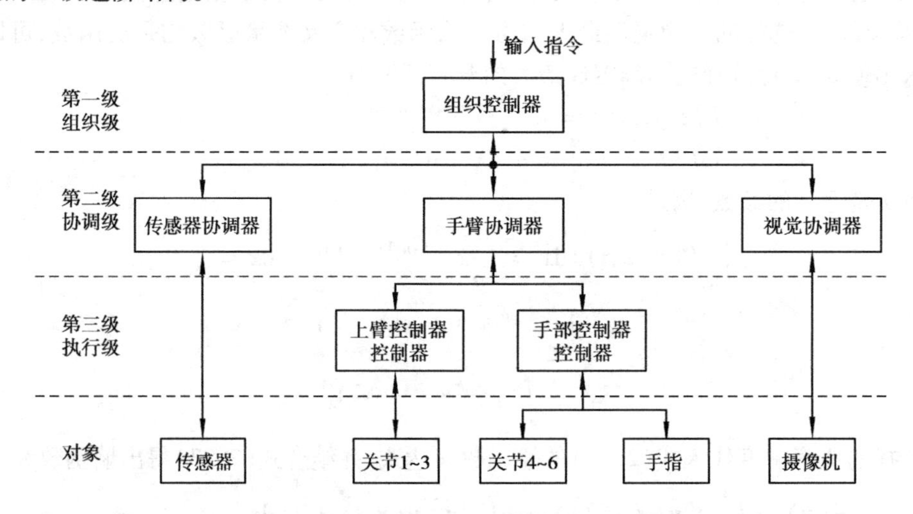

图 2.10 机械手分级递阶智能控制系统结构示意图

该机械手分级递阶智能控制系统的第一级为组织级;第二级协调级由以下协调器组成:视觉系统协调器、机械臂协调器、传感器协调器;第三级执行级由上臂控制器与手部控制器组成,实现对 6 个关节与 1 个夹手的具体控制。

该机械手可以实现 7 个自由度运动,其中 3 个自由度用于臂关节的转动,3 个自由度用于

手的定位,1个自由度用于手指的开闭动作。该系统能够实现以下功能:

1)人-机械手通讯功能,识别操作人员的语言命令,与操作人员交互作用。

2)协调运动控制功能,自主协调位置控制与速度控制。

3)与环境交互的功能,对来自摄像机和其他外部传感器的反馈信息进行综合,并修正控制策略与动作序列,实现各种控制任务。

按照"智能递减精度递增"的控制原则,执行级高精度地完成局部控制任务,满足实时控制的局部性能指标,有完善而精确的控制算法,此机械手的执行级有效运用了现代控制理论中的最优控制理论。但同时智能程度最低,需要有精确的对象模型,机械手的模型通过对两个主要的子系统:臂关节子系统与手关节子系统建模而得。

协调级主要完成感觉、视觉和机械运动3个子任务的信息处理与控制任务,通过恰当地估计各个子任务的性能,来使它们协调一致地工作。协调级不需要非常精确的模型,但为了协调与监督执行级的工作,协调级应具有一定的学习能力,通过模糊自动机可以实现协调级的学习能力,以使系统在重现的控制环境中,不断提高系统的性能。

语言组织级作为最高级,具有最高的智能程度,能够分析随机输入的命令,组织任务,辨别控制环境,并在缺少运行任务知识的情况下给出适当的控制方案。

对于此智能机械手,当发出某个具体运动的指令时,机器人手臂控制器就能把相应的控制信号加至各关节驱动器,以移动手臂到期望的最后位置。

分级递阶智能控制理论在机器人研究领域有广泛的应用,目前有许多智能机器人的控制都采用了递阶智能控制方案。

(2)递阶智能集散控制系统

集散控制系统(Distributed Control System)出现于20世纪70年代中期,是计算机技术、控制技术、通信技术与CRT显示技术相结合的产物。集散控制系统以微处理机为核心,并把工业控制机、数据通讯系统、显示操作装置、模拟仪表等有机结合起来,在过程控制领域已经得到广泛的应用。

典型的集散控制系统是分级分布式控制结构,基本控制器与数据采集器完成现场的控制任务与收集现场控制信息与过程变化信息;基本控制器与数据采集器在过程现场对信号预处理后通过数据高速通道送到上级计算机和CRT操作站;CRT操作站是显示装置,完成操作者—控制系统—过程的接口任务;监控计算机协调各基本控制器的工作,可以运行各种高级控制程序与协调优化程序,以达到过程的动态(在线)最优化;管理计算机通过监控计算机获取过程的在线信息,管理计算机完成并制定生产计划、产品管理、财务管理、人事管理等功能,以实现生产过程的静态最优化与综合自动化。

可见,典型的集散控制系统的结构是一种自然的分级递阶结构,将分级递阶智能控制理论引入到集散控制系统中,以基本控制器为执行级,监控计算机为协调级,管理计算机为组织级,采用智能控制技术,便可相应地构成集散递阶智能控制系统。

在集散递阶智能控制系统的执行级中,基本控制器的目标是完成具体的控制任务并达到相当的控制精度,而可编程实现用户特定的控制方案是大多数集散控制系统的基本控制器已经具备的功能。

在集散递阶智能控制系统的协调级中,可通过智能化将监控计算机的协调、优化功能进一步加强,以实现以下功能:

1)对于来自组织级的控制指令与控制任务,进行规划、设计控制结构和控制算法。

2)对于来自执行级的过程信息,能够实现过程特性辨识、系统性能评价、对有关任务及各基本控制器进行协调(包括设定值的设定,参数的整定,算法和结构调整等)。

在集散递阶智能控制系统的组织级中,管理计算机可以采用智能决策方法,即由管理计算机模仿专家们的决策技巧,通过综合、推理、规划、记忆交换、反馈等智能行为进行决策。

由以上对集散智能控制系统的分析可知,对于高度复杂的综合控制系统,可以采用分级递阶智能控制,这是递阶智能控制应用的一个重要方向,已经有了大量的研究成果。

(3)变电站递阶智能控制系统

在变电站的综合自动控制中,也可引入递阶智能控制理论。以变压器有载调压监控系统为例,由福州大学王志凯等提出的一种基于PLC的变电站递阶智能控制系统设计方案见图2.11。

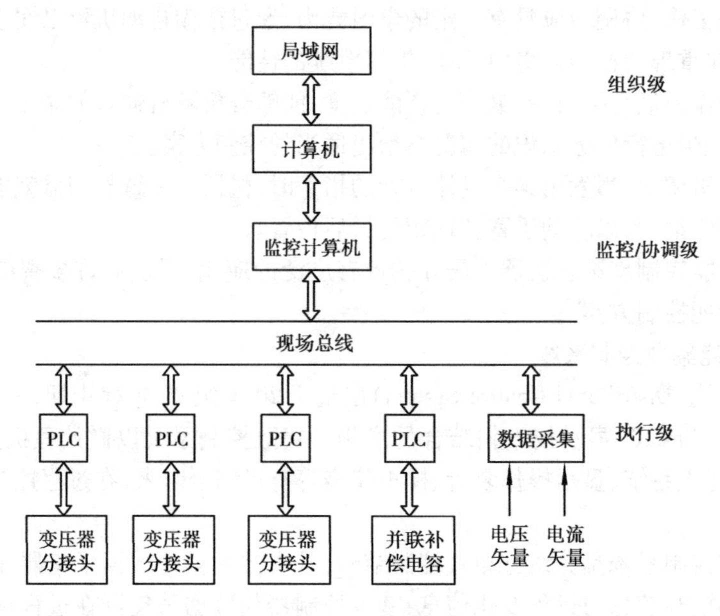

图2.11　变电站递阶智能控制系统实例结构图

1)组织级的设计

组织级具有最高的智能程度,承担着最优决策的功能,可以利用计算机进行模糊推理,得到最优控制策略,形成控制规则表,将其传递到下级进行协调控制。该级计算机还装有专家知识库,在变电站内出现故障时,可在专家系统的引导下,尽快排除故障。该级为操作人员提供了良好的人机界面,将电压、电流、有功、无功等信息以曲线图、柱状图等形式实时反映出来,并在出现异常情况时进行声光报警,使操作人员及时全面地了解系统运行情况,并可对生产过程进行调节和控制。根据各变电站的实际运行情况和不同时段的电压、无功波动情况,还可以通过控制级计算机设定电压整定值和灵敏度参数,而且根据控制要求还可以由功能按钮直接对有载调压变压器的分接头和补偿电容进行控制,以进一步增加控制的灵活性。该级计算机可以通过Ethernet、ARCNET等局域网进行联网,实现信息共享,对某一区域进行综合控制,这样既可以从整体上进行控制、有利于提高整个地区的供电质量,又可以减少资源的浪费。

2)监控/协调级的设计

该级的主要功能是完成组织级下达的命令,负责执行级PLC的协调工作,在变电站中,多变压器的同步调节主要由该级负责,同时它还负责执行级现场信息的传输,在整个分级递阶智能控制中起着桥梁作用。该级可由计算机或主PLC构成。

3)执行级的设计

执行级的智能程度最低,但控制精度和实时性要求最高。由于变电站电磁干扰严重,常规的控制器件难以达到精确控制,因而可靠性高、抗干扰能力强的PLC是最佳选择。将PLC与上位机联网,把最优控制结果下载到PLC,即可利用PLC实现各种最优控制。对于主要器件如主变压器,可以采用PLC的冗余技术以进一步提高可靠性。由于PLC发生故障的几率十分小,采用冗余技术后的故障率几乎为零。

现在的PLC大多提供了现场总线技术,利用组态软件可以方便地将现场的多台PLC组成现场总线局域网。这样更加有利于执行级的分布控制,提高系统的可靠性,而且有利于各台PLC的协调动作。一方面可将变电站的全部信息通过网络传至组织级计算机以实现信息集中管理,另一方面可避免因个别设备出现故障而造成整个系统的瘫痪。

通过通信网络可以将PLC可靠性高、灵活性好、性价比高的优势与计算机信息处理快、显示性能强的优势相结合,提高了控制质量。同时,模糊控制与专家系统等智能技术的引入,有效地减少了分接头和补偿电容器动作次数,提高了电压质量。

综上所述,将递阶智能控制的先进思想引入变电站综合控制中,符合变电站综合控制向网络化、智能化发展的方向。因此对于电力系统这一复杂对象,递阶智能控制理论的应用也具有良好的发展前景。

习 题 2

1. 大系统的结构特点是什么?
2. 递阶智能控制与一般大系统的递阶结构有什么区别?
3. 协调的基本原则是什么?
4. Saridis的递阶智能控制的特征是什么?
5. 组织级、协调级、执行级各自的功能是什么?

第3章 基于模糊推理的智能控制系统

经典的控制技术有一个明显的特征,即模型的结构非常精确。求解这些方程需要比较复杂的算法和大量的运算。虽然由于数值计算与计算机技术的发展,算法复杂性与运算量已不会太大影响实际控制的程度。然而在这些模型方程中含有许多不能确定的参数,需要对这些参数进行求解与估计,求解这些参数往往缺少足够的信息量与信息特征,这就极大的制约模型的准确与实用性。

同时,目前研究的控制系统更多涉及到多变量、非线性、时变的大系统,对现实世界的复杂现象和系统的物理状态要想精密确切地描述,是极其困难的。比如汽车泊位系统,一个熟练的汽车司机可以自由地控制汽车通过各种狭窄的通道,躲避各种各样的障碍物,渐进地将汽车停在正确的位置上,但是应用经典的控制理论和方法对其建立模型方程却是相当困难的。这样就迫使人们在控制系统的精确性与有意义之间寻求某种平衡与近似。

在类似的系统中,人的这种"非线性"思维被进行深入的研究。研究者以能包含人类思维的控制方案为基础,而且反映人类经验的控制过程的知识,以及可以达到的控制目的能够利用某种形式表达出来,同时还很容易被实现。这样的控制系统既避免了那种精密、反复、有潜在错误的模型建造过程,又避免了精密地估计模型方程中各种参数的过程。在多变量、非线性、时变的大系统中,人们可以采用简单灵活的控制方式,这就是模糊控制产生的背景。

模糊控制以人的经验以及人的推理为规则,而这些经验与常识推理规则是通过自然语言来表达的,比如说"速度太快,要减慢一点速度"。对于用自然语言表达的这种"知识"必须给出一种描述的方式。美国加利福尼亚大学的自动控制教授 L. A. Zadeh 于 1965 年首次提出了"模糊集合"的概念,借助于"模糊集合"可以描述诸如"太高"、"很快"、"稍低"、"大幅度"等语言变量值,并且对这些语言变量值进行某种复合运算,这样就使得有人的经验参与的控制过程成为实际可能;1973 年,L. A. Zadeh 又进一步研究了模糊语言处理,给出了模糊推理的理论基础。1974 年,K. H. Mamdani 提出了模糊控制。1980 年开始模糊控制的应用研究,1985 年开始模糊推理集成块的开发。目前各种模糊控制产品相继研制成功并进入市场,如洗衣机、照相机、摄像机、复印机、吸尘器、电冰箱、微波炉、电饭锅、空调器等。这些产品在各自追求的性能上采用模糊技术,使之更符合人的实际生活。同时,在各行各业也有大量的模糊控制系统研制出来并投入使用。

随着模糊控制与模糊系统的发展,人工智能、系统科学、管理科学、计算科学、自动化科学等领域的发展，模糊控制将得到迅速发展。

3.1 模糊集合与模糊推理

具有某种特定属性的对象的全体，称为集合。我们所研究事物的范围，或所研究的全部对象的总和，称为论域。论域中的事物称为元素。

康拓创立的经典集合论是经典数学的基础，它以逻辑真值{0,1}的数理逻辑为基础，扎德创立的模糊集合是模糊数学的基础，它是以逻辑真值[0,1]的逻辑真值为基础的，是对经典集合的开拓。

3.1.1 模糊集合的概念与运算

模糊，即FUZZY，模糊集合是模糊数学的基础，也是模糊控制、智能控制的基础。一个事物往往不能用简单的属于或不属于来描述，存在许多模糊的概念。如年青、高温等。诸如此类的概念都是模糊概念。

模糊集合的概念与普通集合的概念主要区别是不能绝对的用“属于”或“不属于”来描述，也即论域上的元素符合概念的程度不是绝对的0或1，而是介于0和1之间的一个实数。

(1)模糊子集的定义及表示

定义3.1　设给定论域U，U到[0,1]闭区间的任一映射$\mu_{\underset{\sim}{A}}$

$$\begin{aligned}\mu_{\underset{\sim}{A}}&:U\rightarrow[0,1]\\ \mu&\rightarrow\mu_{\underset{\sim}{A}}(u)\end{aligned}\tag{3.1}$$

都确定U的一个模糊子集$\underset{\sim}{A}$，映射$\mu_{\underset{\sim}{A}}$称为模糊子集的隶属函数，$\mu_{\underset{\sim}{A}}(u)$称为$\mu$对于$\underset{\sim}{A}$的隶属度。隶属度也可记为$\underset{\sim}{A}(\mu)$，在不混淆的情况下，模糊子集也称模糊集合。字母下加波浪线~，如$\underset{\sim}{A}$，表示模糊集合，以与经典集合相区别。模糊集合完全由其隶属函数所刻画。

例3.1　以表示温度的“低温、中温、高温”为例，这3个温度的特征分别用模糊集合$\underset{\sim}{A}$，$\underset{\sim}{B}$，$\underset{\sim}{C}$表示。它们的论域都是$U=[0,100]$，论域中的元素是温度u，我们可以规定模糊集合$\underset{\sim}{A}$，$\underset{\sim}{B}$，$\underset{\sim}{C}$的隶属函数$\mu_{\underset{\sim}{A}}$，$\mu_{\underset{\sim}{B}}$，$\mu_{\underset{\sim}{C}}$如图3.1所示。

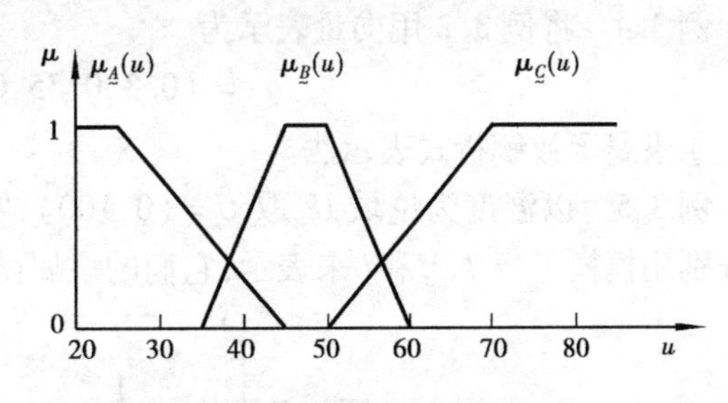

图3.1　温度隶属函数曲线

如果$u_1=20$ ℃，则对于A的隶属度$\mu_{\underset{\sim}{A}}(u_1)=0.75$，这意味着20 ℃属于“低温”的程度是0.75。如果$u_2=60$ ℃，u_2既属于A又属于B，$\mu_{\underset{\sim}{A}}(u_2)=0.15$，$\mu_{\underset{\sim}{B}}(u_2)=0.7$，这说明60 ℃属于中温的程度是0.6。虽然还有0.25的程度是低温，但是已经较好的属于中温了。依此类推，当$u_3=100$ ℃时，$\mu_{\underset{\sim}{C}}(u_3)=1$，说明100 ℃是“1”(绝对地)程度的高温了。显然用模糊集合在某些情况下能够比较准确地、真实地描述人们头脑中的原有概念，而用普通集合来描述模糊性概念由于其精确性反倒不能准确的表达概念。

(2)模糊集合的表达方式

1)当 U 为有限集$\{u_1,u_2,\cdots,u_n\}$时,有以下几种表达方式。

①Zadeh 表示法

$$\underset{\sim}{A} = \underset{\sim}{A}(u_1)/u_1 + \underset{\sim}{A}(u_2)/u_2 + \cdots + \underset{\sim}{A}(u_n)/u_n \tag{3.2}$$

式中 $\underset{\sim}{A}(u_i)/u_i$——元素 u_i 对于$\underset{\sim}{A}$的隶属度和元素 u_i 本身的对应关系;

"+"号——在论域 U 上,组成模糊集合$\underset{\sim}{A}$的全体元素 $u_i(i=1,2,\cdots,n)$间排序与整体间的关系。

例 3.2 设 $U=\{x_1,x_2,x_3,x_4,x_5\}$,$x_i$ 表示同学,对每位同学的学习刻苦程度在[0,1]间打分,便得到了从 U 到[0,1]的映射,记$\underset{\sim}{A}$="学习刻苦"。

$\underset{\sim}{A}(x_1)=0.3$, $\underset{\sim}{A}(x_2)=0.55$, $\underset{\sim}{A}(x_3)=0.7$, $\underset{\sim}{A}(x_4)=0.4$, $\underset{\sim}{A}(x_5)=0.9$

用 Zadeh 表示为

$$\underset{\sim}{A} = \frac{0.3}{x_1} + \frac{0.55}{x_2} + \frac{0.7}{x_3} + \frac{0.4}{x_4} + \frac{0.9}{x_5}$$

②序偶表示法

若将论域 U 中的元素 u_i 与其对应的隶属度值 $\mu_A(u_i)$组成序偶$(u_i,A(u_i))$,也可将$\underset{\sim}{A}$表示为

$$\underset{\sim}{A} = \{(u_1,\underset{\sim}{A}(u_1)),(u_2,\underset{\sim}{A}(u_2)),\cdots,(u_n,\underset{\sim}{A}(u_n))\} \tag{3.3}$$

例 3.3 将例 3.2 用序偶表示法表示为

$$\underset{\sim}{A} = \{(x_1,0.3),(x_2,0.55),(x_3,0.7),(x_4,0.4),(x_5,0.9)\}$$

③向量表示法

如果单独地将论域 U 中所对应的元素 $u_i(i=1,2,\cdots,n)$隶属度值 $\mu_A(u_i)$,由按序写成的向量形式来表示模糊子集$\underset{\sim}{A}$,则可以是

$$\underset{\sim}{A} = (A(u_1),A(u_2),\cdots,A(u_n)) \tag{3.4}$$

应该注意的是,在向量表示法中隶属度为 0 的项不能省略,必须依次列写。

例 3.4 将例 3.2 用向量表示为

$$\underset{\sim}{A} = (0.3,0.55,0.7,0.4,0.9)$$

④隶属函数解析式表示法

例 3.5 以温度为论域 U,取 $U=(0,100)$,"高温"、"中温"与"低温"这三个模糊概念可以分别用模糊子集$\underset{\sim}{H}$、$\underset{\sim}{M}$和$\underset{\sim}{L}$来表示,它们的隶属函数分别用解析式表达为

$$\mu_{\underset{\sim}{L}} = \begin{cases} 1 & 当\ 0 \leqslant x \leqslant 25 \\ \dfrac{1}{1+\left(\dfrac{x-25}{5}\right)^2} & 当\ 25 < x \leqslant 50 \end{cases}$$

$$\mu_{\underset{\sim}{M}} = \begin{cases} 0 & 当\ 0 \leqslant x \leqslant 25 \\ \dfrac{1}{1+\left(\dfrac{x-50}{5}\right)^2} & 当\ 25 < x \leqslant 75 \end{cases}$$

$$\mu_{\underset{\sim}{H}} = \begin{cases} 0 & 当 0 \leqslant x \leqslant 50 \\ \dfrac{1}{1+\left(\dfrac{x-75}{5}\right)^2} & 当 50 < x \leqslant 100 \end{cases}$$

2)当 U 是有限连续域时,Zadeh 给出如下记法

$$\underset{\sim}{A} = \int_u \mu_{\underset{\sim}{A}}(u)/u \tag{3.5}$$

其中,"$\int$"不表示"积分",也不是"求和"记号,而是表示论域 U 上的元素 u 与隶属度 $u_{\underset{\sim}{A}}(u)$ 对应关系的一个总括。

例 3.6　可以对例 3.5 中高温的模糊集合表示为

$$高温 = \int_{0\leqslant x\leqslant 50} \frac{0}{x} + \int_{50\leqslant x\leqslant 100} \frac{1}{1+\left(\dfrac{x-75}{5}\right)^2}/x$$

3.1.2　模糊集合的性质及基本定理

(1)模糊子集的并、交、补运算

定义 3.2　设$\underset{\sim}{A}$,$\underset{\sim}{B}$均是$\underset{\sim}{U}$上的模糊集,定义$\underset{\sim}{A}\cup\underset{\sim}{B}$,$\underset{\sim}{A}\cap\underset{\sim}{B}$,$\bar{\underset{\sim}{A}}$,它们分别具有隶属函数

$$\left.\begin{aligned} \mu_{\underset{\sim}{A}\cup\underset{\sim}{B}}(u) &= \mu_{\underset{\sim}{A}}(u) \vee \mu_{\underset{\sim}{B}}(u) = \max[\mu_{\underset{\sim}{A}}(u),\mu_{\underset{\sim}{B}}(u)] \\ \mu_{\underset{\sim}{A}\cap\underset{\sim}{B}}(u) &= \mu_{\underset{\sim}{A}}(u) \wedge \mu_{\underset{\sim}{B}}(u) = \min[\mu_{\underset{\sim}{A}}(u),\mu_{\underset{\sim}{B}}(u)] \\ \mu_{\bar{\underset{\sim}{A}}}(u) &= 1-\mu_{\underset{\sim}{A}}(u) \end{aligned}\right\} \tag{3.6}$$

分别称为模糊集合 A 与 B 的并集、交集和补集。其中:"∧"表示取小运算,"∨"表示取大运算。按 Zadeh 表示法有

$$\left.\begin{aligned} \underset{\sim}{A}\cup\underset{\sim}{B} &= \int_u \max(\mu_{\underset{\sim}{A}}(u),\mu_{\underset{\sim}{B}}(u))/u = \int_u (\mu_{\underset{\sim}{A}}(u) \vee \mu_{\underset{\sim}{B}}(u))/u \\ \underset{\sim}{A}\cap\underset{\sim}{B} &= \int_u \min(\mu_{\underset{\sim}{A}}(u),\mu_{\underset{\sim}{B}}(u))/u = \int_u (\mu_{\underset{\sim}{A}}(u) \wedge \mu_{\underset{\sim}{B}}(u))/u \\ \bar{\underset{\sim}{A}} &= \int_u (1-\mu_{\underset{\sim}{A}}(u))/u \end{aligned}\right\} \tag{3.7}$$

例 3.7　设 $x=\{1,2,3\}$ 上有两个模糊子集为

$$\underset{\sim}{A} = 1/1 + 0.8/2 + 0.6/3$$

$$\underset{\sim}{B} = 0.3/1 + 0.5/2 + 0.7/3$$

则有

$$\underset{\sim}{A}\cup\underset{\sim}{B} = 1/1 + 0.8/2 + 0.7/3 \qquad \bar{\underset{\sim}{A}} = 0/1 + 0.2/2 + 0.4/3$$

$$\underset{\sim}{A}\cap\underset{\sim}{B} = 0.3/1 + 0.5/2 + 0.6/3 \qquad \bar{\underset{\sim}{B}} = 0.7/1 + 0.5/2 + 0.3/3$$

(2)模糊子集的包含与相等

定义 3.3　设$\underset{\sim}{A}$、$\underset{\sim}{B}$为论域 U 上的两个模糊子集,对于 U 中的每一个元素 u,都有

$$u_{\underset{\sim}{A}}(u) \geqslant u_{\underset{\sim}{B}}(u)$$

则称$\underset{\sim}{A}$包含$\underset{\sim}{B}$,记作$\underset{\sim}{A} \supseteq \underset{\sim}{B}$。

若$\underset{\sim}{A} \subseteq \underset{\sim}{B}$,且$\underset{\sim}{B} \subseteq \underset{\sim}{A}$,则说$\underset{\sim}{A}$与$\underset{\sim}{B}$相等,记作$\underset{\sim}{A} = \underset{\sim}{B}$。

也即:若 $u_{\underset{\sim}{A}}(u) = u_{\underset{\sim}{B}}(u)$ 　　则$\underset{\sim}{A} = \underset{\sim}{B}$。

(3)模糊子集的代数运算

模糊集合的并、交、补运算是最常用的算子,同时,随着模糊集合理论的发展,提出了一些新的算子以对模糊集合的运算加以扩充。

代数积:$\underset{\sim}{A} \cdot \underset{\sim}{B}$的隶属函数为$\mu_{\underset{\sim}{A} \cdot \underset{\sim}{B}}$

$$\mu_{\underset{\sim}{A} \cdot \underset{\sim}{B}} = \mu_{\underset{\sim}{A}} \cdot \mu_{\underset{\sim}{B}} \tag{3.8}$$

代数和:$\underset{\sim}{A} + \underset{\sim}{B}$的隶属函数为$\mu_{\underset{\sim}{A} + \underset{\sim}{B}}$

$$\mu_{\underset{\sim}{A} + \underset{\sim}{B}} = \begin{cases} 1 & \text{当} \mu_{\underset{\sim}{A}} + \mu_{\underset{\sim}{B}} > 1 \\ \mu_{\underset{\sim}{A}} + \mu_{\underset{\sim}{B}} & \text{当} \mu_{\underset{\sim}{A}} + \mu_{\underset{\sim}{B}} \leqslant 1 \end{cases} \tag{3.9}$$

环和:$\underset{\sim}{A} \oplus \underset{\sim}{B}$的隶属函数为$\mu_{\underset{\sim}{A} \oplus \underset{\sim}{B}}$

$$\mu_{\underset{\sim}{A} \oplus \underset{\sim}{B}} = \mu_{\underset{\sim}{A}} + \mu_{\underset{\sim}{B}} - \mu_{\underset{\sim}{A} \cdot \underset{\sim}{B}} \tag{3.10}$$

差集:
$$\underset{\sim}{A} - \underset{\sim}{B} = \underset{\sim}{A} \cap \overline{\underset{\sim}{B}} \tag{3.11}$$

对称差:
$$\underset{\sim}{A} \ominus \underset{\sim}{B} = (\underset{\sim}{A} - \underset{\sim}{B}) \cup (\underset{\sim}{B} - \underset{\sim}{A}) \tag{3.12}$$

常数乘模糊集合 $\lambda \cdot \underset{\sim}{A}$:$\mu_{\lambda \cdot \underset{\sim}{A}}(u) = \lambda \wedge \mu_{\underset{\sim}{A}}(u)$　其中 λ 为常数。

(4)模糊集合运算的基本性质

设 U 为论域,$\underset{\sim}{A}$、$\underset{\sim}{B}$、$\underset{\sim}{C} \in U$,模糊集合运算有如下性质。

1)幂等律　$\underset{\sim}{A} \cup \underset{\sim}{A} = \underset{\sim}{A}, \underset{\sim}{A} \cap \underset{\sim}{A} = \underset{\sim}{A}$

2)交换律　$\underset{\sim}{A} \cup \underset{\sim}{B} = \underset{\sim}{B} \cup \underset{\sim}{A}, \underset{\sim}{A} \cap \underset{\sim}{B} = \underset{\sim}{B} \cap \underset{\sim}{A}$

3)结合律　$(\underset{\sim}{A} \cup \underset{\sim}{B}) \cup \underset{\sim}{C} = \underset{\sim}{A} \cup (\underset{\sim}{B} \cup \underset{\sim}{C})$

$(\underset{\sim}{A} \cap \underset{\sim}{B}) \cap \underset{\sim}{C} = \underset{\sim}{A} \cap (\underset{\sim}{B} \cap \underset{\sim}{C})$

4)吸收律　$(\underset{\sim}{A} \cup \underset{\sim}{B}) \cap \underset{\sim}{A} = \underset{\sim}{A}$

$(\underset{\sim}{A} \cup \underset{\sim}{B}) \cup \underset{\sim}{A} = \underset{\sim}{A}$

5)同一律　$\underset{\sim}{A} \cup U = U, \underset{\sim}{A} \cap U = \underset{\sim}{A}$

$\underset{\sim}{A} \cup \varnothing = \underset{\sim}{A}, \underset{\sim}{A} \cap \varnothing = \varnothing$

6)分配律　$(\underset{\sim}{A} \cup \underset{\sim}{B}) \cap \underset{\sim}{C} = (\underset{\sim}{A} \cap \underset{\sim}{C}) \cup (\underset{\sim}{B} \cap \underset{\sim}{C})$

$(\underset{\sim}{A} \cap \underset{\sim}{B}) \cup \underset{\sim}{C} = (\underset{\sim}{A} \cup \underset{\sim}{C}) \cap (\underset{\sim}{B} \cup \underset{\sim}{C})$

7)复原律　$\overline{\overline{\underset{\sim}{A}}} = \underset{\sim}{A}$

8)对偶律　$\overline{(\underset{\sim}{A} \cap \underset{\sim}{B})} = \overline{\underset{\sim}{A}} \cup \overline{\underset{\sim}{B}}$

$\overline{(\underset{\sim}{A} \cup \underset{\sim}{B})} = \overline{\underset{\sim}{A}} \cap \overline{\underset{\sim}{B}}$

模糊集合与经典集合的性质基本类似,主要区别在于模糊集合的并、交、补运算不满足互补律,即:

$$\underset{\sim}{A} \cup \overline{\underset{\sim}{A}} \neq U \qquad \underset{\sim}{A} \cap \overline{\underset{\sim}{A}} \neq \varnothing$$

例 3.8　设论域 u 中模糊子集　$\underset{\sim}{A}_1 = 0.1/u_1 + 0.2/u_2 + 0.7/u_3$，

$\underset{\sim}{A}_2 = 0.3/u_1 + 0.4/u_2 + 0/u_3$，　　$\underset{\sim}{A}_3 = 0/u_1 + 0.1/u_2 + 0.5/u_3$。

求 $\underset{\sim}{S} = \underset{\sim}{A}_1 \cap \underset{\sim}{A}_2 \cap \underset{\sim}{A}_3$ 和 $\underset{\sim}{T} = (\underset{\sim}{A}_1 \cup \underset{\sim}{A}_2) \cap (\underset{\sim}{A}_3)$

解：$\underset{\sim}{S} = \dfrac{0.1 \wedge 0.3 \wedge 0}{u_1} + \dfrac{0.2 \wedge 0.4 \wedge 0.1}{u_2} + \dfrac{0.7 \wedge 0 \wedge 0.5}{u_3} = \dfrac{0}{u_1} + \dfrac{0.1}{u_2} + \dfrac{0}{u_3}$

$$\underset{\sim}{T} = \frac{(0.1 \vee 0.3) \wedge 0}{u_1} + \frac{(0.2 \vee 0.4) \wedge 0.1}{u_2} + \frac{(0.7 \vee 0) \wedge 0.5}{u_3} = \frac{0}{u_1} + \frac{0.1}{u_2} + \frac{0.5}{u_3}$$

(5)模糊集合的基本定理

1)截集

定义 3.4　设 $\underset{\sim}{A} \in U, 0 \leqslant \lambda \leqslant 1$

①$\underset{\sim}{A}_\lambda = \{u \mid \mu_{\underset{\sim}{A}}(u) \geqslant \lambda\}$　　(3.13)

称 $\underset{\sim}{A}_\lambda$ 为 $\underset{\sim}{A}$ 的 λ 截集，λ 称为置信水平。

②$\underset{\sim}{A}_\lambda = \{u \mid \mu_{\underset{\sim}{A}}(u) > \lambda\}$　　(3.14)

称 $\underset{\sim}{A}_\lambda$ 为 $\underset{\sim}{A}$ 的 λ 强截集，也称为开截集。

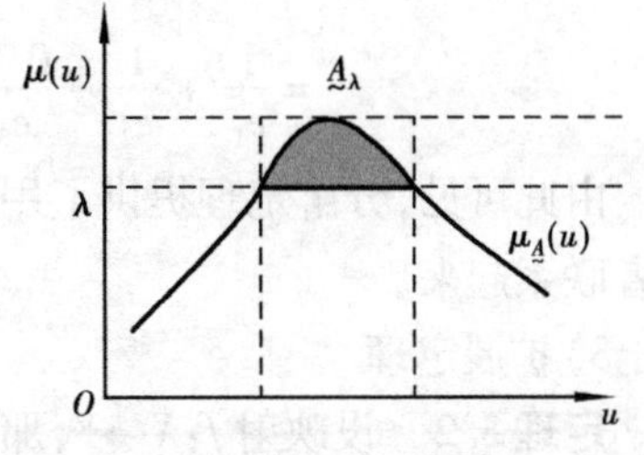

图3.2　$\underset{\sim}{A}$ 的 λ 截集

性质：

$(\underset{\sim}{A} \cup \underset{\sim}{B})_\lambda = \underset{\sim}{A}_\lambda \cup \underset{\sim}{B}_\lambda$　　$(\underset{\sim}{A} \cap \underset{\sim}{B})_\lambda = \underset{\sim}{A}_\lambda \cap \underset{\sim}{B}_\lambda$

$(\underset{\sim}{A} \cup \underset{\sim}{B})_{\dot{\lambda}} = \underset{\sim}{A}_{\dot{\lambda}} \cup \underset{\sim}{B}_{\dot{\lambda}}$　　$(\underset{\sim}{A} \cap \underset{\sim}{B})_{\dot{\lambda}} = \underset{\sim}{A}_{\dot{\lambda}} \cap \underset{\sim}{B}_{\dot{\lambda}}$

2)分解定理

定理 3.1　设 $\underset{\sim}{A}$ 为论域 U 上的一个模糊子集，$\underset{\sim}{A}_\lambda$ 是 $\underset{\sim}{A}$ 的 λ 截集，$\lambda \in [0,1]$，有下式成立

$$\underset{\sim}{A} = \bigcup_{\lambda \in [0,1]} \lambda \underset{\sim}{A}_\lambda \tag{3.15}$$

$\lambda \underset{\sim}{A}_\lambda$ 表示 U 的一个模糊子集，称为 λ 与 $\underset{\sim}{A}_\lambda$ 的“乘积”，其隶属函数设定为

$$\mu_{\lambda \underset{\sim}{A}_\lambda}(u) = \begin{cases} \lambda & u \in \underset{\sim}{A}_\lambda \\ 0 & u \notin \underset{\sim}{A}_\lambda \end{cases} \tag{3.16}$$

由分解定理的式3.15可以看出，任何一个模糊集合 $\underset{\sim}{A}$ 都可以分解为 $\lambda \underset{\sim}{A}_\lambda (\lambda \in [0,1])$ 之并。分解定理提供了用经典集合构造模糊集合的可能性，沟通了模糊集合与经典集合的联系。

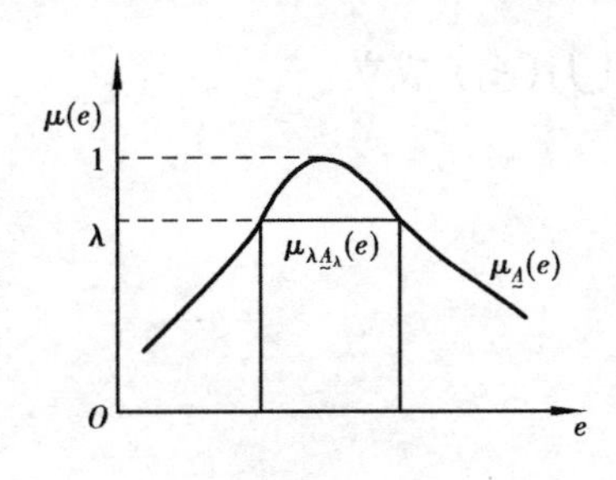

图3.3　隶属函数 $\mu_{\lambda \underset{\sim}{A}_\lambda}(e)$

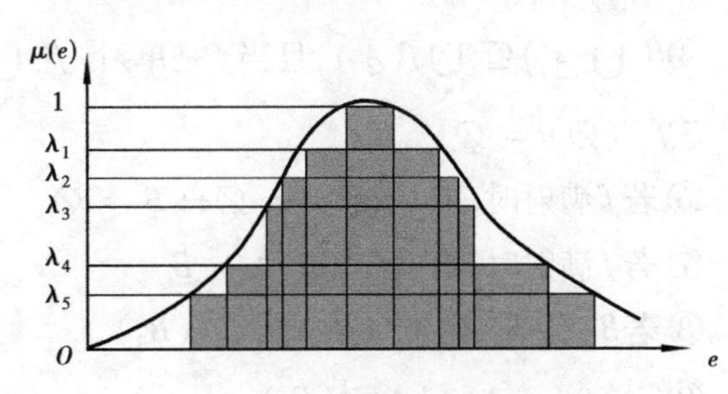

图3.4　分解定理示意

例 3.9　设模糊子集 $A = 1.0/e_1 + 1.0/e_2 + 0.7/e_3 + 0.5/e_4 + 0.3/e_5$，$\lambda \in [0,1]$，取 λ 截集 $(\underset{\sim}{A})_1 = A_1 = \{e_1, e_2\}$，$(\underset{\sim}{A})_{0.7} = A_{0.7} = \{e_1, e_2, e_3\}$，$(\underset{\sim}{A})_{0.5} = A_{0.5} = \{e_1, e_2, e_3, e_4\}$，$(\underset{\sim}{A})_{0.3} = A_{0.3} = \{e_1, e_2, e_3, e_4, e_5\}$。有 $1(\underset{\sim}{A})_1 = 1/e_1 + 1/e_2$，$0.7(\underset{\sim}{A})_{0.7} = 0.7/e_1 + 0.7/e_2 + 0.7/e_3$，$0.5(\underset{\sim}{A})_{0.5} = 0.5/e_1 + 0.5/e_2 + 0.5/e_3 + 0.5/e_4$，$0.3(\underset{\sim}{A})_{0.3} = 0.3/e_1 + 0.3/e_2 +$

$0.3/e_3+0.3/e_4+0.3/e_5$。

根据分解定理，得到

$$\underset{\sim}{A}=\bigcup_{\lambda\in[0,1]}\lambda A_\lambda=\left(\frac{1}{e_1}+\frac{1}{e_2}\right)\cup\left(\frac{0.7}{e_1}+\frac{0.7}{e_2}+\frac{0.7}{e_3}\right)\cup\left(\frac{0.5}{e_1}+\frac{0.5}{e_2}+\frac{0.5}{e_3}+\frac{0.5}{e_4}\right)\cup\left(\frac{0.3}{e_1}+\frac{0.3}{e_2}+\frac{0.3}{e_3}+\frac{0.3}{e_4}+\frac{0.3}{e_5}\right)$$

$$=\frac{1\vee 0.7\vee 0.5\vee 0.3}{e_1}+\frac{1\vee 0.7\vee 0.5\vee 0.3}{e_2}+\frac{0.7\vee 0.5\vee 0.3}{e_3}+\frac{0.5\vee 0.3}{e_4}+\frac{0.3}{e_5}$$

$$=\frac{1}{e_1}+\frac{1}{e_2}+\frac{0.7}{e_3}+\frac{0.5}{e_4}+\frac{0.3}{e_5}=\underset{\sim}{A}$$

由此可见，分解定理提供了用清晰集合 $A_1,A_{0.4},A_{0.5},A_{0.3}$ 来构成模糊集合 $\underset{\sim}{A}$ 的可能性，并把两者联系起来。

3）扩展定理

定理 3.2　设映射 $f:X\to Y$，那么可以扩张成为

$$\tilde{f}:\underset{\sim}{A}=\tilde{f}(\underset{\sim}{A}) \tag{3.17}$$

$\tilde{f}$ 叫做 f 的扩张。$\underset{\sim}{A}$ 通过 $\tilde{f}$ 映射为 $\tilde{f}(\underset{\sim}{A})$ 时，其隶属函数可以无保留地传递过去，也即它的隶属函数的值保持不变。在符号不会混淆的情况下，$\tilde{f}$ 可以记作 f。

扩展定理是模糊集合论中的一个重要支柱，是将经典集合论中的数学方法扩展到模糊集合中的有力工具。

根据扩展定理，有如下性质。

设 $f:X\to Y$，并且指标集 Z，$\forall i\in Z$，则有下列性质：

①$f(\underset{\sim}{A})=\underset{\sim}{\varnothing}\Leftrightarrow\underset{\sim}{A}=\underset{\sim}{\varnothing}$

② $\underset{\sim}{A}\subseteq\underset{\sim}{B}\Leftrightarrow f(\underset{\sim}{A})\subseteq f(\underset{\sim}{B})$

③$f(\bigcup_{i\in Z}\underset{\sim}{A}_i)=\bigcup_{i\in Z}f(\underset{\sim}{A}_i)$

④$f(\bigcup_{i\in Z}\underset{\sim}{A}_i)\subseteq\bigcup_{i\in Z}f(\underset{\sim}{A}_i)$，且当 f 是单射，$f(\bigcup_{i\in Z}\underset{\sim}{A}_i)=\bigcup_{i\in Z}f(\underset{\sim}{A}_i)$ 成立

⑤$f^{-1}(\varnothing)=\underset{\sim}{\varnothing}$

⑥ 若 f 满射时，则 $f^{-1}(\underset{\sim}{B})=\underset{\sim}{\varnothing}\Leftrightarrow\underset{\sim}{B}=\underset{\sim}{\varnothing}$

⑦ 若 f 满射时，则 $f(f^{-1}(\underset{\sim}{B}))=\underset{\sim}{B}$

⑧ 若 $\underset{\sim}{B}_1\subseteq\underset{\sim}{B}_2$，则 $f^{-1}(\underset{\sim}{B}_1)\subseteq f^{-1}(\underset{\sim}{B}_2)$

⑨$f^{-1}(\bigcup_{i\in Z}\underset{\sim}{B}_i)=\bigcup_{i\in Z}f^{-1}(\underset{\sim}{B}_i)$

⑩$f^{-1}(\bigcap_{i\in Z}\underset{\sim}{B}_i)=\bigcap_{i\in Z}f^{-1}(\underset{\sim}{B}_i)$

⑪$f^{-1}(\bar{\underset{\sim}{B}})=\overline{[f^{-1}(\underset{\sim}{B})]}$

3.1.3　模糊集合的隶属函数

(1)隶属函数的确定方法

隶属函数是对模糊概念的定量描述,是模糊集合应用于实际问题的基础,正确构造隶属函数是能否用好模糊集合的关键。隶属函数的确定,理论上是客观模糊现象的具体特点,是要符合客观规律的。但是,由于个体在知识、经验等领域的差异性,隶属函数的确定又带有一定的主观性。目前确定隶属函数主要依靠经验确定,然后再通过实验、试验或者计算机模拟得到的反馈信息进行修正。虽然不同的人会使用不同的隶属函数确定方法,建立不完全相同的隶属函数,但是由于隶属函数的客观性,所得到的模糊问题的本质结果应该是相同的。常见的方法有:

1)模糊统计法

概率统计方法建模的思想有其相似性,但是两者所建立的分别属于两种不同的数学模型。

模糊统计的基本思想是对论域 U 上的一个确定元素 u_0 是否属于论域上的一个可变动的清晰集合 $\underset{\sim}{A}_\lambda$,做出确切的判断。清晰集合 $\underset{\sim}{A}_\lambda$ 是联系于一个模糊集合 $\underset{\sim}{A}$,其相应的模糊概念水平为 λ。$\underset{\sim}{A}_\lambda$ 的每一次判定,都是对 λ 做出的一个确定的划分,它表示了 λ 的一个近似外延。它要求在每次试验中,$\underset{\sim}{A}_\lambda$ 的性质必须是个确定的清晰集合。在各次统计中,u_0 是固定的,$\underset{\sim}{A}_\lambda$ 的值是变动的,作 n 次试验,其模糊统计可按下式进行计算

$$u_0 \text{ 对} \underset{\sim}{A}_\lambda \text{ 的隶属频率} = f(n) = \frac{u_0 \in A_\lambda \text{ 的次数}}{n} \tag{3.18}$$

随着 n 的增大,隶属频率也会趋向稳定(即隶属频率的稳定性),频率稳定所在的那个数,就是 u_0 对 $\underset{\sim}{A}$ 的隶属度值。此法通过模糊统计的试验的方法确定。

2)例证法

此法的主要思想是从已知有限个 $\mu_{\underset{\sim}{A}}$ 的值,来估计论域 U 上的模糊子集 $\underset{\sim}{A}$ 的隶属函数。

例3.10　论域 U 是人的寿命,$\underset{\sim}{A}$ 是“长寿的人”,显然 $\underset{\sim}{A}$ 是模糊子集。为了确定 $\mu_{\underset{\sim}{A}}$,可先给出一个具体的年龄,然后选定几个语言真值(即一句话真的程度)中的一个,来回答某年龄是否算“长寿”。如语言真值分为“真的”,“大致真的”,“似真又似假”,“大致假的”,“假的”。然后,把这些语言真值分别用数字表示,分别为1,0.75,0.5,0.25和0。对几个不同年龄都作为样本进行询问,就可以得到 $\underset{\sim}{A}$ 的隶属函数 $\mu_{\underset{\sim}{A}}$ 的离散表示法。

3)专家经验法

专家经验法是根据专家的实际经验来确定隶属函数的方法。专家经验越成熟,实践时间越长,次数越多,则获得的隶属函数效果越好。

4)二元排序法

这是一种较实用的确定隶属函数的方法,它通过多个事物之间两两对比来确定某确定特征下的顺序。由此来确定这些事物对该特征的隶属函数的大致形状。

相对比较法是设论域 U 中元素 $u_1,u_2,\cdots u_n$,要对这些元素按某种特征进行排序,首先要在二元对比中建立比较等级,而后再用一定方法进行总体排序,以获得各元素对于该特性的隶属函数。

5)典型函数法

根据具体问题,选用某些典型函数作为隶属函数,下面列出常用的隶属函数。

①偏小形

a. 降半矩形:

$$\mu_{\underset{\sim}{A}}(x) = \begin{cases} 1 & \text{当}\,0 \leqslant x \leqslant a \\ 0 & \text{当}\,x > a \end{cases} \tag{3.19}$$

如图 3.5(a)示。

b. 降半正态形:

$$\mu_{\underset{\sim}{A}}(x) = \begin{cases} 1 & \text{当}\,0 \leqslant x \leqslant a \\ \mathrm{e}^{-k(x-a)^2} & \text{当}\,x > a \end{cases} \tag{3.20}$$

如图 3.5(b)示。

c. 降半柯西形:

$$\mu_{\underset{\sim}{A}}(x) = \begin{cases} 1 & \text{当}\,0 \leqslant x \leqslant a \\ \dfrac{1}{1 + a(x - a)^{\beta}} & \text{当}\,x > a \end{cases} \tag{3.21}$$

其中,$a > 0, \beta > 0$。如图 3.5(c)示。

d. 降半梯形

$$\mu_{\underset{\sim}{A}}(x) = \begin{cases} 1 & \text{当}\,0 \leqslant x \leqslant a_1 \\ \dfrac{a_2 - x}{a_2 - a_1} & \text{当}\,a_1 < x \leqslant a_2 \\ 0 & \text{当}\,x > a_2 \end{cases} \tag{3.22}$$

如图 3.5(d)示。

e. 降半岭形:

$$\mu_{\underset{\sim}{A}}(x) = \begin{cases} 1 & \text{当}\,x \leqslant a_1 \\ \dfrac{1}{2} - \dfrac{1}{2}\sin\dfrac{x}{a_2 - a_1}\left(x - \dfrac{a_2 + a_1}{2}\right) & \text{当}\,a_1 < x \leqslant a_2 \\ 0 & \text{当}\,x > a_2 \end{cases} \tag{3.23}$$

如图 3.5(e)示。

②对称型

a. 矩形:

$$\mu_{\underset{\sim}{A}}(x) = \begin{cases} 0 & \text{当}\,0 \leqslant x \leqslant a - b \\ 1 & \text{当}\,a - b < x \leqslant a + b \\ 0 & \text{当}\,x > a + b \end{cases} \tag{3.24}$$

见图 3.6(a)。

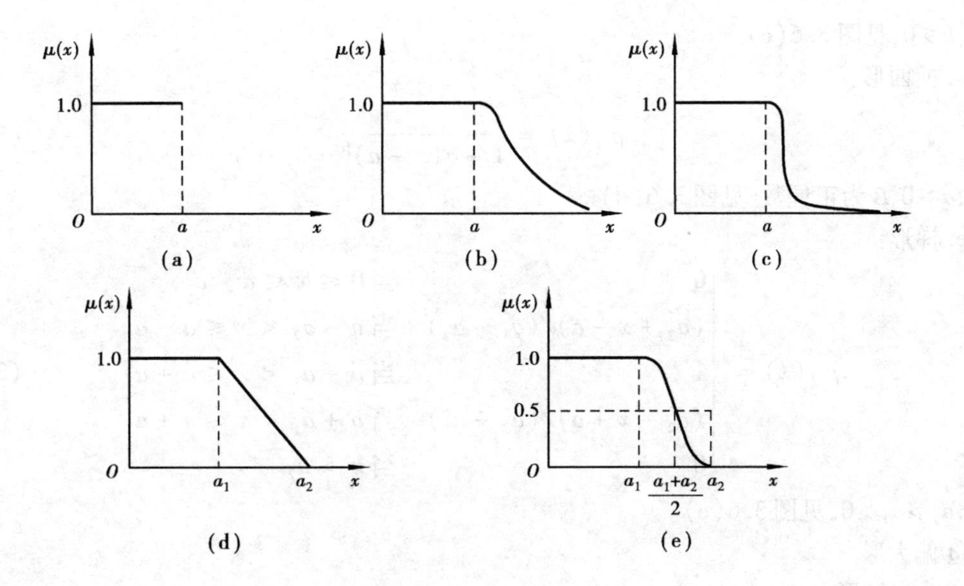

图 3.5　偏小形隶属函数

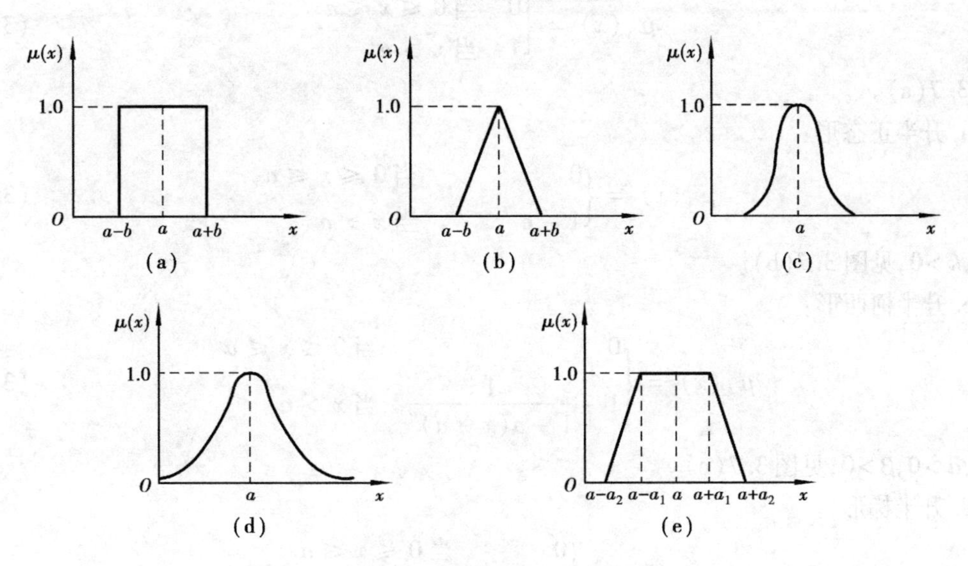

图 3.6　对称型隶属函数

b. 三角形：

$$\mu_{\underset{\sim}{A}}(x) = \begin{cases} 0 & 当\ 0 \leqslant x \leqslant a - b \\ \dfrac{1}{b}(x - a + b) & 当\ a - b < x \leqslant a \\ \dfrac{1}{b}(a + b - x) & 当\ a < x \leqslant a + b \\ 0 & 当\ x > a + b \end{cases} \tag{3.25}$$

见图 3.6(b)。

c. 正态形：

$$\mu_{\underset{\sim}{A}}(x) = \mathrm{e}^{-k(x-a)^2} \tag{3.26}$$

其中，$k>0$，见图3.6(c)。

d. 柯西形：

$$\mu_{\underset{\sim}{A}}(x)=\frac{1}{1+a(x-a)^{\beta}} \tag{3.27}$$

其中，$a>0$，β为正偶数，见图3.6(d)。

e. 梯形：

$$\mu_{\underset{\sim}{A}}(x)=\begin{cases}0 & 当 0 \leqslant x \leqslant a-a_2 \\ (a_2+x-a)/(a_1-a_2) & 当 a-a_2<x \leqslant a-a_1 \\ 1 & 当 a-a_1<x \leqslant a+a_1 \\ (a_2-x+a)/(a_2-a_1) & 当 a+a_1<x \leqslant a+a_2 \\ 0 & 当 x>a_2\end{cases} \tag{3.28}$$

其中，$a_2>a_1>0$，见图3.6(e)。

③偏大形

a. 升半矩形：

$$\mu_{\underset{\sim}{A}}(x)=\begin{cases}0 & 当 0 \leqslant x \leqslant a \\ 1 & 当 x>a\end{cases} \tag{3.29}$$

见图3.7(a)。

b. 升半正态形：

$$\mu_{\underset{\sim}{A}}(x)=\begin{cases}0 & 当 0 \leqslant x \leqslant a \\ 1-\mathrm{e}^{-k(x-a)^2} & 当 x>a\end{cases} \tag{3.30}$$

其中，$k>0$，见图3.7(b)。

c. 升半柯西形：

$$\mu_{\underset{\sim}{A}}(x)=\begin{cases}0 & 当 0 \leqslant x \leqslant a \\ 1-\dfrac{1}{1+a(x-a)^{\beta}} & 当 x>a\end{cases} \tag{3.31}$$

其中，$a>0$，$\beta>0$，见图3.7(c)。

d. 升半梯形

$$\mu_{\underset{\sim}{A}}(x)=\begin{cases}0 & 当 0 \leqslant x \leqslant a_1 \\ \dfrac{x-a_1}{a_2-a_1} & 当 a_1<x \leqslant a_2 \\ 1 & 当 x>a_2\end{cases} \tag{3.32}$$

其中，$a_2>a_1$，见图3.7(d)。

e. 升半岭形

$$\mu_{\underset{\sim}{A}}(x)=\begin{cases}0 & 当 0 \leqslant x \leqslant a_1 \\ \dfrac{1}{2}+\dfrac{1}{2}\sin\dfrac{\pi}{a_2-a_1}\left(x-\dfrac{a_1+a_2}{2}\right) & 当 a_1<x \leqslant a_2 \\ 1 & 当 x>a_2\end{cases} \tag{3.33}$$

其中，$a_2>a_1$，见图3.7(e)。

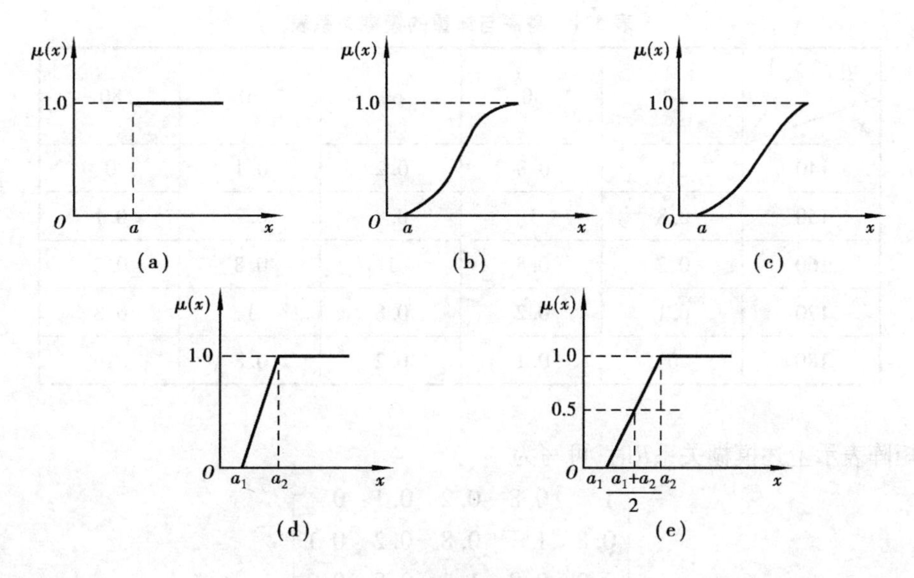

图3.7　偏大型隶属函数

(2)确定隶属函数的几个原则

1)表示隶属函数的模糊集合必须是凸模糊集合。

2)变量所取隶属函数通常是对称和平衡的。

3)隶属函数要遵从语意顺序和避免不恰当的重叠。

4)论域中每个点应至少属于一个隶属函数的区域,并应属于不超过两个隶属函数的区域。

5)对同一个输入没有两个隶属函数会同时有最大隶属度。

6)当两个隶属函数重叠时,重叠部分对两个隶属函数的最大隶属度不该有交叉。

7)当两个隶属函数重叠时,重合部分的任何点的隶属函数的和应该小于等于1。

3.1.4　模糊关系与模糊矩阵

(1)模糊关系

1)模糊关系的定义

定义3.5　设X、Y是两个非空集合,则直积

$$X \times Y = \{(x,y) \mid x \in X, y \in Y\} \tag{3.34}$$

为论域中的一个模糊子集$\underset{\sim}{R}$,称为从集合X到Y的一个模糊关系,也称二元模糊关系。$\underset{\sim}{R}$由其隶属函数

$$\mu_{\underset{\sim}{R}}: X \times Y \rightarrow [0,1]$$

刻画。$\mu_{\underset{\sim}{R}}(x,y)$表明了$(x,y)$具有关系$\underset{\sim}{R}$的程度。

当$X=Y$时,称$\underset{\sim}{R}$为X上的模糊集合;当论域为n个集合的直积$X_1 \times X_2 \times \cdots \times X_n$,则称$\underset{\sim}{R}$为$n$元模糊关系。

例3.11　设某地区人的身高论域$X=\{140,150,160,170,180\}$(单位:cm),体重论域$Y=\{40,50,60,70,80\}$(单位:kg),表3.1为身高与体重的相互关系,它是从X到Y的一个模糊关系$\underset{\sim}{R}$。

表 3.1　身高与体重的模糊关系表

$\underset{\sim}{R}$ X \ Y	40	50	60	70	80
140	1	0.8	0.2	0.1	0
150	0.8	1	0.8	0.2	0.1
160	0.2	0.8	1	0.8	0.2
170	0.1	0.2	0.8	1	0.8
180	0	0.1	0.2	0.8	1

用模糊矩阵表示上述模糊关系$\underset{\sim}{R}$时，可写为

$$\begin{bmatrix} 1 & 0.8 & 0.2 & 0.1 & 0 \\ 0.8 & 1 & 0.8 & 0.2 & 0.1 \\ 0.2 & 0.8 & 1 & 0.8 & 0.2 \\ 0.1 & 0.2 & 0.8 & 1 & 0.8 \\ 0 & 0.1 & 0.2 & 0.8 & 1 \end{bmatrix}$$

2）模糊关系的合成

定义 3.6　设 U、V、W 是论域，$\underset{\sim}{Q}$是 U 到 V 的一个模糊关系，$\underset{\sim}{R}$是 V 到 W 的一个模糊关系，$\underset{\sim}{Q}$对$\underset{\sim}{R}$的合成$\underset{\sim}{Q}\circ\underset{\sim}{R}$指的是 U 到 W 的一个模糊关系，它具有隶属函数

$$\mu_{\underset{\sim}{Q}\circ\underset{\sim}{R}}(u,w) = \vee\ (\mu_{\underset{\sim}{Q}}(u,v)\ \wedge\ \mu_{\underset{\sim}{R}}(v,w)) \tag{3.35}$$

3）模糊关系的运算

由于模糊关系是一类特殊的模糊集，它同模糊集合一样同样有交、并、补等运算。

设模糊关系$\underset{\sim}{P}$、$\underset{\sim}{Q}$、$\underset{\sim}{R}\in F(U\times V)$，且$\forall(u,v)=U\times V$，有以下运算。

交运算：$\underset{\sim}{R}=\underset{\sim}{P}\cap\underset{\sim}{Q}\Leftrightarrow\mu_{\underset{\sim}{R}}(u,v)=\mu_{\underset{\sim}{P}}(u,v)\wedge\mu_{\underset{\sim}{Q}}(u,v)$

并运算：$\underset{\sim}{R}=\underset{\sim}{P}\cup\underset{\sim}{Q}\Leftrightarrow\mu_{\underset{\sim}{R}}(u,v)=\mu_{\underset{\sim}{P}}(u,v)\vee\mu_{\underset{\sim}{Q}}(u,v)$

补运算：$\bar{\underset{\sim}{R}}\Leftrightarrow\mu_{\bar{\underset{\sim}{R}}}(u,v)=1-\mu_{\bar{R}}(u,v)$

包含：$\underset{\sim}{P}\subseteq\underset{\sim}{R}\Leftrightarrow\mu_{\underset{\sim}{P}}(u,v)\leqslant\mu_{\underset{\sim}{R}}(u,v)$

相等：$\underset{\sim}{P}=\underset{\sim}{R}\Leftrightarrow\mu_{\underset{\sim}{P}}(u,v)=\mu_{\underset{\sim}{R}}(u,v)$

4）模糊关系的性质

设$\underset{\sim}{R},\underset{\sim}{R}_1,\underset{\sim}{R}_2\in F(X,Y)$，$\forall t\in T$ 时$\underset{\sim}{R}_t\in F(X\times Y)$，则有

①$\underset{\sim}{R}_1\subseteq\underset{\sim}{R}_2\Leftrightarrow\forall(x,y)\in X\times Y,\underset{\sim}{R}_1(x,y)\leqslant\underset{\sim}{R}_2(x,y)$

②$\underset{\sim}{R}_1=\underset{\sim}{R}_2\Leftrightarrow\forall(x,y)\in X,Y,\underset{\sim}{R}_1(x,y)=\underset{\sim}{R}_2(x,y)$

③$(\underset{\sim}{R}_1\cup\underset{\sim}{R}_2)(x,y)=\underset{\sim}{R}_1(x,y)\vee\underset{\sim}{R}_2(x,y)$

④$(\underset{\sim}{R}_1\cap\underset{\sim}{R}_2)(x,y)=\underset{\sim}{R}_1(x,y)\wedge\underset{\sim}{R}_2(x,y)$

⑤$(\bigcup_{t\in T}\underset{\sim}{R}_t)(x,y)=\bigvee_{t\in T}\underset{\sim}{R}_t(x,y)$

⑥$(\bigcap_{t\in T}\underset{\sim}{R}_t)(x,y)=\bigwedge_{t\in T}\underset{\sim}{R}_t(x,y)$

⑦$\overline{\underset{\sim}{R}}(x,y)=1-\underset{\sim}{R}(x,y)$

(2)模糊矩阵

1)模糊矩阵的定义

定义3.7　设$X=\{x_i|_{i=1,2,\cdots,n}\}$,$Y=\{y_j|_{j=1,2,\cdots,m}\}$,对于$X\times Y$的模糊关系,如果对任意的$i\leqslant n,j\leqslant m$,都有$r_{ij}\in[0,1]$,则称$\boldsymbol{R}=(r_{ij})_{n\times m}$为模糊矩阵。

2)模糊矩阵的运算

$\boldsymbol{R}$、$\boldsymbol{S}$均为n行m列的模糊矩阵,$\boldsymbol{R}=(r_{ij})_{n\times m}$,$\boldsymbol{S}=(s_{ij})_{n\times m}$,则

$$\boldsymbol{R}\cup\boldsymbol{S}=(r_{ij}\vee s_{ij})_{n\times m}$$

$$\boldsymbol{R}\cap\boldsymbol{S}=(r_{ij}\wedge s_{ij})_{n\times m}$$

$$\overline{\boldsymbol{R}}=(1-r_{ij})_{n\times m}$$

3)模糊矩阵的截矩阵

$\boldsymbol{R}=(r_{ij})_{n\times m}$,对任意$\lambda\in[0,1]$,记　$\boldsymbol{R}_\lambda=(\lambda r_{ij})$

其中

$$\lambda r_{ij}=\begin{cases}1 & 当\ r_{ii}\geqslant\lambda\\0 & 当\ r_{ij}<\lambda\end{cases}$$

则矩阵$\boldsymbol{R}_\lambda$为模糊矩阵$\boldsymbol{R}$的截矩阵。

4)模糊矩阵的合成

定义3.8　设$\boldsymbol{Q}=(q_{ij})_{n\times m}$,$\boldsymbol{R}=(r_{jk})_{m\times l}$是两个模糊矩阵,合成矩阵$\boldsymbol{S}=(s_{ik})_{n\times l}$,$\boldsymbol{S}=\boldsymbol{Q}\circ\boldsymbol{R}$:

$$s_{ik}=\bigvee_{j=1}^{m}(q_{ij}\wedge r_{jk})\qquad(i=1,2,\cdots,n;\ k=1,2,\cdots,l)$$

5)模糊矩阵的性质

对于任意模糊矩阵$\boldsymbol{R}$、$\boldsymbol{S}$、$\boldsymbol{T}$,$\boldsymbol{R}=(r_{ij})_{m\times n}$,$\boldsymbol{S}=(s_{ij})_{m\times n}$,$\boldsymbol{T}=(t_{ij})_{m\times n}$,有

①幂等律　$\boldsymbol{R}\cup\boldsymbol{R}=\boldsymbol{R}$　　$\boldsymbol{R}\cap\boldsymbol{R}=\boldsymbol{R}$

②交换律　$\boldsymbol{R}\cup\boldsymbol{S}=\boldsymbol{S}\cup\boldsymbol{R}$　　$\boldsymbol{R}\cap\boldsymbol{S}=\boldsymbol{S}\cap\boldsymbol{R}$

③结合律　$(\boldsymbol{R}\cup\boldsymbol{S})\cup\boldsymbol{T}=\boldsymbol{R}\cup(\boldsymbol{S}\cup\boldsymbol{T})$　　$(\boldsymbol{R}\cap\boldsymbol{S})\cap\boldsymbol{T}=\boldsymbol{R}\cap(\boldsymbol{S}\cap\boldsymbol{T})$

④分配律　$(\boldsymbol{R}\cup\boldsymbol{S})\cap\boldsymbol{T}=(\boldsymbol{R}\cap\boldsymbol{T})\cup(\boldsymbol{S}\cap\boldsymbol{T})$　　$(\boldsymbol{R}\cap\boldsymbol{S})\cup\boldsymbol{T}=(\boldsymbol{R}\cup\boldsymbol{T})\cap(\boldsymbol{S}\cup\boldsymbol{T})$

⑤吸收律　$(\boldsymbol{R}\cup\boldsymbol{S})\cap\boldsymbol{S}=\boldsymbol{S}$　　$(\boldsymbol{R}\cap\boldsymbol{S})\cup\boldsymbol{S}=\boldsymbol{S}$

⑥复原律　$\overline{(\overline{\boldsymbol{R}})}=\boldsymbol{R}$

⑦对偶律　$\overline{(\boldsymbol{R}\cup\boldsymbol{S})}=\overline{\boldsymbol{R}}\cap\overline{\boldsymbol{S}}$　　$\overline{(\boldsymbol{R}\cap\boldsymbol{S})}=\overline{\boldsymbol{R}}\cup\overline{\boldsymbol{S}}$

⑧$\boldsymbol{O}\subseteq\boldsymbol{R}\subseteq\boldsymbol{E}$　$\boldsymbol{O}\cup\boldsymbol{R}=\boldsymbol{R}$　$\boldsymbol{E}\cup\boldsymbol{R}=\boldsymbol{E}$　$\boldsymbol{O}\cap\boldsymbol{R}=\boldsymbol{O}$　$\boldsymbol{E}\cap\boldsymbol{R}=\boldsymbol{R}$

其中,$\boldsymbol{O}$,$\boldsymbol{E}$分别为零矩阵及全矩阵,即

$$\boldsymbol{O}=\begin{bmatrix}0&0&\cdots&0\\0&0&\cdots&0\\\vdots&\vdots&&\vdots\\0&0&\cdots&0\end{bmatrix}\qquad\boldsymbol{E}=\begin{bmatrix}1&1&\cdots&1\\1&1&\cdots&1\\\vdots&\vdots&&\vdots\\1&1&\cdots&1\end{bmatrix}$$

⑨$\boldsymbol{R}\subseteq\boldsymbol{S}\Leftrightarrow\boldsymbol{R}\cup\boldsymbol{S}=\boldsymbol{S}\Leftrightarrow\boldsymbol{R}\cap\boldsymbol{S}=\boldsymbol{R}$

⑩若$\boldsymbol{R}_1\subseteq\boldsymbol{S}_1$,$\boldsymbol{R}_2\subseteq\boldsymbol{S}_2$,则$(\boldsymbol{R}_1\cup\boldsymbol{R}_2)\subseteq(\boldsymbol{S}_1\cup\boldsymbol{S}_2)$,$(\boldsymbol{R}_1\cap\boldsymbol{R}_2)\subseteq(\boldsymbol{S}_1\cap\boldsymbol{S}_2)$。

⑪$\boldsymbol{R}\subseteq\boldsymbol{S}\Leftrightarrow\overline{\boldsymbol{R}}\supseteq\overline{\boldsymbol{S}}$

对模糊矩阵,互补律不成立。即 $\boldsymbol{R}\cup\overline{\boldsymbol{R}}\neq\boldsymbol{E},\boldsymbol{R}\cap\overline{\boldsymbol{R}}\neq\boldsymbol{O}$

模糊矩阵的并、交运算可推广到一般情形,设有任意指标集 $\boldsymbol{T},\boldsymbol{R}^{(t)}\in\mu_{n\times m}(t\in\boldsymbol{T})$,则可定义它们的并与交分别为

$$\bigcup_{t\in T}\boldsymbol{R}^{(t)}=(\bigvee_{t\in T}r_{ij}^{(t)})_{n\times m}\qquad\bigcap_{t\in T}\boldsymbol{R}^{(t)}=(\bigwedge_{t\in T}r_{ij}^{(t)})_{n\times m}$$

⑫ $\boldsymbol{S}\cup(\bigcap_{t\in T}\boldsymbol{R}^{(t)})=\bigcap_{t\in T}(\boldsymbol{S}\cup\boldsymbol{R}^{(t)})\qquad\boldsymbol{S}\cap(\bigcup_{t\in T}\boldsymbol{R}^{(t)})=\bigcup_{t\in T}(\boldsymbol{S}\cap\boldsymbol{R}^{(t)})$

⑬ $\overline{(\bigcup_{t\in T}\boldsymbol{R}^{(t)})}=\bigcap_{t\in T}\overline{(\boldsymbol{R}^{(t)})}\qquad\overline{(\bigcap_{t\in T}\boldsymbol{R}^{(t)})}=\bigcup_{t\in T}\overline{(\boldsymbol{R}^{(t)})}$

3.1.5 模糊语言

(1)模糊语言的概念

语言是信息交流的重要工具,可分为自然语音和形式语言。自然语言具有语义丰富、灵活等特点,同时具有模糊性,如“考试成绩差一点”、“温度很高”、“年龄很大”等。通常的计算机语言是形式语言。形式语言有严格的语法规则和语义,不存在任何的模糊性和歧义。我们将带有模糊性的语言称为模糊语言,如长、短、大、小、高、矮、年轻、年老、较老、很老、极老等。在模糊控制中,关于误差的模糊语言常见的有:正大、正中、正小、正零、负零、负小、负中、负大等。

模糊语言变量是具有模糊性和一定歧义的词语,它的取值不是通常的数,而是用模糊语言表示的模糊集合。例如,若“温度”看成是一个模糊语言变量,则它的取值不是具体温度值,而是由“低温”、“中温”、“高温”构成的模糊集合的子集。

Zadah 为语言变量给出了如下的定义:

定义 3.9 语言变量:一个语言变量可定义为一个五元体

$$(X,T(X),U,G,M)\tag{3.36}$$

式中 X——语言变量的名称;

$T(X)$——语言变量语言值名称的集合;

U——论域;

G——语法规则;

M——语义规则。

例 3.12 设论域 $U=[0,150]$,以语言变量名称 $N=$“年龄”为例,则 T(年龄)可以选取为:T(年龄)=(儿童,少年,青年,中年,老年),上述每个模糊语言值都是定义在论域 U 上的一个模糊集合。

(2)模糊语言算子

语言算子是指语言系统中的一类修饰字词的前缀词或模糊量词,用来调整词的含义,如新书的“新”,较好的“较”都属于语言算子,语言算子也称为模糊算子。根据语言算子的功能不同,通常分为语气算子、模糊化算子、判定化算子三种。

1)语气算子

语气算子用来表达语言中的词的确定性程度。

根据对语气的作用又分为加强语气的集中化算子和减弱语气的散漫化算子。

设论域 U,若存在单词 $\underset{\sim}{A}$,语气算子集合表示的一般形式为

$$(H_\lambda A)(u)=[A(u)]^\lambda\tag{3.37}$$

当 $\lambda>1$ 时,H_λ 称为集中化算子,集中化算子如极、很、特别等。当 $\lambda<1$ 时,H_λ 称为散漫化算子,散漫化算子如较、稍微等。

例 3.13　论域 $U=[0,200]$,$\underset{\sim}{A}$表示“年老”,设 $H_{1.25}$为“相当”,H_2 为“很”,H_3 为“极”,则

$$[\text{相当老}](u)=\begin{cases}0 & \text{当}\ 0\leqslant u\leqslant 50\\ \left[1+\left(\dfrac{u-50}{5}\right)^{-2}\right]^{-1.25} & \text{当}\ 50<u\leqslant 200\end{cases}$$

$$[\text{很老}](u)=\begin{cases}0 & \text{当}\ 0\leqslant u\leqslant 50\\ \left[1+\left(\dfrac{u-50}{5}\right)^{-2}\right]^{-2} & \text{当}\ 50<u\leqslant 200\end{cases}$$

$$[\text{极老}](u)=\begin{cases}0 & \text{当}\ 0\leqslant u\leqslant 50\\ \left[1+\left(\dfrac{u-50}{5}\right)^{-2}\right]^{-4} & \text{当}\ 50<u\leqslant 200\end{cases}$$

当 $\lambda<0$ 时,不妨设 $H_{0.25}$为“微”,$H_{0.5}$为“略”,$H_{0.75}$为“比较”,则

$$[\text{微老}](u)=\begin{cases}0 & \text{当}\ 0\leqslant u\leqslant 50\\ \left[1+\left(\dfrac{u-50}{5}\right)^{-2}\right]^{-0.25} & \text{当}\ 50<u\leqslant 200\end{cases}$$

$$[\text{略老}](u)=\begin{cases}0 & \text{当}\ 0\leqslant u\leqslant 50\\ \left[1+\left(\dfrac{u-50}{5}\right)^{-2}\right]^{-0.5} & \text{当}\ 50<u\leqslant 200\end{cases}$$

$$[\text{比较老}](u)=\begin{cases}0 & \text{当}\ 0\leqslant u\leqslant 50\\ \left[1+\left(\dfrac{u-50}{5}\right)^{-2}\right]^{-0.75} & \text{当}\ 50<u\leqslant 200\end{cases}$$

值得注意的是,语气算子 H_λ 只对模糊概念有作用,对清晰概念将不起作用。

2)模糊化算子

在词前面加入修饰词,使词义模糊化称为模糊化算子。如大概、大约、近似等。模糊化算子 F 的定义如下:

$$(FA(u))=(E\circ A(u))=\bigvee_{v\in V}(E(u,v)\wedge A(v))\tag{3.38}$$

其中,E 是 U 上的一个相似关系,一般取正态分布。

3)判定化算子

在词前加入一些具有倾向性的修饰词,如偏向于、多半是等,在模糊中给出一个大致的判断,称为判定化算子。

例 3.14　年轻的语义定义为

$$\mu_{M(\text{年轻})}(y)=\begin{cases}1 & \text{当}\ x\leqslant 25\\ \left(1+\left(\dfrac{x-25}{5}\right)^{2}\right)^{-1} & \text{当}\ x>25\end{cases}$$

那么合成词偏向年轻即 $P_{\frac{1}{2}}$年轻的语义为

$$\mu_{M(\text{年轻})}(y)=\begin{cases}1 & \text{当}\ x\leqslant 30\\ 0 & \text{当}\ x>30\end{cases}$$

这表明年龄小于等于 30 岁是偏向年轻,而年龄大于 30 岁则不算偏向年轻。

3.1.6 模糊逻辑与模糊推理

(1)模糊逻辑

1)模糊命题

与数理逻辑的命题相对应,模糊逻辑中有模糊命题。模糊命题是命题中含有模糊概念或模糊成分的命题,其判断结果往往处于真假之间。如:此放大器的零点飘移太大。

我们很难对这样的命题进行判断取真或假,因此,我们将对其取值范围从二值{0,1}扩大到连续值[0,1]之间的值,命题的真值即是命题对绝对真的隶属度,以表达符合命题的程度,使得对命题的描述更为贴切。

模糊逻辑:研究模糊命题的逻辑称为模糊逻辑。

2)模糊逻辑的运算

逻辑命题用大写字母加一波浪线 ~ 表示,如$\underset{\sim}{P}$,$\underset{\sim}{P}$的真值用$T(\underset{\sim}{P})$表示,$T(\underset{\sim}{P})\in[0,1]$。例如,$P$:干扰太大,$T(\underset{\sim}{P})=0.8$。

常用的模糊逻辑运算定义如下。

①逻辑或 $P\vee Q=\max(\underset{\sim}{P},\underset{\sim}{Q})$

$\vee$称为析取,是“或”的意思,$\underset{\sim}{P}\vee\underset{\sim}{Q}$表示$\underset{\sim}{P}$或$\underset{\sim}{Q}$,$\underset{\sim}{P}\vee\underset{\sim}{Q}$的真值由下式计算

$$T(\underset{\sim}{P}\vee\underset{\sim}{Q})=\max(T(\underset{\sim}{P}),T(\underset{\sim}{Q}))=T(\underset{\sim}{P})\vee T(\underset{\sim}{Q})$$

②逻辑与 $\underset{\sim}{P}\wedge\underset{\sim}{Q}=\min(\underset{\sim}{P},\underset{\sim}{Q})$

$\wedge$称为合取,是“与”,“并且”的意思,$\underset{\sim}{P}\wedge\underset{\sim}{Q}$表示$\underset{\sim}{P}$且$\underset{\sim}{Q}$,其真值由下式计算

$$T(\underset{\sim}{P}\wedge\underset{\sim}{Q})=\min(T(\underset{\sim}{P}),T(\underset{\sim}{Q}))=T(\underset{\sim}{P})\wedge T(\underset{\sim}{Q})$$

③逻辑非 $\overline{P}=1-\underset{\sim}{P}$

$\overline{\ }$表示否定,$\overline{P}$的真值由下式计算

$$T(\overline{P})=1-T(\underset{\sim}{P})$$

④蕴涵 $P\to Q=((1-P)\vee\underset{\sim}{Q})\wedge 1$

$\to$表示蕴涵,表示“如果……那么” $P\to Q$的真值为

$$T(P\to Q)=(T(\underset{\sim}{P})\wedge T(\underset{\sim}{Q}))\vee(1-T(\underset{\sim}{P}))$$

⑤等价 $\underset{\sim}{P}\leftrightarrow\underset{\sim}{Q}=(\underset{\sim}{P}\to\underset{\sim}{Q})\wedge(\underset{\sim}{Q}\to\underset{\sim}{P})$

$\leftrightarrow$表示等价,互蕴含$\underset{\sim}{P}\leftrightarrow\underset{\sim}{Q}$的真值由下式求出

$$T(\underset{\sim}{P}\to\underset{\sim}{Q})=T(\underset{\sim}{P}\to\underset{\sim}{Q})\wedge T(\underset{\sim}{Q}\to\underset{\sim}{P})$$

3)模糊逻辑的性质有

①幂等律

$T(\underset{\sim}{P}\vee\underset{\sim}{P})=T(\underset{\sim}{P})$

$T(\underset{\sim}{P}\wedge\underset{\sim}{P})=T(\underset{\sim}{P})$

②交换律

$T(\underset{\sim}{P}\vee\underset{\sim}{Q})=T(\underset{\sim}{Q}\vee\underset{\sim}{P})$

$T(\underset{\sim}{P}\wedge\underset{\sim}{Q})=T(\underset{\sim}{Q}\wedge\underset{\sim}{P})$

③结合律

$T((\underset{\sim}{P} \vee \underset{\sim}{Q}) \vee \underset{\sim}{R}) = T(\underset{\sim}{P} \vee (\underset{\sim}{Q} \vee \underset{\sim}{R}))$

$T((\underset{\sim}{P} \wedge \underset{\sim}{Q}) \wedge \underset{\sim}{R}) = T(\underset{\sim}{P} \wedge (\underset{\sim}{Q} \wedge \underset{\sim}{R}))$

④分配律

$T(\underset{\sim}{P} \vee (\underset{\sim}{Q} \wedge \underset{\sim}{R})) = T((\underset{\sim}{P} \vee \underset{\sim}{Q}) \wedge (\underset{\sim}{P} \vee \underset{\sim}{R}))$

$T(\underset{\sim}{P} \wedge (\underset{\sim}{Q} \vee \underset{\sim}{R})) = T((\underset{\sim}{P} \wedge \underset{\sim}{Q}) \vee (\underset{\sim}{P} \wedge \underset{\sim}{R}))$

⑤吸收律

$T(\underset{\sim}{P} \vee (\underset{\sim}{P} \wedge \underset{\sim}{Q})) = T(\underset{\sim}{P})$

$T(\underset{\sim}{P} \wedge (\underset{\sim}{P} \vee \underset{\sim}{Q})) = T(\underset{\sim}{P})$

⑥摩根律

$T(\overline{\underset{\sim}{P} \vee \underset{\sim}{Q}}) = T(\overline{\underset{\sim}{P}} \wedge \overline{\underset{\sim}{Q}})$

$T(\overline{\underset{\sim}{P} \wedge \underset{\sim}{Q}}) = T(\overline{\underset{\sim}{P}} \vee \overline{\underset{\sim}{Q}})$

(2)模糊推理

模糊推理是不确定性推理方法的一种,它是运用模糊语言,对模糊命题进行模糊判断,推出一个近似的模糊结论的方法。虽然模糊推理属于不确定性推理,但其在应用实践中证明是有效的,并且得到的模糊结论符合人的一般思维。

1)模糊推理的基本形式

例3.15　前提1:A 温度高则 B 易燃性大

前提2:A 温度很高

结论　:B 易燃性很大

此例中前提2的模糊判断与前提1的条件不是严格相同,而是近似,其结论也是与前提1中后件应该相近的模糊判断,该结论并非严格推出来,而是近似推出结论,因此通常称为假言推理或似然推理。

模糊推理的基本形式有两种:广义前向推理和广义后向推理

广义前向推理:　前提1　$(\underset{\sim}{A}) \to (\underset{\sim}{B})$

前提2　$(\underset{\sim}{A}')$

结论　$(\underset{\sim}{B}')$

广义后向推理:　前提1　$(\underset{\sim}{A}) \to (\underset{\sim}{B})$

前提2　$(\underset{\sim}{B}')$

结论　$(\underset{\sim}{A}')$

2)模糊推理的合成规则

获得上述广义前向推理和广义后向推理的结论与前提的关系,就提出了模糊推理的合成规则的问题,1975年Zadeh利用模糊变换关系提出了模糊逻辑推理的合成规则,建立统一的数学模型。

其推理规则为

前提1　若 A 则 B

前提2　$\underset{\sim}{A}'$

$$结论\quad \underset{\sim}{B}' = \underset{\sim}{A}' \circ (\underset{\sim}{A} \to \underset{\sim}{B})$$

即结论 B'可用 A'与由 A 到 B 的推理关系合成而得到,其"∘"算子表示模糊关系的合成运算。$(\underset{\sim}{A} \to \underset{\sim}{B})$表示由$\underset{\sim}{A}$到$\underset{\sim}{B}$进行推理的关系或条件有时$(\underset{\sim}{A} \to \underset{\sim}{B})$也可写成$\underset{\sim}{R}_{\underset{\sim}{A} \to \underset{\sim}{B}}$

3)几种常用的推理算法

①Zadeh 的模糊推理算法

Zadeh 定义的表示模糊逻辑推理基本形式的大前提的模糊关系,$\underset{\sim}{R}$有两种形式,分别记为$\underset{\sim}{R}_m$ 和$\underset{\sim}{R}_a$。令$\underset{\sim}{A}$,$\underset{\sim}{B}$分别是 X,Y 中的模糊集合:

$$\underset{\sim}{A} = \int_X \mu_{\underset{\sim}{A}}(x)/x, \quad \underset{\sim}{B} = \int_Y \mu_{\underset{\sim}{B}}(y)/y$$

$x \in X, y \in Y$。$\times, \cup, \cap, -, \oplus$分别表示模糊集合的笛卡尔积,并,交,补和有界和。由"若 x 是$\underset{\sim}{A}$,则 y 是$\underset{\sim}{B}$的推理句,Zadeh 定义的 $X \times Y$ 的模糊关系$\underset{\sim}{R}_m$ 和$\underset{\sim}{R}_a$ 分别为

$$\underset{\sim}{R}_m = (\underset{\sim}{A} \times \underset{\sim}{B}) \cup (\bar{\underset{\sim}{A}} \times Y) = \int_{X \times Y} (\mu_{\underset{\sim}{A}}(x) \wedge \mu_{\underset{\sim}{B}}(y)) \vee (1 - \mu_{\underset{\sim}{A}}(x))/(x,y) \tag{3.39}$$

$$\underset{\sim}{R}_a = (\bar{\underset{\sim}{A}} \times Y) \oplus (X \times \underset{\sim}{B}) = \int_{X \times Y} 1 \wedge (1 - \mu_{\underset{\sim}{A}}(x) + \mu_{\underset{\sim}{B}}(y))/(x,y) \tag{3.40}$$

由上两式,肯定前件式的结论可由推论合成规则得出

$$\begin{aligned} \underset{\sim}{B}'_m &= \underset{\sim}{A}' \circ \underset{\sim}{R}_m = \underset{\sim}{A}' \circ ((\underset{\sim}{A} \times \underset{\sim}{B}) \cup (\bar{\underset{\sim}{A}} \times Y)) \\ &= \int_Y \bigvee_{x \in X} (\mu'_{\underset{\sim}{A}}(x) \wedge ((\mu_{\underset{\sim}{A}}(x) \wedge \mu_{\underset{\sim}{B}}(y)) \vee (1 - \mu_{\underset{\sim}{A}}(x)))) \end{aligned} \tag{3.41}$$

$$\begin{aligned} \underset{\sim}{B}'_m &= \underset{\sim}{A}' \circ R_a = \underset{\sim}{A}' \circ ((\bar{\underset{\sim}{A}} \times Y) \oplus (X \times \underset{\sim}{B})) = \\ &\int_Y \bigvee_{x \in X} (\mu'_{\underset{\sim}{A}}(x) \wedge (1 \wedge (1 - \mu_{\underset{\sim}{A}}(x) + \mu_{\underset{\sim}{B}}(y)))) \end{aligned} \tag{3.42}$$

对于肯定后件式有

$$\underset{\sim}{A}' = \underset{\sim}{R} \circ \underset{\sim}{B}'$$

由式(3.41)、(3.42)我们容易得出肯定后件式的模糊逻辑推理基本形式的算法

$$\begin{aligned} \underset{\sim}{A}'_m &= \underset{\sim}{R}_m \circ \underset{\sim}{B}' = ((\underset{\sim}{A} \times \underset{\sim}{B}) \cup (1 - \bar{\underset{\sim}{A}})) \circ \underset{\sim}{B}' \\ &= \int_X \bigvee_{y \in Y} (((\mu_{\underset{\sim}{A}}(x) \wedge \mu_{\underset{\sim}{B}}(y)) \vee (1 - \mu_{\underset{\sim}{A}}(x))) \wedge \mu_{\underset{\sim}{B}'}(y))/x \end{aligned} \tag{3.43}$$

$$\begin{aligned} \underset{\sim}{A}'_n &= \underset{\sim}{R}_n \circ \underset{\sim}{B}' = ((\bar{\underset{\sim}{A}} \times Y) \oplus (Y \times \underset{\sim}{B})) \circ \underset{\sim}{B}' = \\ &\int_X \bigvee_{y \in Y} ((1 \wedge (1 - \mu_{\underset{\sim}{A}}(x) + \mu_{\underset{\sim}{B}}(y))) \wedge \mu_{\underset{\sim}{B}'}(y))/x \end{aligned} \tag{3.44}$$

以上式(3.41),(3.43)和式(3.42),(3.44)就是 Zadeh 给出的两种蕴涵定义下的两种模糊逻辑推理基本形式的推理算法。

②Mamdani 模糊推理算法

Mamdani 首先把模糊数学的方法应用于自动控制领域,设计了模糊逻辑控制器。Mamdani 提出一个称为最小运算规则的运算来定义模糊逻辑推理的大前提所表达的 X 到 Y 的模糊关系,记为$\underset{\sim}{R}_c$,定义为

$$\underset{\sim}{R}_c = \underset{\sim}{A} \times \underset{\sim}{B} = \int_{X \times Y} \mu_{\underset{\sim}{A}}(x) \wedge \mu_{\underset{\sim}{B}}(y)/(x,y)$$

对于肯定前件式,结论$\underset{\sim}{B}'$可由下式求得

$$\underset{\sim}{B}'_c = \underset{\sim}{A}' \circ \underset{\sim}{R}_c$$

其中,合成运算“∘”可以取“∨ - ∧”、“∨ - ∩”(即取大-强化积)等运算。当合成运算取“∨ - ∧”运算时,有

$$\underset{\sim}{B}'_c = \underset{\sim}{A}' \circ \underset{\sim}{R}_t = \int_Y \vee \left(\left(\mu'_{\underset{\sim}{A}}(x) \wedge \mu_{\underset{\sim}{A}}(y) \right) \wedge \mu_{\underset{\sim}{B}}(y) \right) / y \tag{3.45}$$

对于肯定后件式,采用“∨ - ∧”合成规则 Mamdani 的推理算法为

$$\underset{\sim}{A} = \underset{\sim}{R}_c \circ \underset{\sim}{B}' = \int_X \vee \left(\left(\mu_A(x) \wedge \mu_B(y) \right) \wedge \mu_{\underset{\sim}{B}}(y) \right) / x \tag{3.46}$$

3.2 模糊控制系统原理

模糊控制论作为模糊数学的一个分支,是以模糊集合论、模糊语言变量及模糊推理为基础的一种非线性控制理论,属于智能控制范畴,是目前实现智能控制的一个重要形式之一。

3.2.1 模糊控制系统的基本思想

无论是采用经典控制理论还是采用现代控制理论去设计一个控制系统,都需要事先知道被控对象的精确的数学模型,要知道模型的结构、阶次、参数等等,然后根据数学模型以及给定的性能指标,选择适当的控制策略,进行控制器的设计。然而,大量的实践告诉我们,被控对象的精确数学模型很难建立,这样,就很难完成预期的控制目的。

与此相反,对上述难以精确建模的一些生产过程,作为操作人员的人,往往可以通过手动的反复调整,达到较为满意的控制效果。因此,面对这样的问题,人们就开始探索对于无法构造数学模型的控制问题,是否可以让计算机模拟人的思维,进行控制过程。由此产生了模糊控制。

以汽车驾驶中的倒车问题为例。所谓倒车问题就是要将汽车反向行使,以到达指定的停车位置。用控制理论的方法解决这个问题,首先要建立汽车倒车的数学模型,即状态方程。它涉及多个状态变量,如汽车的位置,汽车车身的方向矢量,汽车的速度,前轮的角度,方向盘的角度等等。由于汽车在倒车过程中,还要考虑道路的情况等一些约束,因此建立精确的数学模型求解倒车问题,有角度的约束条件和变量,是非常复杂的。汽车司机是这样操纵的,首先通过方向盘,保持汽车前轮与道路的直线性,然后在汽车向后倒车的过程中,观察汽车车尾的前进方向,如果汽车前进方向与目标停车位置相对偏移左,则方向盘顺时针旋转,改变前轮,使得汽车车尾向停车位置前进,若前进方向与目标停车位置相对偏移右,则方向盘逆时针旋转,如此往复,最终到达指定的停车位置。

这个例子告诉我们,在求解此类控制问题是,可以让计算机模拟人的思维方式,按照人的操作规则去处理,由此产生了模糊控制的思想。

模糊控制的思想就是利用计算机来实现人的控制经验。利用模糊数学的方法,对一些用模糊语言描述的模糊规则,如“汽车偏左了,方向盘向右打”,建立过程变量和控制方法之间的模糊关系。同时,根据当时的实际情况,基于模糊规则,利用模糊推理的方法获得当时的控制

量。这就是模糊控制的基本思路。

1974 年英国 Mandani 首先设计了模糊控制器,并应用于锅炉和蒸汽机的控制,取得了成功,模糊控制就由此开始了。

由于模糊控制中的模糊规则,包含有关的控制人员和专家的控制经验和知识,因此模糊控制属于智能控制的范畴。

3.2.2 模糊控制系统的组成

模糊控制系统的框图如图 3.8 所示。

由图 3.8 可见,模糊控制系统的结构与一般的计算机数字控制系统基本类似,只是它的控制器为模糊控制器。它也是一个计算机数字控制系统,控制器由计算机实现.需要 A/D,D/A 转换接口,以实现计算机与模拟环节的连接。它也是一个闭环反馈控制系统,被控制量要反馈到控制器,与设定值相比较,根据误差信号进行控制。

模糊控制系统由以下几个部分组成:模糊控制器、输入输出接口、检测装置、执行机构和被控对象。

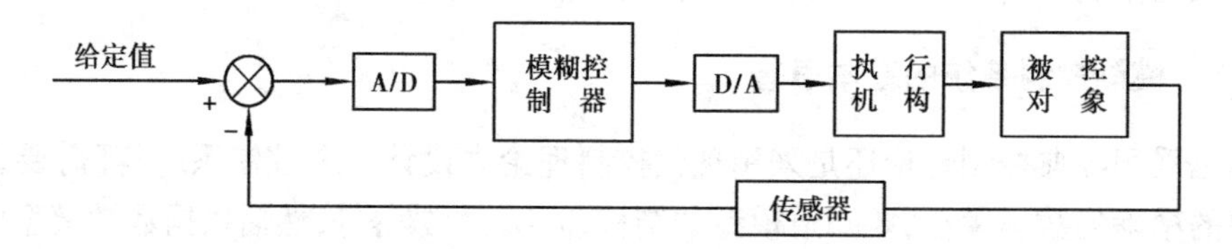

图 3.8 模糊控制原理框图

(1) 被控对象

被控对象是一种设备或装置,或是若干个装置或设备组成的群体,它们在一定的约束下工作,以实现人们的某种目的。工业上典型的被控对象是各种各样的生产设备实现的生产过程,它们可能是物理过程,化学过程或是生物化学过程。从数学模型的角度讲,它们可能是单变量或多变量的,可能是线性的或非线性的,可能是定常的或时变的,可能是一阶的或高阶的,可能是确定性的或是随机过程,当然也可能是混合有多种特性的过程。正如前文所述,有不少对象是难以建模的。对于难以建立精确数学模型的复杂对象,对于非线性和时变对象,模糊控制策略是较为适宜采用的一种方案。

(2) 检测装置

检测装置一般包括传感器和变送装置。它们检测各种非电量如温度、流量、压力、液位、转速、角度、浓度、成分等并变换放大为标准的电信号,包括模拟的或数字的等形式。在某些场合,检测量也可能是电量。

与一般的自动控制系统一样,模糊控制需要能够提供实时数据的在线检测装置,对于有较大滞后的各种离线分析仪器,往往不能满足模糊控制实时性的要求。

检测装置的精度级别应该高于系统的精度控制指标,这在模糊控制系统中同样适用。但是,一般认为在以高精度为目标的控制系统中不宜采用模糊控制方案,因此在模糊控制系统中检测装置的精度应视具体控制指标的要求具体确定。

(3) 执行机构

执行机构是模糊控制器向被控对象施加控制作用的装置,如工业过程控制中应用最普遍最典型的各种调节阀。执行机构实现的控制作用常常表现为使角度、位置发生变化,因此它往往是由伺服电动机、步进电动机、气动调节阀、液压阀等加上驱动装置组成。

(4)输入输出接口

输入输出接口是实现模糊控制算法的计算机与控制系统连接的桥梁,输入接口主要与检测装置连接,把检测信号转换为计算机所能识别处理的数字信号并输入给计算机。输出接口把计算机输出的数字信号转换为执行机构所要求的信号,输出给执行机构对被控对象施加控制作用。

由于大部分检测装置和执行机构的信号都是模拟信号,因此输入输出接口常常是模数转换电路(A/D)和数模转换电路(D/A)。

(5)模糊控制器

模糊控制器是模糊控制系统的核心,也是模糊控制系统区别于其他自动控制系统的主要标志。模糊控制器一般由计算机实现,用计算机程序和硬件实现模糊控制算法,计算机可以是单片机、工业控制机等各种类型的微型计算机,程序设计语言可以是汇编语言、C语言及其他各种语言。

3.2.3　模糊控制系统的分类

类似于确定性控制系统分类方法,模糊控制系统可以从不同角度进行分类。如:按信号的时变特性进行分类,有恒值模糊控制系统和随动模糊控制系统;按模糊控制规则是否具有线性特性来分类,有线性模糊控制系统和非线性模糊控制系统;按静态误差是否存在来分类,可以分为有差模糊控制系统和无差模糊控制系统;按系统输入/输出变量的多少来分类,可以分为单变量模糊控制系统和多变量模糊控制系统。但是,由于模糊控制系统有自己的系统结构特征,因此,在分类定义和设计与分析方法上,不会和一般自动控制系统完全类同。

(1)恒值模糊控制系统和随动模糊控制系统

恒值模糊控制系统是指若系统给定值不变,要求其被控输出量保持恒定,而影响被控量变化的只是进入系统的外界扰动作用,控制的目的是要求系统自动克服这些扰动,也可称为自镇定模糊控制系统,如温度模糊控制系统、液位模糊控制系统等。

随动模糊控制系统是指若系统给定值是时间函数,要求其被控输出量按一定精度要求,快速地跟踪给定值函数。尽管系统也存在外界扰动,但其对系统的影响不是控制的主要目的,也称为模糊控制跟踪系统,如机器人关节的模糊控制位置随动系统。

对于恒值模糊控制系统来讲,被控对象特性和系统运行状态变化不大,对控制器的适应性和鲁棒性要求不高;而对于随动模糊控制系统而言,要求有强的适应性和鲁棒性,以及快速跟踪特性,因此,对于线性模糊控制系统的偏差控制,可以只用一组模糊控制规则来设计控制器。而对具有复杂对象的非线性模糊控制系统,除考虑采用多值模糊控制规则以外,通常还可以采用将精确控制和模糊控制相结合的集成控制方法。

(2)有差模糊控制系统和无差模糊控制系统

有差模糊控制系统是指在模糊控制器的设计中只考虑系统输出误差的大小及其变化率的模糊控制系统,一般的模糊控制系统均存在有静态误差,因此称为有差模糊控制系统。

无差模糊控制系统是指模糊控制系统中引入积分环节的作用,将常规模糊控制器所存在的静差抑制到最小限度,达到模糊控制系统的某种意义上的无静差要求,这种系统称之为无差模糊控制系统。

(3)线性模糊控制系统与非线性模糊控制系统

对于开环模糊控制系统 S,其输入变量为 u,输出变量为 v,它们的论域分别为 U 和 V,设$\underset{\sim}{A}_i$和$\underset{\sim}{B}_j$分别是论域 U 和 V 上均匀分布的正规凸模糊子集,并且

$$\underset{\sim}{A}_i \in F(U) \quad (i = 0, \pm 1, \cdots, \pm n)$$

$$\underset{\sim}{B}_j \in F(V) \quad (j = 0, \pm 1, \cdots, \pm m)$$

若对于任意的输入偏差 $\Delta u \in U$ 和相应的输出偏差 $\Delta v \in V$,满足

$$\frac{\Delta v}{\Delta u} = K \quad K \in [K_c - \delta, K_c + \delta]$$

并且

$$\delta = \frac{v_{\max} - v_{\min}}{2\xi(u_{\max} - u_{\min})m}$$

δ 为给定的任意小正数,称为线性度,ξ 为线性化因子。

当 $|K - K_c| \leqslant \delta$,称系统 S 为线性模糊控制系统,

当 $|K - K_c| > \delta$,称系统 S 为非线性模糊控制系统。

(4)单变量模糊控制系统和多变量模糊控制系统

所谓单变量模糊控制器是指模糊控制器的输入变量和输出变量都只有一个(或一种类型)。很显然,这和只有一个输入一个输出的单入单出控制系统的概念是有区别的。事实上,单变量模糊控制器的输入可以是偏差一个量(一维)的,也可以是偏差和偏差变化两个量(二维)的,也可以是偏差、偏差的变化和偏差变化的变化三个量(三维)的。这种单变量模糊控制器结构也叫常规模糊控制器或基本模糊控制器结构。

一维模糊控制器的输入语言变量为被控量和给定值的偏差,由于仅仅利用偏差一个量进行控制,很难全面反映受控对象的动态品质,因此控制的效果是不能令人满意的。这种控制方案一般用于简单一阶被控对象。

二维模糊控制器的输入语言变量为被控量与给定值的偏差和偏差变化,两个量是一种物理量类型。偏差和偏差变化能够较全面严格地反映被控过程的动态特性,因此控制效果比一维模糊控制器好得多。它是目前被广泛采用的一种模糊控制器。

三维模糊控制器的输入变量分别为系统偏差量、偏差变化量和偏差变化的变化率,由于这类模糊控制器结构比较复杂,推理运算时间长,一般较少使用。

多变量模糊控制器是指控制器的输入和输出都是多个物理变量,由于各个变量之间存在着强耦合,根据模糊控制器本身具有的解耦性质,利用模糊关系方程的分解,在控制器结构上进行解耦,便可以将一个多输入多输出模糊控制器,分解成若干个多输入单输出模糊控制器,这样就可以使多输入多输出模糊控制器在设计和实现上得到解决。

3.2.4 模糊控制系统基本原理

(1)模糊控制的原理

模糊控制的基本原理如图 3.8 所示,其核心部分为模糊控制器。模糊控制器主要由计算控制变量、模糊量化处理、模糊控制规则、模糊推理(模糊决策)和非模糊化处理等部分组成。模糊控制的过程是这样的:采样设备经中断采样获取被控制量的精确值,然后将此量与给定值

比较得到误差量E,将误差量E作为模糊控制器的输入量,通过模糊量化处理,将E的精确量变成模糊量,误差E的模糊量可用相应的模糊语言表示,至此,得到了误差E的模糊语言集合的一个子集$\underset{\sim}{e}$,再由$\underset{\sim}{e}$和模糊控制规则$\underset{\sim}{R}$(模糊关系)根据推理的合成规则进行模糊推理(模糊决策),得到模糊控制量$\underset{\sim}{u}$为

$$\underset{\sim}{u} = \underset{\sim}{e} \circ \underset{\sim}{R}$$

式中　$\underset{\sim}{u}$——一个模糊量。

最后,为了对被控对象施加精确的控制,还需要将模糊量u转换为精确量,这个过程称为非模糊化处理。得到了精确的控制量之后,通过执行机构作用于被控对象,从而完成了一次的模糊控制过程,通过再次采样,进行第二次的、第三次的……模糊控制过程,最终实现了系统的模糊控制。

具体来说,实现模糊控制的主要有以下3个过程:

1)模糊化过程

通过传感器把要监测的物理量变成电量,再通过模数转换器把它转换成数字量,输入量输入至模糊逻辑控制器后,根据模糊集合的隶属函数,将该精确量转换为模糊值。此过程就称为精确量的模糊化或者模糊量化,其目的是把传感器的输入转换成模糊控制系统中可以进行模糊操作的模糊变量格式。

2)模糊规则建立与模糊推理

该过程是根据有经验的操作者或者专家的经验制定出模糊控制规则,并进行模糊推理,以得到一个模糊输出集合。这一步称为模糊控制规则建立和推理,其目的是用模糊输入值去适配控制规则,为每个控制规则确定其适配的程度,并且通过加权计算合并那些规则的输出。

3)解模糊

要解决的第三个问题是根据模糊逻辑推理得到的输出模糊隶属函数,用不同的方法找一个具有代表性的精确值作为控制量,这一步称为模糊输出量的解模糊判决。其目的是把分布范围概括合并成单点的输出值,加到执行器上实现控制。

(2)模糊控制系统的工作原理及过程

为了说明模糊控制系统的工作原理,下面以简单的单输入、单输出水位控制系统为例来说明。

假设用模糊控制器控制水箱的水位。根据出水阀的用水状况,注水阀自动调整开度大小,使水箱的水位保持在一定高度h。注水阀门打开水位升高,阀门开的越大注水速度越快,如图3.9。

根据人工操作经验,控制规则可以用语言描述如下:

1)若水位高于h_0,则控制阀应开小一点,且高得多时,控制阀关得多。

2)若水位高于h_0,则控制阀应开小一点,且高得少时,控制阀关得少。

3)若水位在h_0附近,则控制阀开度基本不变。

4)若水位在h_0之下,则控制阀开度要增加,水位低得多时,控制阀开的多。

5)若水位在h_0之下,则控制阀开度要增加,水位低得少时,控制阀开的少。

其模糊控制系统的工作原理详细介绍如下:

1)模糊控制器的输入变量和输出变量

在此将水位h作为给定值h_0,测量得到的水位记为h,则误差e作为模糊控制器的输入变

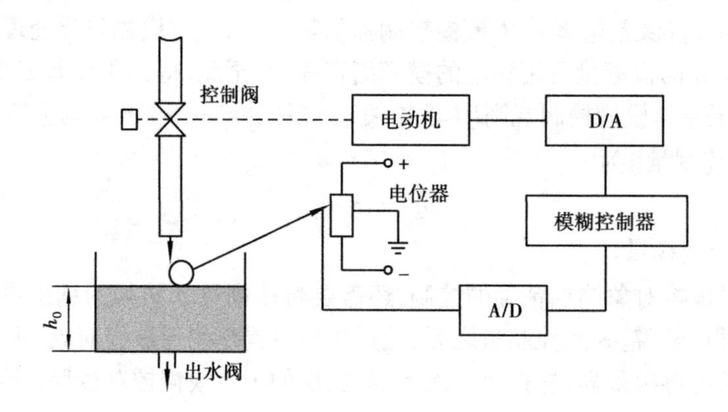

图 3.9 水位控制系统示意图

量。即：

$$e = h_0 - h$$

模糊控制器的输出变量就是电动机两端的电枢电压的大小和极性。

2)输入变量和输出变量的模糊语言

设输入变量的模糊子集为

{负大,负小,0,正小,正大}

设定其相应的语言变量,并记作

NB = 负大,NS = 负小,ZO = 零,PS = 正小,PB = 正大

并将误差 e 的大小量化为 7 个等级,分别表示为 3, −2, −1,0, +1, +2, +3 则其论域 E 为

$$E = \{-3, -2, -1, 0, +1, +2, +3\}$$

选输出变量变化的大小量化为 7 个等级,其等级数也可以和 e 不相同。

$$U = \{-3, -2, -1, 0, +1, +2, +3\}$$

若根据专家经验,给出了如图 3.10 所示的隶属函数,可以得到如表 3.2 所示的模糊变量 u 和 e 的隶属函数赋值表。

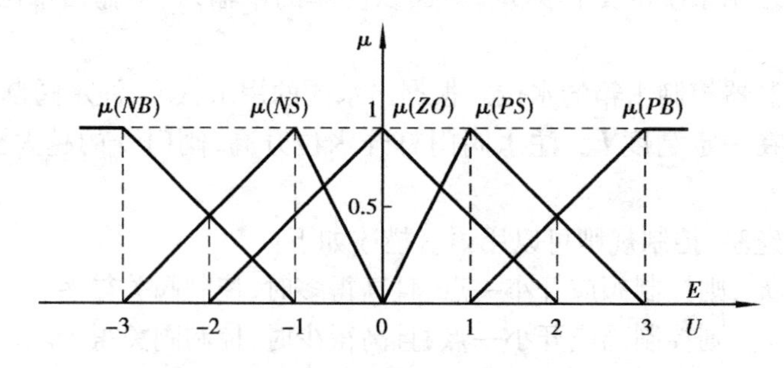

图 3.10 语言变量的隶属函数

3)模糊控制规则的语言描述

根据操作人员手动控制经验,模糊控制规则可归纳如下。

①若 e 负大,则 u 负大。

②若 e 负小,则 u 负小。

③若 e 为零,则 u 为零。

表3.2　模糊变量(e,u)的赋值表

隶属度		(e,u)的论域						
		-3	-2	-1	0	+1	+2	+3
语言变量	*PB*	0	0	0	0	0	0.5	1.0
	PS	0	0	0	0	1.0	0.5	0
	ZO	0	0	0.5	1.0	0.5	0	0
	NS	0	0.5	1.0	0	0	0	0
	NB	1.0	0.5	0	0	0	0	0

④若e正小，则u正小。

⑤若e正大，则u正大。

用模糊语言表达如下

①if $e=NB$ then $u=NB$

②if $e=NS$ then $u=NS$

③if $e=ZO$ then $u=ZO$

④if $e=PS$ then $u=PS$

⑤if $e=PB$ then $u=PB$

同时，也可以列成模糊状态表形式，如表3.3所示。

表3.3　模糊状态表

$\underset{\sim}{e}$	*NB*	*NS*	*ZO*	*PS*	*PB*
$\underset{\sim}{u}$	*NB*	*NS*	*ZO*	*PS*	*PB*

4)模糊关系

模糊控制规则实际上是一组多重条件语句，可以用偏差域E到控制量U的模糊关系$\underset{\sim}{R}$表示，并且要求这两个论域都是有限论域，模糊关系$\underset{\sim}{R}$可以用矩阵来表示。

$$\underset{\sim}{R}=\underset{\sim}{R}_1\cup\underset{\sim}{R}_2\cup\underset{\sim}{R}_3\cup\underset{\sim}{R}_4\cup\underset{\sim}{R}_5$$

$$=(NB_e\times NB_u)\cup(NS_e\times NS_u)\cup(ZO_e\times ZO_u)\cup(PS_e\times PS_u)\cup(PB_e\times PB_u)\quad(3.47)$$

其中，角标分别表示误差和控制量。上式中$NB_e\times NB_u$直积项按表3.2可以写成

$$NB_e\times NB_u=(1.0,0.5,0,0,0,0,0)\times(1.0,0.5,0,0,0,0,0)$$

$$=\begin{bmatrix}1 & 0.5 & 0 & 0 & 0 & 0 & 0\\0.5 & 0.5 & 0 & 0 & 0 & 0 & 0\\0 & 0 & 0 & 0 & 0 & 0 & 0\\0 & 0 & 0 & 0 & 0 & 0 & 0\\0 & 0 & 0 & 0 & 0 & 0 & 0\\0 & 0 & 0 & 0 & 0 & 0 & 0\\0 & 0 & 0 & 0 & 0 & 0 & 0\end{bmatrix}$$

同理，可以得到其他各项直积：

$$NS_e \times NS_u = (0,0.5,1.0,0,0,0,0) \times (0,0.5,1.0,0,0,0,0)$$

$$= \begin{bmatrix} 0 & 0 & 0 & 0 & 0 & 0 & 0 \\ 0 & 0.5 & 0.5 & 0 & 0 & 0 & 0 \\ 0 & 0.5 & 1 & 0 & 0 & 0 & 0 \\ 0 & 0 & 0 & 0 & 0 & 0 & 0 \\ 0 & 0 & 0 & 0 & 0 & 0 & 0 \\ 0 & 0 & 0 & 0 & 0 & 0 & 0 \\ 0 & 0 & 0 & 0 & 0 & 0 & 0 \end{bmatrix}$$

$$ZO_e \times ZO_u = (0,0,0.5,1,0.5,0,0) \times (0,0,0.5,1,0.5,0,0)$$

$$= \begin{bmatrix} 0 & 0 & 0 & 0 & 0 & 0 & 0 \\ 0 & 0 & 0 & 0 & 0 & 0 & 0 \\ 0 & 0 & 0.5 & 0.5 & 0.5 & 0 & 0 \\ 0 & 0 & 0.5 & 1 & 0.5 & 0 & 0 \\ 0 & 0 & 0.5 & 0.5 & 0.5 & 0 & 0 \\ 0 & 0 & 0 & 0 & 0 & 0 & 0 \\ 0 & 0 & 0 & 0 & 0 & 0 & 0 \end{bmatrix}$$

$$PS_e \times PS_u = (0,0,0,0,1,0.5,0) \times (0,0,0,0,1,0.5,0)$$

$$= \begin{bmatrix} 0 & 0 & 0 & 0 & 0 & 0 & 0 \\ 0 & 0 & 0 & 0 & 0 & 0 & 0 \\ 0 & 0 & 0 & 0 & 0 & 0 & 0 \\ 0 & 0 & 0 & 0 & 0 & 0 & 0 \\ 0 & 0 & 0 & 0 & 1 & 0.5 & 0 \\ 0 & 0 & 0 & 0 & 0.5 & 0.5 & 0 \\ 0 & 0 & 0 & 0 & 0 & 0 & 0 \end{bmatrix}$$

$$PB_e \times NB_u = (0,0,0,0,0,0.5,1) \times (0,0,0,0,0,0.5,1)$$

$$= \begin{bmatrix} 0 & 0 & 0 & 0 & 0 & 0 & 0 \\ 0 & 0 & 0 & 0 & 0 & 0 & 0 \\ 0 & 0 & 0 & 0 & 0 & 0 & 0 \\ 0 & 0 & 0 & 0 & 0 & 0 & 0 \\ 0 & 0 & 0 & 0 & 0 & 0 & 0 \\ 0 & 0 & 0 & 0 & 0 & 0.5 & 0.5 \\ 0 & 0 & 0 & 0 & 0 & 0.5 & 1 \end{bmatrix}$$

将上述各矩阵代入(3.47)可以得到

$$\underset{\sim}{R}=\begin{bmatrix}1&0.5&0&0&0&0&0\\0.5&0.5&0.5&0&0&0&0\\0&0.5&1&0.5&0.5&0&0\\0&0&0.5&1&0.5&0&0\\0&0&0.5&0.5&1&0.5&0\\0&0&0&0&0.5&0.5&0.5\\0&0&0&0&0&0.5&1\end{bmatrix}$$

5)模糊推理

有了模糊关系$\underset{\sim}{R}$后，就可以根据每个采样时刻计算出的偏差模糊量，利用推理合成运算进行模糊推理，以确定对应时刻的输出模糊控制量U

$$\underset{\sim}{u}=\underset{\sim}{e}\circ\underset{\sim}{R} \tag{3.48}$$

控制量实际上等于误差的模糊向量$\underset{\sim}{e}$和模糊关系的合成，当取$\underset{\sim}{e}=PS$时，

$$\begin{aligned}\underset{\sim}{u}&=\underset{\sim}{e}\circ\underset{\sim}{R}\\&=(0,0,0,0,1,0.5,0)\circ\begin{bmatrix}1&0.5&0&0&0&0&0\\0.5&0.5&0.5&0&0&0&0\\0&0.5&1&0.5&0.5&0&0\\0&0&0.5&1&0.5&0&0\\0&0&0.5&0.5&1&0.5&0\\0&0&0&0&0.5&0.5&0.5\\0&0&0&0&0&0.5&1\end{bmatrix}\\&=(0,0,0.5,0.5,1.0,0.5,0.5)\end{aligned}$$

6)控制量的模糊量转化为精确量

由以上过程求得的控制量u为模糊向量，比如当e为NB时，有

$$\begin{aligned}\underset{\sim}{u}&=(1.0,0.5,0,0,0,0,0)\circ\begin{bmatrix}1&0.5&0&0&0&0&0\\0.5&0.5&0.5&0&0&0&0\\0&0.5&1&0.5&0.5&0&0\\0&0&0.5&1&0.5&0&0\\0&0&0.5&0.5&1&0.5&0\\0&0&0&0&0.5&0.5&0.5\\0&0&0&0&0&0.5&1\end{bmatrix}\\&=(1,0.5,0.5,0,0,0,0)\end{aligned}$$

可以改写为$\underset{\sim}{u}=(1/-3)+(0.5/-2)+(0.5/-1)+(0/0)+(0/1)+(0/2)+(0/3)$

按照“隶属度最大原则”，应选取控制量为$\underset{\sim}{u}=$“-3”，也就是，当水位高于h_0，且高得多时，控制阀关得多。

7)模糊控制器的响应表

进一步分析模糊关系R可以知道，要获得误差观察结果的确切响应，可以采用模糊关系R每一行中峰域中心值的方法，如下式的方框中的元素。

$$
\underset{\sim}{R} = \begin{array}{c|ccccccc} U & -3 & -2 & -1 & 0 & 1 & 2 & 3 \\ E & & & & & & & \\ \hline -3 & \boxed{1} & 0.5 & 0 & 0 & 0 & 0 & 0 \\ -2 & 0.5 & \boxed{0.5} & 0.5 & 0 & 0 & 0 & 0 \\ -1 & 0 & 0.5 & \boxed{1} & 0.5 & 0.5 & 0 & 0 \\ 0 & 0 & 0 & 0.5 & \boxed{1} & 0.5 & 0 & 0 \\ 1 & 0 & 0 & 0.5 & 0.5 & \boxed{1} & 0.5 & 0 \\ 2 & 0 & 0 & 0 & 0 & 0.5 & \boxed{0.5} & 0.5 \\ 3 & 0 & 0 & 0 & 0 & 0 & 0.5 & \boxed{1} \end{array}
$$

可以得到模糊控制器的响应表如表3.4所示。

表3.4　模糊控制器响应表

E	−3	−2	−1	0	1	2	3
U	−3	−2	−1	0	1	2	3

综上,可以知道模糊控制过程的一般步骤是:

①确定模糊控制器的输入变量和输出变量。

②输入变量和输出变量的模糊语言描述。

③模糊控制规则的语言描述。

④模糊控制规则的矩阵形式。

⑤模糊决策。

⑥去模糊化(解模糊)。

⑦列出模糊控制器的响应表。

3.3　模糊控制器设计

模糊控制系统的核心就是模糊控制器,一个模糊控制系统的性能优劣,主要取决于模糊控制器,包括模糊控制器的结构、所采用的模糊规则、推理算法以及模糊决策的方法等。

模糊逻辑控制器就是用模糊逻辑模仿人的逻辑思维来对无法建立数学模型的系统实现控制的设备进行控制,模糊控制器是模糊逻辑控制器的简称,因为模糊控制器的控制规则是基于模糊条件语句描述的语言控制规则,所以模糊控制器又称为模糊语言控制器。

3.3.1　模糊控制器的基本结构

模糊控制器的结构如图3.11所示,它由模糊化结构、推理机、解模糊接口、知识库4部分构成。

(1)模糊化接口

模糊控制器的输入必须通过模糊化接口,转化成为模糊量后,才能加载于模糊控制器。模

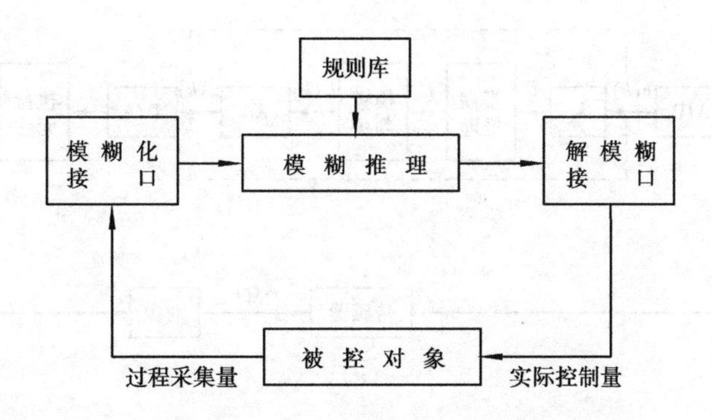

图3.11　模糊控制器的基本结构图

糊化接口是模糊控制器的输入接口。通过将传感器得到的确定量,通过误差或误差变化计算,进行标尺转换,将输入变量变换成相应的论域,成为模糊变量。

(2)规则库

规则库包含应用论域的知识和控制目标,由一组语言控制规则组成,表达了应用论域的专家经验和控制策略。

(3)推理机

推理机是模糊控制系统的“大脑”。它基于模糊概念,运用模糊推理算法,根据模糊规则,模拟人的决策过程,获得模糊控制系统的控制策略和控制作用。

(4)解模糊接口

由于对系统的具体控制是一个精确量,所以需要通过解模糊接口,将模糊控制器的输出由模糊变量转换成精确变量,以获得系统的精确的控制作用。

3.3.2　模糊控制器设计的基本方法

(1)模糊控制器结构设计

模糊控制器的结构设计是指确定模糊控制器的输入变量与输出变量,在3.2节已经介绍了,根据模糊控制器的输入变量和输出变量的个数,可以分为单变量模糊控制系统和多变量模糊控制系统。在这里我们主要介绍单变量模糊控制系统和多变量模糊控制系统的基本结构。

1)单变量模糊控制系统

单变量模糊控制系统可以分为一维模糊控制器(输入变量是偏差$\underset{\sim}{e}$)、二维模糊控制器(输入变量是偏差$\underset{\sim}{e}$和偏差的变化$\Delta \underset{\sim}{e}$)、三维模糊控制器(输入变量是偏差$\underset{\sim}{e}$、偏差的变化$\Delta \underset{\sim}{e}$和偏差变化的变化$\Delta^2 \underset{\sim}{e}$)。图3.12所示的是一维模糊控制器和二维模糊控制器的基本结构。

在图3.12中,Ka为偏差量化因子,Kb为偏差变化的量化因子,Ku为比例因子。

从理论上讲,模糊控制系统所选用的模糊控制维数越高,系统的控制精度越高。但是,维数选择太高,模糊控制规则就会变得过于复杂,推理、求解的过程就更加困难。因此,一般采用二维模糊控制器作为系统的模糊控制器的结构。

2)多变量模糊控制系统

由于多变量模糊控制系统中各个变量之间存在着强耦合,因此要直接设计一个多变量模糊控制器是非常困难的。我们可以利用模糊控制器本身的解耦性,通过模糊关系方程的分解,在控制器结构上进行解耦,将一个多输入多变量模糊控制器,分解成若干个单变量模糊控制器,如图3.13所示。

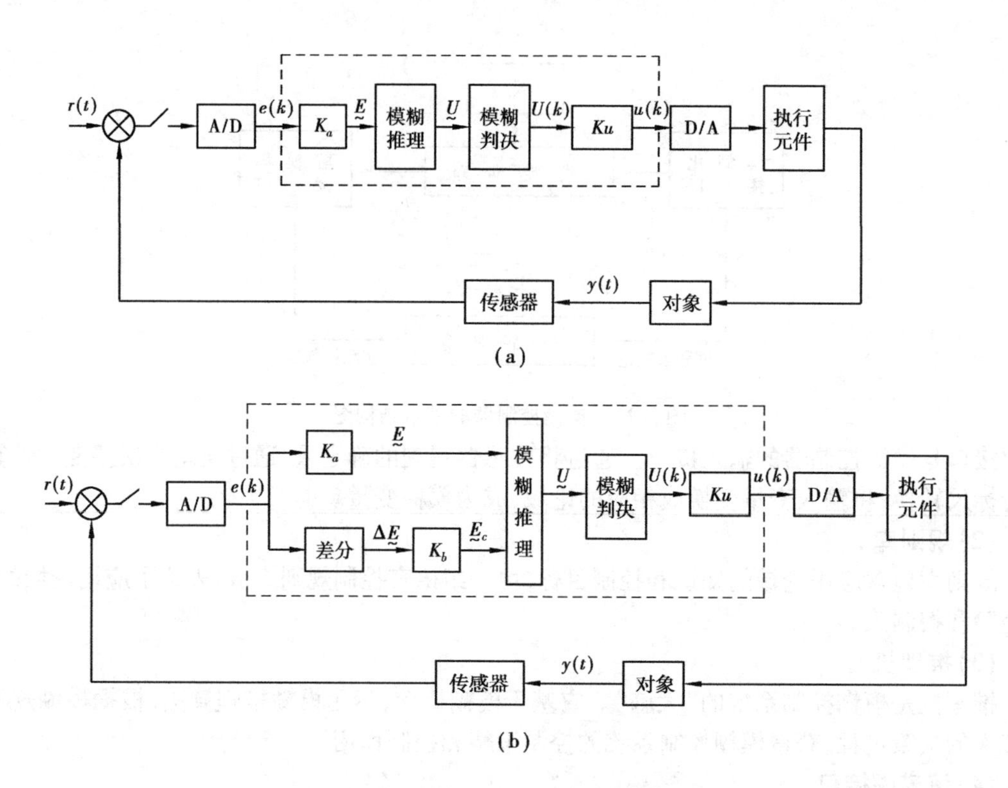

图 3.12　基本模糊控制器原理框图
(a)一维模糊控制器　(b)二维模糊控制器

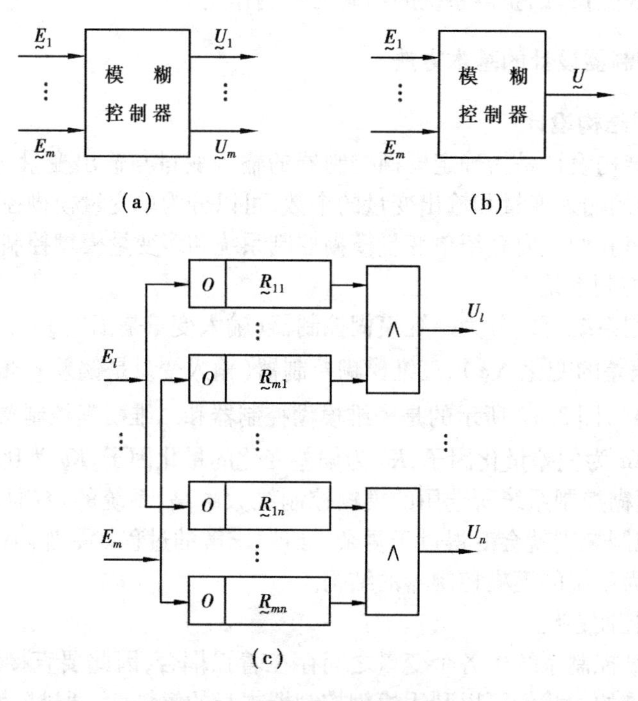

图 3.13　多变量模糊控制器解耦
(a)多变量模糊控制器　(b)多输入单输出模糊控制器　(c)多输入多输出模糊控制器

3)量化因子与比例因子的选择

当由计算机实现模糊控制算法进行模糊控制时,每次采样得到的被控制量须经计算机计算,便得到模糊控制器的输入变量误差及误差变化。为了进行模糊化处理,必须将输入变量从基本论域转换到相应的模糊集的论域,这中间须将输入变量乘以相应的因子,从而引出量化因子的概念。

量化因子一般用K表示,误差的量化因子是K_e,误差变化的量化因子是K_c。设误差的基本论域为$[-|e_{max}|,|e_{max}|]$,误差变化的基本论域为$[-|ec_{max}|,|ec_{max}|]$,误差的模糊论域为

$$E=\{-n_1,-(n_1-1),\cdots,0,1,\cdots,n_1-1,n_1\}$$

误差变化的论域为

$$EC=\{-n_2,-(n_2-1),\cdots,0,1,\cdots,n_2-1,n_2\}$$

则

$$K_e=n_1/x_e \tag{3.49}$$

$$K_c=n_2/x_c \tag{3.50}$$

量化因子类似于增益的概念,在模糊控制器实际工作中,一般误差和误差变化的基本论域选择范围要比模糊集论域选择得小,所以量化因子一般都远大于1。

设控制量的变化范围为$[-|u_{max}|,|u_{max}|]$,控制量所取的论域为

$$U=\{-m,-(m-1),\cdots,0,1,\cdots,m-1,m\}$$

控制量的比例因子由下式确定

$$K_u=m/|u_{max}| \tag{3.51}$$

可以看出,量化因子和比例因子两者均是考虑两个论域变换而引出的,但对输入变量而言的量化因子确实具有量化效应,而对输出而言的比例因子只起比例作用。

量化因子K_e及K_c的大小对控制系统的动态性能影响很大。K_e选的较大时,系统的超调也较大,过渡过程较长。K_c选择较大时,超调量减小,K_c选择越大系统超调越小,但系统的响应速度变慢。K_c对超调的遏制作用十分明显。

同时,输出比例因子K_u的大小也影响着模糊控制系统的特性。K_u选择过小会使系统动态响应过程变长,而K_u选择过大会导致系统振荡。输出比例因子K_u作为模糊控制器的总的增益,它的大小影响着控制器的输出,通过调整K_u可以改变对被控对象输入的大小。

(2)输入/输出变量模糊化设计

1)论域及模糊语言

将精确量转换为模糊量的过程称为模糊化。要采用模糊控制技术就必须首先把它们转换成模糊集合的隶属函数。为了便于工程实现,通常把输入变量范围人为地定义成离散的若干级,所定义级数的多少取决于所需输入量的分辨率。

为了实现模糊控制器的标准化设计,目前在实际中常用的处理方法是玛达尼提出的方法,就是把偏差E的变化范围设定为$[-6,+6]$区间连续变化量,使之离散化,构成含13个整数元素的离散集合:

$$\{-6,-5,-4,-3,-2,-1,0,1,2,3,4,5,6\}$$

在实际工作中,精确输入量的变化范围一般不会是在「-6,+6」之间,如果其范围是在$[a,b]$之间的话,可以通过变换

$$y = \frac{12}{b-a}\left[x - \frac{a+b}{2}\right]$$

转换。

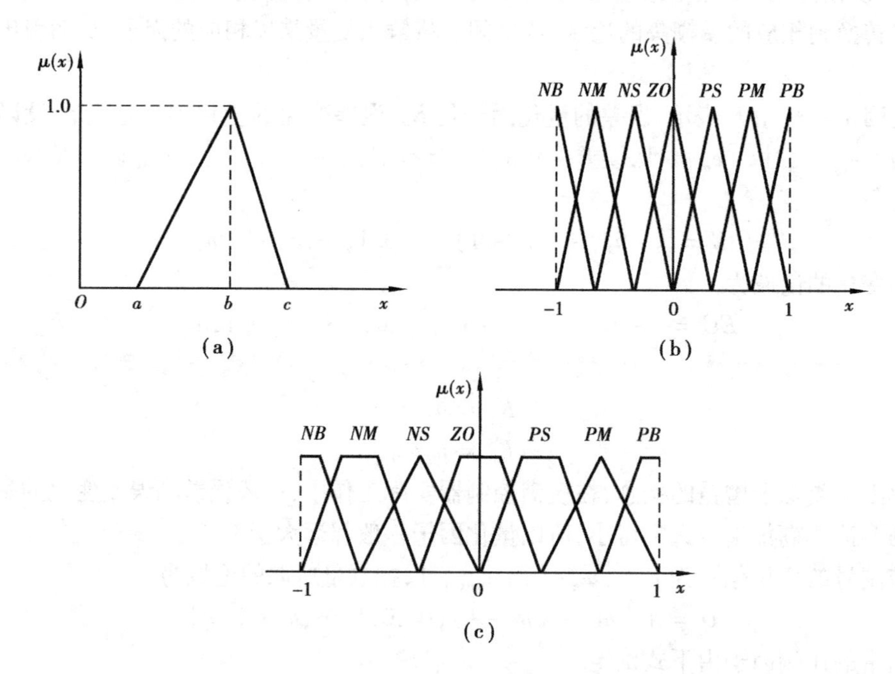

图 3.14　三角形、梯形隶属函数

(a)隶属函数　(b)三角形隶属函数　(c)梯形隶属函数

通常情况下,模糊量的语言值一般取{负大,负小,零,正小,正大},或{负大,负中,负小,零,正小,正中,正大},或{负大,负中,负小,负零,正零,正小,正中,正大}三种。同时,还可以根据实际情况,自行设定,但所有语言值形成的模糊子集应构成模糊变量的一个模糊划分。

2)语言值的隶属函数

模糊语言值实际上是一个模糊子集,最终通过隶属函数来描述。定义语言值的隶属函数可采用吊钟形、梯形和三角形,理论上说吊钟形最为理想,但是计算复杂。实践证明,用三角形和梯形函数其性能并没有十分明显的差别。所以为了简化计算,现在最常用的是三角形,其次是梯形。

设模糊语言定义为{负大,负中,负小,零,正小,正中,正大}时,图 3.14 表达了三角形、梯形的隶属函数。

一般来说,隶属函数的形状越陡,分辨率就越高,控制灵敏度也较高;相反,若隶属函数的变化很缓慢,则控制特性也较平缓,系统的稳定性较好。因此,一般可以在误差为零的附近,采用分辨率较高的隶属函数,在误差较大的区域,采用分辨率较低的隶属函数,以使得系统具有良好的鲁棒性。

(3)模糊控制规则设计

规则库存放模糊控制规则。模糊控制规则基于手动操作人员长期积累的控制经验和领域专家有关知识,它是对被控对象进行控制的一个知识模型(不是数学模型)。这个模型建立的是否准确,也就是是否准确地总结了操作人员的成功经验和领域专家的知识,将决定模糊控制器控制性能好坏。

模糊控制规则的设计原则是:当误差较大时,控制量的变化应尽可能使误差迅速减小。当误差较小时,除了要消除误差外,还要考虑系统的稳定性,防止系统产生不必要的超调甚至振荡。

以二维单变量系统为例,基于模糊控制规则的设计原则,例如,当误差为负大时,若当误差变化为负,这时误差有增大的趋势,为尽快消除已有的负大误差并抑制误差变大,所以控制量的变化取正大。

当误差为负而误差变化为正时,系统本身已有减少误差的趋势,所以为尽快消除误差且又不超调,应取较小的控制量。

当误差为负中时,控制量的变化应该使误差尽快消除,控制量的变化选取同误差为负大时相同。

当误差为负小时,系统接近稳态,若误差变化为负时,选取控制量变化为正中,以抑制误差往负方向变化,若误差变化为正时,系统本身有趋势消除负小的误差,选取控制量变化为正小即可。

(4)模糊推理

1)MIN—MAX—重心法

假设以下模糊推理形式:

规则1: A_1 and $B_1 \Rightarrow C_1$

规则2: A_2 and $B_2 \Rightarrow C_2$

⋮

规则n: A_n and $B_n \Rightarrow C_n$

前提:　x_0 and y_0

结论:　　C'

则该模糊几何C'的"重心"可由下式计算

由前提"x_0 and y_0"和各模糊规则"A_i and $B_i \Rightarrow C_i$"($i=1,2,\cdots,n$)可得到推理结果C_i'为

$$u_{c'}(z_i) = u_{a_i}(x_0) \wedge u_{b_i}(y_0) \wedge u_{c_i}(z)$$

其中,∧表示min。

C'由综合推理结果$C_1', C_2', \cdots, C_n'$得到,即

$$u_{c'}(z) = u_{c_1'}(z) \vee u_{c_2'} \vee \cdots \vee u_{c_n'}(z)$$

其中,∨表示max。最后,可得出重心

$$z_0 = \frac{\sum_{i=1}^{n} u_{c'}(z_i) \cdot z_i}{\sum_{i=1}^{n} u_{c'}(z_i)} \tag{3.52}$$

推理过程如图3.15所示。

2)模糊加权推理法

推理形式:

规则1: A_1 and $B_1 \Rightarrow w_1/z_1$

规则2: A_2 and $B_2 \Rightarrow w_2/z_2$

⋮

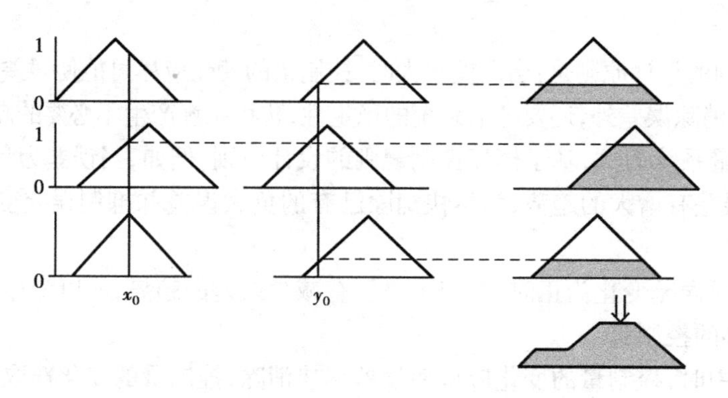

图 3.15　MIN—MAX—重心法模糊推理过程

规则 n：A_n and $B_n \Rightarrow w_n/z_n$

前提：　x_0 and y_0

结论：　　z_0

其中，w_i 表示权重，可以解释为模糊规则的重要度。

定义

$$h_i = \mu_{Ai}(x_0) \cdot \mu_{Bi}(y_0)$$

则最终的结论 z_0 为

$$z_0 = \frac{h_1 w_1 z_1 + h_2 w_2 z_2 + \cdots + h_n w_n z_n}{h_1 w_1 + h_2 w_2 + \cdots + h_n w_n} \tag{3.53}$$

3）函数型推理法

推理形式：

规则 1：A_1 and $B_1 \Rightarrow f_1(x,y)$

规则 2：A_2 and $B_2 \Rightarrow f_2(x,y)$

⋮

规则 n：A_n and $B_n \Rightarrow f_n(x,y)$

前提：　x_0 and y_0

结论：　　z_0

则最终的结论 z_0 为：

$$z_0 = \frac{h_1 f_1(x_0,y_0) + h_2 f_2(x_0,y_0) + \cdots + h_n f_n(x_0,y_0)}{h_1 + h_2 + \cdots + h_n} \tag{3.54}$$

(5)解模糊接口设计

经过模糊推理的结果，一般均为模糊值，不能直接用于控制被控对象，需要先转化成执行机构可以执行的精确量，此过程称为解模糊过程。

解模糊常用的方法选择最大隶属度法、平均最大隶属度法、取中位数法和加权平均法。

1）最大隶属度法

选取模糊子集中隶属度最大的元素作为控制量，设模糊子集为$\underset{\sim}{C}$，所选择的隶属度最大的元素 u^* 应满足

$$\mu_{\underset{\sim}{C}}(u^*) \geqslant \mu_{\underset{\sim}{C}}(u) \tag{3.55}$$

最大隶属度法简单易行，实时性好，但它从最大隶属度的角度考虑，很多信息被丢失，而这

些信息有时是可以进行模糊决策的辅助有用信息,因此,此法比较粗糙。

例如,若

$$\underset{\sim}{C} = 0.2/2 + 0.7/3 + 1/4 + 0.7/5 + 0.2/6$$

按隶属度最大原则,取 $u^* = 4$。

2)平均最大隶属度法

平均最大隶属度法取所有达到控制作用隶属函数的最大值的点的平均值作为解模糊结果。设有 r 个点 $u_1, u_2, \cdots, u_r$,其隶属函数值都达到最大值,那么解模糊结果 u^* 为

$$u^* = \sum_{i=1}^{r} \frac{u_i}{r} \tag{3.56}$$

例如,$\underset{\sim}{C} = 0.2/-4 + 0.3/-3 + 0.7/-2 + 1/-1 + 1/0 + 0.7/1$

应取 $u^* = \dfrac{-1+0}{2} = -0.5$

3)中位数法

对于已知的模糊子集(由模糊合成关系得到的),求得对应的隶属函数曲线,计算出该隶属函数曲线与横坐标所围成的面积,再除以2,将所得的平分结果作为控制量。

可用下列公式求取 u^*

设 $U = [u_1, u_2]$

$$\sum_{i=u_1}^{u^*} \underset{\sim}{C}(u_i) = \sum_{j=u^*+1}^{u_n} \underset{\sim}{C}(u_j) \tag{3.57}$$

这种判决方法综合地考虑了各个点上的情况,充分地利用了模糊子集提供的信息量,但是计算工作比较麻烦。

例如,设$\underset{\sim}{C} = 0.1/-4 + 0.5/-3 + 0.1/-2 + 0/-1 + 0.1/0 + 0.2/1 + 0.4/2 + 0.5/3 + 0.1/4$

由于 $u_1 = -4, u_9 = 4$,当 $u^* = u_6$ 时,

$$\sum_{u_1}^{u_6} \underset{\sim}{C}(u_i) = \sum_{u_7}^{u_9} \underset{\sim}{C}(u_j) = 1,$$

所以最终输出 $u^* = u_6$。若该点落在有限元素之间,可以用差值的办法求取。

4)加权平均法

加权平均法又称重心法,用此法找出所截隶属函数曲线与横坐标围成面积的重心,其实质是找出控制作用可能性分布的重心。

其计算公式如下

$$u^* = \frac{\sum_{j=1}^{n} u_{cj}(w_j) w_j}{\sum_{j=1}^{n} u_{cj}(w_j)} \tag{3.58}$$

例如,设$\underset{\sim}{C} = 0.1/-4 + 0.5/-3 + 0.1/-2 + 0/-1 + 0.1/0 + 0.2/1 + 0.4/2 + 0.5/3 + 0.1/4$,则

$$u^* = \frac{-4 \times 0.1 + (-3) \times 0.5 + (-2) \times 0.1 + (-1) \times 0 + 0 \times 0.1 + 1 \times 0.2 + 2 \times 0.4 + 3 \times 0.5 + 4 \times 0.1}{0.1 + 0.5 + 0.1 + 0 + 0.1 + 0.2 + 0.4 + 0.5 + 0.1}$$

$$= 1.075$$

3.3.3 模糊控制示例

(1)PQFP 产品焊点质量模糊故障诊断

1)PQFP 产品焊点质量故障诊断整体框架

这里的 PQFP 产品是指采用表面贴装技术将四边扁平封装器件(QFP:Quad Flat Pack)焊接组装在印制电路板上形成的电路模块,故障诊断是指对其焊点组装故障,通过模糊分析的方法进行诊断,其基本原理是基于焊点形态理论。当影响焊点三维形态的各主要参数确定后,与之对应的合理焊点形态也将惟一确定。若主要参数中有一个或若干个参数有一定的容许范围,则相应的合格焊点形态也将在相应的容许范围内变化。若某一焊点形态超出这一范围,则其焊点质量必然不符合要求,其组装焊接过程必然存在着不合理或者故障环节。根据不同的焊点形态,可以获得焊点的缺陷,进而能分析出对应的焊点质量问题产生故障源,利用焊点外观形态变化与组装质量之间的内在关系,建立相应的模糊诊断规则,通过模糊推理,判断焊点的组装故障。

图 3.16 所示为焊点质量模糊故障诊断的整体框架。将实际焊点几何形态与合理焊点几何形态对应比较,作为模糊输入向量。以焊点的故障缺陷发生可能度作为模糊输出向量。通过模糊规则与正反向模糊推理,推理合成后得到焊点质量模糊故障诊断。

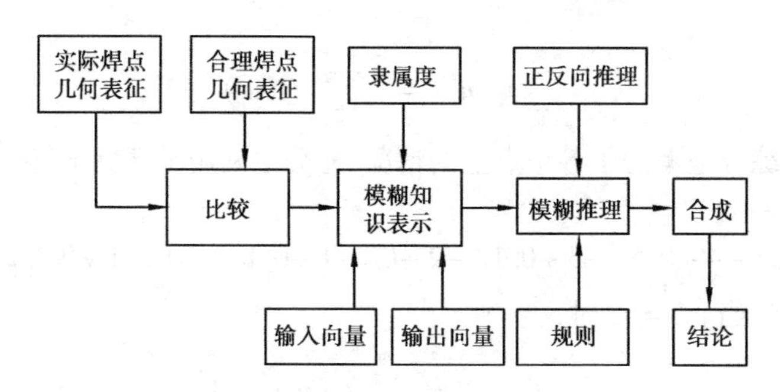

图 3.16 SMT 焊点质量故障诊断整体框架

2)焊点形态

焊点形态,一般是指元器件焊脚与印刷电路板(PCB:Printed Circuit Board)焊盘焊接结合处熔融焊料沿金属表面湿润铺展所能达到的几何尺寸,以及与金属表面接触角和焊料圆角形态。简单点说,是焊点成形后的外观结构形状。它与焊接引脚和焊盘的几何尺寸及几何形状、焊料性质、焊接温度、焊料量等诸多因素紧密相关。

焊点三维几何形态参数与焊点缺陷的对应关系,是进行模糊知识表达的前提,是确定输入向量的基础。

我们可以根据焊点的缺陷,分别选择与确定可以表征此焊点缺陷的相关几何形态参数,作为输入变量,如对应桥接的几何参数有焊点在引脚垂直方向最大宽度等,如图 3.17。

焊点故障诊断的精度与输入向量的选取密切相关,选取参数越多越能表征缺陷,所进行的故障诊断越精确,但同时也往往会带来运算复杂度的问题。

3)输入变量的设计

①输入变量的确定

由图 3.17 可知,焊点的几何形态可由 θ_1、θ_2 等参数表示,设

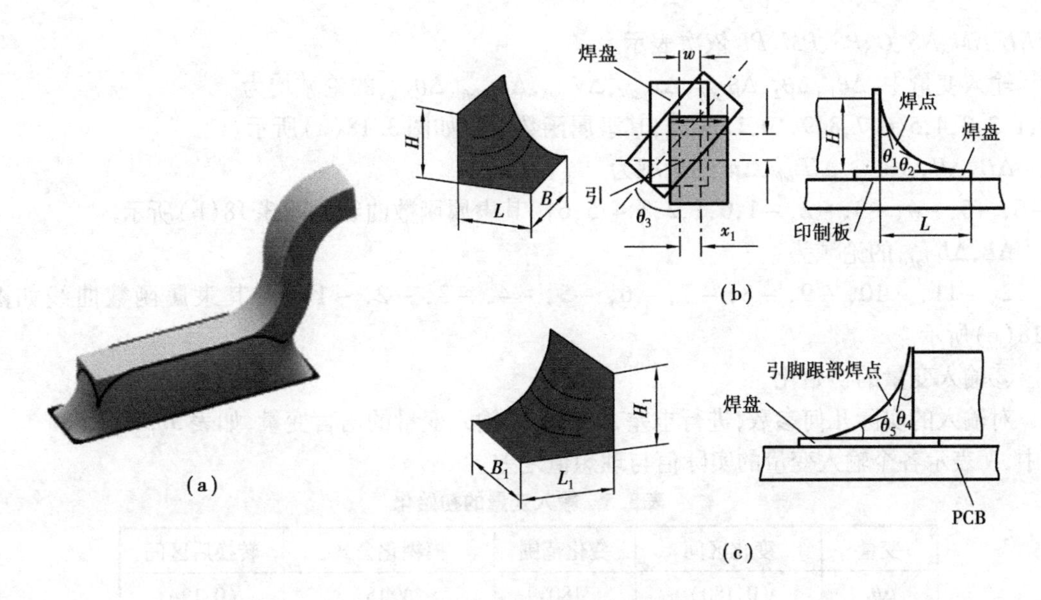

图3.17　PQFP三维几何形态

(a)焊点三维几何形态　(b)引脚前部焊点几何形态　(c)引脚跟部焊点几何形态

$$A = \{\theta_1, \theta_2, \theta_{\_diff}, x_{\_diff}, y_{\_diff}, L, B, H, L_{\_left}, B_{\_left}, H_{\_left}, w, (x, y, z)\};$$

A:合理焊点的几何参数集合;

$$B = \{\theta'_1, \theta'_2, \theta'_{\_diff}, x'_{\_diff}, y'_{\_diff}, L', B', H', L'_{\_left}, B'_{\_left}, H'_{\_left}, w', (x', y', z')\};$$

B:实际焊点的几何参数集合;

将实际焊点与合理焊点的几何参数进行比较,可得

$$C = \{\Delta\theta_1, \Delta\theta_2, \Delta\theta_{\_diff}, \Delta x_{\_diff}, \Delta y_{\_diff}, \Delta L, \Delta B, \Delta H, \Delta L_{\_left}, \Delta B_{\_left}, \Delta H_{\_left}, \Delta w, \Delta(x, y, z)\}$$

C:焊点几何形态的误差,也即模糊控制器的输入变量。

②输入变量的隶属度函数的确定

要采用模糊控制技术就必须首先将输入变量转换成模糊集合的隶属函数,将输入变量人为地定义成离散的若干级,所定义级数的多少取决于系统的分辨率。

为了实现模糊控制器的标准化设计,目前在实际中常用的处理方法是玛达尼的方法,将偏差的变化范围设定为[-6,+6]区间连续变化量,使之离散化。在本系统中,考虑到不同的输入变量的各自的特殊性,采用了3种论域,即[0,12],[-6,+6],[-12,0]。

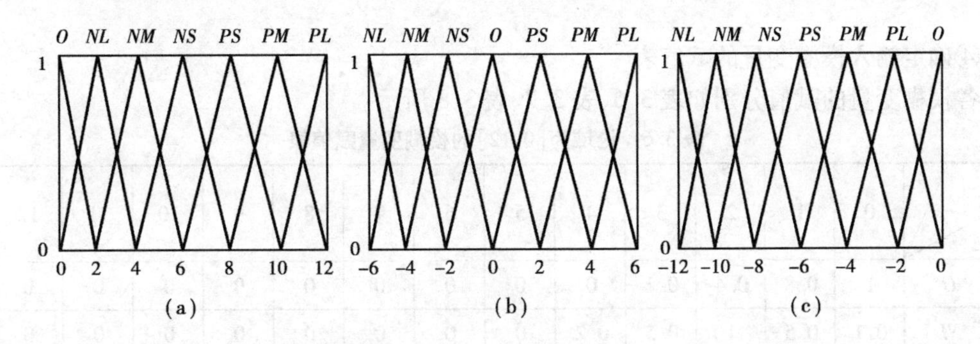

图3.18　输入变量隶属函数

本系统设计的所有隶属函数的曲线形状均采用三角形,每个变量均采用7个语言值描述,

用 NL、NM、NS、O、PS、PM、PL 依次表示。

输入变量中,$\Delta\theta_1$,$\Delta\theta_2$,$\Delta\theta_{\_diff}$,$\Delta x_{\_diff}$,$\Delta y_{\_diff}$,$\Delta\theta_{1\_left}$,$\Delta\theta_{2_left}$的论域均为{0,1,2,3,4,5,6,7,8,9,10,11,12},其隶属函数曲线如图 3.18(a)所示。

ΔB,ΔH,$\Delta B_{\_left}$,$\Delta H_{\_left}$,Δw 的论域为{ -6, -5, -4, -3, -2, -1,0,1,2,3,4,5,6},其隶属函数曲线如图 3.18(b)所示。

ΔL,$\Delta L_{\_left}$,的论域为{ -12, -11, -10, -9, -8, -7, -6, -5, -4, -3, -2, -1,0},其隶属函数曲线如图 3.18(c)所示。

③输入变量的初始化

对输入的实际几何参数,进行求差,并换算为输入变量的语言变量,如表 3.5。其中,N 表示各个输入变量的实际值与理想值之差。

表 3.5 输入变量的初始化

变量	变化区间	变化范围	模糊化公式	转换后区间
$\Delta\theta_1$	(0,180)	180	$N/15$	(0,12)
$\Delta\theta_2$	(0,180)	180	$N/15$	(0,12)
$\Delta\theta_{\_diff}$	(0,90)	90	$2\times N/15$	(0,12)
Δx	(0,0.3)	0.3	$40\times N$	(0,12)
Δy	(0,0.5)	0.5	$24\times N$	(0,12)
ΔL	(-0.5,0)	0.5	$24\times N$	(-12,0)
ΔB	(-0.3,0.15)	0.45	$26.7\times N+2$	(-6,6)
ΔH	(-0.18,0.05)	0.23	$52.2\times N+3.4$	(-6,6)
$\Delta L_{\_left}$	(-0.3,0)	0.3	$40\times N$	(-12,0)
$\Delta H_{\_left}$	(-0.18,0.05)	0.23	$52.2\times N+3.4$	(-6,6)
$\Delta B_{\_left}$	(-0.3,0.15)	0.45	$26.7\times N+2$	(-6,6)
$\Delta\theta_{1\_left}$	(0,180)	180	$N/15$	(0,12)
$\Delta\theta_{2\_left}$	(0,180)	180	$N/15$	(0,12)
w	(-0.3,0.15)	0.45	$26.7\times N+2$	(-6,6)

④确定输入模糊变量的赋值表

各模糊变量的赋值分别如表 3.6、表 3.7、表 3.8 所示。

表 3.6 论域为[0,12]的模糊变量赋值表

u \ e / E	0	1	2	3	4	5	6	7	8	9	10	11	12
O	1	0.8	0.4	0.1	0	0	0	0	0	0	0	0	0
NL	0.1	0.5	1	0.5	0.2	0	0	0	0	0	0	0	0
NM	0	0	0.1	0.5	1	0.5	0.1	0	0	0	0	0	0

续表

u \ e E	0	1	2	3	4	5	6	7	8	9	10	11	12
NS	0	0	0	0	0.1	0.5	1	0.5	0.1	0	0	0	0
PS	0	0	0	0	0	0	0.1	0.5	1	0.5	0.1	0	0
PM	0	0	0	0	0	0	0	0	0.1	0.5	1	0.5	0.1
PL	0	0	0	0	0	0	0	0	0	0	0.1	0.5	1

表3.7　论域为[-6,6]的模糊变量赋值表

u \ e E	-6	-5	-4	-3	-2	-1	0	1	2	3	4	5	6
NL	1	0.5	0.1	0	0	0	0	0	0	0	0	0	0
NM	0.1	0.5	1	0.5	0.2	0	0	0	0	0	0	0	0
NS	0	0	0.1	0.5	1	0.5	0.1	0	0	0	0	0	0
O	0	0	0	0	0.1	0.5	1	0.5	0.1	0	0	0	0
PS	0	0	0	0	0	0	0.1	0.5	1	0.5	0.1	0	0
PM	0	0	0	0	0	0	0	0	0.1	0.5	1	0.5	0.1
PL	0	0	0	0	0	0	0	0	0	0	0.1	0.5	1

表3.8　论域为[-12,0]的模糊变量赋值表

u \ e E	-12	-11	-10	-9	-8	-7	-6	-5	-4	-3	-2	-1	0
NL	1	0.5	0.1	0	0	0	0	0	0	0	0	0	0
NM	0.1	0.5	1	0.5	0.2	0	0	0	0	0	0	0	0
NS	0	0	0.1	0.5	1	0.5	0.1	0	0	0	0	0	0
PL	0	0	0	0	0.1	0.5	1	0.5	0.1	0	0	0	0
PM	0	0	0	0	0	0	0.1	0.5	1	0.5	0.1	0	0
PS	0	0	0	0	0	0	0	0	0.1	0.5	1	0.5	0.1
O	0	0	0	0	0	0	0	0	0	0	0.1	0.5	1

4）输出变量的设计

①输出变量的确定

$D=\{d_1,d_2,d_3,d_4,d_5,d_6\}$

D:焊点实际缺陷,也即为输出变量;

其中,d_1:桥接的可能度;d_2:虚焊的可能度;d_3:立片的可能度;d_4:偏移的可能度;d_5:焊料过多

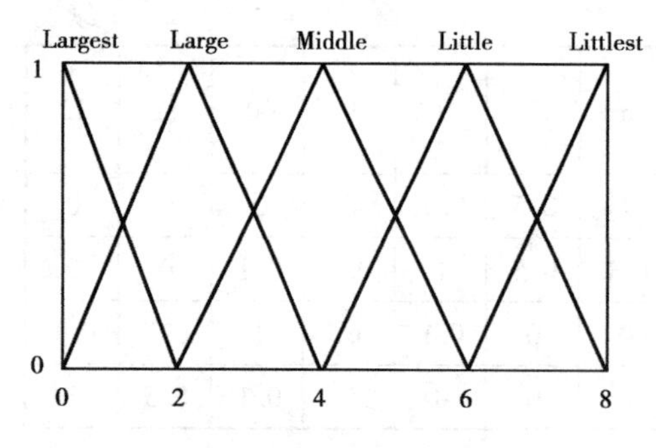

图 3.19　输出变量隶属函数

的可能度；d_6：爆锡珠的可能度。

②输出变量的隶属度函数的确定

与输入变量类似，可以确定输出变量的隶属函数。

论域：{0,2,4,6,8}

等级：五级。即 Largest、Large、Middle、Little、Littlest。分别代表（该缺陷）发生的可能度"最大"、"大"、"中"、"小"、"最小"。其隶属函数图如 3.19 所示。其中，输出变量的论域取[0,8]，只是计算方便的需要，在最后，需进行归一化处理。

5）焊点识别规则库

①知识的表示

根据本系统的特点，本系统采用产生式规则表示法。其表达形式为

<规则号> IF <规则前提> THEN <规则结论>，(规则可信度)

其中：

<规则号>：= 整数

<规则前提>：= <表达式>

<规则结论>：= <表达式>

(规则可信度)：= 实型 ∈ [0,1]

通过总结、分析、统计，得出了焊点缺陷专家系统的共 168 条经验，由于篇幅所限，这里，仅就判定桥接、虚焊、立片、偏移等现象，简单的列举其规则如下。

②焊点识别规则

判定"桥接"部分规则：

1. If ((－6,6)——*w* is *PL*) then (OUT1——qiaojie is largest) (1)
2. If ((－6,6)——*B* is *PL*) then (OUT1——qiaojie is largest) (1)
3. If ((－6,6)——*B*(*left*) is *PL*) then (OUT1——qiaojie is largest) (1)
4. If ((－6,6)——*w* is *PM*) then (OUT1——qiaojie is middle) (1)
5. If ((－6,6)——*B*(*left*) is *PM*) then (OUT1——qiaojie is middle) (1)

判定"虚焊"部分规则：

27. If ((－6,6)——*B*(*left*) is *PS*) then (OUT2——xuhan is littlest) (1)
28. If ((－12,0)——*L* is *NS*) then (OUT2——xuhan is large) (1)
29. If ((－12,0)——*L* is *PL*) then (OUT2——xuhan is middle) (1)
30. If ((－12,0)——*L* is *PM*) then (OUT2——xuhan is little) (1)
31. If ((－12,0)——*L* is *PS*) then (OUT2——xuhan is littlest) (1)

判定"立片"部分规则：

37. If ((－12,0)——*L*(*left*) is *NL*) then (OUT3——lipian is largest) (1)
38. If ((－6,6)——*B* is *NL*) then (OUT3——lipian is largest) (1)
39. If ((－6,6)——*B*(*left*) is *NL*) then (OUT3——lipian is largest) (1)
40. If ((－6,6)——*H* is *NL*) then (OUT3——lipian is largest) (1)

41. If ((-6,6)——$H(left)$ is NL) then (OUT3——lipian is largest) (1)

6)识别系统诊断规则的推理方法

本识别系统采用对所有规则的遍历,利用 MATANLIN 合成模糊推理方法,进行识别系统的推理。

图3.20所示为模糊推理逻辑图,模糊推理是融合正反向推理的混合推理过程,通过合成推理规则,最终获得准确的推理结论。

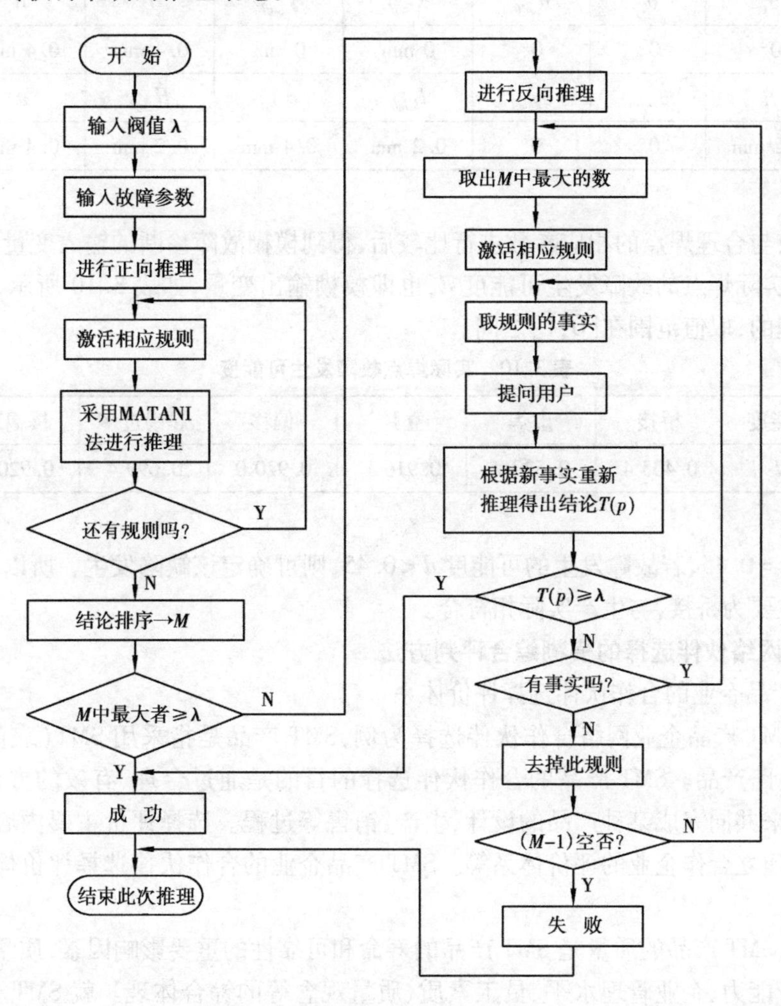

图3.20　模糊推理流程图

①正向推理

通过遍历匹配算法,从正向(由前提到结论)对规则库的每条规则都进行匹配分析。

②反向推理

在正向推理完成后,按诊断精度阈值λ,从反向(由结论到事实)对事实进行匹配与判定。

③合成

通过玛达尼合成推理规则,获得模糊输出。

④推理结论

以λ为阈值,取小于阈值的输出变量作为焊点缺陷故障。

7)解模糊

为计算简单,可以选择最大隶属度法。

8)实例分析

设有实际焊点形态几何参数如表3.9所示。

表3.9 实际焊点形态几何参数

θ_1	θ_2	$\theta_{\_diff}$	$x_{\_diff}$	$y_{\_diff}$	L	B
0°	0°	0°	0 mm	0 mm	0.4 mm	0.4 mm
H	θ_{1_left}	θ_{2_left}	$L_{\_left}$	$B_{\_left}$	$H_{\_left}$	w
0.2 mm	0°	0°	0.2 mm	0.4 mm	0.2 mm	0.4 mm

将该参数与合理焊点的相应参数进行比较后,得到模糊故障诊断的输入变量,进行模糊推理后,可得到实际焊点的故障发生可能度 d,也即模糊输出变量,如表3.10所示,其中 d 是经过归一化处理的,取值范围在[0,1]之间。

表3.10 实际焊点故障发生可能度

可能度	桥接	虚焊	立片	偏移	焊锡过多	爆锡珠
d	0.403 4	0.520 7	0.916 1	0.920 0	0.699 4	0.920 0

取阀值 $\lambda = 0.45$,若故障发生的可能度 $d < 0.45$,则可确定该缺陷发生。所以,此实际焊点对应的缺陷主要为桥接,与生产实际相符合。

(2)企业网络伙伴选择的模糊综合评判方法

1)SMT产品企业的合作伙伴选择评价体系

在此以SMT产品企业网络合作伙伴选择为例,SMT产品是指采用SMT(表面组装技术)完成的电子电路产品。SMT产品的合作伙伴选择的目的是通过合理、有效的方法,选择相应的合作企业,来共同完成某种产品的设计、生产、销售等过程。选择评价主要内容有选择有效的评价算法,建立合作企业的评价体系等。SMT产品企业的合作伙伴选择评价体系主要有以下要素。

①质量 SMT产品的质量是SMT产品的寿命和可靠性的重要影响因素,质量的好坏是一个企业其生产能力、企业管理水平、员工素质、质量观念等的综合体现。就SMT企业而言,其质量应包括:a.对SMT产品质量进行检测的设备等硬件情况。如可检测的封装形式,检测设备的精度等;b.在SMT产品生产管理中的质量监控水平。如印刷、回流等工序级质量检测的水平和能力;c.在SMT产品的生命周期中的质量管理。如质量管理方法,产品质量的直通率等;d.产品的来料质量,主要指采购的元器件的质量等。

②时间 现代社会对产品的需求从单纯的质量,已经扩展到在时间上的要求,产品投放市场的速度和产品的交货时间等因素,是一个企业能否不被淘汰,能否生存的关键,在SMT企业中,主要指:a.设计时间。从产品的PCB原理图,到产品PCB图过程中,所使用的时间,是一个企业技术水平的重要体现;b.制造时间。从产品上料开始,到产品下料结束,产品加工的时间,是企业制造能力的重要指标;c.物流时间。包括元器件的采购时间,SMT产品销售时间

等;d. 交货时间。强调产品从客户下订单到客户收到产品的时间。

③成本　如何以低成本、高质量的产品来赢得市场,占领市场,是企业获利的重要方法,也是企业能力的重要体现。主要指:a. 设计成本,在 SMT 产品的 PCB 板设计,工序设计等成本;b. 制造成本,如 SMT 设备的气、电、焊膏等成本;c. 交易成本,为产品的订单获取和实现交付所需成本。

④服务　在同样的质量、时间、成本的前提下,企业的服务(服务水平、服务网络等)就将是一个企业获胜的重要因素。主要包括:a. 人员素质,SMT 行业的专业素质;b. 技术水平,在 SMT 产品流中的速度、精度等;c. 服务网络,进行售后服务,技术支持的渠道和地域分布。

同时,企业伙伴评价应是一个动态、开放的体系,在核心因素的基础上,可以根据不同企业、不同产品、不同需求等其他因素的影响,动态的调整评价体系。本文仅为其核心因素建立评价体系,动态调整后,该评价方法同样适用。根据上述的分析,可以建立如图 3.21 所示的多层评价体系。

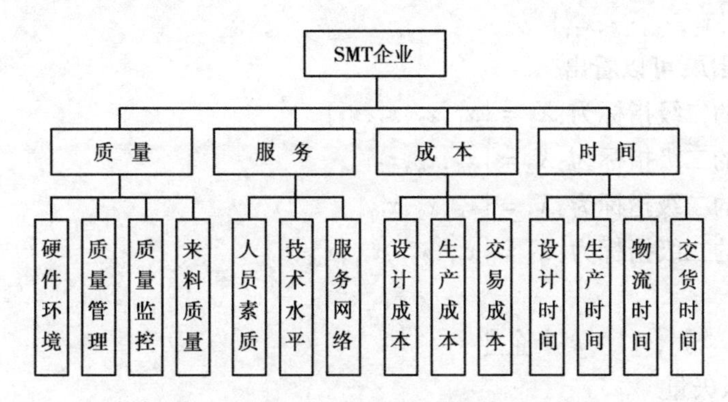

图 3.21　SMT 企业伙伴选择评价指标体系

2)SMT 产品合作伙伴选择的模糊 AHP 评价方法

①模糊 AHP 评价决策理论

模糊层次分析法决策理论算法是一种有效地处理那些难以抽象为解析形式数学模型的问题(即非结构化问题)或难以完全用定量方法来分析的复杂问题的手段,它为工程实际应用中的多规则决策问题提供了有力的数学支持。其主要思想是将一个复杂的多规则评价问题分解为具有递阶结构的评价指标和评价对象,对同一层次上的元素,通过成对的重要程度比较,组成模糊比较矩阵。模糊比较矩阵满足一致性要求。相应于该模糊矩阵主特征值 λ 的主特征向量元素的大小,即表示了各评价对象的优先级顺序。将模糊 AHP 应用于 SMT 企业的选择,可以建立其评价模型。

②SMT 产品模糊 AHP 的层次结构

在图 3.21 的基础上,我们给出了基于模糊 AHP 的三层分析方法,第一层是企业评价的最终指标,第二层是第一层指标的分解,第二层是第一层指标的细化,是企业评价的中间层,同时,又是直接的企业评价接触层。如图 3.22 所示。

③SMT 企业伙伴选择问题的数学描述

a. 确定评价指标集 X 和评价对象集 Y

在如图 3.22 所示的多层次结构中,其评价指标集为两层指标集。

第一层:$X_A = \{X_1, X_2, X_3, X_4\}$

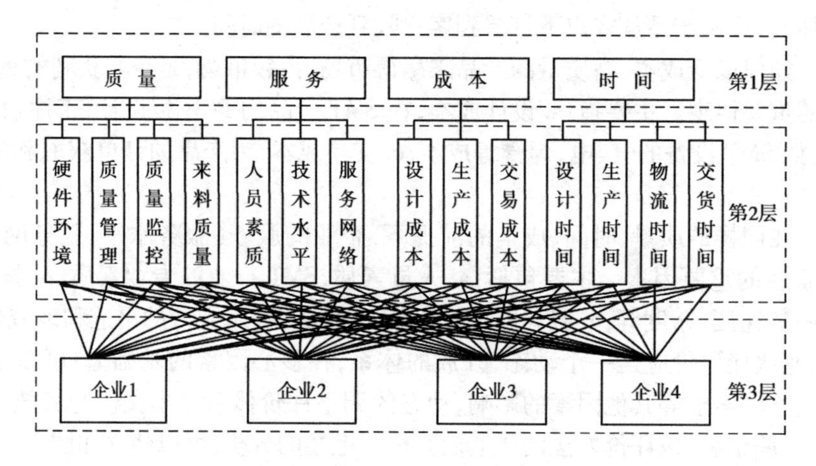

图3.22 SMT企业伙伴选择模型

第二层：$X_B=\{x_1,x_2,\cdots,x_{14}\}$

根据其递阶层次，可以看出

X_1 所属的二级指标为：$X_1=\{x_1,x_2,x_3,x_4\}$

X_2 所属的二级指标为：$X_2=\{x_5,x_6,x_7\}$

X_3 所属的二级指标为：$X_3=\{x_8,x_9,x_{10}\}$

X_4 所属的二级指标为：$X_4=\{x_{11},x_{12},x_{13},x_{14}\}$；

评价对象集：

$Y=\{y_1,y_2,\cdots,y_k\}$ k 个企业

b. 建立优先级矢量

分别以 XB 为评价对象，建立优先级矢量组。

$\boldsymbol{P}_1=\{r_{1ij}\}(i=1\cdots4,j=1\cdots4)$

$\boldsymbol{P}_2=\{r_{2ij}\}(i=1\cdots3,j=1\cdots4)$

$\boldsymbol{P}_3=\{r_{3ij}\}(i=1\cdots3,j=1\cdots4)$

$\boldsymbol{P}_4=\{r_{4ij}\}(i=1\cdots4,j=1\cdots4)$

c. 建立比较矩阵

相对于 X_B 中的每一个元素（评价指标），对 Y 中的元素（候选企业）进行两两成对比较，获得比较矩阵 $C_k(k=1\cdots14)$，根据比较对象的相对重要性，可以有5种相对关系，如表3.11。

$$C_k=[C_{ij}]_{4\times4}=\begin{bmatrix}c_{k11} & c_{k12} & \cdots & c_{k14}\\ c_{k21} & c_{k22} & \cdots & c_{k24}\\ \vdots & \vdots & & \vdots\\ c_{k41} & c_{k42} & \cdots & c_{k44}\end{bmatrix}$$

表3.11 比较矩阵相互关系表

r_{ij}	1	3	5	7	9
意义	同等重要	有点重要	重要	非常重要	极端重要

d. 判断比较矩阵的一致性

由于人们对于复杂事务的各因素进行两两比较时，判断不可能完全一致，所以在计算之前，要先检验判断矩阵的逻辑一致性。以 $CR=CI/RI$ 作为判断矩阵一致性的指标，式中，$CI=(\lambda_{max}-n)/(n-1)$，为判断矩阵 $\boldsymbol{A}$ 的最大特征值，n 为判断矩阵的维数，RI 取值见表3.12。一般来说，CR 越小，判断矩阵的一致性越好。当 $CR\leqslant 0.1$ 时，即认为判断矩阵具有令人满意的一致性，否则，必须重新进行两两比较判断，并使之具有满意的一致性。

表3.12 平均随机一致性指标 RI

n	1	2	3	4	5	6	7	8	9	10
RI	0	0	0.58	0.90	1.12	1.24	1.32	1.41	1.45	1.49

e. 归一化处理

对比较矩阵进行归一化处理，得到归一化比较矩阵 $\boldsymbol{C}_N$

$$C_{kN_{ij}}=\frac{c_{kij}}{\sum_{i=1}^{m}c_{kij}}$$

f. 得到优先级矢量

按照 Thomas L. Satty 方法，$\boldsymbol{P}_k=\{p_1,p_2,\cdots,p_m\}(k=1\cdots14)$；即

$$\boldsymbol{p}_{ki}=\frac{1}{m}\sum_{j=1}^{m}C_{kN_{ij}}$$

g. 建立评价矩阵

$$\boldsymbol{E}_1=\begin{bmatrix}P_1\\P_2\\\vdots\\P_4\end{bmatrix}\quad \boldsymbol{E}_2=\begin{bmatrix}P_5\\P_6\\P_7\end{bmatrix}\quad \boldsymbol{E}_3=\begin{bmatrix}P_8\\P_9\\P_{10}\end{bmatrix}\quad \boldsymbol{E}_4=\begin{bmatrix}P_{11}\\P_{12}\\\vdots\\P_{14}\end{bmatrix}$$

h. 分别对各评价指标的权重建立

设第二层相对于所属的第一层权重

$$w_1=\{w_{11},w_{12},w_{13},w_{14}\}$$
$$w_2=\{w_{21},w_{22},w_{23}\}$$
$$w_3=\{w_{31},w_{32},w_{33}\}$$
$$w_4=\{w_{41},w_{42},w_{43},w_{44}\}$$

权重值的设定通常有采用遗传算法和专家打分法。

i. 确定第二层决策矢量

决策矢量是通过评价矩阵的各个元素进行加权而获得的，即 $\boldsymbol{B}=\{b_1,b_2,\cdots,b_m\}=\{\mu_W\wedge\mu_E\}$。

其中 μ_W 表示权重的隶属度；μ_E 表示评价矩阵的隶属度。

其隶属度函数，采用正态分布函数，其计算公式为 $y=\mathrm{e}^{-(x-a)/b}$。

j. 第一层决策矢量

根据第二层的决策矢量，作为第一层的评价矩阵，重复上述过程，进行第一层的评价计算，最终即可求得最优企业。

3)典型算例

根据前面提供的评价方法,进行了分析验证。

设有4个企业参与评价,建立其对比矩阵:

$$\boldsymbol{c}_1=\begin{bmatrix}1&3&3&5\\1/3&1&3&3\\1/3&1/3&1&3\\1/5&1/3&1/3&1\end{bmatrix}\quad \boldsymbol{c}_2=\begin{bmatrix}1&3&5&5\\1/3&1&3&3\\1/5&1/3&1&3\\1/5&1/3&1/3&1\end{bmatrix}\quad \boldsymbol{c}_3=\begin{bmatrix}1&3&7&7\\1/3&1&3&3\\1/7&1/3&1&3\\1/7&1/3&1/3&1\end{bmatrix}$$

$$\boldsymbol{c}_4=\begin{bmatrix}1&5&5&7\\1/5&1&3&3\\1/5&1/3&1&3\\1/7&1/3&1/3&1\end{bmatrix}\quad \boldsymbol{c}_5=\begin{bmatrix}1&5&7&7\\1/5&1&3&3\\1/7&1/3&1&3\\1/7&1/3&1/3&1\end{bmatrix}\quad \boldsymbol{c}_6=\begin{bmatrix}1&3&7&5\\1/3&1&3&3\\1/7&1/3&1&3\\1/5&1/3&1/3&1\end{bmatrix}$$

$$\boldsymbol{c}_7=\begin{bmatrix}1&3&5&9\\1/3&1&3&9\\1/5&1/3&1&3\\1/9&1/9&1/3&1\end{bmatrix}\quad \boldsymbol{c}_8=\begin{bmatrix}1&3&5&9\\1/3&1&3&3\\1/5&1/3&1&3\\1/9&1/3&1/3&1\end{bmatrix}\quad \boldsymbol{c}_9=\begin{bmatrix}1&3&9&9\\1/3&1&3&9\\1/9&1/3&1&3\\1/9&1/9&1/3&1\end{bmatrix}$$

$$\boldsymbol{c}_{10}=\begin{bmatrix}1&3&7&9\\1/3&1&3&9\\1/7&1/3&1&3\\1/9&1/9&1/3&1\end{bmatrix}\quad \boldsymbol{c}_{11}=\begin{bmatrix}1&7&7&9\\1/7&1&3&3\\1/7&1/3&1&3\\1/9&1/3&1/3&1\end{bmatrix}\quad \boldsymbol{c}_{12}=\begin{bmatrix}1&7&9&9\\1/7&1&3&3\\1/9&1/3&1&3\\1/9&1/3&1/3&1\end{bmatrix}$$

$$\boldsymbol{c}_{13}=\begin{bmatrix}1&3&3&7\\1/3&1&3&3\\1/3&1/3&1&3\\1/7&1/3&1/3&1\end{bmatrix}\quad \boldsymbol{c}_{14}=\begin{bmatrix}1&3&3&9\\1/3&1&5&5\\1/5&1/5&1&3\\1/9&1/5&1/3&1\end{bmatrix}$$

上述14个矩阵满足一致性要求。

其评价矩阵:

$$\boldsymbol{E}_1=\begin{bmatrix}0.501\,1&0.263\,0&0.159\,1&0.076\,8\\0.543\,0&0.244\,5&0.136\,0&0.076\,5\\0.594\,5&0.224\,8&0.115\,6&0.065\,1\\0.608\,5&0.203\,8&0.125\,3&0.062\,4\end{bmatrix}\quad \boldsymbol{E}_2=\begin{bmatrix}0.635\,2&0.190\,9&0.112\,2&0.061\,8\\0.568\,4&0.232\,0&0.123\,7&0.075\,9\\0.557\,0&0.289\,6&0.110\,0&0.043\,4\end{bmatrix}$$

$$\boldsymbol{E}_3=\begin{bmatrix}0.587\,3&0.231\,5&0.121\,9&0.059\,3\\0.630\,8&0.210\,3&0.101\,3&0.057\,6\\0.613\,3&0.219\,1&0.109\,3&0.058\,3\end{bmatrix}\quad \boldsymbol{E}_4=\begin{bmatrix}0.675\,9&0.167\,5&0.104\,1&0.052\,5\\0.694\,4&0.158\,1&0.095\,6&0.051\,8\\0.526\,1&0.255\,5&0.151\,6&0.066\,8\\0.516\,4&0.307\,1&0.126\,7&0.049\,8\end{bmatrix}$$

权重系数如表3.13所示。

表3.13 权重系数表

X_1				X_2			X_3			X_4			
0.3				0.2			0.2			0.3			
x_1	x_2	x_3	x_4	x_5	x_6	x_7	x_8	x_9	x_{10}	x_{11}	x_{12}	x_{13}	x_{14}
0.3	0.3	0.2	0.2	0.3	0.3	0.4	0.3	0.3	0.4	0.2	0.25	0.3	0.25

第二层评价矩阵为

$$B = \begin{bmatrix} 4.1132 & 2.8300 & 2.5705 & 2.4300 \\ 2.8865 & 2.7146 & 2.5109 & 2.3993 \\ 2.8754 & 2.6923 & 2.5023 & 2.3958 \\ 3.9540 & 2.9508 & 2.5895 & 2.4065 \end{bmatrix}$$

第一层评价决策向量为

$$S = \{0.6489 \quad 0.0885 \quad 0.0355 \quad 0.0220\}$$

由此可知,企业1为最优企业。

3.4 模糊控制模型与稳定性分析

由于模糊控制器的模型选择,对于整个模糊控制系统的静态特性和动态特性都有相当大的影响,因此,在本节重点介绍几种常用的模型结构和模糊控制系统的分析。

3.4.1 模糊控制器的多值继电器模型

模糊控制器是一种语言控制器,对于任何语言,都具有一定的模糊性,包含的信息量越大,模糊性就越强,同时,被量化的语言值是一个分段、离散、不连续的,因此,它具有多值逻辑的特性,并且本质上是一种非线性控制。W. J. M. Kickert 和 H. mamdani 提出了用多值继电器模拟模糊控制器,沟通了模糊控制和传统控制的联系,以便用常规的方法来研究和分析模糊控制器。

定义3.10 设单输入-单输出模糊控制系统,由 n 条模糊控制规则组成,第 i 条规则可以表示为

$$R_i: \text{if } V \text{ is } \underset{\sim}{A}_i \text{ then } U \text{ is } \underset{\sim}{B}_i$$

其中,$\underset{\sim}{A}_i$、$\underset{\sim}{B}_i$ 分别为输入论域 V 和输出论域$\underset{\sim}{B}_i$ 上的模糊子集。

假设:①模糊集$\underset{\sim}{B}_i$ 均为正规模糊子集,即$\forall i$, $\exists u \in U$,使得 $\mu_{B_i}(u)=1$

②模糊化时,将输入论域中的任意一点 v 选用的模糊子集具有矩形隶属函数,模糊集在 v 点处的隶属度为1,在其他点处的隶属度为0,即

$$\mu_{A_i} = \begin{cases} 1 & 当\ v_i - \delta \leqslant v \leqslant v_i + \delta \\ 0 & 其他 \end{cases}$$

③在解模糊时,采用最大隶属度法,对 U 论域上模糊集$\underset{\sim}{B}_i$,以其隶属度最大值的那些点的 u 值的平均值作为 B 的判决结果。

对于满足上面3个假设的模糊控制器等价于一个多值继电器,其输入输出特性具有多值继电器特性,如图3.23。我们称为多值继电器模型。

在上述假设条件下,模糊控制器的输入输出特性可以描述为:论域 V 可以分成若干子集 V_i,即

$$V = \bigcup_{i=1}^{n} V_i \tag{3.59}$$

在每一个子集 V_i 上,模糊控制器的输出取同一个值。

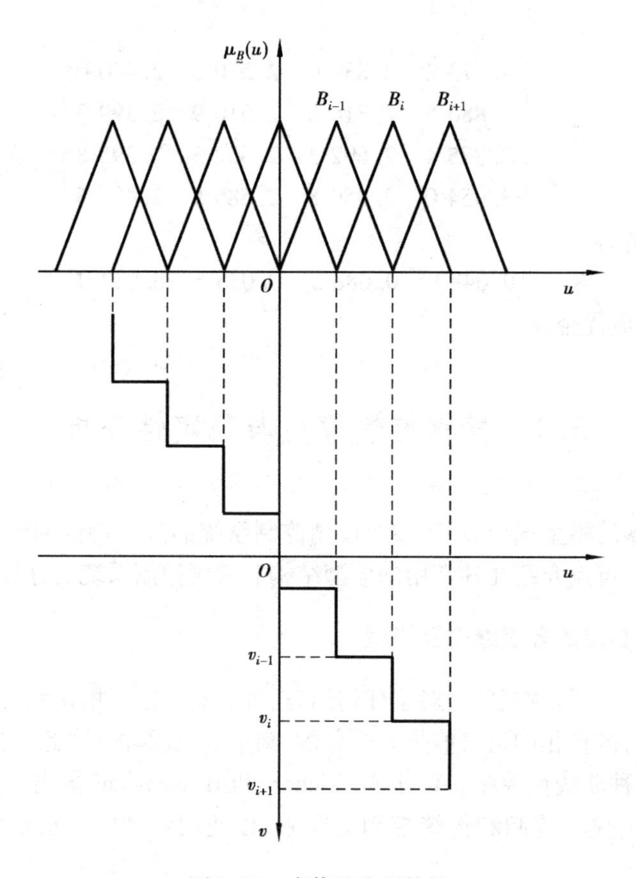

图 3.23 多值继电器特性

3.4.2 模糊控制器的代数模型

常规的控制器组成的系统如图 3.24 所示。

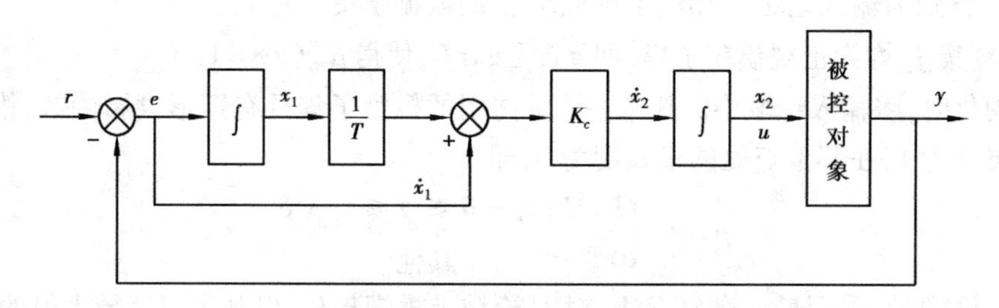

图 3.24 常规控制系统

可以由下述状态方程描述

$$\begin{cases} \dot{x}_1 = e \\ \dot{x}_2 = K_c\left(\dfrac{1}{T}x_1 + \dot{x}_1\right) \\ u = x_2 \end{cases} \tag{3.60}$$

模糊控制器组成的系统如图 3.25。虚线框中的部分为模糊控制器，它实际上是一个非线性函数f。其状态方程可以写成

$$\begin{cases}\dot{x}_1 = e \\ \dot{x}_2 = f(x_1, e) \\ u = x_2\end{cases} \tag{3.61}$$

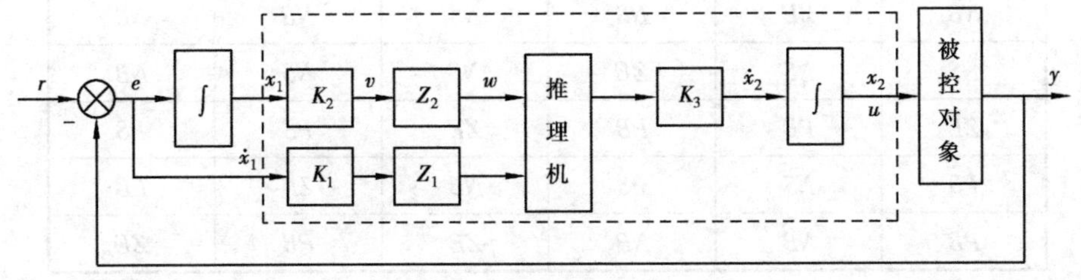

图3.25　模糊控制系统

比较式(3.60)和式(3.61)，可以发现，两个具有相同的形式，所不同的就是$\dot{x}_2 = f(x_1, e)$非线性函数隐含着语言控制的作用。所以可以得到模糊控制器的一般形式的数学方程模型。

$$\begin{cases}\dot{x} = F(x, e) \\ u = G(x, e)\end{cases} \tag{3.62}$$

式中，F，G为代数映射，它们由语言规则所决定。

3.4.3　模糊控制器的语言模型

模糊控制器区别于其他控制器的主要特点是它是一种语言控制器，因此直接用语言规则表示其模型。

设模糊控制器的一般形式的状态方程和输出方程为

$$\begin{cases}\dot{X} = F(X, U) \\ Y = G(X, U)\end{cases} \tag{3.63}$$

式中，U为输入向量，X为输入向量，Y为输出向量。

若它直接作为语言变量符号，上述的方程就分别代表了语言状态方程和语言输出方程。F和G表示了语言间的映射关系，同时要求F和G都是X和Y的单值映射，即为语言映射，一般由语言规则形式给出。

如果式(3.63)中语言变量X、Y和U用语言值来描述，那么式(3.63)就代表了一个语言系统中语言变量直接关系的方程，称为系统的语言模型。

例如，如果状态语言变量x和输入输出语言变量v，u都取NB(负大)、NS(负大)、ZO(零)、PS(正小)、PB(正大)。语言规则如表3.14所示。

由此可以得到了语言变量之间的语言关系，其语言模型为

$$\begin{cases}\dot{x} = f(x, u) \\ u = g(x)\end{cases}$$

由表可知：

$$f(ZO, NB) = NM$$
$$f(ZO, NB) = NM$$
$$\vdots$$

表 3.14 语言变量关系

$\dot{x}$ \ v ; $x=u$	NB	NS	ZE	PS	PB
NB	ZE	NS	NS	NB	NS
NS	NS	ZE	NS	NS	NB
ZE	PB	PB	ZE	PS	PS
PS	NS	PS	NB	ZE	PB
PB	NB	NB	ZE	PB	ZE

3.4.4 模糊控制器的 T-S 模型

T-S 模型是日本的 T. Takagi 和 M. Sugeno 首先提出的,它不仅可以描述模糊控制器,也可以描述被控对象。对于单输入-单输出的 n 阶控制系统,其 T-S 模型的一般形式是

L^i: if $x(k)$ is A_1^i and … and $x(k-n+1)$ is A_n^i

and $u(k)$ is B_1^i and … and $u(k-m+1)$ is B_m^i,

then $x^i(k+1) = a_0^i + a_1^i x(k) + \cdots + a_n^i x(k-n+1) + b_1^i u(k) + \cdots + b_m^i u(k-m+1)$ (3.64)

其中,$L^i(1,2,\cdots,l)$代表第 I 条模糊规则,l 是规则集中规则的总数;$x(k),x(k+1),\cdots,x(k-n+1)$是系统的状态变量;$u(k),u(k+1),\cdots,u(k-m+1)$是被控系统的控制变量;$A_p^i$ 和 B_q^i 是相应的状态变量或控制变量的模糊集合;$x'(k+1)$是被控系统的输出;$A_p^i(p=0,1,\cdots,n)$和 B_q^i $(q=0,1,\cdots,m)$是结论中的系数。

应用加权平均法解模糊,被控系统的总输出为

$$x(k+1) = \sum_{i=1}^{l} w^i x^i(k+1) \Big/ \sum_{i=1}^{l} w^i \tag{3.65}$$

其中,w^i 为第 i 条规则的激活度,可由下式求得

$$w^i = \prod_{p=1}^{n} A_p^i(x(k-p+1)) \cdot \prod_{q=1}^{m} B_q^i(u(k-q+1)) \tag{3.66}$$

为了书写方便,这里 A_p^i,B_q^i 既代表模糊集合,又代表它们的隶属函数。请注意这里是用算术积来定义"AND"算子。

在 T-S 模型中,每条规则的结论部分是个线性方程,表示系统局部的线性输入/输出关系,而系统的总输出是所有线性子系统输出的加权平均,可以表示全局的非线性输入/输出关系,所以,T-S 模型是一种对非线性系统局部线性化的描述方法,具有重要的研究意义和广泛的应用范围。

T-S 模型也可以写成矢量形式,将(3.64)式改写成

L^i: if $x(k)$ is p^i and $u(k)$ is Q^i

$$\text{then } x^i(k+1) = a_0^i + \sum_{p=1}^{n} a_p^i x(k-p+1) + \sum_{q=1}^{m} b_q^i u(k-q+1) \tag{3.67}$$

其中,$x(k)=[x(k),x(k-1),\cdots,x(k-n+1)]^T$,$u(k)=[u(k),u(k-1),\cdots,u(k-m+1)]^T$,

$$p^i = [A_1^i, A_2^i, \cdots, A_n^i]^T, Q^i = [B_1^j, B_2^j, \cdots, B_n^j]^T,$$

$$x(k) \text{ is } p^i \Leftrightarrow x(k) \text{ is } A_1^i \text{ and } \ldots \text{ and } x(k-n+1i) \text{ is } A_n^i。$$

定义 3.11　(连续分段多项式隶属函数)　模糊集合 A 的隶属函数 $A(x)$ 若满足以下两个条件：

①$A(x)$是 x 的连续函数

$$②A(x) = \begin{cases} \Phi_1(x), x \in [p_0, p_1] \\ \quad\vdots \\ \Phi_i(x), x \in [p_{s-1}, p_s] \end{cases}$$

其中，$\Phi_i(x) \in [0,1]$对于 $x \in [p_{i-1}, p_i], i=1,2,\cdots,s$，并且 $\Phi_i(x)$是 n_i 阶的多项式，即

$$\Phi_i(x) = \sum_{k=0}^{n_i} C_k^i x^k$$

则 $A(x)$称为连续分段多项式隶属函数。

定理 3.3　(两个 T-S 模型并联)：假设 L_1^i 和 L_2^i 是模糊方块，其隶属函数都是连续分段多项式函数，它们是

L_1^i: if $x(k)$ is p^i and $u(k)$ is Q^i

$$\text{then } x^i(k+1) = a_0^i + \sum_{p=1}^{n} a_p^i x(k-p+1) + \sum_{q=1}^{m} b_q^i u(k-q+1)$$

L_2^i: if $x(k)$ is G^i and $u(k)$ is H^i

$$\text{then } x_2^j(k+1) = c_0^i + \sum_{p=1}^{n} c_p^i x(k-p+1) + \sum_{q=1}^{m} d_q^i u(k-q+1)$$

其中，$i=(1,2,\cdots,l_1), j=(1,2,\cdots,l_2), p^i=[A_1^i, A_2^i, \cdots, A_n^i]^T, Q^i=[B_1^i, B_2^i, \cdots, B_m^i]^T, G^j=[C_1^j, C_2^j, \cdots, C_n^j]^T, H^j=[D_1^j, D_2^j, \cdots, D_m^j]^T$。那么，$L_1^i$ 和 L_2^i 的并联等于模糊方块 L^{ij}，它的隶属函数仍为连续分段多项式函数，L^{ij}为

L^{ij}: if $x(k)$ is $(P^i$ and $G^j)$ and $u(k)$ is $(Q^i$ and $H^j)$,

$$\text{then } x^{ij}(k+1) = (a_0^i + c_0^j) + \sum_{p=1}^{n} (a_p^i + c_p^j) x(k-p+1) + \sum_{q=1}^{m} (b_q^i + d_q^j) u(k-q+1) \tag{3.68}$$

其中，$x(k)$ is $(P^i$ and $G^j) \Leftrightarrow x(k)$ is $(A_1^i$ and $C_1^j)$ and ... and $x(k-n+1)$ is $(A_n^i$ and $C_n^j)$，A_1^j and C_1^j 的隶属函数定义为 $A_1^i(x(k)) \cdot C_1^j(x(k))$，即两个隶属函数的算术积。

定理 3.4　(两个 T-S 模型反馈联接)：假设 L^i 和 R^j是两个模糊方块，其中 L^i 是被控对象，R^j是模糊控制器，其隶属函数都是连续分段多项式函数，L^i 和 R^j分别表示为

L^i: if $x(k)$ is p^i and $u(k)$ is Q^i

$$\text{then } x^i(k+1) = a_0^i + \sum_{p=1}^{n} a_p^i x(k-p+1) + b^i u(k)$$

R^j: if $x(k)$ is G^j and $u(k)$ is H^j

$$\text{then } h^j(k) = c_0^j + \sum_{p=1}^{n} c_p^j x(k-p+1) \tag{3.69}$$

其中，$p^i=[A_1^i, A_2^i, \cdots, A_n^i]^T, Q^i=[B_1^i, B_2^i, \cdots, B_m^i]^T, G^j=[C_1^j, C_2^j, \cdots, C_n^j]^T, H^j=[D_1^j, D_2^j, \cdots,$

$D_m^j]^T$,$u(k)=r(k)-h(k)$,$r(k)$是参考输入。在以上条件下,L^i 和 R^j的反馈链接等于模糊方块 S^{ij}:

$$S^{ij}: \text{if } x(k) \text{ is } (p^i \text{ and } G^j) \text{ and } v(k) \text{ is } (Q^i \text{ and } H^j),$$

$$\text{then } x^{ij}(k+1) = (a_0^i - b^i c_0^j) + b^i r(k) + \sum_{p=1}^{n} (a_p^i - b^j c_p^j) x(k-p+1) \tag{3.70}$$

其中,$i=(1,2,\cdots,l_1)$,

$j=(1,2,\cdots,l_2)$,

$v^*(k)=[r(k)-e^*(x(k)),r(k-1)-e^*(x(k-1)),\cdots,r(k-m+1)-e^*((x(k-m+1))]^T$

e^*代表模糊方块 R^j的输入输出函数关系,即 $h(k)=e^*(x(k))$。

3.4.5 模糊控制器的稳定性分析

模糊控制器的稳定性模糊控制器设计的重要内容,目前稳定性分析方法正在研究和发展中,本节介绍模糊控制器动态稳定性的几种常用分析方法。

(1)描述函数分析法

根据模糊控制器的继电器模型可以知道,模糊控制器可视为含有多值继电环节的非线性控制系统,因此可采用描述函数分析法讨论其稳定性。假设模糊控制器为一维结构,其等价多值继电器输出特性为零对称,则继电器描述函数为

$$N = \frac{4}{\pi x^2}\left[\sum_{i=1}^{n-1} u_i\left(\sqrt{x^2-x_i^2}-\sqrt{x^2-x_{i+1}^2}\right)+u_n\sqrt{x^2-x_n^2}\right] \tag{3.71}$$

式中,x_i 为多值继电器的分界点,u_i 为其对应的值。若继电器无死区,则有 $x_i=0$。

例如,讨论如下被控对象的模糊控制系统的稳定性

$$G(s) = K\frac{\mathrm{e}^{-ts}}{s+a}$$

由经典控制理论可知,系统产生持续振荡的条件是

$$G(j\omega) = -\frac{1}{N}$$

由于多值继电器的描述函数(3.71)的虚部为零,故振荡只能在$\angle G(jw) = -\pi$ 时发生,传递函数的虚部也为零,即

$$a\sin\tau\omega + \omega\cos\tau\omega = 0$$

因此有

$$\tan\tau\omega = -\omega/a$$

当 $a \gg \tau$ 时,可近似求得

$$\omega = (k+0.5)\pi/\tau,\ (k=0,1,2,\cdots) \tag{3.72}$$

这就是系统可能产生振荡的频率。

再考虑,$-1/N$ 在复平面上的分布,当 x 由 $0 \to \infty$ 时,曲线 $-1/N$ 由 $-\infty$ 沿实轴向右移到某点后折回向左移动,移动到某点后折回向右移动。如此反复几次后折回 $-\infty$ 处,因此该系统可能有 $2n$ 个振荡点,其中 n 个点是稳定的,n 个不稳定。同理可知,当多值继电器无死区时,可能有 $2n$ 个振荡点,其中 n 个是稳定的,n 个是不稳定的。

(2)相平面分析法

相平面分析法在研究系统的动态过程相稳定性中非常有效,它不仅可用于线性系统分析,

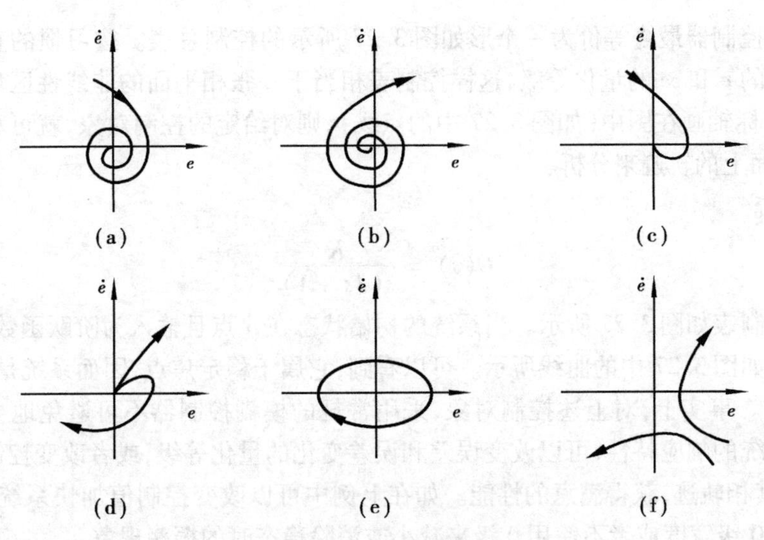

图3.26　典型相轨迹

(a)稳定焦点　(b)不稳定焦点　(c)稳定节点　(d)不稳定节点　(e)极限环　(f)鞍点

也适合于非线性系统分析。相轨迹归结起来有6种基本类型,即稳定焦点、不稳定焦点,稳定节点、不稳定节点、极限环及鞍点,如图3.26所示。其中,图(a)和图(c)这两种情况是稳定的,而图(a)表示系统经过若干次振荡后稳定,图(c)则表明系统不但稳定,而且没有产生振荡现象。

假定讨论的模糊控制器为二维结构,即它由一系列下述形式的模糊规则构成:

$$\text{if}\quad \underset{\sim}{E}\quad \text{is}\quad \underset{\sim}{E}_i\quad \text{and}\quad \underset{\sim}{EC}\quad \text{is}\quad \underset{\sim}{EC}_j,\quad \text{then}\quad \underset{\sim}{U}\quad \text{is}\quad \underset{\sim}{U}_{ij}$$

$$(i = 1,2,\cdots,m;j = 1,2,\cdots,n)$$

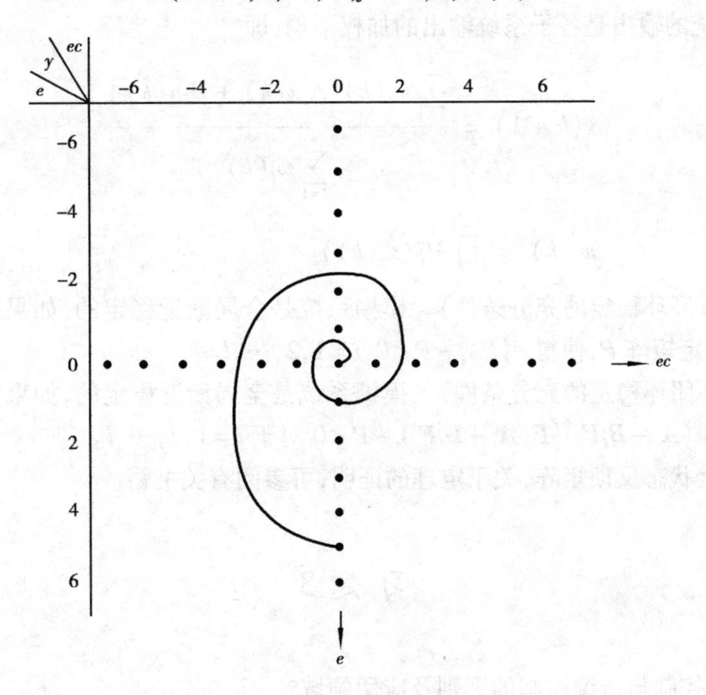

图3.27　相平面分析控制总表

那么一个模糊控制器最终等价为一个形如图3.27所示的控制总表。按习惯的直角坐标方向安排控制表中的e和ec的量化等级,这样控制表相当于一张相平面的非线性区域分布图。如果e和ec的坐标轴画在图中(如图3.27中的点线),则对给定的控制对象,就可利用其在控制表中e—ec平面上的轨迹来分析。

例:对给定系统

$$G(s)=\frac{K}{s(Ts+1)}$$

假设其控制表如图3.27所示。当系统的初始状态在A点且输入为阶跃函数时,模糊控制系统的相轨迹如图3.27中的曲线所示。可以看到,它属于稳定焦点,因而系统是稳定的,但出现了两次振荡。事实上,对上述控制对象,采用常规的模糊控制器不可避免地会产生振荡现象。为改善系统的响应特性,可以改变误差和误差变化的量化等级,或者改变控制表中控制量的值,以改变其相轨迹,获得满意的性能。如在上例中可以改变控制值加快系统的响应速度,同时减小e的0级宽度或者不使用0级来减小或消除稳态时的振荡现象。

(3)T-S模型的稳定性分析

在模糊控制系统中,被控对象L和控制器R都采用了T-S模型,如果在它们的规则中,只用状态变量作为条件变量(不用控制变量),而且L^i和R^j的条件部分是相同的,这时可以推导出简单实用的结果。假设被控对象是单输入单输出n阶非线性系统,它的T-S模型为

$$L^i:\ \text{if } x_1(k) \text{ is } M_1^i \text{ and } \dots \text{ and } x_n(k) \text{ is } M_n^i$$

$$\text{then } x(k+1)=\boldsymbol{A}_i x(k)+\boldsymbol{B}_i u(k)$$

其中,$x(k)=[x_1(k),x_2(k),\cdots,x_n(k)]^T$,$u(k)=[u_1(k),u_2(k),\cdots,u_n(k)]^T$,$i=(1,2,\cdots,l)$。

规则的结论部分是一个状态方程,$\boldsymbol{A}_i$是第i个子系统的状态矩阵,$\boldsymbol{B}_i$是第i个子系统的控制矩阵,被控系统的输出是各子系统输出的加权平均,即

$$x(k+1)=\frac{\sum_{i=1}^{j} w_i(k)[\boldsymbol{A}_i x(k)+\boldsymbol{B}_i u(k)]}{\sum_{j=1}^{n} w_i(k)} \tag{3.73}$$

$$w_i(k)=\prod_{j=1}^{n} M_i^j(x_j(k)) \tag{3.74}$$

定理 3.5 (开环稳定的充分条件) 模糊系统是全局渐近稳定的,如果对所有子系统存在一个公共的正定矩阵$\boldsymbol{P}$,使得$A_i^T\boldsymbol{P}A_i-\boldsymbol{P}<0$,$i=1,2,\cdots,l$。

定理 3.6 (闭环稳定的充分条件) 模糊系统是全局渐近稳定的,如果存在一个公共的正定矩阵$\boldsymbol{P}$,使得$(\boldsymbol{A}_i-\boldsymbol{B}_i\boldsymbol{F}_j)^T\boldsymbol{P}(\boldsymbol{A}_i-\boldsymbol{B}_i\boldsymbol{F}_j)-\boldsymbol{P}<0$对于$i=1,2,\cdots,l$。

其中,F_j是全状态反馈矩阵,关于定理的证明,可参阅有关书籍。

习题3

1. 试述模糊控制与传统控制的区别及应用领域?
2. 试述模糊控制系统的基本原理?

3. 试述模糊控制系统的基本思想？

4. 简要说明模糊控制系统的组成与分类？

5. 试述单变量模糊控制器与多变量模糊控制器的原理，以及相互间的关系？

6. 试述模糊控制三种模型的特点？

7. 常用的模糊控制器的稳定性分析方法有几种？及其分析原理？

第 4 章 基于神经元网络的智能控制技术

4.1 神经元网络的基本原理

4.1.1 引言

模糊控制解决了智能控制中人类语言的描述和推理,本章将介绍神经网络如何通过人工模拟人脑的工作机理来实现机器的部分智能控制行为,即神经网络控制。神经网络控制作为智能控制的一个新的分支,它为解决复杂的非线性、不确定、不确知系统的控制问题开辟了一条新的途径,是现代控制领域的主要发展和研究方向之一。

自从 1943 年,心理学家 McCulloch 和数学家 Pitts 提出第一个神经元模型——MP 模型以及 Hebb 提出的神经元连接强度的修改规则,从此开创了神经网络理论研究的时代。神经网络的发展史,概括起来经历了 3 个阶段:20 世纪 40 ~ 60 年代的发展初期;70 年代的研究低潮期;80 年代,神经网络的理论研究取得了突破性进展。神经网络(又称人工神经网络,Nrural Networks),是由众多简单的神经元连接而成的一个网络,通过模拟人脑细胞的分布式工作特点和自组织功能实现并行处理、自学习和非线性映射等功能。尽管每个神经元结构、功能都不复杂,但网络的整体动态行为却是极为复杂的,可以组成高度非线性动力学系统,从而可以表达很多复杂的物理系统。对神经网络的研究,目前主要表现在以下几个方面:

①探索人脑神经系统的生物结构和机制。

②用微电子或光学器件形成特殊的功能网络。

③将神经网络理论作为一种解决某些问题的手段和方法。

④神经网络结构和快速算法的研究。

作为神经网络理论,其应用已经取得了令人瞩目的进展,在自动控制、计算机科学技术、信息处理、模式识别和图像处理、CAD/CAM、人工智能等方面更为突出,如:

1)模式识别和图像处理

如语音识别、指纹识别、人脸识别、汉字识别、图像识别、目标检测与分析等。

2)自动控制

如化工过程控制、机器人运动控制、优化控制、超大规模集成电路布线设计和控制系统的故障检测等。

3)通讯

如自适用均衡、回波抵消、路由选择和 ATM 网络中的呼叫接纳识别及控制等。

我国的神经网络研究起步较晚,始于 20 世纪 80 年代末,主要在应用技术领域开展了一些基础性的研究和工作,在国际神经网络热潮的带动下,其研究和应用工作得到了很大的进展和重视,多次召开国际和全国的神经网络学术研究会议,研究队伍日益壮大。

但是,另一方面,尽管近几年来,神经网络理论和研究以及应用都取得了可喜的进展,但由于人们对生物神经系统的研究与了解还不够,提出的神经网络的模型、结构和规模等都仅仅是对真实神经网络的一种简化和近似;此外,神经网络的理论还存在很多缺陷,因此神经网络从理论到实践的应用还有一段很长的路要走,还需要我们继续努力。

4.1.2　神经网络的基本理论基础

(1)生物神经元结构理论基础

神经网络的基本组成单元是神经元,在数学上的神经元和在生物学上的神经细胞是对应的。在人体内,神经元的结构形式并非是完全相同,但是,无论形式如何,神经元都是由一些基本成分组成的。从生物控制与处理的角度看,它由细胞体、树突和轴突三部分组成,其基本结构如图 4.1 所示。

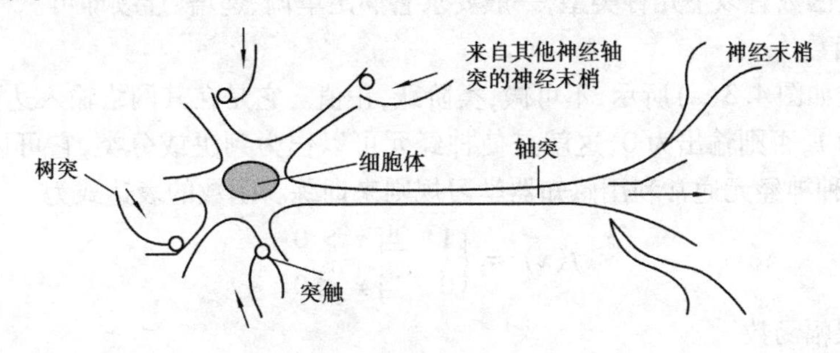

图 4.1　生物神经元的基本结构

1)细胞体

细胞体是由很多分子形成的综合体,由细胞核、细胞质和细胞膜等组成。

2)轴突

由细胞体向外伸出的最长的一条分支称为轴突,即神经纤维。远离细胞体一侧的轴突端部有许多分支,称轴突末梢,其上有许多扣结称突触扣结。轴突通过轴突末梢向其他神经元传出神经信息,因此,它是把神经元兴奋的信息传出到其他神经元的出口。

3)树突

由细胞体向外伸出的其他许多较短的分支称为树突。树突相当于细胞的输入端,它是接受其他神经元传入的神经信息的入口。神经信息只能由前一级神经元的轴突末梢传向下一级神经元的树突或细胞体,不能作反方向的传递,神经元具有两种常规工作状态:兴奋与抑制,即满足“0-1”律。当传入的神经冲动使细胞膜电位升高超过阈值时,细胞进入兴奋状态,产生神经信息并由轴突输出;当传入的神经信息使膜电位下降低于阈值时,细胞进入抑制状态,没有神经信息输出。

(2)人工神经元的数学模型

根据神经元的结构和功能可以知道,神经元是一个多输入单输出的信息处理单元,而且,它对信息的处理是非线性的,这样一来,可以把神经元抽象为一个简单的数学模型。从20世纪40年代开始先后提出的神经元模型有几百种之多。工程上常用到的神经元的数学模型如图4.2所示。

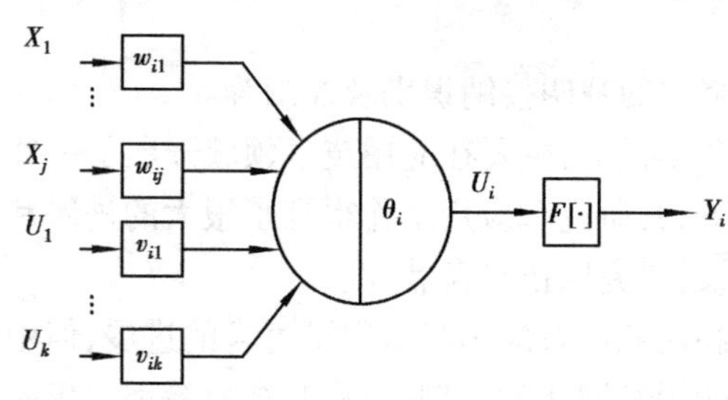

图4.2 人工神经元的基本数学模型

其中 Y_i 为神经元的输出,θ_i 为神经元的阈值,X 为外部输入,U 为其他神经元的输出,w_i 和 v_i 为连接权系数,$F[\cdot]$ 为激发函数,一般为非线性,它决定神经元受到输入的共同刺激达到阈值时以何种方式输出,这样神经元的数学模型的表达式可以表示如下:

$$Y_i = F[U_i] \tag{4.1}$$

$$U_i = \sum_{j=1}^{N} X_j w_{ij} + \sum_{k=1}^{M} U_k v_{ik} - \theta_i \tag{4.2}$$

$\sum$ 实现的是加权加法器的作用,用来实现一个神经细胞对接收来自四面八方信号的空间总和功能。

常用的激发函数有以下几种类型,一般要求它满足单调、递增、连续即可。

1)硬限幅函数

硬限幅函数如图4.3(a)所示,不可微,类阶跃,正值。它是在其网络输入达到给定的门限时迫使其输出为1,否则输出为0,这就是使神经元可以作为判决或分类,它可以给出"是"或"否"的结果,这种神经元通常利用感知器学习规则来训练。函数的表达式为

$$f(x) = \begin{cases} 1 & \text{当 } x > 0 \\ 0 & \text{当 } x \leqslant 0 \end{cases} \tag{4.3}$$

2)对称硬限幅函数

对称硬限幅函数如图4.3(b)所示,不可微,类阶跃,零菌值。它是在其网络输入达到给定的门限时迫使其输出为1,否则输出为 -1,它与硬限幅函数非常相似,只是输出值不同。函数数学表达式为

$$f(x) = \begin{cases} 1 & \text{当 } x > 0 \\ -1 & \text{当 } x \leqslant 0 \end{cases} \tag{4.4}$$

3)对数S型(Sigmoid)函数

对数S型(Sigmoid)函数如图4.3(c)所示,它用于将神经元的输入范围(-∞,+∞)映射到(0,+1),对数S函数是可微函数,因此非常适合于利用BP训练的神经元。函数的数学表达式为

$$f(x) = \frac{1}{1 + e^{x}} \tag{4.5}$$

4)双曲正切S型(Sigmoid)函数

双曲正切S型(Sigmoid)函数如图4.3(d)所示,它用于将神经元的输入范围(-∞,+∞)映射到(-1,+1),函数是可微函数,因此也非常适合于利用BP训练的神经元。函数的数学

表达式为

$$f(x)=\frac{e^{x}-e^{-x}}{e^{x}+e^{-x}} \tag{4.6}$$

5)径向基函数

径向基函数如图4.3(e)所示,它主要用于径向基网络中,函数的数学表达式为

$$f(x)=e^{-(x\cdot b)^{2}} \tag{4.7}$$

其中 b 为阈值。

6)饱和线性函数

饱和线性函数如图4.3(f)所示,在网络输入 $-1\leqslant x\leqslant 1$,它只是简单地将神经元的输入经阈值调整后传递到输出;当 $x<-1$ 时得到 -1;当 $x>1$ 时得到1;函数的数学表达式为

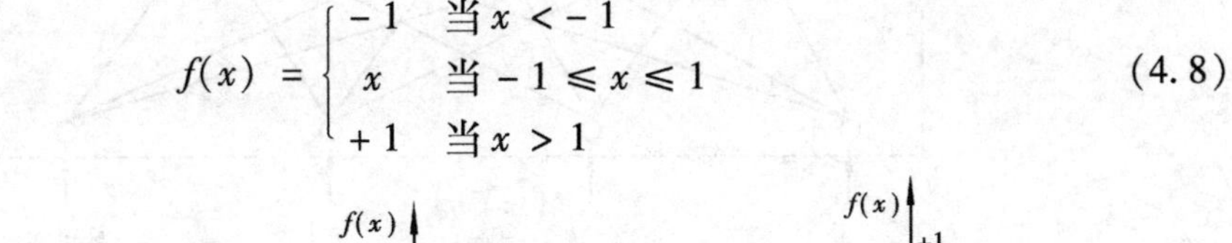

$$f(x)=\begin{cases}-1 & \text{当 } x<-1\\ x & \text{当 } -1\leqslant x\leqslant 1\\ +1 & \text{当 } x>1\end{cases} \tag{4.8}$$

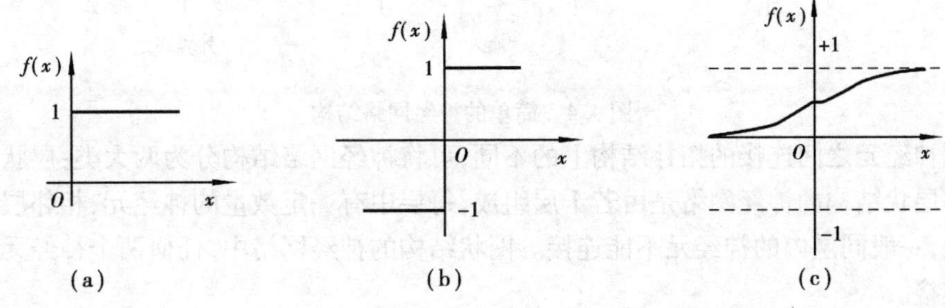

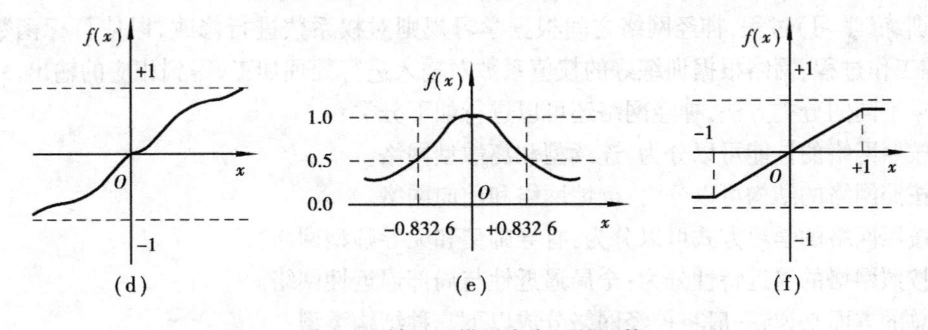

图4.3　神经元模型中常用的函数

图4.3函数实际上是神经元模型的输出函数,用以模拟神经细胞的兴奋、抑制以及阈值等特性。上述函数具有两个显著的特征,一是它的突变性,二是它的饱和性,这正是为了模拟神经细胞兴奋过程所产生的神经冲动以及疲劳等特性。

(3)神经网络的模型分类

神经元模型确定之后,一个神经网络的特性及能力主要取决于网络的拓扑结构及学习方法,如果将大量功能简单的基本神经元通过一定的拓扑结构组织起来,构成群众并行分布式处理的计算结构,那么这种结构就是神经网络结构。

神经网络的作用是将接受的输入信息进行加工处理后输出。一个简单的神经网络结构可以表示如图4.4所示。其中小圆圈表示一个神经元(又称节点、处理单元),一个神经网络系

统中的神经元可以有很多,每个神经元的具体操作都是从其他相邻的神经元中接受输入信息,然后产生输出并送到其他相邻的神经元中去。神经元通常可以分为三类,即输入层神经元、隐层神经元(亦称中间神经元,可以有若干层)和输出层神经元。输入层神经元是从外界环境接受信息,输出层神经元则是给出整个神经网络系统对外界环境的作用,隐层神经元则是从网络内部接受输入信息并对之进行处理,再输出信息作用于其他的神经元。各个神经元之间通过相应的加权系数(又称权值)相互连接而形成一个网络拓扑结构。

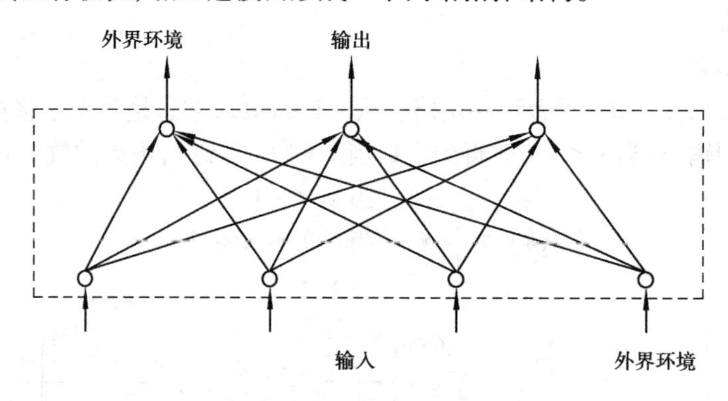

图4.4 简单的神经网络结构

根据神经元之间连接的拓扑结构上的不同,可将神经网络结构分为两大类:层状结构和网状结构。层状结构的神经网络是由若干层组成,每层中有一定数量的神经元,相邻层中神经元单向连接,一般同层内的神经元不能连接。网状结构的神经网络中,任何两个神经元之间都可能双向连接。

神经网络的基本工作过程可以表示为训练(学习)过程和工作过程两个部分。

在训练(学习)过程,神经网络之间根据学习规则对权系数进行修改,以使目标函数达到最小;在工作过程,网络根据训练好的权值系数对输入进行处理加工,得到相应的输出。

根据不同的分类方法,神经网络还可以进行如下分类:

①按照网络的性能可以分为:连续型和离散型网络。

②按照网络的结构可以分为:反馈网络和前向网络。

③按照网络的学习方式可以分为:有导师型和无导师型网络。

④按照网络的逼近特性分为:全局逼近性与局部逼近性网络。

从总的方面来说,一般将神经网络分成以下几种结构类型:

1)前向网络(前馈网络)

前向网络通常包含许多层,神经元分层排列,它属于层状结构。如图4.5(a)所示为含有输入层、隐层和输出层的三层网络,每一层的神经元只接受前一层神经元的输入。输入模式经过各层的顺序变换后得到输出层输出。该网络中有计算功能的节点称为计算单元,而输入节点无计算功能。常见的感知器和误差反向传播算法中所使用的网络就是采用这种网络结构。

2)反馈网络

它属于层状结构,反馈网络从输出层到输入层有反馈,既可接收来自其他节点的反馈输入,又可包含输出引回到本身输入构成的自环反馈,如图4.5(b)所示,该反馈网络每个节点都是一个计算单元。神经认知机,以及Jordan提出的神经网络模型就是属于这种类型,它主要可用来存储某种模式序列。

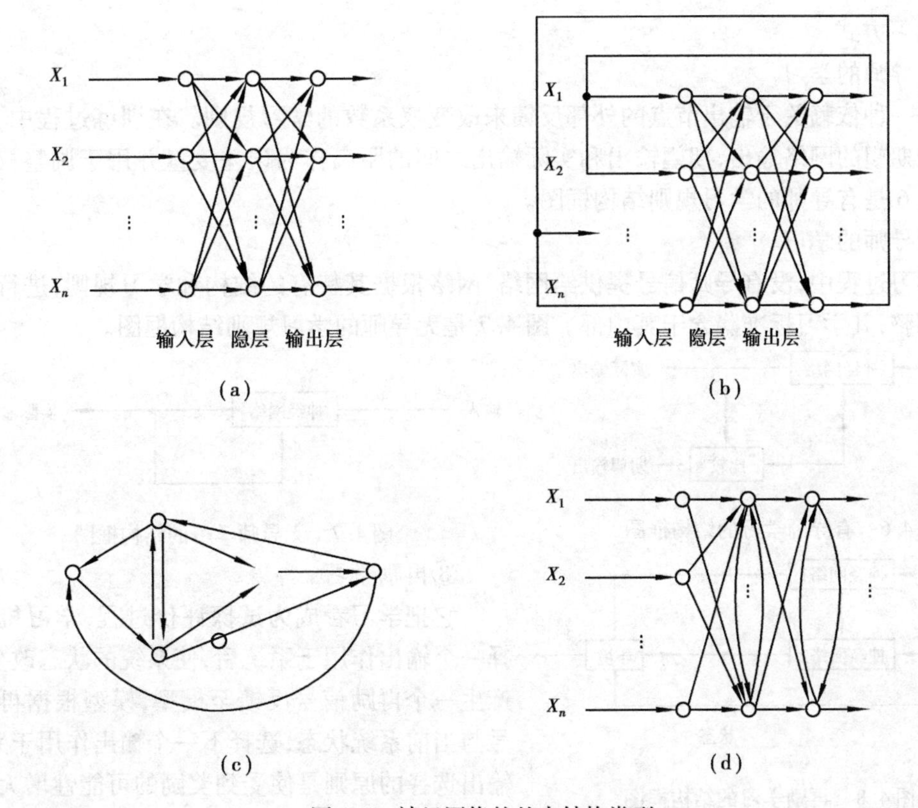

图4.5 神经网络的基本结构类型

(a) 前向网络 (b) 反馈网络 (c) 相互结合型网络 (d) 层内具有相互结合型的前向型网络

3)相互结合型网络

它是属于网状结构,相互结合型网络如图4.5(c)所示,在整个网络中的任意两个神经元之间都可能相互连接。在前向网络中,信息处理是从输入层依次通过隐层到输出层,处理结束;而在相互结合型网络中,若某一时刻从神经网络外部施加一个输入,各个神经元一边相互作用,一边进行信息处理,直到使网络所有神经元的活性度或输出值,收敛于某个平均值作为信息处理的结束。HNN和Boltzman机都属于这种结合型网络。

4)层内具有相互结合型的前向型网络

层内具有相互结合型的前向型网络连接方式介于前向网络和相互结合型网络之间,如图4.5(d)所示。这种在前向网络的同一层间神经元有互联的结构,称为层内具有相互结合型的前向型网络。这种在同一层内的互联,目的是为了限制同层内神经元同时兴奋或抑制的神经元数目,以完成特定的功能。

(4)神经网络的学习方法

在神经网络中,修改权值的规则过程称为学习过程,也就是说神经网络的权值并非固定不变的,相反的,这些权值可以根据经验或学习来改变。学习是神经网络的最重要的特征之一,神经网络能够通过训练、改变其内部表征,使输入输出间变换朝好的方向发展,以完成特定的任务。

神经网络的学习过程就是不断调整网络的连接数值,以获取期望输出。神经网络的模型很多,学习方法也多种多样。下面介绍常用的神经网络的学习方式和学习规则。

1)学习方式

①有导师的学习

这是一种依赖关于输出节点的外部反馈来改变权系数的学习规则。在训练过程中,始终存在一个期望的网络输出,期望输出和实际输出之间的距离作为误差度量并用于调整权值系数。图4.6是有导师的学习规则结构框图。

②无导师的学习

在学习过程中,没有导师信号提供给网络,网络根据其特有的结构和学习规则,进行连接权值的调整,其学习标准隐含于其内部。图4.7是无导师的学习规则结构框图。

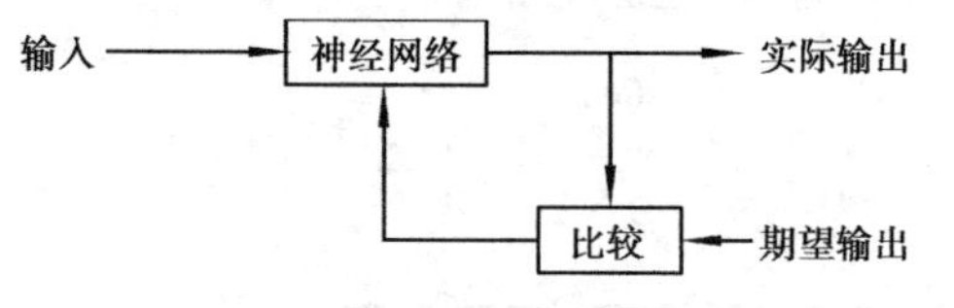

图4.6 有导师学习的结构框图

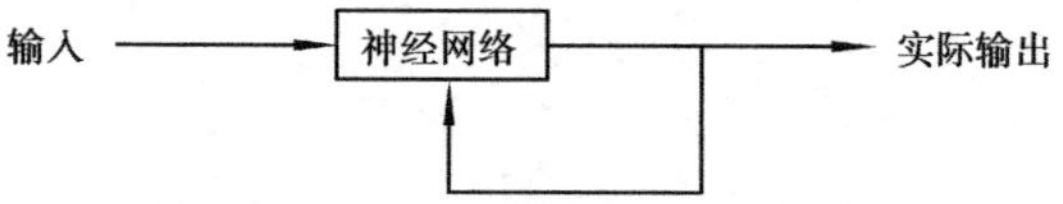

输入 → 神经网络 → 实际输出

图4.7 无导师学习的结构框图

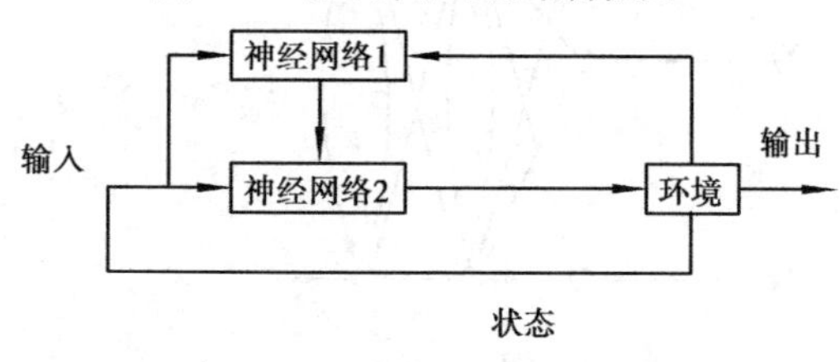

图4.8 再励学习的结构框图

③再励学习

它把学习看成为试探评价过程,学习机制选择一个输出作用于系统后,使系统的状态改变,并产生一个再励信号反馈至模型,模型根据再励信号与当前系统状态,选择下一个输出作用于系统,输出选择的原则是使受到奖励的可能性增大。图4.8是再励学习的结构框图。

2)学习规则

①Hebb学习规则(联想式学习规则、相关学习规则)

基于对心理学和生理学的长期研究,D. O. Hebb提出了生物神经元学习的假设,即当两个神经元同时处于兴奋状态时,它们之间的连接应当加强,这就是Hebb学习规则的基本思想。几乎所有的神经网络的学习规则都可以看成是Hebb学习规则的变形,它仅仅根据连接间的激活水平改变权值系数。如图4.9所示,如果单元U_i接收来自另一单元U_j的输出,那么,从U_j到U_i权值w_{ij}便得到加强,从神经元U_i到神经元U_j的连接强度,即权重变化Δw_{ij}可以表示如下:

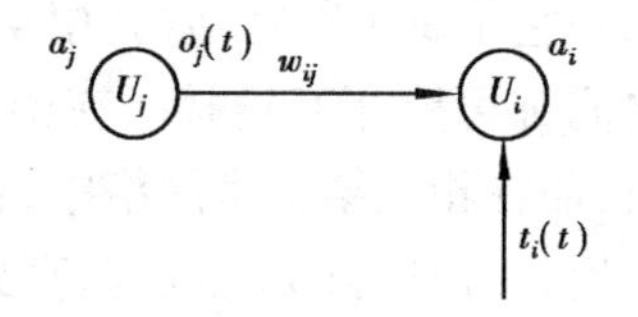

图4.9 Hebb学习规则示意图

$$\Delta w_{ij} = G(a_i(t), t_i(t))H(o_j(t), w_{ij}) \tag{4.9}$$

式中 $t_i(t)$——神经元U_i的一种理想输入信号;

G——神经元U_i的活性度a_i和理想输入信号$t_i(t)$的函数;

H——神经元U_j的输出$o_j(t)$和连接权重w_{ij}的函数。

输出$o_j(t)$与活性度$a_i(t)$之间满足非线性关系,即

$$o_j(t) = F_j[a_i(t)] \tag{4.10}$$

在Hebb学习规则的最简单的形式中没有理想输入信号,而且函数G和H与它们的第一个自变量成正比,于是有

$$\Delta w_{ij} = \eta a_i(t) o_j(t) \tag{4.11}$$

其中,η是学习速率的比例常数($\eta>0$)。

上式表明,对一个神经元较大的输入或该神经元活性度大的情况,它们之间的连接权重会更大。由于 Δw_{ij} 与 $a_i(t)o_j(t)$ 有关,有时称为相关学习规则。

若定义 $H(o_j(t),w_{ij})=o_i(t)$, $G(a_i(t),t_i(t))=\eta(t_i(t)-a_i(t))$,则可以得到 Hebb 学习规则的另外一种变形

$$\Delta w_{ij}=\eta(t_i(t)-a_i(t))\cdot o_j(t) \tag{4.12}$$

因为修正量与实际的活跃值和目标的活跃值之差(或称 delta)成正比,故又称作 Delta 学习规则。

②纠错学习规则

基本纠错学习规则可以这样来描述:如果节点的输出正确,则一切保持不变;如果节点的输出本应为0,但实际输出为1,则权系数相应减少;如果节点的输出本应为1,但实际输出为0,则权系数相应增加。

令 $y_k(n)$ 为输入 $x_k(n)$ 时,神经元在 n 时刻的实际输出,$d_k(n)$ 表示应有的输出(可出训练样本给出),则误差信号表示为

$$e_k(n)=d_k(n)-y_k(n) \tag{4.13}$$

误差纠正学习的最终目的是使某一基于 $e_k(n)$ 的目标函数达到最小,以使网络中每一输出单元的实际输出在某种统计意义上逼近应有输出,一旦选定了目标函数形成,误差纠正学习就变成了一个典型的最优化问题,最常用的目标函数是均方误差判据,定义为误差平方和的均值。

$$J=E\left[\frac{1}{2}\sum_k e_k^2(n)\right] \tag{4.14}$$

其中,E 为求期望算子,上式的前提是被学习的过程是宽平稳的,具体方法可用最优梯度下降法,直接用 J 作为目标函数时需要知道整个过程的统计特性,为解决这一问题,通常用 J 在时刻 n 的瞬时值 $\xi(n)$ 代替,即

$$\xi(n)=\frac{1}{2}\sum_k e_k^2(n) \tag{4.15}$$

问题变为求 $\xi(n)$ 对权值 W 的极小值,根据梯度下降法可得

$$\Delta w_{kj}=\eta e_k(n)x_j(n) \tag{4.16}$$

其中,η 为学习步长,这就是通常所说的误差纠正学习规则(或称 delta 学习规则),在自适应滤波器理论中,对这种学习的收敛性及其特性有较深入的分析。

③竞争学习规则

顾名思义,在竞争学习时,网络各输出单元互相竞争,最后达到只有一个最强者激活,即这是一种无导师的学习规则,其原理是“赢的神经元可以最大程度地调整它的权系数”。最常见的一种情况是输出神经元之间有侧向抑制性连接(如图4.10所示),这样原来输出单元中如有某一单元较强,则它将获胜并抑制其他单元,最后只有此强者处于激活状态。

竞争学习网络的核心——竞争层,是许多神经网络的重要组成部分。基本竞争学习网络由两层组成。第一层为输入层,由接收输入模式的处理单元组成;第二层为竞争层,竞争单元争相响应输入模式,胜者表示输入模式的所属类别。输入层单元与竞争层单元的连接为全互连方式,连接权是可调节的。

竞争单元的处理分为两步:首先计算每个单元输入的加权和,然后进行竞争,产生输出。

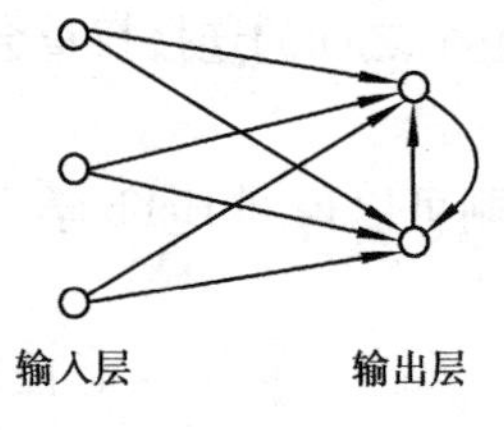

图4.10 竞争学习网络

对于第j个竞争单元,其输入总和为

$$S_j = \sum_j w_{ij} x_j \tag{4.17}$$

当竞争层所有单元的输入总和计算完毕,便开始竞争。竞争中具有最高输入总和的单元被定为胜者,其输出状态为1,其他各单元输出状态为0。对于某一输入模式,当获胜单元确定后,便更新权值。也只有获胜单元权值才增加一个量,使得再次遇到该输入模式时,该单元有更大的输入总和。权值更新规则表示为

$$\Delta w_{ij} = \eta\left(\frac{x_j}{m} - w_{ij}\right) \tag{4.18}$$

式中 η——学习因子;

m——输入层状态为1的单元个数。

各单元初始权值的选取,是选其和为1的一组随机数。

最常用最基本的竞争学习规则可写为

$\Delta w_{ij} = \eta(x_j - w_{ij})$,则神经元$i$竞争获胜;

$\Delta w_{ij} = 0$,则神经元i竞争失败。

④学习与自适应学习规则

当学习系统所处环境平稳时(统计特性不随时间变化),从理论上讲通过监督学习可以学到环境的统计特性,这些统计特性可被学习系统(神经网络)作为经验记住。如果环境是非常平衡的(统计特性随时间变化),通常的监督学习没有能力跟踪这种变化。为解决此问题,需要网络有一定的自适应能力,此时对每一不同输入都作为一个新的例子来对待,其工作过程如图4.11所示。此时模型(即神经网络)被当作一个预测器,基于前一时刻输入$x(n-1)$和模型在$(n-1)$时刻的参数,它估计n时刻的输出$\hat{x}(n)$,$\hat{x}(n)$与实际值$x(n)$(作为应有的正确答案)比较,其差值称为"新息"。若新息$e(n)=0$,则不修正模型参数,否则应修正模型参数以便跟踪环境变化。

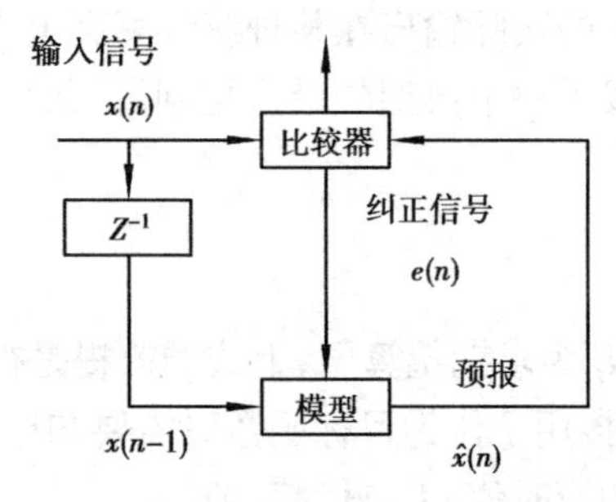

图4.11 学习与自适应学习规则系统框图

4.2 常用的前向神经网络介绍

4.2.1 感知器

感知器模型是由美国学者F. Rosenblatt于1957年建立的,感知器是模拟人的视觉,接受环境信息,并由神经冲动进行信息传递的神经网络。感知器主要用于样本的分类,分为基本感知器和多层感知器,是一种具有学习能力的神经网络,下面分别介绍它们。

(1)基本感知器

基本感知器是一个具有单层计算神经元的两层网络,分为输入层和输出层,每个可由多个

处理单元构成，如图4.12所示。

基本感知器的学习是典型的有教师学习（训练）。训练要素有两个：训练样本和训练规则。当给定某一训练模式时，输出单元会产生一个实际的输出向量，用期望输出与实际输出之差来修正网络权值，感知器的学习算法为

$$y_j = f\left(\sum_{j=1}^{n} w_j u_j - \theta\right) = f\left(\sum_{j=0}^{n} w_j u_j\right) \qquad (4.19)$$

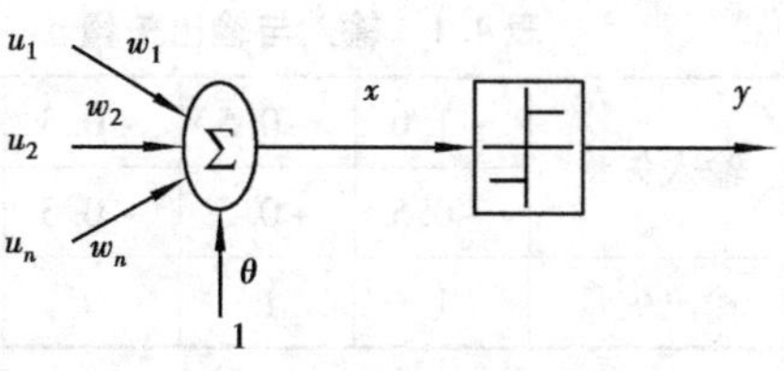

图4.12　基本感知器示意图

式中　u_j——感知器的第j个输入；$w_0=-\theta$，阈值；$u_0=1$；

y_j——输出；

$f[\cdot]$——一般取为阶跃函数。

其特点是：权值可由学习进行调整。

$$w_j(t+1) = w_j(t) + \eta[d_j - y_j(t)]u_j \qquad (4.20)$$

式中　t——第t次调整权值；

η——学习率，在(0,1)区间取值，用于控制权值调整速度；

d_j——期望输出（教师信号）；

$y_j(t)$——实际输出。

基本感知器学习算法的基本步骤是：

1）设置权系数的初值$w_j(0)(j=0,1,2,\cdots,n)$，为较小的随机非零值。

2）给定输入/输出样本对：

$$u_p = (u_{0p}, u_{1p}, \cdots, u_{np})$$

$$d_p = \begin{cases} +1 & u_p \in A \\ -1 & u_p \in B \end{cases}$$

其中，$u_{0p}=1$。

3）求感知器的输出：$y_p(t) = f\left(\sum_{j=0}^{n} w_j(t)u_{jp}\right)$

4）调整权值：$w_j(t+1) = w_j(t) + \eta[d_p - y_p(t)]u_{jp}$

5）若$y_p(t)=d_p$，则学习结束；否则，返回(3)。

当基本感知器用于两类模式分类时，相当于在高维样本空间中用一个超平面，将两类样本分开。

由于感知器神经网络在结构上和学习规则上的局限性，基本感知器在应用上的局限性表现在：

①若输入模式为线性不可以分集合，则网络的学习算法将无法收敛，也就是说不能进行正确的分类。如“异或”问题。

②当感知器神经网络的所有输入样本中存在奇异的样本，网络训练花费的时间将会很长。如：$p=\begin{bmatrix} 0.4 & 0.5 & -100 \\ -0.4 & 0.5 & 60 \end{bmatrix}$，$t=[1\ 0\ 1]$ 分类问题。

由于第三组数据远远大于其他数据，将致使训练时间很长。

③感知器神经网络输出只能为0或1。

例　设有一平面上的两类模式,见表4.1。采用两个输入,单输出的单层感知器进行分类,输入矢量可以用下图4.13上面示意图来表示,对应于目标值0的输入矢量用符号“o”表示,对应于目标值1的输入矢量用符号“+”表示。训练结束后得到了如图4.13下面所示的分类结果,分类线将两类输入矢量分开。

表4.1　输入与输出矢量

输入矢量	-1.0	-0.5	+0.3	-0.1
	-0.5	+0.5	-0.5	+1.0
输出矢量	1	1	0	0

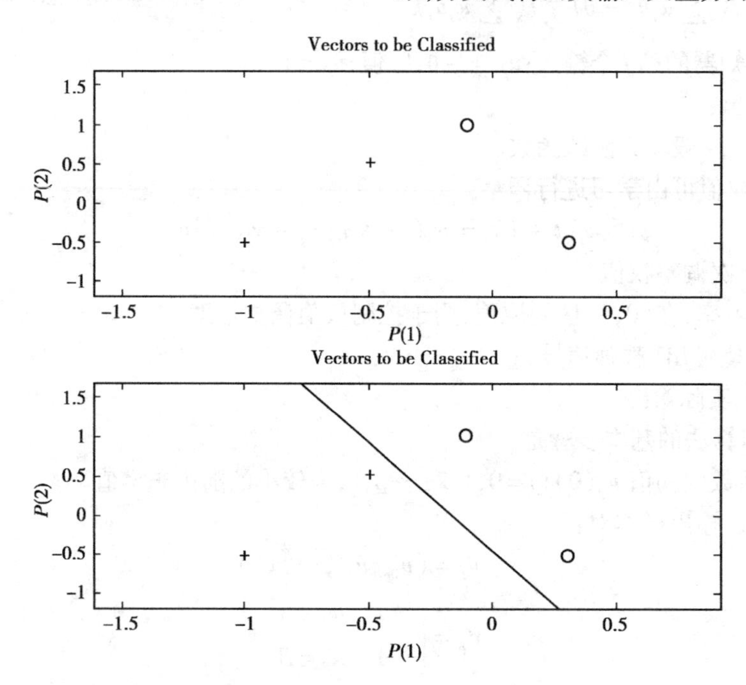

图4.13　单层感知器进行分类示意图

值得说明的是,感知器在完成分类问题时,随着网络参数初始值的不同,训练所需要的步数以及最后所得到结果都有可能不同,但经过训练后的网络仍然能够完成分类任务,换句话说,那就是分类问题的解不止一个。

当训练完成后,得到了优化的网络权值和阈值,这时可以利用训练好的感知器神经元来解决实际的分类问题。

例　说明奇异输入样本对训练结果的影响。对表4.2所示的正常样本进行分类,经计算,训练分类花费的时间为0.44 s;表4.3所示样本有(-80,100)明显地不同于其他输入样本矢量,与其他样本矢量相比较,这是一个特别大的样本,显然,这是对奇异样本进行分类的问题,经计算,训练分类花费的时间为2.86 s,训练时间明显增加。

表4.2

输入矢量	-0.5	-0.5	+0.3	-0.1	-0.8
	-0.5	+0.5	-0.5	+1.0	+1.0
输出矢量	1	1	0	0	1

表4.3

输入矢量	-0.5	-0.5	+0.3	-0.1	-80
	-0.5	+0.5	-0.5	+1.0	+100
输出矢量	1	1	0	0	1

从上面分析可以知道,在选择输入样本时,应特别注意,样本选择的好坏将直接影响网络的训练时间和性能。

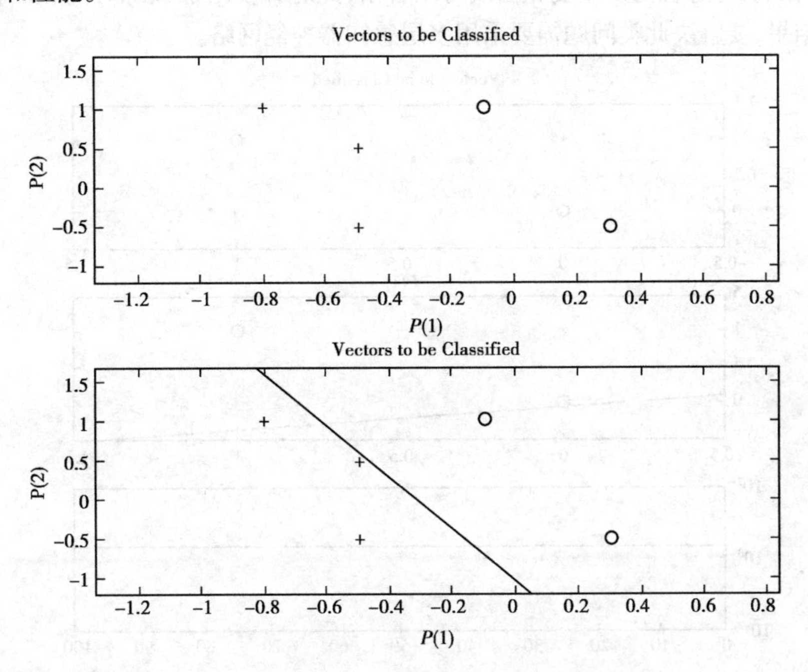

图 4.14　正常样本进行分类结果示意图

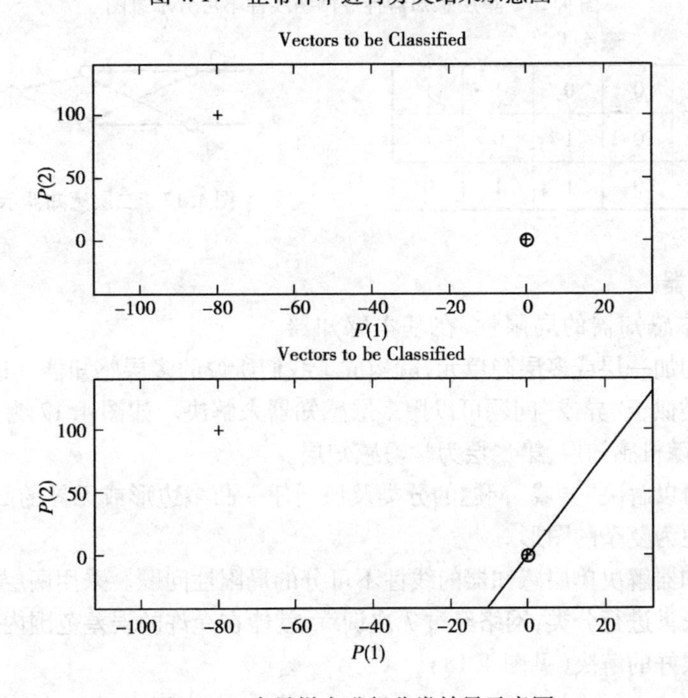

图 4.15　奇异样本进行分类结果示意图

例　单层感知器神经网络线性不可分输入矢量分类问题。单层感知器神经网络有一个致命的弱点,就是输入矢量必须是线性可分,如表 4.4 所示的异或样本矢量分类问题,这是一组线性不可分样本,输入样本矢量的分布如图 4.15 所示,采用单层感知器神经网络对之进行分类的结果如图 4. 16 所示,显然,单层感知器神经网络无法用一条直线将输入样本矢量进行正确分类,此外,从训练过程的误差变化曲线可以看出,此时即使增加训练时间和次数也得不到正确的分类结果,要解决此类问题需要采用多层感知器神经网络。

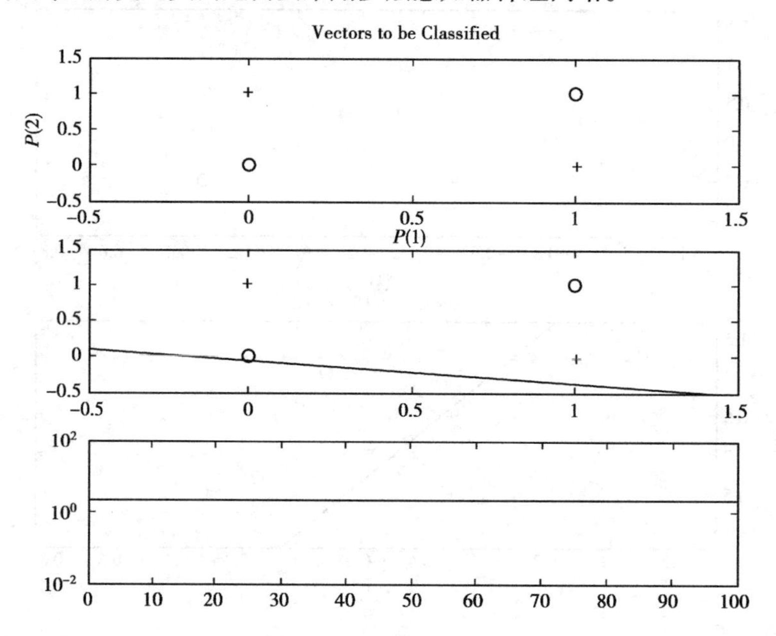

图 4. 16　单层感知器神经网络线性不可分示意图

表 4. 4

输入矢量	0	0	1	1
	0	1	0	1
输出矢量	0	1	1	0

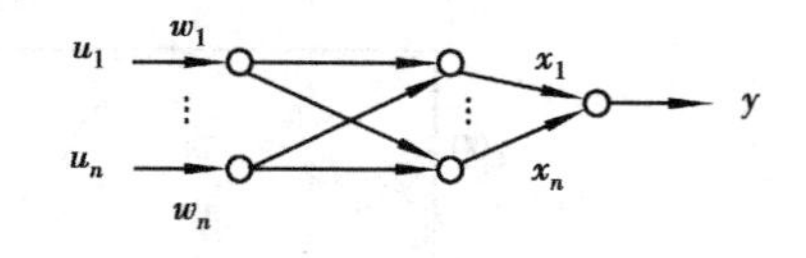

图 4. 17　二层感知器示意图

(2) 多层感知器

为了解决基本感知器的局限性,在基本感知器的输入输出层之间加一层或多层隐单元,就构成了我们所说的多层感知器。这样,对于单层感知器解决不了的类似于"异或"问题可以用多层感知器来解决。如图 4. 17 为一常用两层感知器,一般第一层为随机感知层,第二层为学习感知层。

两层感知器可以解决"异或"问题的分类及识别任一凸多边形或无界的凸区域,更多层的感知器可以识别更为复杂的图形。

例　多层感知器解决单层感知器的线性不可分的局限性问题。采用两层感知器神经网络对上述输入样本矢量进行分类,网络经过 7 次训练,就能在允许的误差范围内正确分类,显然,此类问题得到了很好的解决(见图 4. 18)。

4. 2. 2　BP 网络及其算法

Rumelhart, McClelland 和他们的同事们于 1982 年成立了一个研究并行分布信息处理方法,探索人类认知的微结构的小组,于 1985 年提出了 BP 网络学习算法。

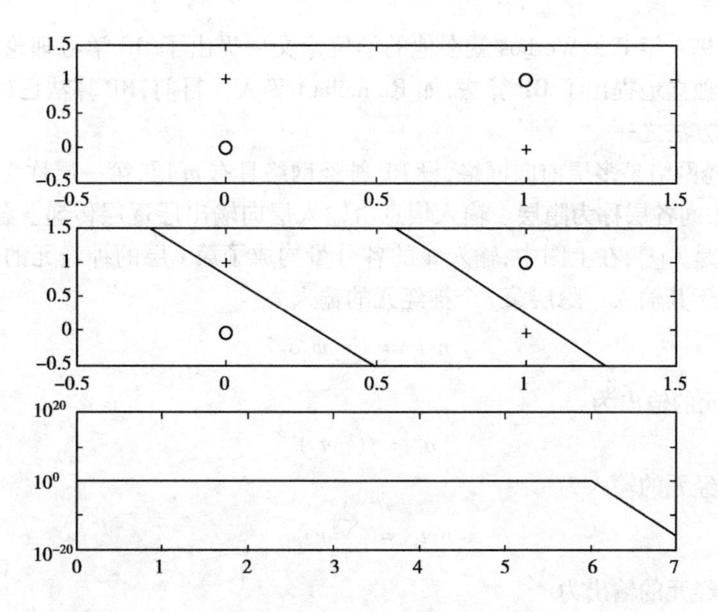

图4.18 多层感知器解决单层感知器的线性不可分的问题

目前,在人工神经网络的实际应用中,绝大部分的神经网络模型是采用BP网络和它的变化形式,同时,它也是前向网络的核心部分,并体现了人工神经网络最精华的部分。

BP网络主要应用在函数逼近、模式识别、分类和数据压缩等领域。

(1)BP网络模型

通常所说的BP模型,即误差后向传播神经网络,是神经网络模型中使用最广泛的一类。从结构上看,BP网络是典型的多层网络。它分为输入层、隐层和输出层。层与层之间多采用全互联方式。同一层单元之间不存在相互连接,如图4.19所示,BP网络的基本处理单元(输入层单元除外)为非线性输入输出关系,一般选用(0,1)S型作用函数,即

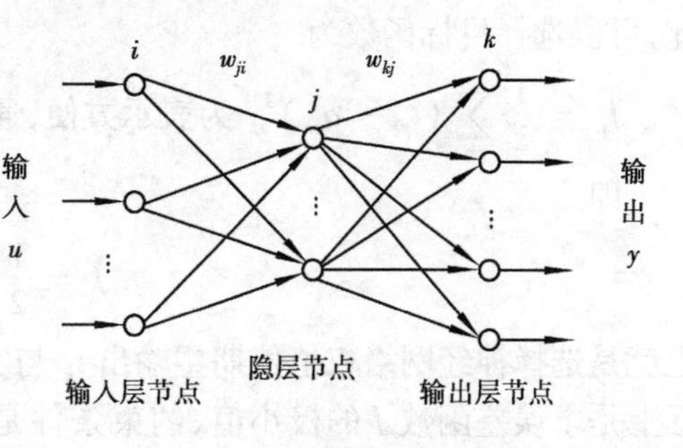

图4.19 BP网络模型结构

$$f(x) = \frac{1}{1 + e^{x}}$$

对第P个样本误差计算公式为

$$E_p = \frac{\sum_i (d_{pi} - y_{pi})^2}{2}$$

式中 d_{pi}, y_{pi}——期望输出和计算输出,且处理单元的输入、输出值可连续变化。

BP网络模型实现了多层网络学习的设想。当给定网络的一个输入模式时,它由输入层单元传到隐层单元,经隐层单元逐层处理后再送到输出层单元,由输出层单元处理后产生一个输出模式,故称为前向传播。如果输出响应与期望输出模式有误差,且不满足要求,那么就转入误差后向传播,即将误差值沿连接能路逐层向后传送,并修正各层连接权值。

(2)BP学习算法

误差反向传播(BP)算法(Backpropagation Algrithm,简称BP算法)在神经网络的研究有较

长的历史,早在 1974 年 P. J. Werbos 就在他的学位论文中提出了 BP 学习理论。以后,又有许多研究工作者也独立地提出了 BP 算法,如 Rumelhart 等人。目前,BP 算法已经成为网络学习中最常用的学习方法之一。

一般 BP 神经网络是多层前向网络,设 BP 神经网络具有 m 层,第一层称为输入层,最后一层称为输出层,中间各层称为隐层。输入信息由输入层向输出层逐层传递。各个神经元的输入输出关系函数是 $f[\cdot]$,在上图中,输入 u 的各分量构成了第 i 层的神经元的输入,这一层的输出可以直接等于其输入。隐层第 j 个神经元的输入为

$$net_j = \sum_j w_{ji} o_i \tag{4.21}$$

隐层第 j 个神经元的输出为

$$o_j = f(net_i) \tag{4.22}$$

输出层第 k 个神经元的输入为

$$net_k = \sum_j w_{kj} o_j \tag{4.23}$$

输出层第 k 个神经元的输出为

$$o_k = f(net_k) \tag{4.24}$$

BP 学习算法是通过反向学习过程使误差最小,在神经网络的学习阶段,我们给定模式 u_p 作为网络的输入,要求网络通过调整权值,使得输出层上得到理想的输出值 t_p。一般来说,由于网络的训练并非总能完全成功,也就是说,网络的实际输出 o_{pk} 与目标输出 t_{pk} 并不完全一致,因此,可以选择目标函数为

$J_p = \dfrac{1}{2}\sum_k (t_{pk} - o_{pk})^2$,为表示方便,通常将下标 p 省略。

即

$$J = \frac{1}{2}\sum_k (t_k - o_k)^2 \tag{4.25}$$

也就是选择神经网络权值使期望输出 t_k 与实际输出 o_k 之差的平方和最小。这种学习算法实际上是求误差函数 J 的极小值,约束条件是式(4.23),可以利用非线性规划中的“快速下降法”,使权值沿误差函数的梯度方向改变,因此,权值的修正量为

$$\Delta w_{kij} = -\varepsilon \frac{\partial J}{\partial w_{kj}} (\varepsilon > 0) \tag{4.26}$$

式中 ε——学习步长,可以取值在 0 ~ 1 之间。

因为误差 J 为输出 o_k 的表达式,输出又是第 k 个神经元输入的非线性变换,所以采用链式法则计算:

$$\frac{\partial J}{\partial w_{kj}} = \frac{\partial J}{\partial net_k} \cdot \frac{\partial net_k}{\partial w_{kj}} \tag{4.27}$$

由式(4.23)得

$$\frac{\partial net_k}{\partial w_{kj}} = \frac{\partial}{\partial w_{kj}} \sum_j w_{kj} o_j = o_j \tag{4.28}$$

令:$\delta_k = -\dfrac{\partial J}{\partial net_k}$

则有:$\Delta w_{kj} = \varepsilon \delta_k o_j$

采用链式法则将δ_k表示为两部分。一部分是误差对于输出的变化率，另一部分表示为第k个神经元输出关于输入的变化率，表示如下：

$$\partial_k = -\frac{\partial J}{\partial net_k} = -\frac{\partial J}{\partial o_k} \cdot \frac{\partial o_k}{\partial net_k} = (t_k - o_k) \cdot f_k'(net) \tag{4.29}$$

对于任意输出层的神经元k，都有

$$\Delta w_{kj} = \varepsilon \delta_k o_j = \varepsilon (t_k - o_k) \cdot f_k'(net_k) o_j \tag{4.30}$$

如果权系数不直接作用于输出层神经元，情况就不同了。对与隐层，计算权值的变化量：

$$\begin{aligned}
\Delta w_{ji} &= -\varepsilon \frac{\partial J}{\partial w_{ji}} = -\varepsilon \frac{\partial J}{\partial net_j} \cdot \frac{\partial net_j}{\partial w_{ji}} \\
&= -\varepsilon \frac{\partial J}{\partial net_j} \cdot o_i = \varepsilon \left(-\frac{\partial J}{\partial o_j} \cdot \frac{\partial o_j}{\partial net_j} \right) o_i \\
&= \varepsilon \left(-\frac{\partial J}{\partial o_j} \right) \cdot f_j'(net_j) o_i = \varepsilon \delta_j o_i
\end{aligned} \tag{4.31}$$

由于不能直接求得$\frac{\partial J}{\partial o_j}$，通过间接变量对它进行计算

$$\begin{aligned}
\frac{\partial J}{\partial o_j} &= -\sum_k \frac{\partial J}{\partial net_k} \cdot \frac{\partial net_k}{\partial o_j} \\
&= \sum_k \left(-\frac{\partial J}{\partial net_k} \right) \cdot \frac{\partial}{\partial o_j} \sum_m w_{km} o_m \\
&= \sum_k \left(-\frac{\partial J}{\partial net_k} \right) \cdot w_{kj} = \sum_m \delta_k w_{kj}
\end{aligned} \tag{4.32}$$

也就是说，内层神经元的δ值可以由上一层的δ值来计算。于是，从最高层输出层开始计算δ_k值，然后将“误差”反传到较低的网络层。所以，对于隐层的权值变化表示如下：

$$\Delta w_{ji} = \varepsilon f'(net_j) o_i \sum_k \delta_k w_{kj} \tag{4.33}$$

在许多情况下要求每个神经元提供一个可训练的偏移量θ_j，它可以便置原来的特性曲线，其效果等效于调节神经元的阈值，从而使训练速度更快。这一特征可以很容易地插到训练算法中去：把+1通过一个权值连向每一个神经元，这个权可以采用和其他权相同的办法训练。不同的是偏移项输入始终为+1，而其他权的输入是前一层神经网络的输出。此外，从以上的分析可以看出，求j层的误差信号，需要上一层的误差信号，因此，误差函数的求取是一个始于输出层的反向传播的递归过程，所以称为反向传播学习算法。通过多个样本的学习，修改权值，不断减少偏差，最后达到满意的结果。综上所述，BP学习算法可以归纳为如图4.20所示的程序框图。

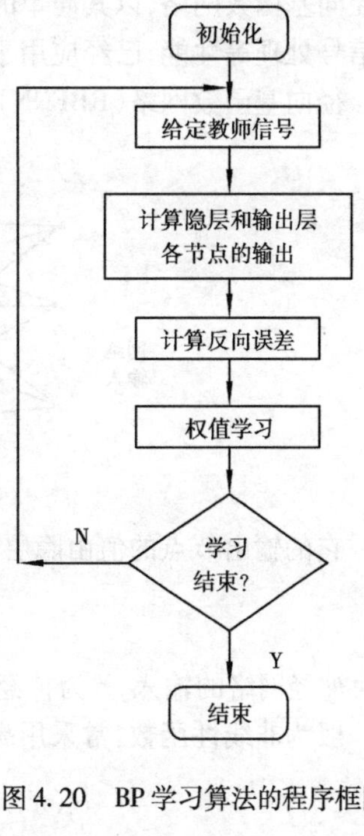

初始化
给定教师信号
计算隐层和输出层各节点的输出
计算反向误差
权值学习
学习结束?
N
Y
结束

图4.20　BP学习算法的程序框图

(3) BP算法的改进

目前，BP网络在模式识别、图像数据压缩以及自适应跟踪和控制等方面都取得了成功的应用。但是，也可以看到BP算法存在若干问题会导致网络训

练失败,从而阻碍BP算法的更为广泛的应用。导致BP网络训练失败的原因理论上有两个。

1)局部最小问题

由于采用非线性梯度下降法来调整网络权值,容易形成局部极小而得不到整体最优,即局部最小问题。BP学习算法采用梯度下降法来调整网络权值,这对于具有惟一最小值的误差曲面是有效的。但是,在实际问题中,误差曲面就像一只具有一些小的凹凸不平的碗的内表面,求误差最小的过程是在这样的碗中,使得能处在总体能量最小的位置,理想的位置应该位于碗底中央,称为球面最佳解。由于碗底凹凸不平,有可能陷入局部最小点,而不是全局最小点。当网络陷入局部最小点后,有可能会造成训练失败,即使最后能跳出该点,但也要花费很长的一段时间。

2)训练瘫痪问题

瘫痪状态是由于大量神经元的连接权值已被修改得很大,或者某些神经元输入很大,从而引起神经元的输出接近极限值,这种现象被称为假饱和现象,引起特征曲线的斜率变化趋于零,使得与之相连的网络权值的修改发生停顿。对于整个网络而言,若其中大部分有影响的神经元的斜率都接近于零,则训练将陷入瘫痪。

因此在实际应用中,BP算法出现了很多改进算法,BP算法的改进主要有两个途径,一是采用启发式的学习方法,二是采用更为有效的优化算法,如动量法,采用LM算法等,这里我们就不再讨论,有兴趣者可以参考其他文献。

4.2.3 RBF 网络

径向基函数网络也称RBF(Radial Basis Function)神经网络,它是一种局部逼近的神经网络径向基函数网络,以其简单的结构,快速的训练过程及良好的推广能力、非线性特性及自适应信号处理等性能,已经应用于许多领域。

径向基函数网络(RBFNN)是一种两层前馈网络。它的结构如图4.21所示。

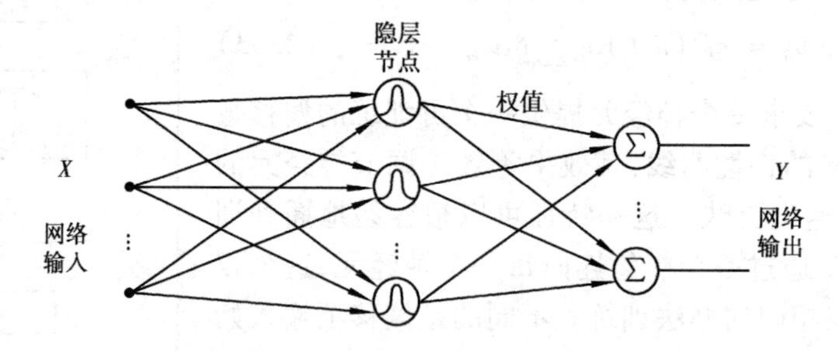

图4.21 RBFNN的结构图

它的输出节点的值由隐层节点基函数的线性组合给出。

$$Y(X) = \sum_{j=1}^{N} W_j h_j(X) \tag{4.34}$$

X为神经网络的输入,Y为神经网络的输出,W是权值,N是隐层节点的个数。h_j为隐层函数,其一般为非线性函数,常采用高斯函数,即

$$h_j(X) = \exp\left(-\frac{\| X - C_j \|^2}{\sigma_j^2}\right) \quad j = 1,2,\cdots,N \tag{4.35}$$

其中,称C_j为第j个隐层节点的中心,σ_j^2称为第j个隐层节点的归一化参数,也称为宽度。

隐层中的基函数对输入激励产生一个局部化的响应,仅当输入落在输入空间中一个很小的指定区域中时,隐单元才做出有意义的非零响应。在 RBF 网络中,隐层执行的是一种固定不变的非线性变换,将输入空间映射到一个新的空间,输出层在该新的空间中实现线性组合。

RBF 网络的学习过程与 BP 网络的学习过程基本相似,两者的主要区别在于各使用不同的作用函数。BP 网络中隐层节点一般使用的是 Sigmoid 函数,其值在空间中无限大的范围内为非零值,因而也是一种全局逼近的神经网络,而 RBR 网络中的作用函数是高斯基函数是局部的,因而是局部逼近的神经网络。

4.3 常用的反馈神经网络介绍

4.3.1 Hopfield 网络

前述的前向网络是单元向连接没有反馈的静态网络,从控制系统的观点看,它缺乏系统动态性能。美国物理学家 J. J. Hopfield 对神经网络的动态性能进行深入研究,在 1982 年和 1984 年先后提出离散型 Hopfield 神经网络(DHNN)和连续型 Hopfield(CHNN)神经网络,引入"计算能量函数"的概念,给出了网络稳定性判据,尤其是给出了 Hopfield 神经网络的电子电路实现,为神经计算机的研究奠定了基础,同时开拓了神经网络用于联想记忆和优化计算的新途径,从而有力地推动了神经网络的研究。

(1)离散型 Hopfield 网络

离散型 Hopfield 神经网络是一种单层的、其输入输出为二值的全互联反馈神经网络,它的每一个神经元都和其他神经元相连接,它主要用于联想记忆,DHNN 的结构可以表示如图 4.22 所示。

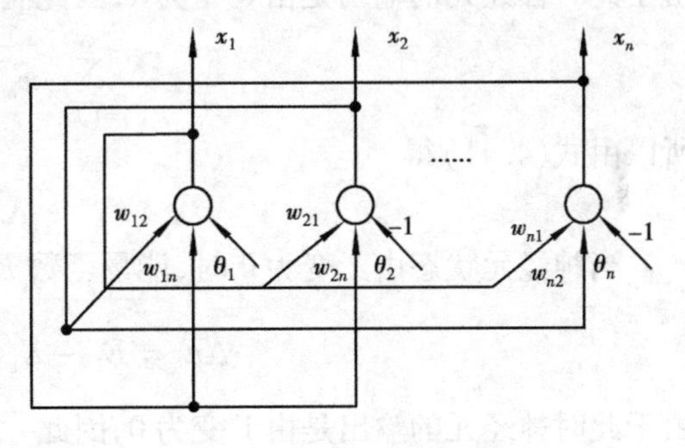

图 4.22 DHNN 的结构

这样,n 阶离散性 Hopfield 神经网络 N,可由一个 $n \times n$ 阶网络的连接权矩阵 $W=[w_{ij}]$ 和一个 n 维网络阈值向量 $\theta=[\theta_1,\cdots,\theta_n]^T$ 所惟一确定,记为 $N=(W,\theta)$,其中,w_{ij} 表示第 i 个神经元与第 j 个神经元的连接强度,它为对称矩阵,即 $w_{ij}=w_{ji}$,若 $w_{ij}=0$,则称其网络无自反馈,否则,则称其网络有自反馈。θ_i 表示神经元 i 的阈值。若用 $x_i(t)$ 表示 t 时刻神经元所处的状态(可能为 1 或 -1),即 $x_i(t)=\pm 1$,那么神经元 i 的状态随时间变化的规律(又称演化律)为

$$x_i(t+1) = \text{sgn}(H_i(t)) = \begin{cases} 1 & 当 H_i(t) \geqslant 0 \\ -1 & 当 H_i(t) < 0 \end{cases} \tag{4.36}$$

其中

$$H_i(t) = \sum_{j=1}^{n} w_{ij}x_j(t) - \theta_i \quad 1 \leqslant i \leqslant n$$

Hopfield 神经网络是一个多输入多输出带阈值的二态非线性动力学系统,因此存在一种所谓能量函数。在满足一定参数条件下,该能量函数值在网络运行过程中不断降低,最后趋于

稳定的平衡状态。Hopfield 引入这种能量函数作为网络计算求解的工具,因此常常称它为计算能量函数。

离散型 Hopfield 神经网络的计算能量函数定义为

$$E = -\frac{1}{2}\sum_{i=1}^{N}\sum_{j=1,j\neq i}^{N} w_{ij}x_i x_j + \sum_{i=1}^{N}\theta_i x_i \tag{4.37}$$

其中,x_i,x_j 是各个神经元的输出。

下面考察第 m 个神经元的输出变化前后,能量函数 E 值的变化。设 $x_m=0$ 的能量函数值为 E_1,则

$$E_1 = -\frac{1}{2}\sum_{i=1}^{N}\sum_{j=1,j\neq i}^{N} w_{ij}x_i x_j + \sum_{i=1}^{N}\theta_i x_i \tag{4.38}$$

将 $i=m$ 项分离出来,并注意到 $x_m=0$,得

$$E_1 = -\frac{1}{2}\sum_{i=1,i\neq m}^{N}\sum_{j=1,j\neq i}^{N} w_{ij}x_i x_j + \sum_{i=1,i\neq m}^{N}\theta_i x_i \tag{4.39}$$

类似地,当 $x_m=1$ 时的能量函数值为 E_2,则有

$$E_2 = -\frac{1}{2}\sum_{i=1,i\neq m}^{N}\sum_{j=1,j\neq i}^{N} w_{ij}x_i x_j + \sum_{i=1,i\neq m}^{N}\theta_i x_i - \sum_{j=1,j\neq m}^{N} w_{mj}x_j + \theta_m \tag{4.40}$$

当神经元状态由“0”变为“1”时,能量函数 E 值的变化量 ΔE 为

$$\Delta E = E_2 - E_1 = -\sum_{j=1,j\neq m}^{N} w_{mj}x_j + \theta_m \tag{4.41}$$

由于此时神经元的输出是由 0 变为 1,因此满足神经元兴奋条件

$$\sum_{j=1,j\neq m}^{N} w_{mj}x_j - \theta_m > 0 \tag{4.42}$$

所以由式(4.41)得

$$\Delta E < 0$$

当神经元状态由 1 变为 0 时,能量函数 E 值的变化量 ΔE 为

$$\Delta E = E_2 - E_1 = \sum_{j=1,j\neq m}^{N} w_{mj}x_j - \theta_m \tag{4.43}$$

由于此时神经元的输出是由 1 变为 0,因此

$$\sum_{j=1,j\neq m}^{N} w_{mj}x_j - \theta_m < 0 \tag{4.44}$$

所以也有

$$\Delta E < 0$$

综上所述,总有 $\Delta E<0$,这表明神经网络在运行过程中能量将不断降低,最后趋于稳定的平衡状态。

(2)连续型 Hopfield 网络

连续型 Hopfield 神经网络(CHNN)是 J. J. Hopfield 于 1984 年在离散型 Hopfield 网络(DHNN)的基础上提出来的,它的基本原理与 DHNN 相似,如图 4.23 所示,是一种连续时间神经网络模型及其电子线路实现。其中,每一个神经元由电阻 R_i 和电容 C_i 以及具有饱和非线性特性的运算放大器模拟,输出 x_i 同时还反馈至其他神经元。u_i 表示神经元 i 的膜电位状态;x_i 表示它的输出;C_i 表示细胞膜输入电容;R_i 表示细胞膜的传递电阻;电阻 R_i 和电容 C_i 并联模拟

了生物神经元输出的时间常数;而输出 x_i 对 x_j 的影响则模拟了神经元之间互联的突触特性;运算放大器模拟神经元的非线性特性,所以,CHNN 是一个连续的非线性动力学系统。

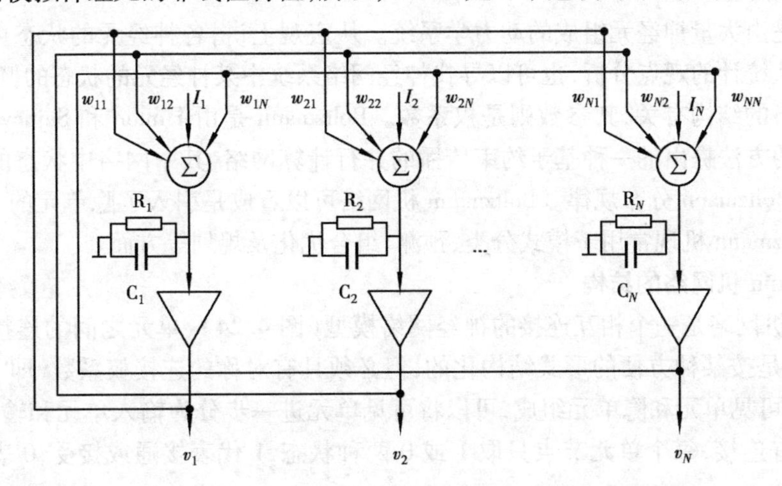

图 4.23　一种连续时间神经网络模型及其电子线路实现

根据以上模型,由 KCL 定律,连续型 Hopfield 神经网络动力学系统方程可以表示为

$$\frac{1}{R_i}u_i + C_i\frac{\mathrm{d}u_i}{\mathrm{d}t} = I_i + \sum_{j=1}^{N} w_{ij}v_j \tag{4.45}$$

其中,I_i 表示系统外部的输入;

$w_{ij} = \frac{1}{R_{ij}}$表示模拟神经元之间互连的突触特性;

$v_i = f(u_i)$表示放大器的非线性饱和特性,近似于 S 型函数。

连续型 Hopfield 神经网络准确地保留了生物神经网络的动态和非线性特征,有助于理解大量神经元之间的协同作用是怎样产生巨大的计算能力的,采用并行方式工作,在信息处理的并行性、联想性、实时性、分布存储、协同性等方面比离散型 Hopfield 神经网络更接近于生物神经网络。

连续型 Hopfield 神经网络的计算能量函数 $E(t)$定义为

$$E = -\frac{1}{2}\sum_{i=1}^{n}\sum_{j=1}^{n} w_{ij}V_i(t)V_j(t) - \sum_{i=1}^{n} V_i(t)I_i + \sum_{i=1}^{n}\frac{1}{R_i}\int_0^{V_i(t)} f^{-1}(v)\,\mathrm{d}v \tag{4.46}$$

假设连接强度矩阵 W 为对称阵,$f^{-1}(v)$为单调递增的连续函数,是函数 $v_i = f(u_i)$的反函数,这样容易得到(具体证明这里略)

$$\frac{\mathrm{d}E(t)}{\mathrm{d}t} = -\sum_{i=1}^{n} C_i\frac{\mathrm{d}f^{-1}(V_i)}{\mathrm{d}V_i}\left(\frac{\mathrm{d}V_i}{\mathrm{d}t}\right)^2 \leqslant 0 \tag{4.47}$$

当所有的$\frac{\mathrm{d}V_i}{\mathrm{d}t} = 0$　$(i = 1,2,\cdots,n)$时,有:$\frac{\mathrm{d}E(t)}{\mathrm{d}t} = 0$

式(4.47)表明,计算能量函数 E 具有负的时间梯度。这样,随着时间的推移,网络状态方程式(4.45)的解总是朝着使系统计算能量减小的方向运动,网络的平衡点就是 E 的极小点。

4.3.2 Boltzmann 机网络

神经网络是由大量神经元组成的动力学系统。从宏观上讲,各神经元的状态可看做是一个随机变量。从统计的观点分析,也可以寻找神经网络系统中某神经元的状态的概率分布,分布的形式与网络的结构有关,其参数则是权系数。Boltzmann 是由 Hinton 和 Sejnowski 等人借助统计物理学的方法提出的一种基于约束传播的并行计算网络,其中网络中状态的概率具有统计力学中的 Boltzmann 分布规律。Boltzmann 机网络可以看成是引入了隐单元的 Hopfield 模型的推广。Boltzmann 机现常用于模式分类、预测、组合优化及规划等方面。

(1) Boltzmann 机网络的结构

Boltzmann 机网络是一个相互连接的神经网络模型(图 4.24),单元之间的连接可以是完全连接,也可以是按某种方便的形式结构化的,但必须具有对称的连接权系数,即 $w_{ij}=w_{ji}$,且 $w_{ii}=0$。网络由可见单元和隐单元组成,可以将可见单元进一步分为输入单元和输出单元,隐单元与外部没有连接,每个单元节点只取 1 或 0 两种状态,1 代表接通或接受,0 表示断开或拒绝。

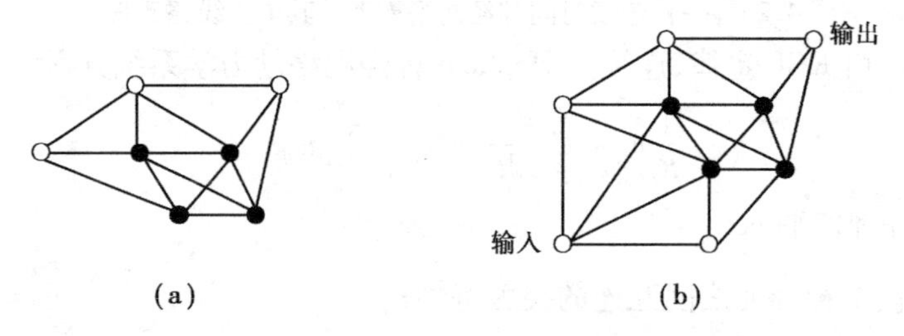

○可见单元　●隐单元

图 4.24　Boltzmann 机网络的结构示意图

(a)单元分成可见单元与隐单元的 Boltzmann 机　(b)可见单元可以分为输入、输出单元

在 Boltzmann 机网络中,每个神经元都根据自己的能量差 ΔE_i 随机地改变自己的或为0 或为 1 的状态,即当神经元的输入加权和发生变化时神经元的状态随之更改,各单元之间状态的更新是异步的,可以用概率来描述。神经元 i 的输出取值为 1 的概率为

$$P_i(\Delta E_i)=\frac{1}{1+e^{-\Delta E_i/T}} \tag{4.48}$$

神经元 i 的输出取值为 0 的概率为

$$1-P_i(\Delta E_i)=1-\frac{1}{1+e^{-\Delta E_i/T}}=\frac{e^{-\Delta E_i/T}}{1+e^{-\Delta E_i/T}} \tag{4.49}$$

其中,T 为网络的温度参数,$P_i-\Delta E_i$ 的关系可以如下描述:一般情况,在 $T>0$ 时,P_i 函数趋于阶跃函数,即当 ΔE_i 增大时,状态为 1 的概率也随之提高;当 T 很大时,两种状态近各半,图 4.25是 Boltzmann 机网络一个神经元节点的示意图。

其中 P 表示概率,S_i 为神经元 i 的前状态:

$$S_i=f\left(\sum_{i=1}^{n}w_{ij}x_j-\theta_i\right) \tag{4.50}$$

这样能量差为

$$\Delta E_i=E(S_i=1)-E(S_i=0) \tag{4.51}$$

假设网络的连接权是对称的，则网络的能量函数可以表示为

$$E = -\frac{1}{2}\sum_{i}\sum_{j} w_{ij}S_iS_j \tag{4.52}$$

可以证明，当系统达到平衡时，能量函数达到极小值，Boltzmann 机是收敛的。

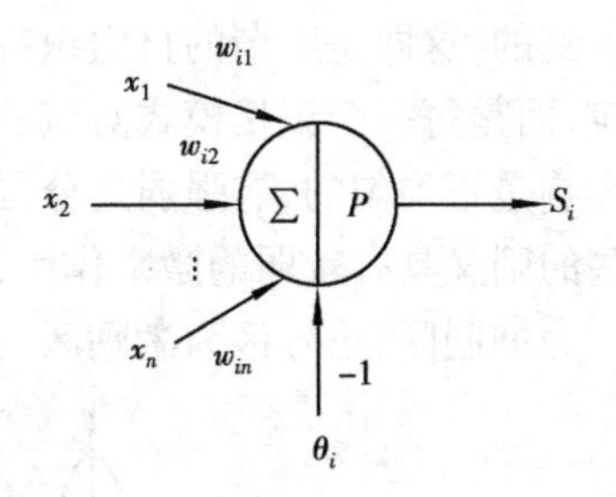

图 4.25　Boltzmann 机网络单神经元节点的示意图

(2) Boltzmann 机网络的训练和学习规则

Boltzmann 机中，在 T 很低的情况下，系统的能量变化需要很长时间才能达到平衡，因为系统有陷于能量函数局部最小的趋势，然而为了表示一个较大的概率范围，却需要相当低的温度 T，Boltzmann 提出了分布模拟退火训练。模拟退火的基本思想源于统计力学，之后，加拿大多伦多大学教授 Hinton 等人基于统计物理学和 Boltzmann 提出概率分布模拟退火训练，提出了 Boltzmann 机的学习算法，具体算法如下：

①设定初始高温并随机给定全部权值 $w_{ij}(0)$；

②给定一输入样本 x，按照概率 $P(x)$，用随机给定全部权值 $w_{ij}(0)$ 计算 ΔE；

③若 $\Delta E<0$，则将 x 置为新的状态，否则，以概率 $P=\exp(-\Delta E/kT)$ 接受 x，其中 k 为 Boltzmann 常数；

④重复②，③直到系统达到平衡状态，并计算 P_{ij}（网络在有样本学习的条件下且系统达到平衡状态时第 i 个和第 j 个神经元同时为 1 的概率）；

⑤不给定学习样本，重复①～④，并计算 P_{ij}（网络在无样本学习的条件下且系统达到平衡状态时第 i 个和第 j 个神经元同时为 1 的概率）；

⑥按照梯度下降法来计算修正权值：

$$\Delta w_{ij} = -\eta\frac{\partial G(w_{ij})}{\partial w_{ij}} = -\eta\frac{1}{T}(P_{ij}-P'_{ij}) \quad \eta>0$$

其中，G 为两概率分布的测度；

⑦反复调整 w_{ij}，直至 $w_{ij}=0$，即 $P_{ij}=P'_{ij}$。

由于 Boltzmann 机学习算法模拟退火过程，虽然算法可以避免局部最小，但这种获得全局最小的收敛速度很慢，针对这种情况，人们提出了不少改进算法：如快速模拟退火算法，自适用模拟退火算法等等。

4.3.3　自组织特征映射模型——Kohonen 网络

众所周知，大脑皮层是神经系统调节人体生理活动的最高级中枢，对它的部分功能的模拟，具有重要的意义，芬兰神经网络学家 Kohonen 教授于 1987 年提出了自组织特征映射神经网络（Self-Organizing Feature Map Neural Network，SOFMNN）——Kohonen 网络，这种网络模拟大脑神经系统组织特征映射的功能，它是一种竞争式学习网络，在学习中能无监督地进行自组织学习，因此又称自组织神经网络。

(1) 自组织特征映射网络的结构

生物学研究成果表明，在大脑皮层中，存在许多不同的神经功能区，而每个功能区都完成各自的特定的功能，如视觉、听觉等等。在每个功能区中又包含了若干个神经元群，每个神经元群则完成相应功能区的特定功能。通常各功能区的功能是人后天通过对环境的适应和学习

得到的,这即是所谓的自组织特征。另外,人脑的记忆并非每个神经元与每个记忆模式一一对应,而是每一个记忆模式对应一群神经元。外界的刺激对以某一神经元为中心的神经元群的影响是不均匀的,有强弱之分,最邻近的神经元相互激励,而较远的神经元则相互抑制,更远一些的则又具有较弱的激励作用,这种局部作用的交互关系可以用图 4.26(a)表示。其中负号区为抑制区,正号区为激励区。

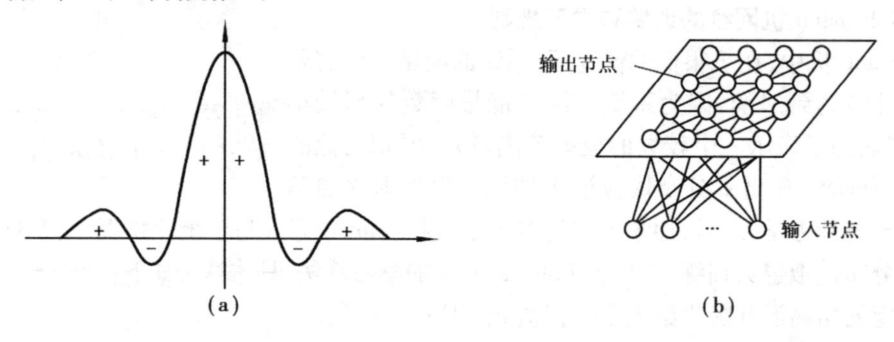

图 4.26 自组织特征映射网络的结构示意图

SOFMNN 反映了上述人脑的有关特性,SOFMNN 的结构如图 4.26(b)所示,它是一种具有侧向联想能力的神经网络,由输入层和输出层组成,输入层的神经元个数为 n,输出层由 $M=m^2$ 个神经元组成,呈二维平面阵列结构,输入层与输出层之间进行全互连接,有时,输出层各神经元之间还实现侧抑制连接。SOFMNN 通过对输入模式的学习,可以使连接权向量的空间分布密度与输入模式的概率分布趋于一致,即连接权向量的空间分布能反映输入模式的统计特征。因此,SOFMNN 可以用于样本排序、分类和特征检测。

(2)自组织特征映射网络的学习规则及算法

SOFM 网络的训练算法是一种无教师示教的聚类方法,它能将任意维输入模式在输出层映射成一维或二维离散图形,并保持其拓扑结构不变。SOFM 网络根据其学习规则,能对输入模式自动进行分类,即在无教师示教的情况下,通过对输入模式的自组织学习,在输出层将分类结果表示出来。与其他神经网络不同,它不是一个神经元或网络的状态向量反映分类结果,而是以若干个神经元同时(并行)反映分类结果,其中任意一个神经元都能代表分类结果或近似的分类结果。

设一个具有 N 个处理单元的一层神经网络,其每个处理单元与 n 维输入向量 $X=[x_1,\cdots,x_n]$ 相连。由输入信号 x_j 到神经元 i 的连接权为 w_{ij},这样,第 i 个神经元的权系数向量为 $w_i=[w_{i1},\cdots,w_{in}]$,其维数与输入向量的维数相同。输出层的神经元输出为:$V=[v_1,\cdots,v_n]^T$;网络的学习规则如下:

①首先从输入空间中根据某一概率密度函数随机地取一输入向量,然后计算每个处理单元的输入强度以度量神经元的权与输入向量间的匹配程度,即 $\| x_k-w_j \|_2$;

②一旦所有的单元计算完其匹配程度,神经元间的竞争便开始了,其竞争可通过自激励或邻域抑制实现,竞争结果只有匹配得最好的能赢,即最靠近输入向量的单元能赢,其度量标准为

$$d_j=\| x_k-w_j \|_2$$
$$\text{winner}=\min\{d_j\}$$

只有赢者才能按 Kohonen 算法来修正其权值,假设 N_{win} 为赢的神经元所处的邻域,则学习

规则为

$$w_j = \begin{cases} w_j + \alpha(x_k - w_j) & \text{当} j \in N_{\text{win}} \\ w_j & \text{当} j \notin N_{\text{win}} \end{cases} \quad \alpha \in (0,1)$$

③训练后,为了近似输入空间的概率密度函数,权向量在没有监督的情况下自动重现安排它们自己。

下面是一种常用的自组织算法:

①初始化:用[0,1]中的随机数给 w 赋值,给出学习因子 $\alpha(0) \in (0,1)$,还给出邻域 N_{win} 的初始值及总学习次数 T;

②给网络提供一个输入模式 $x_k = [x_{k1}, \cdots, x_{kn}]^T$,对其进行归一化处理:

$$\bar{x}_k = [\bar{x}_{k1}, \cdots, \bar{x}_{kn}]^T = \frac{x}{\| x_k \|}$$

$$\| x_k \| = \sqrt{x_{k1}^2 + \cdots + x_{kn}^2};$$

③计算 $d_j = \| \bar{x}_k - w_j \|_2$;

④找出最小距离 $d_{\text{win}} = \min\{d_j\}$,确定赢的神经元;

⑤对赢的神经元所在的邻域内的所有神经元的连接权进行调整;

⑥将下一个输入模式输送到网络,返回②;

⑦修正学习因子和邻域:

$$\alpha = \alpha(0)\left(1 - \frac{1}{T}\right);$$

⑧$t = t + 1$,返回②,直到 $t = T$。

应该指出的是,Kohonen 网络是一类重要的竞争学习的自组织网络,由 Kohonen 网络和其他形式网络的结合,可以形成一大类神经网络,这类网络具有无教师学习特点,可以用于智能机器人控制系统。

4.4 基于神经网络的系统辨识

一般说来,神经网络用于控制有两种方法:一种是利用其来实现系统建模,有效地辨识系统;另外一种就是将神经网络与传统的控制方案相结合,直接作为控制器使用,以取得满意的控制效果。系统辨识在工业方面有着广泛的应用,多年来,对线性、非时变和具有不确定参数的对象,进行系统辨识的研究,已经取得了很大的进展,但被辨识对象模型结构的选择,是建立在线性系统的基础上,对于大量的复杂的非线性对象的辨识,一直未能很好地解决。由于神经网络所具有的非线性特性和学习能力,在这一方面有很大的潜力,近年来,为解决复杂的非线性、不确定、不确知系统的辨识问题,开辟了一条有效的途径。基于神经网络的系统辨识,就是利用神经网络作为被辨识对象的模型,它们可以实现对线性与非线性、静态与动态系统,进行离线或在线辨识。

4.4.1 基于神经网络系统辨识的基本概念

(1)系统辨识的基本概念

L. A. zadeh 曾给辨识下过定义:“辨识就是在输入和输出数据的基础上,从一组给定的模型中,确定一个与所测系统等价的模型。”

根据辨识定义,辨识有三大要素:

①数据:能观测到的被辨识系统的输入/输出数据;

②模型类:寻找的模型的范围;

③等价准则:辨识的优化目标,用来衡量模型接近实际系统的标准。

在系统理论中,描述系统的最常用的形式是微分方程或差分方程。对于离散系统,描述系统的差分方程可表示为

$$\begin{cases} x(k+1) = \boldsymbol{A} \cdot x(k) + \boldsymbol{B} \cdot u(k) \\ y(k) = \boldsymbol{C} \cdot x(k) \end{cases}$$

其中,$x(k)$,$u(k)$和$y(k)$分别代表系统的状态序列、输入序列和输出序列。$\boldsymbol{A}$、$\boldsymbol{B}$、$\boldsymbol{C}$分别为$n \times n$维、$n \times p$、$m \times n$维矩阵。

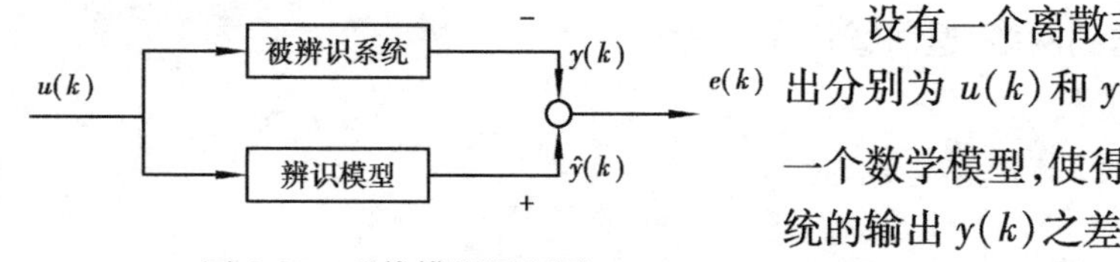

图 4.27　系统辨识原理图

设有一个离散非时变因果系统,其输入和输出分别为$u(k)$和$y(k)$,辨识问题可描述为寻求一个数学模型,使得模型的输出$\hat{y}(k)$与被辨识系统的输出$y(k)$之差,满足规定的要求,如图 4.27 所示。

从图中可以看出,辨识系统和被辨识系统模型具有相同的输入,$\hat{y}(k)$和$y(k)$的差为:$e(k) = \hat{y}(k) - y(k)$,对于非线性系统,虽然可以建立一组非线性差分方程,但是求解这组非线性差分方程却是很困难的。

在构造辨识系统时要遵循下列基本构成原则。

①模型的选择原则　模型只是在某种意义下实际系统的一种近似描述,它的确定要兼顾其精确性和复杂性,选择在满足给定的误差准则下逼近原系统的最简单模型。

②输入信号的选择原则　为了能够辨识实际系统,对输入信号的最低要求是在辨识时间内系统的功态过程必须被输入信号持续激励,反映在频谱上,要求输入信号的频谱必须足以覆盖系统的频谱,更进一步的要求是输入信号的选择应能使给定问题的辨识模型精度最高。

③误差准则的选择原则　误差准则是用来衡量模型接近实际系统的标准,它通常表示为一个误差的泛函,记作

$$J = \| e \| = \sum_{k=1}^{L} f[e(k)]$$

其中,$f(\cdot)$是$e(k)$的函数,一般选平方函数,即

$$J = \sum_{k=1}^{L} e^2(k)$$

根据前面的定义,$e(k)$为

$$e(k) = \hat{y}(k) - y(k)$$

它通常是模型参数的非线性函数。因此,在这种误差准则意义下,辨识问题归结为非线性

最优化问题。

传统辨识算法的基本原理就是通过建立系统的依赖于参数的模型，把辨识问题转化为对模型参数的估计问题，这类算法能成功地应用于线性系统，但对于非线性系统，传统的算法则已难以应用。

(2)神经网络系统辨识的基本原理

基于神经网络的系统辨识，就是选择适当的神经网络作为被辨识系统(线性或非线性)的模型及逆模型。其辨识过程是，当所选的网络结构确定后，在给定的被辨识系统输入输出观测数据下网络通过学习，不断地调整权系数，使得误差 $e(k)$ 在一定性能指标下最小(准则函数最优)。常用的性能指标为误差的二次型性能指标，神经网络多采用误差反向传播学习算法的BP网络。神经网络用于系统辨识的一个优点就是不需要预先建立实际系统的辨识格式，它对系统的辨识过程就是直接学习系统的输入和输出数据的过程。学习的目的是使所要求的误差准则函数达到最小，从而归纳出隐含在系统输入输出数据中的映射关系。这个关系就是描述系

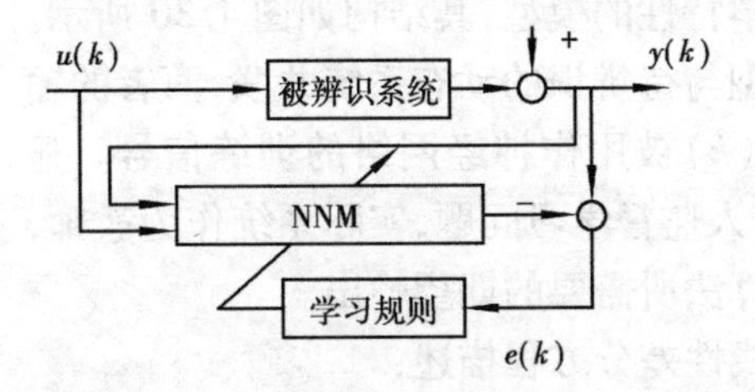

图4.28　神经网络的辨识原理的结构图

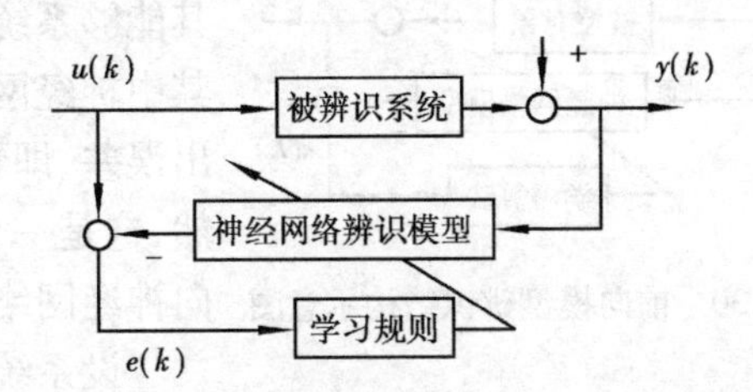

图4.29　基于神经网络的逆模型的辨识原理结构图

统动态或静态特性的算子 $f(\cdot)$。当学习完了后 $f(\cdot)$ 隐含在神经网络内部，其表现形式如何，对外界而言是不可知的，这也与我们辨识的目的是一致的，我们并不关心以何种形式去逼近 $f(\cdot)$，只要神经网络的输出能逼近系统在同样输入作用下的输出，则认为神经网络已经完全表征了实际系统的特性并完成了对系统辨识的目的。图4.28为神经网络的辨识原理的一般结构图。

图4.29为用于辨识神经网络作为被辨识系统的逆模型的神经网络的辨识原理结构图。

与传统的辨识方法相比较，神经网络用于系统辨识具有以下的优点：

①神经网络本身作为一种辨识模型，其可调参数反映在网络内部的连接权上，因此不再要求建立实际系统的辨识格式，即可以省去对系统建模这一步骤。

②可以对本质非线性系统进行辨识，而且辨识是通过在网络外部拟合系统的输入/输出数据，而在网络内部归纳隐含在输入/输出数据中的系统特性来完成的，因此这种辨识是由神经网络本身来实现的，是非算法式的。

③辨识的收敛速度不依赖于待辨识系统的维数，只与神经网络本身及其所采用的学习算法有关，传统的辨识算法随模型参数维数的增大而变得很复杂。

④由于神经网络中的神经元之间存在大量的连接，这些连接上的权值在辨识中对应于模型参数，通过调节这些权值即可使网络输出逼近系统输出。

⑤神经网络作为实际系统的辨识模型，实际上也是系统的一个物理实现，可以用于在线控制。

神经网络的系统辨识可以分为在线辨识和离线辨识两种，在线辨识是在系统实际运行中完成的，辨识过程要求具有实时性。离线辨识是在取得系统的输入输出数据后进行辨识，因

此,辨识过程与实际系统是分离的,无实时性要求。离线辨识能使网络在系统工作前,预先完成学习,但因输入输出训练集很难覆盖系统所有可能的工作范围,而且难以适应系统在工作过程中的参数变化。所以,为克服其不足,在实际运用中,总是先进行离线训练,得到网络的权系数,再进行在线学习,将得到的权值作为在线学习的初始权,以便加快后者的学习过程。由于神经网络所具有的学习能力,在被辨识系统特性变化的情况下,神经网络能通过不断地调整权值和阈值,自适应地跟踪被辨识系统的变化。

4.4.2 基于神经网络系统辨识的非线性系统辨识

神经网络具有逼近任意非线性函数的能力,所以可以用它建立非线性系统的模型。

(1)前向模型辨识

神经网络前向建模就是利用系统的输入输出数据训练一个多层前馈神经网络,通过训练或学习,使神经网络具有与系统相同的输入输出关系,即使其能够系统前向动力学特性的模型,其结构如图 4.30 所示。其中神经网络辨识模型与待辨识的动态系统并联,两者的输出误差,即预测误差 $e(k)$ 被用作神经网络的训练信号。显然,这是一个典型的有人监督学习问题,实际系统作为教师,向神经网络提供学习算法所需要的期望输出。

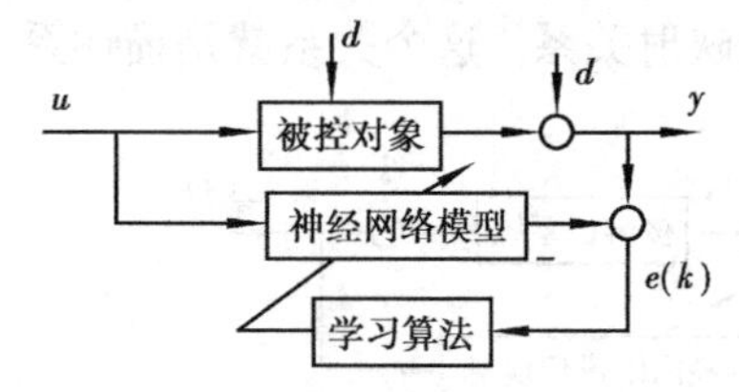

图 4.30 前向模型辨识结构示意图

设系统由下列非线性差分方程描述:

$$y(t+1)=f[y(t),\cdots,y(t-n+1)]+g[u(t),\cdots,u(t-m+1)] \quad (4.53)$$

对象在 $t+1$ 时刻的输出值 $y(t+1)$ 取决于过去 n 个输出值和 m 个输入值,且 $m\leqslant n$,其中 $f(\cdot)$ 和 $g(\cdot)$ 是未知的非线性函数,且对其变量可微,选择神经网络的输入输出结构与建模对象的输入输出结构相同。利用神经网络进行辨识非线性动态系统,就是在已知系统模型结构,即在式(4.53)的假设下,用神经网络代替模型中的非线性函数 $f(\cdot)$ 和 $g(\cdot)$,然后根据辨识模型的输出和系统的输出来调整神经网络的连接权值,使网络的影响和对应的非线性函数相同,这样可以用两个神经网络分别来代替非线性函数 $f(\cdot)$ 和 $g(\cdot)$,得到系统的辨识模型。

记网络的输出为 $\hat{y}$,则有

$$\hat{y}(t+1)=N_f[\hat{y}(t),\cdots,\hat{y}(t-n+1)]+N_g[u(t),\cdots,u(t-m+1)] \quad (4.54)$$

式中 $\hat{f}$——f 的近似,表示神经网络的输入输出的非线性关系。

假设神经网络经过一段时间的训练以后已经较好地描述了被控对象,即 $\hat{y}\approx y$。

$$\hat{y}(t+1)=N_f[y(t),\cdots,y(t-n+1)]+N_g[u(t),\cdots,u(t-m+1)] \quad (4.55)$$

式(4.54)的模型称为并列模型,在这种情况下,输入到网络的量包括了神经网络模型输出的过去值;式(4.55)的模型称为串联-并列模型,在这种情况下,模型中不含非线性反馈,因此,采用常用的 BP 算法就可以调整网络的参数,使用该辨识模型,可以使辨识过程简单化,而且能保证算法的全局稳定性,故使用得比较多。

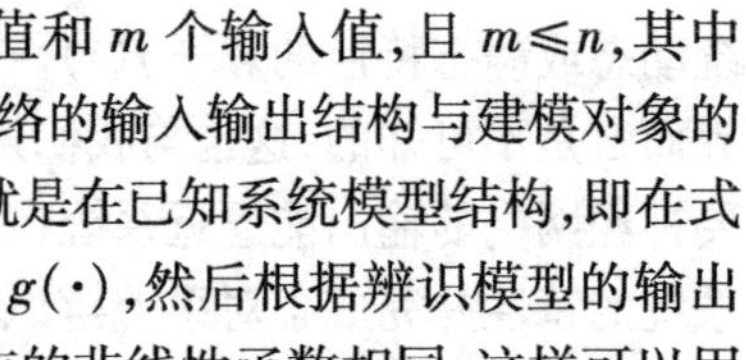

(2)反向模型辨识

建立动态系统的反向(逆)模型在自动控制中也是非常重要的。基于神经网络的反向建模方法如图 4.31 所示。

图 4.31 反向模型辨识结构示意图

假设动态系统可由下列非线性差分方程表示：

$$y(t+1)=f[y(t),\cdots,y(t-n+1),u(t),\cdots,u(t-m+1)] \tag{4.56}$$

假设上述非线性函数f可逆，则有

$$u(t)=f^{-1}[y(t),\cdots,y(t-n+1),y(t+1),u(t-1),\cdots,u(t-m+1)] \tag{4.57}$$

显然，在上式中，这是一个物理不可实现性的表达式，因为$y(t+1)$是一个未来值，是不可知的，此时，可以用$t+1$时刻的期望值$y_d(t+1)$来代替$y(t+1)$，因此，式(4.57)可以表示为

$$u(t)=f^{-1}[y(t),\cdots,y(t-n+1),y_d(t+1),u(t-1),\cdots,u(t-m+1)] \tag{4.58}$$

这就是动态系统的反向模型，这样，反向模型辨识就是学习逼近式(4.58)中的非线性函数$f(\cdot)$。其中$y(t),\cdots,y(t-n+1),y_d(t+1),u(t-1),\cdots,u(t-m+1)$可以作为网络的增广输入，$u(t)$则作为网络的输出。

在上述反向模型辨识中，我们可以看出，网络是通过学习来建立系统的反向模型的，由于学习过程不是目标导向的，在实际工作中系统的输入$u(k)$也不可能预先定义，因此常采用如图4.32中所示的反向模型辨识结构(正-反向模型辨识结构)，作为对象P的逆模型的神经网络P^{-1}位于对象之前，网络模型的输出u作为被控对象的输入。若P^{-1}为P的逆模型，则应有$y=r$，否则，学习算法根据其偏差调整神经网络P^{-1}的权值，使$y=r$。

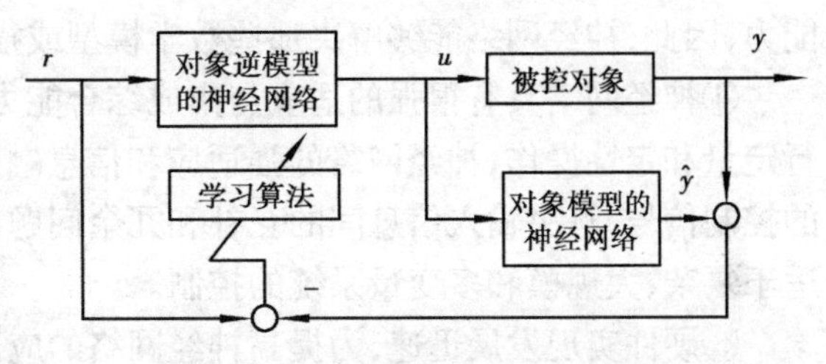

图4.32　正-反向模型辨识示意图

在上述的正-反向模型辨识过程中，网络的输入是系统的期望输出r，训练误差可以是期望输出r与系统实际输出y之差，也可以是期望输出与已经辨识的正向模型(由前面所述方法给出)输出$\hat{y}$之差，即

$$e=r-y \quad 或 \quad e=r-\hat{y}$$

这种方法的优点是，由于其训练信号是基于系统的期望输出和实际输出之间的误差，因而它是一个目标导向的学习过程。

4.5　基于神经网络的系统控制

神经网络用于系统辨识之外，另一个控制应用方法就是直接作为控制器使用。神经网络的智能处理能力及控制系统所面临的问题是神经网络控制的发展动力，神经网络用于控制领域，主要解决复杂的非线性、不确定性、不确知系统的控制问题。在现代控制系统中，随着工程研究的深入，控制理论所面临的问题日益复杂多变，主要表现在控制对象、控制任务及控制目标的日益复杂化，系统的数学模型难以建立，而神经网络由于其非线性映射能力、自学习适应能力、联想记忆能力、并行信息处理能力及优良的容错性能，使得神经网络非常适用于复杂系统的建模与控制，特别是当系统存在不确定因素时，更体现了神经网络方法的优越性，它使模型与控制的概念更加一体化。

4.5.1 基于神经网络控制的基本原理

从控制的角度来看,神经网络用于控制的优越性主要表现在以下几个方面:

①采用并行分布信息处理方式,具有很强的容错性。神经网络具有高度的并行结构和并行实现能力,因而能够有较好的耐故障能力和较快的总体处理能力,这特别适于实时控制和动态控制。

②神经网络的本质是非线性映射,神经网络具有固有的非线性特性,这源于其近似任意非线性映射(变换)能力,这一特性给非线性控制问题带来新的希望。

③通过训练进行学习,可以处理难以用模型或规则描述的过程和系统。神经网络是通过所研究系统过去的数据记录进行训练的,一个经过适当训练的神经网络具有归纳全部数据的能力,因此,神经网络能够解决那些数学模型或描述规则难以处理的控制过程问题。

④神经网络具有很强的适应与集成综合能力。神经网络能够适应在线运行,并能同时进行定量和定性操作,神经网络的强适应和信息融合能力使得网络过程可以同时输入大量不同的控制信号,解决输入信息间的互补和冗余问题,并实现信息集成和融合处理。这些特性特别适于复杂、大规模和多变量系统的控制。

⑤硬件实现发展迅速,为提高神经网络的应用开辟了广阔的前景,神经网络不仅能通过软件而且可借助硬件实现并行处理。近年来,由一些超大规模集成电路实现的硬件已经面市,这使得神经网络成为具有快速和大规模处理能力的网络。

很显然,神经网络由于其学习和适应、自组织以及大规模并行处理等特点,在自动控制领域展现了广阔的应用前景。

(1)神经网络控制的基本原理和基本结构

传统的基于模型的控制方式,是根据被控对象的数学模型及对控制系统要求的性能指标来设计控制器,并对控制规律加以数学解析描述;模糊控制是基于专家经验和领域知识总结出若干条模糊控制规则,构成描述具有不确定性复杂对象的模糊关系,通过被控系统输出误差及误差变化和模糊关系的推理合成获得控制量,从而对系统进行控制。这种控制方式都具有显示表达知识的特点,而神经网络不善于显示表达知识,但是它具有很强的逼近非线性函数的能力,即非线性映射能力。把神经网络用于控制正是利用它的这些独特优点。

图4.33给出了一般反馈控制系统的原理图,图4.34采用神经网络替代图4.33中的控制器,为完成同一控制任务,现分析神经网络是如何工作的。

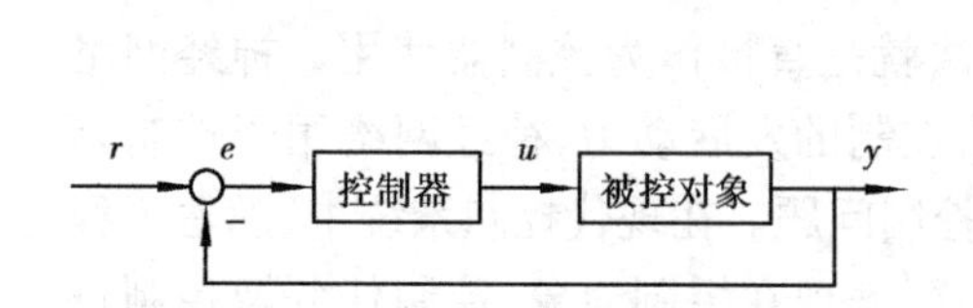

图4.33 一般反馈控制系统框图

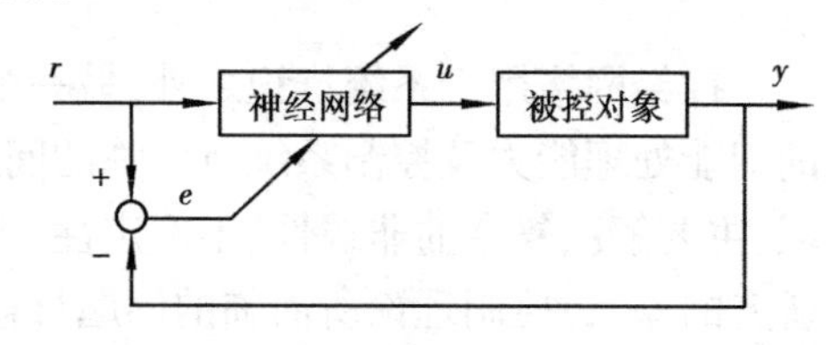

图4.34 神经网络控制系统框图

设被控对象的输入 r 和系统输出 y 之间满足如下非线性函数关系

$$y = g(u) \tag{4.59}$$

控制的目的是确定最佳的控制量输入 u,使系统的实际输出 y 等于期望的输出 r。在该系统中,可把神经网络的功能看作输入输出的某种映射,或称函数变换,并设它的函数关系为

$$u = f(r) \tag{4.60}$$

为了满足系统输出 y 等于期望的输出 r，将式(4.60)代入式(4.59)，可得

$$y = g[f(r)] \tag{4.61}$$

显然，当 $f(\cdot) = g^{-1}(\cdot)$ 时，满足 $y = r$ 的要求。

由于要采用神经网络控制的被控对象一般是复杂的且多具有不确定性，因此非线性函数是难以建立的，可以利用神经网络具有逼近非线性的能力来模拟 $g^{-1}(\cdot)$。尽管 $g(\cdot)$ 的形式未知，但通过系统的实际输出 y 与期望输出 r 之间的误差来调整神经网络中的连接权值，即让神经网络学习，直至误差趋于零的过程，就是神经网络模拟 $g^{-1}(\cdot)$ 的过程，它实际上是对被控对象的一种求逆过程，由神经网络的学习算法实现这一求逆过程，这就是神经网络实现直接控制的基本思想。这里，$e = r - y \to 0$。

(2)神经网络控制的基本结构

神经网络用于控制，主要是为了解决复杂的非线性、不确定性、不确知系统的控制问题。由于神经网络具有模拟人的部分智能的特性，主要具有学习能力和自适应性，使神经网络控制能对变化的环境具有自适应性，而且成为基本上不依赖于模型的一类控制，因此，神经网络控制已经成为"智能控制"的一个新的分支。神经网络在控制中的作用分为以下几种：

①在基于精确模型的各种控制结构中充当对象的模型。

②在反馈控制系统中直接充当控制器。

③在传统控制系统中起优化计算作用。

④在与其他智能控制方法和优化算法的融合中，为其提供非参数化对象模型、优化参数、推理模型及故障诊断等。

神经网络具有的大规模并行处理，信息分布存储，连续时间的非线性动力学特性，高度的容错性和鲁棒性，自组织、自学习和实时处理等特点，因而神经网络在控制系统中得到了广泛的应用。

根据神经网络在控制器中的作用不同，神经网络在控制系统设计中的应用一般分为两类：一类是神经控制，它是以神经网络为基础而形成的独立智能控制系统；另一类称为混合神经网络控制，它是利用神经网络学习和优化能力来改善其他控制方法的控制。目前常用的有以下几种神经网络控制方式。

1)神经元PID控制

它是在实际控制系统中使用最为广泛的一种控制方式。利用神经网络进行PID控制，通过神经控制器(NNC)和神经网络辨识器(NNI)进行参数调整，能够起到智能控制的作用。其结构如图4.35所示。

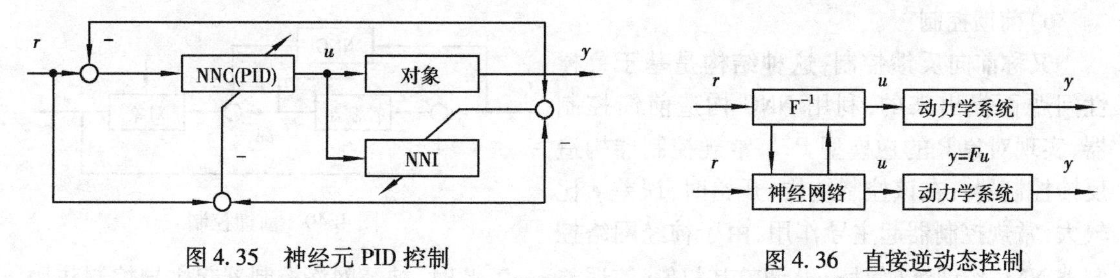

图4.35　神经元PID控制

图4.36　直接逆动态控制

2)直接逆动态控制

属于前馈控制,也称直接自校正控制,其控制结构示意图如图 4. 36 所示。神经网络的训练目的就是为了逼近系统的逆动力学模型。神经网络接受系统的被控状态信息,神经的输出与该被控系统的控制信号之差作为调整神经网络权系数的校正信号,并可以利用学习算法来进行控制网络的训练。其优点是能够在线调整模型参数,实现设定值的跟踪。

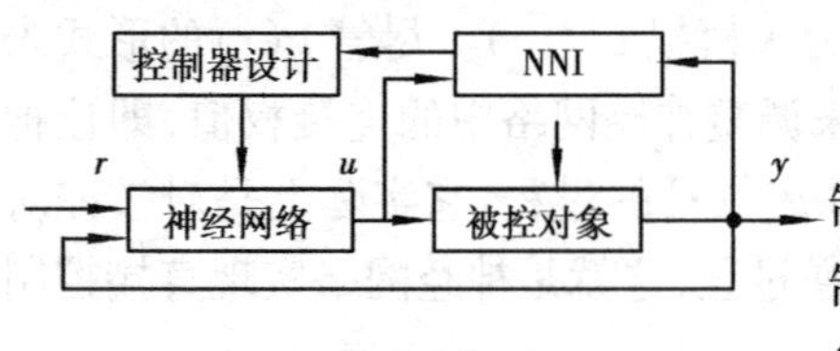

图 4. 37　间接自校正控制

3)间接自校正控制

又称自校正控制,由神经网络辨识器(NNI)对被控制对象进行在线辨识,根据“确定性等价”原则,设计控制论参数,以达到有效控制的目的,其相应的结构如图 4. 37 所示。

4)模型参考自适应控制

利用 NNC 和 NNI 构造对象的一个参考模型,使其输出为期望输出,根据神经网络的自调整功能实现在线辨识控制,达到使 y 跟踪 y_M。图 4. 38 为其结构图。

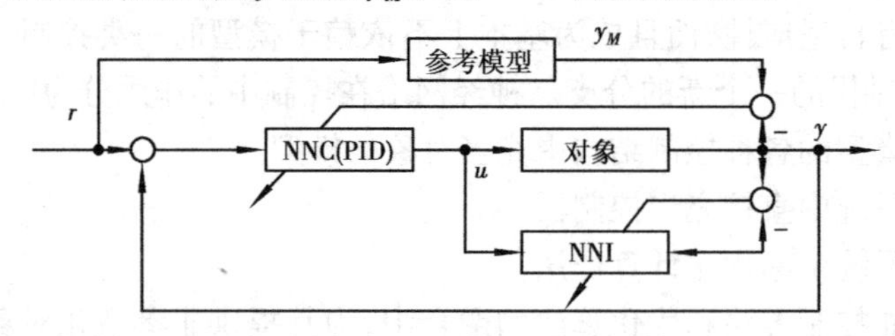

图 4. 38　模型参考自适应控制

5)内模控制

神经网络内部模型控制(IMC——Internal Model Control)先利用 NNI 对被控对象 F 进行在线辨识,然后利用 NNC 实现对象 F 的逆模型,再利用滤波器来提高系统鲁棒性能的一种控制方式。其控制器输出由被控对象与内部模型的输出误差来调整。内模控制以其较强的鲁棒性和易于进行稳定性分析的特点在过程控制中得到了广泛的应用。图 4. 39 为其结构图。

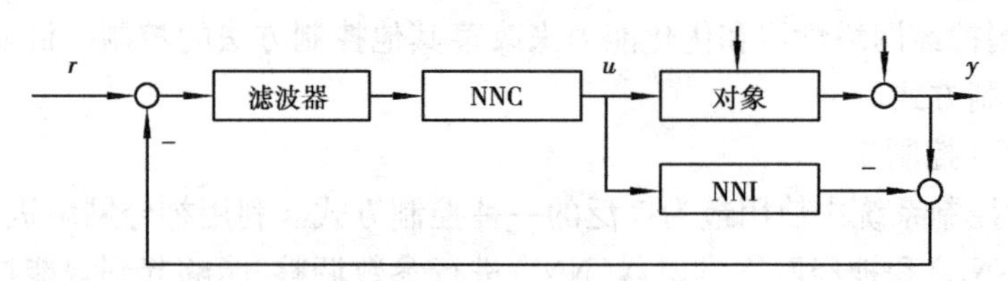

图 4. 39　内模控制

6)前馈控制

又称前向反馈控制,这种结构是基于鲁棒性问题而提出来的,利用 NNC 构造前馈控制器,实现对象 P 的逆模型 P^{-1},常规控制器构造反馈控制器。在该控制结构,开始时,误差 e 比较大,常规控制器起主导作用,由于神经网络控制器 NNC 经训练(信号 uc)调整其权值,使误差 $e\to 0$,此时,神经网络控制器起主导控制作用。由于常规控制器的存在,通过反馈,能起到有效抑制扰动的作用。图 4. 40 为其结构图。

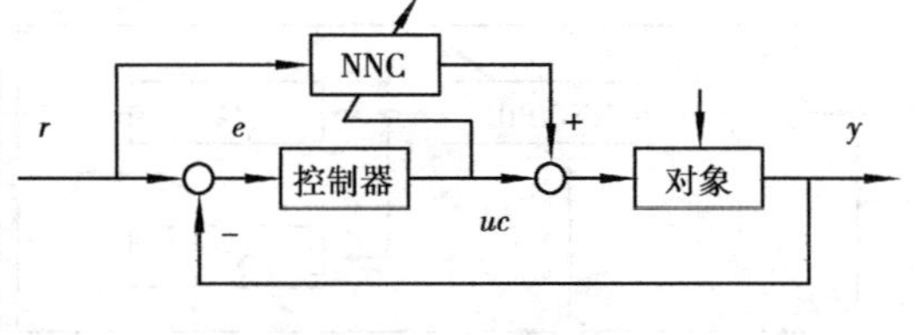

图 4. 40　前馈控制

7)预测控制

预测控制是一种基于模型的控制,其算法主要组成模型预测,滚动优化和反馈校正。利用神经网络的非线性函数逼近能力,可以实现对非线性对象的预测模型,从而保证优化目标的实现。图4.41为其结构图。

4.5.2 基于神经网络的自适应PID控制

由前所述,基于反馈理论的,以PID调节器为代表的传动系统一直是电气传动领域中较为成熟的控制方案。PID控制由于它的算法简单,稳定性能好,可靠性高等优点在工业应用中十分广泛,但PID控制器的关键问题是PID参数的整定。传统的PID控制器设计大多还依赖于系统的数学模型。这样就存在两个问题:第一,系统的数学模型往往与实际系统动态性能有差距;第二,Ziegler-Nichols设计法是半经验式的,往往不能满足不同的要求。因此,PID控制器设计后需要再调整PID参数进行修改,但是传统的PID控制往往不能适应控制对象的参数变化和非线性特性,使得线性定常数的PID调节器在控制过程中顾此失彼,不能满足各种工况下的性能指标。

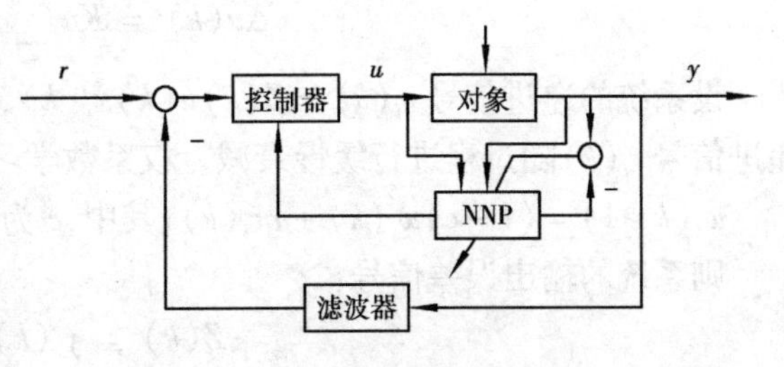

图4.41 预测控制

自适应PID控制的基本思想是将自适应控制和PID控制结合起来,在线自动调整PID参数,从而增强控制器的自适应能力,是控制系统性能达到最佳。传动系统中的智能控制策略的研究正为人们广泛注意,神经元自适应控制算法具有算法简单、鲁棒性强和易于实现实时控制等优点,正被广泛应用。

自适应PID控制器的类型很多,最简单而且有较强鲁棒性的自适应PID控制器主要有模型参考自适应PID控制器和单神经元自适应PID控制器两种,在这里我们介绍后者。

传统的增量式PID控制规律可以用如下的差分方程来描述:

$$\Delta u(k) = K_I e(k) + K_P \Delta e(k) + K_D \Delta^2 e(k) \tag{4.62}$$

式中,K_I为积分系数,K_P为比例增益,K_D为微分系数;

Δ^2为差分的平方($\Delta^2 = 1 - 2z^{-1} + z^{-2}$)。

结合传统的PID控制机理构成的单神经元自适应PID控制器的具体结构框图如图4.42所示。

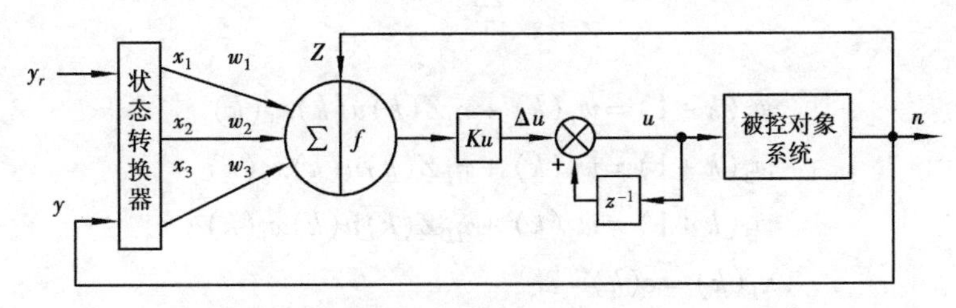

图4.42 单神经元自适应PID控制系统

$$x_1(k) = e(k)$$

$$x_2(k) = \Delta e(k) = e(k) - e(k-1)$$

$$x_3(k) = e(k) - 2e(k-1) + e(k-2)$$
$$Z(k) = e(k) = y_r(k) - y(k) \tag{4.63}$$

$y_r(k)$，$y(k)$分别表示设定值和输出值，$x_1(k)$，$x_2(k)$，$x_3(k)$和$w_1(k)$，$w_2(k)$，$w_3(k)$分别为神经元的输入量及其相应的权值，Ku为神经元的比例系数。这样，单神经元自适应PID控制算法可以表示如下：

$$\Delta u(k) = Ku\sum_{i=1}^{3} w_i(k)x_i(k) \tag{4.64}$$

设系统的递进信号$r_i(k)=Z(k)u(k)x_i(k)$，在神经元学习过程中，权系数$w_i(k)$正比于递进信号$r_i(k)$随过程进行缓慢衰减。权系数学习规则如下：

$w_i(k+1)=(1-c)w_i(k)+\eta r_i(k)$，其中，$c$为常数，$c>0$；$\eta>0$，系统的学习速率。

则系统的输出误差信号：

$$Z(k) = y_r(k) - y(k) \tag{4.65}$$

将递进信号$r_i(k)$代入权系数学习规则后，有

$$\Delta w_i(k) = w_i(k+1) - w_i(k) = -c\left[w_i(k) - \frac{\eta}{c}Z(k)u(k)x_i(k)\right] \tag{4.66}$$

假设存在一个函数$f_i[w_i(k),Z(k),u(k),x_i(k)]$，则

$$\frac{\partial f_i}{\partial w_i} = w_i(k) - \frac{\eta}{c}r_i[Z(k),u(k),x_i(k)]$$

这样，式(4.66)可以写为

$$\Delta w_i(k) = -c\frac{\partial f_i(\cdot)}{\partial w_i(k)} \tag{4.67}$$

显然，加权系数$\Delta w_i(k)$的修正按函数$f(\cdot)$对应于$w_i(k)$的负梯度方向进行搜索。可以证明，当c充分小时，使用上述算法，$w_i(k)$可以收敛到某一稳定值，且其与期望值的偏差在允许范围内。

为保证单神经元自适应PID控制算法的收敛性与鲁棒性，对上述学习算法进行规范化处理：

$$u(k) = u(k-1) + Ku\sum_{i=1}^{3} w'_i(k)x(k)$$
$$w'_i(k) = \frac{w_i(k)}{\sum_{i=1}^{3}|w_i(k)|} \tag{4.68}$$

其中

$$w_1(k+1)=w_1(k)+\eta_I Z(k)u(k)x_1(k)$$
$$w_2(k+1)=w_2(k)+\eta_P Z(k)u(k)x_2(k)$$
$$w_3(k+1)=w_3(k)+\eta_D Z(k)u(k)x_3(k)$$
$$x_1(k)=e(k)$$
$$x_2(k)=\Delta e(k)$$
$$x_1(k)=e(k)-2e(k-1)+e(k-2)=\Delta^2(k)$$

由以上算法可见，单神经元自适应PID控制器本质上是PID算法，但3个系数$w_1(k)$，

$w_2(k)$,$w_3(k)$均在线调整,同时还加有适应机构 Ku 在线调整控制量,因此具有较强的自学习和自适应能力,以适应环境变化或模型不确定性,增强系统的鲁棒性。单神经元自适应PID控制器设计涉及控制器比例因子、学习速率、加权系数初值、采样周期等参数的取值,它们对学习和控制效果有一定影响,下面给出参数基本调整规律:

①初始加权系数 $w_1(0)$,$w_2(0)$,$w_3(0)$可以任意选取;

②K 值的选择:一般 Ku 值偏大将引起系统超调过大,而 Ku 值偏小会使过渡过程加长;

③学习速率 η_i,即 η_P,η_I,η_D 的选择:由于采用了规范化学习算法,学习速率可取得较大。选取 Ku 使过程的超调不太大,若此时过程从超调趋向平稳的时间太长,可增加 η_P, η_D;若超调迅速下降而低于给定值,此后又缓慢上升到稳态的时间太长,则可减少 η_P,增加积分项的作用。对于大时延系统,为了减少超调,η_P,η_D 应选得大一些。

例 某被控对象的传递函数为

$$G(s)=\frac{400}{s(s^2+30s+200)},$$

对其在阶跃信号作用下的传统PID控制响应曲线和在单神经元自适应PID控制响应曲线如图4.43,从实验仿真结果表明,基于单神经元自适应PID控制器比传统的PID控制器具有较好的控制效果,动态特性更好,具有很强的鲁棒性和自适应性。

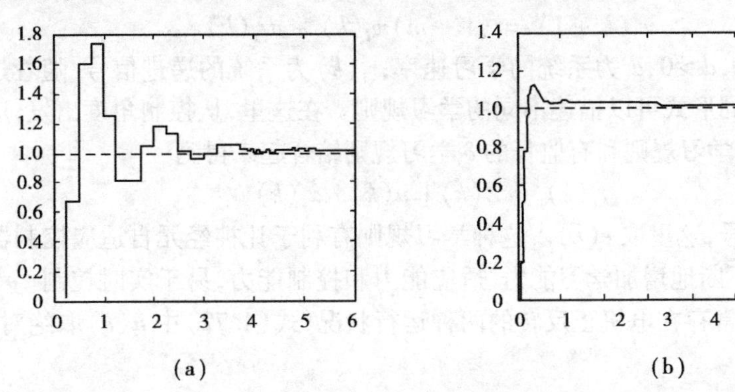

图4.43 传统PID控制与单神经元自适应PID控制响应曲线
(a)传统PID控制阶跃响应曲线 (b)单神经元自适应PID控制阶跃响应曲线

4.5.3 基于神经网络的自适应PSD控制

一般的自适应控制算法需要对过程进行辨识,然后设计自适应控制规律。这样,必须在每个采样周期内进行一些复杂的数值计算,而且由系统辨识得到的数学模型也很难得到保证,因此,这极大地限制了自适应控制算法的应用。由 Marsik 和 Strejc 根据控制过程误差的几何特性建立性能指标,从而形成无需辨识对象参数的自适应PSD(比例、求和、微分)控制律,将单神经元算法与PSD控制律相结合,就形成了单神经元自适应PSD控制算法。

神经网络在控制工程中的应用不断扩大,其中最简单的应用就是将单个神经元与常规控制方法结合,利用神经元很强的自学习能力和自适应能力,形成自适应控制系统,利用神经元实现PSD控制的结构框图如图4.44所示。

这里,$y_d(k)$,$y(k)$分别表示设定值和输出值,取神经元输入 $n=3$,输出激励为线性函数,并且设状态变换量为

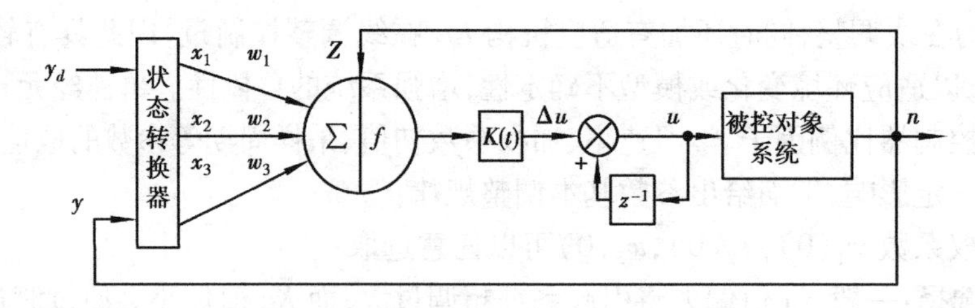

图 4.44 单神经元自适应 PSD 控制系统

$$
\begin{aligned}
x_1(k) &= e(k) \\
x_2(k) &= \Delta e(k) = e(k) - e(k-1) \\
x_3(k) &= e(k) - 2e(k-1) + e(k-2) \\
Z(k) &= e(k) = y_d(k) - y(k)
\end{aligned}
\tag{4.69}
$$

则相应的神经元 PSD 控制输出为

$$
\Delta u(k) = K(k)\sum_{i=1}^{3} w_i(k)x_i(k) \tag{4.70}
$$

式中,$w_i(k)$是神经元权值。在神经元学习过程中,权值的调整通常采用有监督的 Hebb 学习规则,修改权系数的规则可以表示如下:

$$
w_i(k+1) = (1-m)w_i(k) + dr_i(k) \tag{4.71}
$$

其中,m 为常数,$m>0$,$d>0$,d 为系统的学习速率;$r_i(k)$为系统的递进信号,随着过程的进行逐渐衰减,$r_i(k)$的不同形式可以描述不同的学习规则。在这里,从控制角度出发,应用反馈原理,将无监督的 Hebb 学习规则和有监督的 δ 学习规则结合起来得到

$$
r_i(k) = Z(k)\,|\,u(k)\,|\,x_i(k) \tag{4.72}
$$

其中,$Z(k)$是教师信号,这里取 $e(k)$。这种学习规则有利于让神经元自适应控制器在与受控对象的交互作用中,不断地增加学习能力、适应能力和控制能力,易于实时控制。考虑到实际中常用的执行机构通常存在电机正反转的两种运行状况,式(4.72)中 $u(k)$取绝对值,以保证学习规则的收敛。

神经元通过关联搜索对未知的外界作出反映,实际应用中通常取 $m=0$,根据 PSD 控制规律,采用规范化的学习算法,得到单神经元自适应 PSD 控制规律如下:

$$
\begin{aligned}
u(k) &= u(k-1) + K(k)\sum_{i=1}^{3} w_i^*(k)x(k) \\
w_i^*(k) &= \frac{w_i(k)}{\sum_{i=1}^{3} |\,w_i(k)\,|}
\end{aligned}
\tag{4.73}
$$

其中

$$
\begin{aligned}
w_1(k+1) &= w_1(k) + \eta_I Z(k)u(k)x_1(k) \\
w_2(k+1) &= w_2(k) + \eta_P Z(k)u(k)x_2(k) \\
w_3(k+1) &= w_3(k) + \eta_D Z(k)u(k)x_3(k)
\end{aligned}
$$

根据 PSD 控制规律,增益系数 $K(k)$有多种迭代算法,这里

$$
\begin{cases}
K(k) = K(k-1) + C\dfrac{K(k-1)}{T_v K(k)} & \text{如果 } \mathrm{sign}(e(k)) = \mathrm{sign}(e(k-1)) \\
K(k) = 0.75K(k-1) & \text{如果 } \mathrm{sign}(e(k)) \neq \mathrm{sign}(e(k-1))
\end{cases}
\tag{4.74}
$$

式中,$T_v(k)=T_v(k-1)+L\text{sign}[\,|\Delta e(k)|-T_v(k-1)|\Delta^2 e(k)|\,]$,$0.025\leqslant C\leqslant 0.05$,$0.05\leqslant L\leqslant 0.1$,$\eta_I$、$\eta_P$、$\eta_D$ 分别为积分、比例、微分的学习速率。

神经元 PSD 控制器设计涉及控制器初始权值、比例因子、学习速率、采样周期等参数的取值,它们对学习和控制效果有一定影响,下面给出一些参数的确定方法:

①比例系数 $K(k)$ 先定为 1,然后根据控制效果再取大,一般 K 值大,系统响应快,但超调大,甚至可能使得系统不稳定;

②权值的设定　根据神经元算法,神经元通过学习使权值向系统稳定的方向变化,但是,如果初始值的选择超过了神经元的调节范围,系统无法收敛,一般来说,选择适当的学习速率,可以使初始权值在较大范围内选取;

③学习速率的选择　学习速率对提高系统的快速性、消除超调及静差影响很大。一旦选定学习速率后,初始权值可以在较大范围内选取,而不影响系统性能。

例　采用单神经元自适应 PSD 控制器的直流双闭环调速系统结构如图 4.45 所示,传统的双闭环调速系统的电流环能够提高系统的响应速度,实现电流限幅。这里为了保持传统控制的优越性,调速系统电流环仍采用 PI 调节器,并校正典型 I 型系统,转速环采用神经元自适应 PSD 控制器,控制策略由式(4.73)给出。

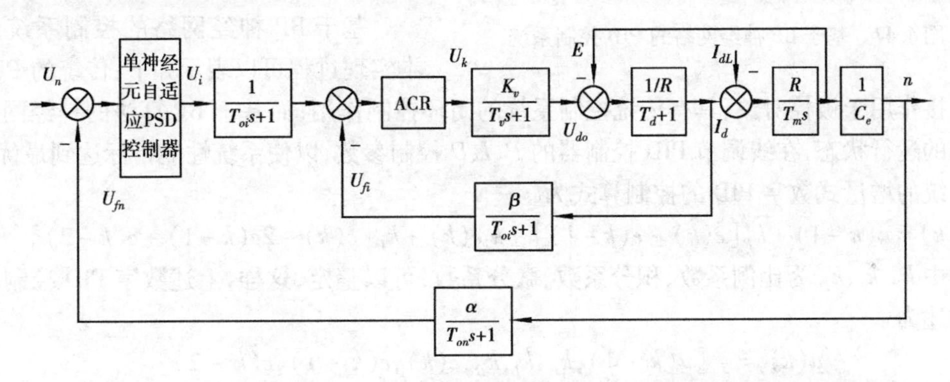

图 4.45　单神经元自适应 PSD 控制器的直流双闭环调速系统结构图

系统用于实验仿真的参数为:

额定功率 $P_e=220$ kW,额定电压 $U_e=440$ V,额定电流 $I_e=540$ A,额定电流 $n_e=1\,500$ rpm,电枢电阻 $R=0.030\,2\ \Omega$,电枢电感 $L=1.037$ mH,转动惯量 $GD^2=1\,793.4\ \text{N}\cdot\text{m}$,电磁时间常数 $T_d=L/R=0.034\,3$ s,电势常数 $C_e=(U_e-I_eR)/n_e=0.28\ \text{V}/(\text{r}\cdot\text{min}^{-1})$,转矩常数$C_m=C_e/1.03=2.65\ \text{N}\cdot\text{m/A}$,机电时间常数 $T_m=GD^2R(375C_eC_m)=0.190\,3$ s,近似后可以控制的参数 $K_v=49$,$T_v=0.006\,7$ s,滤波时间常数 $T_{oi}=0.002$ s,$T_{on}=0.01$ s,设转速、电流调节器最大给定电压为 10 V,则 $\beta=0.012\,3\ \text{VA}^{-1}$,$\alpha=0.006\,7\ \text{V}/(\text{r}\cdot\text{m}^{-1})$。

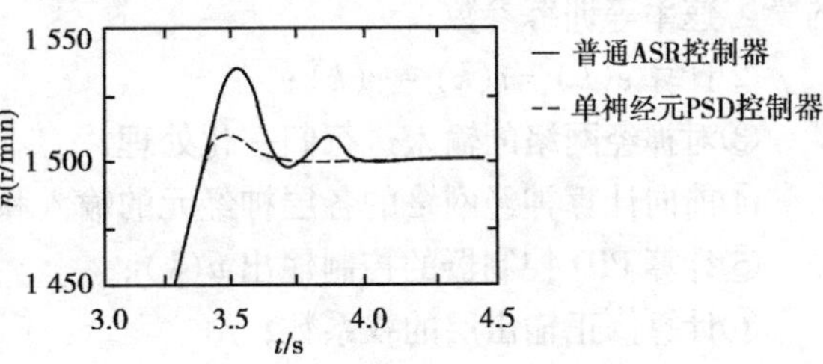

图 4.46　空载时的转速阶跃响应

图 4.46 是在额定转速 $n=1\,500$ r/min 下,空载时在阶跃输入作用下,采用 PSD 神经元控制器代替转速调节器和采用一般 ASR 控制器后的控制效果比较,仿真研究表明,转速环控制

器采用神经元自适应 PSD 控制策略后，神经元 PSD 控制器基本实现无超调起动，调速系统的综合性能优于采用传统的 PI 控制方式。神经元自适应 PSD 控制，本质上是非线性优化控制，其系统设计过程中，无需要考虑对象的模型参数，其算法简单，易于利用计算机实现实时控制，控制系统的鲁棒性好，仿真研究表明，神经元自适应 PSD 控制策略的控制器具有一定的应用前景。

4.5.4 基于 BP 神经网络的 PID 控制

PID 控制要取得好的控制效果，就必须对比例、积分和微分三种控制作用进行调整以形成相互配合又相互制约的关系，这种关系不是简单的"线性组合"，应该从无穷的非线性组合中找出最佳的关系。BP 神经网络具有逼近任意非线性的能力，而且结构和学习算法简单明确，通过 BP 网络的自身的学习，可以找到在某一最优控制规律下的 PID 控制参数，基于 BP 神经网络的 PID 控制系统的结构框图如图 4.47 所示。

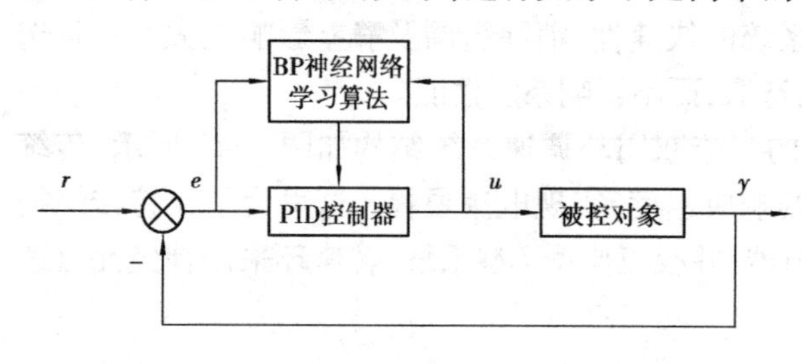

图 4.47 基于 BP 神经网络的 PID 控制系统

基于 BP 神经网络的控制系统的基本实现过程可以表示如下：传统的 PID 控制器直接作用于被控对象，具有传统控制系统的闭环控制作用；而基于 BP 算法的神经网络根据系统的运行状态，在线调节 PID 控制器的 P、I、D 控制参数，以使系统性能指标达到最优。

传统的增量式数字 PID 的控制算式为

$$u(k)=u(k-1)+k_P[e(k)-e(k-1)]+k_Ie(k)+k_D[e(k)-2e(k-1)+e(k-2)]$$

其中 k_P、k_I、k_D 为比例系数、积分系数、微分系数，可以整定，这样，上述数字 PID 控制算式可以描述为

$$u(k)=f[u(k-1),k_P,k_I,k_D,e(k),e(k-1),e(k-2)]$$

$f[\cdot]$ 是与 $u(k-1),k_P,k_I,k_D,y(k)$ 等有关的非线性函数，可以通过 BP 神经网络的训练和学习建立这一非线性函数模型。

BP 网络权值学习算法如前所述，基于 BP 神经网络的 PID 控制算法可以表示如下：

①确定输入层节点数和隐层节点数，对 BP 网络的各层权系数进行初始化，选定其中相应的学习速率等训练参数；

②计算 $e(k)=r(k)-y(k)$；

③对神经网络的输入进行归一化处理；

④前向计算神经网络的各层神经元的输入和输出 k_P、k_I、k_D；

⑤计算 PID 控制器的控制输出 $u(k)$；

⑥计算修正输出层的权系数；

⑦计算修正隐层的权系数；

⑧判断是否训练完毕，是，则结束，否则，继续②。

将神经网络用于控制器的设计或直接学习控制器的学习，一般都要用到系统的预测输出值或其变化量来计算权系数的修正量，但实际上，系统的预测输出值是不易直接测量到的，通常的做法是建立被控对象的预测数学模型，用该模型所计算的预测输出来取代预测处的实测

值,以提高控制效果,这方面的基于改进型的BP神经网络PID控制的原理、实现和应用可以参考有关文献。此外,将神经网络控制和模糊控制结合起来的模糊神经网络控制系统可以使系统具有更快的收敛速度和更好的控制效果。

习题4

1. 生物神经元的结构和功能是什么?
2. 人工神经网络的模型分类有哪些?
3. 单层感知器和多层感知器有什么不同和相同之处?举例说明。
4. 试叙述用三层BP神经网络逼近函数的基本原理。
5. 画出2-3-1型BP网络的结构图并标明网络的输入和输出。
6. BP算法有什么不足之处,如何解决?
7. 试叙述系统辨识的基本原理和要素。
8. 试叙述基于神经网络系统辨识的基本原理。
9. 神经网络控制的基本原理和结构。
10. 试叙述传统PID控制与神经网络PID控制的异同。

第5章 遗传算法及其在智能控制中的应用

从20世纪60年代起，美国、德国等国家的一些科学家就开始研究用模仿生物和人类进化的方法求解复杂的优化问题的方法，即模拟进化优化方法（optimization method by simulated evolution），其代表性方法有遗传算法（genetic algorithms——GA）、进化规划（evolutionary programming——EP）、进化策略（evolution strategies——ES）。每一方法侧重于自然进化的不同方面，GA侧重于染色体算子；EP侧重于种类水平上的行为变化；ES侧重于个体水平上的行为变化。

从计算模型的角度来看，模拟进化优化方法在计算原理上是自适应的，结构上是并行的，而且模仿了人的智能处理特征，它们不同于常规的串行计算模型，是一种新的智能计算模型。到目前为止，模拟进化优化方法主要是用于求解组合优化问题以及存在不可微的目标函数或约束条件的复杂的非线性优化问题。常规的数学优化技术是基于梯度寻优技术，计算速度快，但要求优化问题具有可微性，且通常只能求得局部最优解；而模拟进化方法无可微性要求，适用于任意的优化问题，而且由于它们采用随机优化技术，保证了有较大的概率求得全局最优解，其计算费用较高的问题也因计算机软硬件技术的飞速发展而不再成为制约因素。目前由于工程技术中存在着大量的复杂的优化问题，且其中许多问题不满足可微性要求，常规数学优化技术不能有效地解决，而模拟进化优化方法能较好地解决这类问题，所以模拟进化优化方法有着良好的应用前景和广泛的应用范围。

本章讨论遗传算法的基本概念、理论基础、改进方法、计算机实现和基于遗传算法的机器学习系统。

5.1 遗传算法的基本概念

5.1.1 进化的基本理论

(1)达尔文生物进化论

英国生物学家达尔文（C. R. Darwin）根据他对世界各地生物的考察资料和人工选择的实验，提出了以自然选择为基础的生物进化论学说。他认为：自然界中的每一物种在不断的发展过程中都是越来越适应环境;物种的每一个体的基本特征被后代所继承,但后代又不完全同于父代,这些新的变化如果适应环境,则被保留下来;在某一环境中也是那些更能适应环境的个体特征被保留下来。这就是适者生存的原理。在本质上,生物的进化是一种鲁棒性搜索和最优化机制。

(2) Mendel 自然遗传学说

遗传作为一种指令遗传码封装在每个细胞中,并以基因的形式包含在染色体中,每一基因有特殊的位置并控制某个特殊的性质;每个基因产生的个体对环境有一定的适应性;基因杂交和基因突变可能产生对环境适应性更强的后代。

(3) 新 Darwin 主义范例的特点

①个体是选择的基本目标。

②基因多效性(pleiotropy)和表型多基因性(polygeny),使得遗传变异在很大程度上是一种随机现象。

③基因型变形在很大程度上是一种重组及极端变异的结果。

④渐进进化体现了表现型的不连续性。

⑤并非所有表现型变化均为特定自然选择的必然结果。

⑥进化不仅表现在基因频率方面,还表现在自适应和方向性方面。

⑦选择是概率性的,而非确定性的。

5.1.2　遗传算法例

用遗传算法求下面单变量函数的在指定区间内的最大值。函数定义为

$$f(x) = x \cdot \sin(10\pi \cdot x) + 1.0$$

问题:找出区间$[-1,2]$内的 x 使函数 f 值最大,即找出 x',使对所有 $x \in [-1,2]$,都有 $f(x') \geqslant f(x)$。

首先,用传统的解析方法分析如下:

求该函数的一阶导数 f',并令其等于零,有

$$f'(x) = \sin(10\pi \cdot x) + 10\pi x \cdot \cos(10\pi \cdot x) = 0$$

很显然,上述方程有无穷多解

$$x_i = \frac{2i-1}{20} + \varepsilon_i,\text{其中 } i = 1,2,\cdots$$

$$x_0 = 0$$

$$x_i = \frac{2i+1}{20} - \varepsilon_i,\text{其中 } i = -1,-2,\cdots$$

这里 ε_i 表示接近于零的实数递减序列($i=1,2,\cdots$,及 $i=-1,-2,\cdots$)。

可以看出,对 x_i,当 i 是一个奇数时,函数 f 达到其局部最大;如果 i 是一个偶数,则达到其最小。

因为问题的定义域是 $x \in [-1,2]$,当 $x_{19} = \frac{37}{20} + \varepsilon_{19} = 1.85 + \varepsilon_{19}$ 时,函数达到其最大。此时 $f(x_{19})$ 比 $f(1.85) = 1.85 \cdot \sin\left(18\pi + \frac{\pi}{2}\right) + 1.0 = 2.85$ 稍大。

下面用遗传算法来求函数 f 的最大值。

(1)表示

用一个二进制向量作为一个染色体(个体)来表示变量 x 的真值,向量长度依赖于要求的精度,这里为小数点后六位数。

变量 x 的区间长为3,精度要求意味着区间[-1,2]应该至少被划分成3×1 000 000 个等长区间。这意味着二进制向量(染色体)至少要求有22 位:

$$2\ 097\ 152 = 2^{21} < 3\ 000\ 000 < 2^{22} = 4\ 194\ 304$$

这样,染色体(0000000000000000000000)和(1111111111111111111111)分别表示区间的边界 -1.0 和2.0。在区间[-1,2]内,从二进制串 $< b_{21} b_{20} \cdots b_0 >$ 到实数 x 之间的映射是直接的,可以通过两步完成。

①将二进制串 $< b_{21} b_{20} \cdots b_0 >$ 从二进制转换到十进制:

$$(< b_{21} b_{20} \cdots b_0 >)_2 = \left(\sum_{i=0}^{21} b_i \cdot 2^i \right)_{10} = x'$$

②找到对应的实数 x,使

$$x = -1.0 + x' \cdot \frac{3}{2^{22} - 1}$$

这里(-1.0)是区间左边界,3 是区间长度。

例如,染色体(1000101110110101000111)表示数0.637 197,

因为 $x' = (1000101110\ 1101010001\ 11)_2 = 2\ 288\ 967$

$$x = -1.0 + 2\ 288\ 967 \cdot \frac{3}{4\ 194\ 303} = 0.637\ 197$$

(2)初始种群

初始化过程非常简单:随机产生一个染色体(个体)种群,其中每个染色体都是一个22 位的向量。每个染色体的所有22 位都是随机初始化的。

(3)评价函数

对二进制向量 v 的评价函数 $eval$ 等同于函数 f:

$$eval(v) = f(x)$$

这里染色体 v 表示实数值 x。

评价函数起着环境的作用,它们的适应值被用来评价染色体对环境的适应程度,即用来评价潜在的解。例如,3 个染色体:

$v_1 = (1000101110110101000111)$

$v_2 = (0000001110000000010000)$

$v_3 = (1110000000111111000101)$

分别对应于值 $x_1 = 0.637\ 197$、$x_2 = -0.958\ 973$ 和 $x_3 = 1.627\ 888$。因此评价函数对它们进行如下评价比较:

$eval(v_1) = f(x_1) = 1.586\ 345$

$eval(v_2) = f(x_2) = 0.078\ 878$

$eval(v_3) = f(x_3) = 2.250\ 650$

很显然,评价值最高的染色体 v_3 是三个染色体中最好的一个。

(4)遗传算子

在遗传算法的变换阶段,使用两个经典的遗传算子:变异和交换。

变异是以等于变异率的概率改变染色体上的某一位或多位上的基因。例如对染色体 v_3 上第5位基因进行变异。由于该染色体上的第5位基因是0,则变异就是将它变为1。因此,染色体 v_3 经过变异后就变成为

$$v_3' = (1110100000111111000101)$$

这时,该染色体代表的值是 $x_3'=1.721\ 638$ 和 $f(x_3')=-0.082\ 257$。显然,变异导致染色体 v_3 的值大为减少。如果选择染色体 v_3 上的第10位基因来进行变异,那么

$$v_3''=(1110000001111111000101)$$

对应的值为 $x_3''=1.630\ 818$ 和 $f(x_3'')=2.343\ 555$。这时,变异使原始值 $f(x_3)=2.250\ 650$ 得到了改进。

下面以染色体 v_2 和 v_3 来说明交换算子。假定交换点随机地选择在第5位基因后

$$v_2=(00000|01110000000010000)$$

$$v_3=(11100|00000111111000101)$$

经交换后产生的两个新的子代是

$$v_2'=(00000|00000111111000101)$$

$$v_3'=(11100|01110000000010000)$$

这两个子代的评价函数值为

$$eval(v_2')=f(-0.998\ 113)=0.940\ 865$$

$$eval(v_3')=f(1.666\ 028)=2.459\ 245$$

可以看出,这两个子代的适应值都比其父代好。

表5.1　150代的最大结果

代数	函数评价值	代数	函数评价值
1	1.441 942	39	2.344 251
6	2.250 003	40	2.345 087
8	2.250 283	51	2.738 930
9	2.250 284	99	2.849 246
10	2.250 363	137	2.850 217
12	2.328 077	150	2.850 227

(5)参数选择

对本问题遗传算法选择了下面的参数:种群规模 $pop\_size=50$,交换率 $p_c=0.25$ 和变异率 $p_m=0.01$。

(6)计算结果

表5.1给出了评价函数改进比较明显的进化代数及相应的最大的函数值。经过150代后,最好的染色体是 $v_{max}=(1111001101000100000101)$ 对应的值 $x_{max}=1.850\ 773$,此时函数值 $f(x_{max})=2.850\ 227$。正如前面解析法分析的那样,$x_{max}=1.85+\varepsilon$ 的函数值比2.85稍大。

5.1.3　遗传算法的基本原理

遗传算法是美国J.H.Holland博士在1975年提出的,当时并没有引起学术界的关注,因而发展比较缓慢。从20世纪80年代中期开始,随着人工智能的发展和计算机技术的进步,遗传算法逐步成熟,应用日渐增多。不仅应用于人工智能领域(如机器学习和神经网络),也开始在工业系统(如控制、机械、土木、电力工程等)中得到成功应用,显示出了诱人的前景。同时,遗传算法也得到了国际学术界的普遍肯定。

(1)基本内容

定义5.1　遗传算法是一个迭代过程,在每次迭代中都保留一组候选解,按解的优劣和某种指标从中复制出一些解,再利用一些遗传算子对其进行运算,以产生新一代候选解。如此重复,直到满足某种收敛指标为止。

从定义5.1中可以看出,遗传算法的核心包括:①如何从现有解(父代)中选出一些解复

制产生后代，并要确保复制的这些解要具有良好的特征，以便产生优良的后代；②采用什么样的遗传算子对选出的解进行运算，所用的遗传算子要具有良好的计算特征，使其能够保留父代解中的优良特征，同时还能将计算过程中丢失的重要信息或优良特征给予恢复。因此，研究恰当的复制方法和设计性能良好的遗传算子以满足上述要求一直是人们研究遗传算法的重要内容。为此人们已经提出了基于各种不同指标的复制方法和设计了许多遗传算子，这些复制方法和遗传算子的结合就构成了各种各样的遗传算法。

遗传算法求解实际问题时，首先对待优化问题的所有参数进行编码（一般采用二进制码串表示），将所有参数的编码串接起来得到一个字符串，每一个字符串就是一个个体（或染色体）（individual），所有个体的集合称之为种群或群体（population）。在种群中，每一个个体都表示一个可行解。其次，根据优化问题，构造评价个体适应能力的适应度函数（fitness function）。最后，以随机方式产生一群初始解（即初始种群）为开始，通过使用遗传算子对每个个体进行操作组合，使初始种群一代一代地向最优解进化。

（2）基本操作

Holland 最早提出的遗传算法，通常称为简单遗传算法（或标准遗传算法）。操作的简单和作用的强大是遗传算法的两个主要特点。一般的遗传算法包含有 3 个基本操作：

表 5.2　种群的个体及相应的适应度

标号	个体	适应度	占总体的百分数/%
1	01101	169	14.4
2	11000	576	49.2
3	01000	64	5.5
4	10011	361	30.9
总计		1 170	100.00

复制（reproduction，或称 selection）

交换（crossover）

变异（mutation）

这 3 个基本操作分别模拟生物进化中的自然选择和种群遗传过程中的繁殖、交配和基因突变等现象。

设有随机产生的含有 4 个个体的初始种群，每个个体为一个长度为 5 位的无符号二进制数，对应的十进制数就是变量 $x_i, i=1,2,3,4$；适应度函数设为 $f(x_i)=x_i^2$。如表 5.2 所示。

1）复制

复制是基于适者生存理论，是指种群中每一个体按照适应度函数进化到匹配池的过程。适应度值高于种群平均适应度的个体在下一代将有更多的机会繁殖一个或更多的后代，而低于平均适应度的个体则有可能被淘汰掉。复制的目的在于保证那些适应度高的优良个体在进化中生存下去，但是复制不会产生新的个代。在自然种群中，适应度函数是由一个生物为继续生存而捕食、预防时疫、在生长和繁殖后代过程中克服障碍的能力决定的。

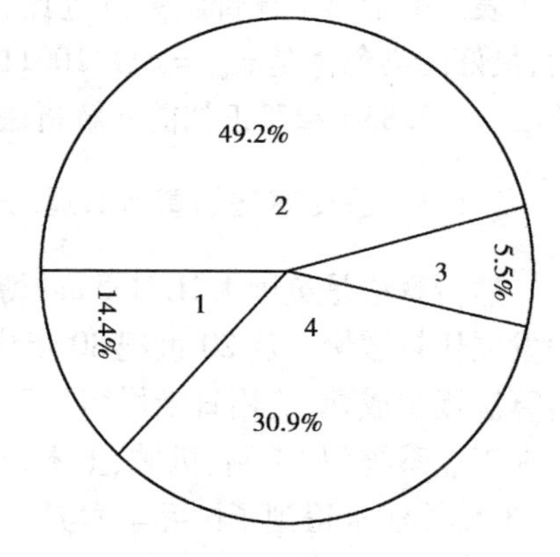

图 5.1　转轮法示意图

复制方法的选择对遗传算法的性能有很大的影响。复制的依据是个体的适应度值。通常的方法有：

①转轮法

令所有个体的适应度之和为 1，即对应一个转轮，而每个个体按其适应度值的大小分占转轮的一部分，如表 5.2 和图 5.1 所示。转动转轮，待停止时，指针所指向的个体就是要被复制的个体。例如对于个体2,其适应度值为576,为总适应度值的49.2%。因此,每转动一次转轮,指向该个体的概率为0.492。每当需要一个后代时,就转动一下这个按权重划分的转轮,产生一个复制的候选者。因此,个体的适应度值越高,在下一代中产生的后代就越多。当一个个体被选中时,此个体将被完整地复制送入匹配池中。旋转4次转轮就产生4个个体,它们就是上一代种群的复制,有的个体可能被复制1次或多次,有的可能被淘汰。

在本例中,个体1和个体4各被复制1次,个体3被淘汰,个体2被复制两次。具体见表5.3。

表5.3 复制操作之前的各项数据

标号	初始种群	x值	适应度 $f(x)=x^2$	选择复制的概率 $f_i/\sum f_i$	期望的复制数 $f_i/\bar{f}_i$	实际得到的复制数
1	01101	13	169	0.144	0.58	1
2	11000	24	576	0.492	1.97	2
3	01000	8	64	0.055	0.22	0
4	10011	19	361	0.309	1.23	1
总计			1 170	1.000	4.00	4
平均值			293	0.25	1.00	1
最大值			576	0.49	1.97	2

②两两竞争法

从种群中随机地选择两个个体,将其中适应度较大的个体作为被复制的个体;当两个体的适应度相同时,则任意地复制一个。

③基于排序的选择法

首先根据目标函数值的大小将个体排序,应用各个体的排序序号来计算相应的适应度。适应度可以按序号线性变化,也可以按某种非线性关系变化。这种方法避免了在转轮法中因适应度相差太大而导致种群个体多样性损失太多的不足。

2)交换

交换是指对从种群中随机选出的两个个体按一定的交换概率p_c部分的交换某些位。一般分两步实现:第一步是将新复制产生的匹配池中的个体随机两两配对;第二步是进行交叉繁殖,产生一对新的个体。如图5.2~图5.4所示。交换的目的是为了产生新的基因组合,产生新的个体,避免一代重复一代。

设个体长度为l,则在$[1,l-1]$的范围内,随机地选取一个整数位置k作为交换点,将两个父辈个体从位置k到串末尾的子串互相交换,从而形成两个新的个体。在图5.2中,个体长度为10,随机选取的交换位置为5。这样的交换称为单点交换,其交换点是随机选取的。

	交换前		交换后
individual 1	11001 | 11001	crossover	11001 | 00110
individual 2	01010 | 00110		01010 | 11001

图5.2 单点交换

交换的方式有多种，除了单点交换外，还有双点交换。在[1，$l-1$]的范围内，随机产生两个整数 k_1，k_2，将两个父辈个体中位于这两个整数间的子串互相交换，以产生两个新的个体。如图5.3所示，其中 $k_1=2$，$k_2=7$。

	交换前		交换后
individual 1	11 | 01011 | 000	crossover	11 | 10110 | 000
individual 2	10 | 10110 | 101		10 | 01011 | 101

图5.3　双点交换

另外一种就是均匀交换(uniform crossover)，其操作过程是，先选出两个父代个体，之后随机产生一个与父代个体同样长度的二进制串，称其为模板(template)。若模板中的某位为0，则进行交换的两个父代个体对应位不进行交换；反之，模板中的某位为1时，则两个父代个体对应位进行交换。如图5.4所示。

	交换前		交换后
individual 1	0101100110		0100110011
template	1001010101	crossover	
individual 2	0110010001		0111000100

图5.4　均匀交换操作

交换可以把两个个体中优良的模式传递到子代中，使子代个体具有优于父代的性能。若交换后的子代性能不佳，则会在以后的复制过程中将其抛弃，匹配池中只保留性能优良的个体。

表5.4　交换操作之后的各项数据

标号	复制后的匹配池	配对对象（随机选取）	交换点（随机选取）	新种群	x 值	$f(x)=x^2$
1	01101	3	2	01000	8	64
2	11000	4	4	11001	25	625
3	11000	1	2	11101	29	841
4	10011	2	4	10010	18	324
总　计						1 854
平 均 值						463.5
最 大 值						841

对于表5.2中的例子，$l=5$，采用单点交换操作。首先随机地将匹配池中的个体配对，结果个体1与个体3配对，个体2与个体4配对；然后，随机选取交换点。选取个体1(01101)和个体3(11000)的交换点 $k=2$，则交换得到两个新个体(01000)和(11101)；个体2与个体4的交换点 $k=4$，交换生成两个新串(11001)和(10010)。具体如表5.4所示。

遗传算法的有效性主要来自复制和交换操作，尤其是交换在遗传算法中起着核心作用。比如，人们在社会生活中的思想交流、学术交流、多学科交汇形成的交叉学科等，本质上都是观念和思想上的交换，而这种交换是富于成果的。新思想、观念、学科、发明或发现正是来源于此。如果把一个个体看成是一个完整的思想,则这个个体上不同位置中的不同值的众多有效的排列组合,就形成了一套表达思想的观点。个体交换就相应于不同观念的重新组合,而新思想就是在这种重新组合中产生的,遗传搜索的作用也就在于此。

3）变异

变异是作用于单个个体,它以一定的变异概率 p_m 对个体的某些位进行取反操作。如同自然界很少发生基因突变一样,变异的概率 p_m 也是很小的。变异的目的是为了增加种群个体的多样性,防止丢失一些有用的遗传模式。

在简单遗传算法中,变异就是将某个个体中某一位的值偶然的随机的改变,即在某些特定位置上简单地把0变成1,或相反改变。如图5.5所示,有下划线的位被取反。

变异前　　变异后

1100 110111　mutation　1100 010111

图5.5　变异示意图

遗传算法主要通过复制和交换实现种群的进化,而变异一般不能让求解取得进展,但它能保证不产生停滞进化的单一种群。因为在所有个体都相同的种群中,交换算子已经失效,出现了近亲繁殖,不能产生新的个体,只有靠变异才能产生。在遗传算法的后期,变异算子起着决定性的作用,起到了恢复种群多样性的作用,并能适当地提高遗传算法地搜索效率。根据经验,为了取得好的结果,变异的概率为每1 000个位传送中,只变异1位,即变异概率为0.001。

4）反转

在遗传算法中,除了上述3种基本操作外,在求解某些优化问题时,如旅行商问题,有时还引入反转(inversion)操作。反转操作也作用于单个个体,是指在个体中随机地选择两个点,然后将这两个点之间的位加以取反,如图5.6所示。

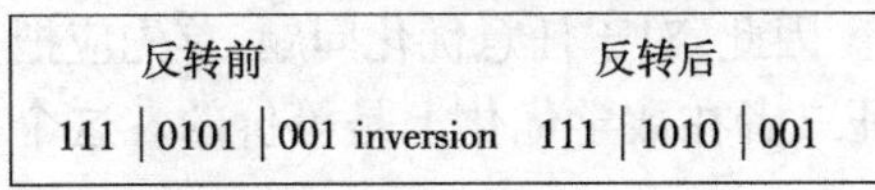

图5.6　反转示意图

(3)算法流程

1)问题的描述

利用遗传算法求解实际问题时,问题的解是用字符串来表示的,遗传算子也是直接对字符串进行操作的。因此,如何用适当的字符串编码来表示问题的解就成为遗传算法中的首要问题。

目前所使用的字符串编码有:二进制、十进制、浮点数、模糊数等编码,后面两个实际上不是字符串形式,而是以数组(向量)形式来表示问题的解。采用不同的编码方式,对遗传算法的性能和计算量有很大的影响。若采用二进制形式,个体的位数多,描述得比较细致,从而加大了搜索范围,但交换运算的计算量较大,并且还需对实际参数进行编码和译码,这是因为大量的具体问题本身都是十进制的,从而增加了额外的计算时间。若采用十进制,交换运算的计算量较小,但变异的计算量增加了。另外,当优化的变量有多个时,在字符串中如何排列也是一个较重要的问题,合适的排列方式有利于编码和译码,也有利于改善GA的性能。对于一个实际问题,到底采用何种形式的字符串,目前在理论上尚缺乏有力的探讨,但必须考虑下面几点:

①无论最优解具有什么样的结构和形态,采用的字符串的编码形式应能合适地描述它,即应该从原理上保证最优解是字符串的一种形式。

②字符串的编码形式应便于评价解的优劣。

③字符串的编码形式应便于设计和应用高效的遗传算子。

④字符串表示的解及用遗传算子操作的解最好都是可行解。

2)初始种群的产生

初始种群对应着问题的初始解,通常有两种方式产生。

①完全随机方式产生　设所用字符串的基为 k,则对一个长度为 l 的个体(字符串)来说,最多可以有 k^l 种选择。对于含有 n 个个体的初始种群,连续随机地生成 l 个 0 到 $(k-1)$ 的数字字符组成一个字符串,并重复 n 次以得到 n 个个体。

②随机数发生器方式产生　对于有 n 个个体的种群,用随机数发生器生成 n 个 0 到 k^l 之间的随机整数,则这 n 个整数就是 n 个初始个体。

另外,如果对于寻优问题有某些先验知识,则可先将这些先验知识转变为必须满足的一组要求,然后再在满足这些要求的解中随机地选取个体以组成初始种群。

3)适应度函数 f 的确定

适应度函数是遗传算法与实际优化问题间的接口。在遗传算法中要求适应度函数是非负的,且任何情况下总希望越大越好;而实际优化问题的目标函数并不一定满足这个条件,有的是正的,有的有可能为负,甚至可能是复数值。同时,适应度函数和目标函数之间的关系也是多种多样的,如求最大值对应点时,目标函数和适应度值变化方向一致;在求最小值对应点时,变化方向正好相反,目标函数值越小的点,适应度值越大。因此,对于任意优化问题,首先应把其数学形式表示为遗传算法适于求解的形式,同时要保证二者在数学优化上是等价的。这个过程叫适应转换(fitness scaling)。

首先适应转换要保证适应度值是非负的,其次目标函数的优化方向应与适应度值增大方向一致。可以通过一次或多次数学变换来实现。设实际优化问题的目标函数为 $J(x)$,遗传算法的适应度函数为 $f(x)$,则具体方法有:

①可以将适应度函数表示为实际优化问题目标函数的线性形式,即有

$$f(x) = a \times J(x) + b \tag{5.1}$$

其中,a,b 是系数,可根据具体问题的特征及期望的适应度的分散程度来确定。

②对于最小化问题,一般采用如下转换形式:

$$f(x) = \begin{cases} c_{\max} - J(x) & \text{当 } J(x) < c_{\max} \\ 0 & \text{其他} \end{cases} \tag{5.2}$$

其中,$c_{\max}$ 可以是一个输入参数,或为理论上的最大值,或是到目前为止所有进化代(或最近的 k 代)中出现的目标函数 $J(x)$ 的最大值(此时 $c_{\max}$ 将随着进化而会有变化)。

③对于最大化问题,一般采用如下转换形式:

$$f(x) = \begin{cases} J(x) - c_{\min} & \text{当 } J(x) - c_{\min} > 0 \\ 0 & \text{其他} \end{cases} \tag{5.3}$$

其中,$c_{\min}$ 也可以是一个输入参数,或为当前代中最小值,或最近 k 代中的最小值。

④采用如下的指数函数形式:

$$f(x) = c^y, y = J(x)$$

在最大化时,c 一般取 1.618 或 2;而在最小化时,c 可取为 0.618。这样,既保证了适应度值非负,又使适应度值增大方向和目标函数优化方向一致。

4)约束优化问题的处理

遗传算法在求解有约束的优化问题时，需对约束条件进行必要的处理。处理方式有：

①直接体现在字符串的编码中

对于优化问题中变量的上、下限约束，可以让字符串表示的最大值和最小值分别对应于实际约束变量的上、下限值。设变量 x 的变化范围为 $[x_{\min}, x_{\max}]$，用基数为 k 的 l 位字符串 y 来表示，则 x 和 y 间有如下关系：

$$x = x_{\min} + \frac{y}{k^{l} - 1} \times (x_{\max} - x_{\min}) \tag{5.4}$$

这种处理约束的方法，是最直接和最好的，但其应用领域有限。因为在这种处理方式中还需设计相应的遗传算子。因此能否采用这种方法与实际问题的特征有很大的关系。

②判断法

在遗传算法的运算过程中，检查得到的字符串对应的解是否为可行解。若是，则加入到下一代种群中，否则就将其舍弃。此方法仅适用于简单约束、可行解易于求得的问题，因而实际中用得很少。

③采用惩罚方式

如果一个解违反了某个约束，则视其违犯程度给予一定量的惩罚，使其具有较小的适应度，越限越严重，其适应度就越小。当然，这样也会使一些不可行解有可能进入下一代种群。但随着进化，不可行解在种群中的比例总体上越来越少，而可行解逐渐占据主导地位，并逐步趋向于最优解。

不失一般性，设有如下的非线性优化问题：

$$\begin{cases} \max \quad J(x_1, \cdots, x_r) \\ s.t.1 \quad g(x_1, x_2, \cdots, x_r) = 0 \\ s.t.2 \quad a_i \leqslant x_i \leqslant b_i, i = 1, 2, \cdots, r \end{cases} \tag{5.5}$$

适应度函数采用式(5.1)的形式：

$$f = a \times J + b$$

从上式中可知，J 越大，f 也越大；反之，J 越小，f 就越小。对于约束 $s.t.1$ 可采用如下的罚函数形式处理。

a. 加法形式

$$f = a(J(x_i, \cdots, x_r) + p(g(x_1, \cdots, x_r))) + b \tag{5.6}$$

其中，$p(\cdot)$ 为单调减函数，可以是二次型：

$$p(y) = -c \times y^2, c > 0 \tag{5.7}$$

或钟型：

$$p(y) = \frac{1}{\sqrt{2\pi} \times 6} \times e^{\left(-\frac{y^2}{2\delta^2}\right)}, \delta > 0 \tag{5.8}$$

从理论上讲式(5.6)的解将会因 c, δ 的增大而使条件 $g(x_1, \cdots, x_r)$ 接近于0。但由于遗传算法本身的特点，当 c 或 δ 很大时，某一代的各个体的适应度将完全由 $p(\cdot)$ 所决定，而 $J(\cdot)$ 几乎不起作用，导致遗传算法无法收敛。反之，c 或 δ 又不能取得太小，否则约束 $s.t.1$ 的误差将较大。

b. 乘法形式

$$f = a(J(x_1, \cdots, x_r) \times p(g(x_1, \cdots, x_r))) + b \tag{5.9}$$

$p(\cdot)$的形式与加法形式相同,但式(5.9)要求$J(\cdot)$与$p(\cdot)$均需大于或等于零。$p(\cdot)\geqslant 0$的要求可在构造时满足,如式(5.8);但$J(\cdot)\geqslant 0$由于无法事先确定其取值范围而难以满足,因而可加上一个很大的数来修正$J(\cdot)$:

$$J'(\cdot) = J(\cdot) + M \tag{5.10}$$

5)收敛判据

常规的数学优化方法有数学上比较严格的收敛判据,而遗传算法的收敛判据通常是启发式的。由于遗传算法没有利用梯度信息,因此要从数学上构造比较严格的收敛判据相当困难。常用的收敛判据有:

①根据计算时间和所采用的计算机容量限制来确定判据,即指定迭代的次数和每一代种群中的个体数目。

②从解的质量方面确定判据:采用连续几次得到的种群中的最好解没有变化时则认为算法收敛;或种群中最好的解的适应度与平均适应度之差占平均适应度的百分比数小于某一给定值时则认为收敛。

为评价遗传算法的收敛性能,定义离散性函数$p(t) = (\sum_{i=1} f^i_{\max})/t$,其中$f^i_{\max}$为第$i$代的最大个体适应度值,$p(t)$是第$t$代的离散性能值。在初期搜索过程中,$p(t)$将迅速增长;在后期搜索过程中,$p(t)$的增长将平缓下来,并最终趋向于收敛值。

6)遗传算法的基本流程

综上所示,遗传算法的基本流程如图5.7所示。

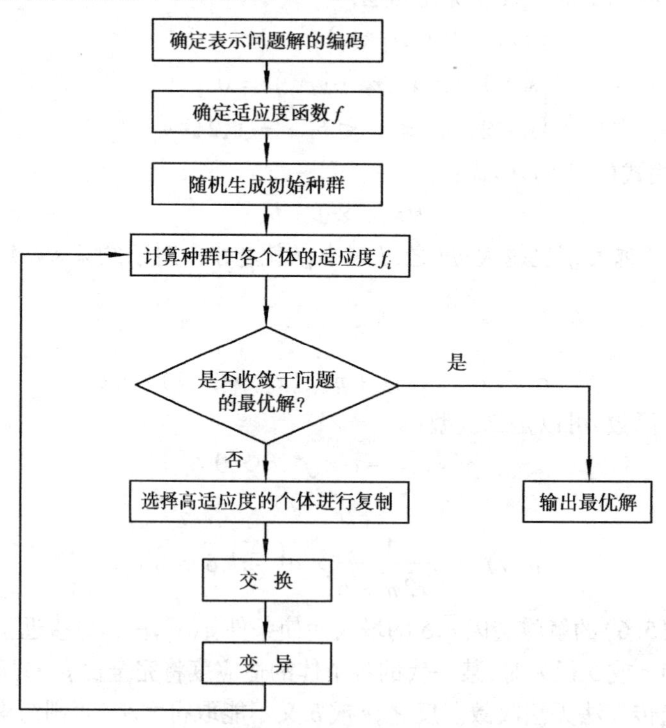

图5.7 遗传算法的基本流程图

(4)遗传算法的特点

目前常规的优化方法主要有3种类型:解析法、枚举法和随机法。

解析法是优化方法中研究最多的一种,它又分为直接法和间接法。直接法是按照梯度信息最陡的方向逐次运动来寻找局部极值,即所谓的爬山法;间接法是通过让目标函数的梯度为零来求解一组非线形方程以寻找局部极值的方法。解析法的主要问题在于:它只能寻找到局部极值而非全局的极值,对于存在有多峰极值的优化问题就无能为力;它要求目标函数是连续光滑且可微的,即它们是以微分驱动的动态优化方法。

枚举法能够克服解析法的两点不足,即可以找到全局极值和不要求目标函数是连续光滑的。但其致命缺点是计算效率太低,对于许多实际问题往往因为太大的搜索空间而不可能将所有的情况一一搜索到,包括动态规划方法(本质上也属于枚举法)也碰到"指数爆炸"的问题,它对于有一定规模和复杂性的问题,也常常没有办法解决。

随机法能够克服上述两种方法的缺陷,它通过在搜索空间中随机地漫游并记录下所找到的最好结果,当搜索到一定程度后便终止。但是,它所找到的结果一般不是最优解。实际上,随机法也是一种枚举法。

遗传算法是基于自然选择和基因遗传学原理的搜索法,它将"优胜劣汰,适者生存"的生物进化原理引入待优化参数形成的编码串种群中,按照一定的适应度函数及一系列遗传操作对各个体进行筛选,从而使适应度值高的个体被保留下来,组成新的种群,新种群包含上一代的大量信息,并且引入了新的优于上一代的个体。如此周而复始,种群中各个体适应度值不断提高,直至满足一定的极限条件。最后,种群中适应度值最高的个体即为待优化参数的最优解。

遗传算法也用到了随机技术,但它是通过对参数空间的编码并用随机选择作为工具来引导搜索过程向着更有效的方向发展,因而它不同于常规的随机法。与常规优化方法相比,遗传算法的鲁棒性比较好,最主要的特点在于:

①遗传算法是对参数的编码进行操作,而不是对参数本身。

②遗传算法是从多个初始点开始操作,而不是从某一点开始,从而避免了搜索过程过早地收敛于局部极值,更有可能求得全局极值。

③遗传算法是通过目标函数来计算适应度,而不需要其他的推导和附属信息,因而对问题的依赖性小。

④遗传算法使用概率的操作规则,而不是确定性的规则。

⑤遗传算法在解空间中采用启发式搜索,而不是盲目地穷举或完全随机测试,因而搜索的效率高。

⑥遗传算法对于待寻优的问题基本没有限制,既可是数学解析式所表示的显函数,也可是映射矩阵或神经网络表示的隐函数,同时也不要求连续可微。

⑦遗传算法所具有的隐含并行性的特点,使其可通过大规模并行计算来提高计算速度。

⑧遗传算法更适合大规模复杂的、高度非线性的问题的优化。

5.2　遗传算法理论基础

5.2.1　遗传算法的模式理论

由前面的分析可知,遗传算法并不复杂,但却展示了强大的信息处理能力,为什么有这种能力呢,Holland 提出的模式理论在一定程度上对此作出了解释,奠定了遗传算法的理论基础。

定义 5.2　如果字符串中含有通配符"＊",则称该字符串称为一个模式(schemata)。

对于二进制字符串来说,它的模式就是由{0,1,＊}构造出来的。

定义 5.3　一个字符串与一个模式相匹配是指字符串的每一位都与模式中相应位相同,或对应着通配符"＊"。

如果字符串的基为 k,长度为 l,则共有 k^l 个字符串和有 $(k+1)^l$ 种模式。可见模式的数量大于串的数量。一般的,每个字符串含有 2^l 种模式,大小为 n 的种群就包含有 2^l 到 $n \times 2^l$ 种模式。

例如对于长度 l 为 3 的二进制字符串,共有 27 模式,而字符串数最多为 8。

定义 5.4　模式 H 中含有非通配符"＊"的个数(即有确定值的位数)称为模式 H 的阶数(order),记为 $O(H)$。

定义 5.5　模式 H 的长度为模式中第一个确定位置和最后一个确定位置间的距离,记为$\delta(H)$。

定义 5.6　种群中与模式 H 相匹配的所有个体的平均适应度为模式 H 的适应度,记为 $\bar{f}(H)$。

下面讨论遗传算法中的各种操作对模式的影响。

设含有 n 个个体 $A_j(j=1,\cdots,n)$ 的第 t 代的种群为 $A(t)$,它含有 m 个特定模式 H,记为 $m=m(H,t)$。

(1)复制对模式的影响

在复制操作中,种群中的任一个体 A_j 以与适应度有关的概率被选中复制到匹配池中。

不失一般性,假设复制的概率为 $\dfrac{f_j}{\sum\limits_{i=1}^{n} f_i}$。

因此经过复制后,在 $t+1$ 代种群 $A(t+1)$ 中含有特定模式 H 的数量为:

$$m(H,t+1) = \frac{m(H,t) \times n \times \bar{f}(H)}{\sum\limits_{i=1}^{n} f_i} = \frac{m(H,t) \times \bar{f}(H)}{\bar{f}} \tag{5.11}$$

其中,$\bar{f}(H)$为第 t 代中模式 H 的适应度,$\bar{f}$是第 t 代种群的平均适应度。

由式(5.11)可知,复制操作后,种群中所含特定模式 H 的数量将按该模式适应度与整个种群平均适应度的比值成比例的变化。这样,适应度高于种群平均适应度的模式在下一代的数量将增加,而低于平均适应度的模式在下一代中将减少。

由于种群中每个个体包含有 k^l 种模式,因此在对该个体进行操作时,实际上也是对这 k^l

种模式进行操作,这种性质就是遗传算法的隐含并行性(implicit parallelism)。

设高于种群平均适应度模式的适应度为:

$$\bar{f}(H)=(1+\alpha)\bar{f},\alpha>0 \tag{5.12}$$

则代式(5.12)入式(5.11)中有:

$$m(H,t+1)=m(H,t)\times(1+\alpha)$$

假设 α 为常数,则有:

$$m(H,t+1)=m(H,0)\times(1+\alpha)^{t} \tag{5.13}$$

$m(H,0)$为初始种群中含有模式 H 的数量。由式(5.13)可知,对于高于种群平均适应度的模式经复制后将呈指数形式增长。

同样可证明低于种群平均适应度的模式经复制后也将呈指数形式减少。

由上分析可知,复制操作成功地以并行方式控制着模式数量按指数形式增减,但复制只是将那些高适应度个体全盘复制,或淘汰一些低适应度个体,而决不会产生新的模式结构,故对性能的改进是有限的。

(2)交换操作对模式的影响

交换操作是个体之间的有组织的而又是随机的信息交换。交换操作对一个模式 H 的影响与模式的长度 $\delta(H)$有关。$\delta(H)$越大,模式 H 被分裂的可能性就越大,因为交换操作要随机选择出进行匹配的一对位串上的某一随机位置进行交换。显然 $\delta(H)$越大,H 的跨度就大,随机交换点落入其中的可能性就越大,从而 H 的存活率就降低。

例:已知位串长度 $l=8$,有一位串 $A=00111001$,包含有如下的两个模式:

$H_1=$ **1****1,长度为 $\delta(H_1)=5$

$H_2=$ ****10**,长度为 $\delta(H_2)=1$

随机地产生交换点为3,$A=001\mid 11001$,则有

$H_1=$ **1 | ****1,$P_d=5/7$

$H_2=$ *** | *10**,$P_d=1/7$

可以看出,模式 H_1 比模式 H_2 更容易被破坏,即 H_1 将更可能在交换操作中被破坏。显然模式被破坏的可能性正比于模式的长度 $\delta(H)$。模式 H_1 的长度 $\delta(H_1)=5$,如果交换点始终是随机地从 $l-1=8-1=7$ 个可能的位置中选取,则模式 H_1 被破坏的概率为

$$P_d=\delta(H_1)/(l-1)=5/7$$

它存活的概率为

$$P_s=1-P_d=2/7$$

同样,模式 H_2 的长度 $\delta(H_2)=1$,它被破坏的概率为 $P_d=\delta(H_2)/(l-1)=1/7$,存活的概率为 $P_s=1-P_d=6/7$。

推广到一般情况,对于单点交换来说,交换始终是随机地从$(l-1)$个可能的位置中选取,因此模式 H 被破坏的概率 p_d 为

$$p_d\leqslant\frac{\delta(H)}{(l-1)} \tag{5.14}$$

而存活的概率 p_s 为

$$p_s=1-p_d\geqslant 1-\frac{\delta(H)}{l-1} \tag{5.15}$$

在式(5.14)和式(5.15)中的小于"<"和大于">"符号是因为交换点落入定义长度内时也有可能不破坏模式。

又因为交换操作发生的概率为 p_c,则式(5.15)变为

$$p_s \geqslant 1 - p_c \times \frac{\delta(H)}{l-1} \tag{5.16}$$

所以在综合考虑了复制和交换操作的影响后,模式 H 在下一代中的数量可用下式来估计:

$$m(H,t+1) \geqslant m(H,t) \times \frac{\bar{f}(H)}{\bar{f}} \times \left[1 - p_c \times \frac{\delta(H)}{l-1}\right] \tag{5.17}$$

式(5.17)表明那些高于种群平均适应度且长度短的模式将更多地出现在下一代种群中。

(3)变异操作对模式的影响

变异是对个体中单个位置以概率 p_m 进行随机求反,因而它可能破坏特定的模式。一个模式 H 要存活,则它所有的确定位置都必须存活。因此,因为单个位置的基因值存活的可能性为$(1-p_m)$,而且每个变异的发生是统计独立,故一个特定模式 H 只有当它的 $O(H)$ 个确定位置都存活时才存活。所以变异后特定模式 H 的存活概率为

$$(1-p_m)^{O(H)}$$

由于变异的概率 p_m 通常很小,$p_m \ll 1$,故可近似表示为

$$(1-p_m)^{O(H)} \approx 1 - O(H) \times p_m \tag{5.18}$$

综上所述,在考虑了复制、交换和变异操作的共同作用后,特定模式 H 经复制、交换、变异操作后在新一代种群中的数量变为

$$m(H,t+1) \geqslant m(H,t) \times \frac{\bar{f}(H)}{\bar{f}} \times \left(1 - p_c \times \frac{\delta(H)}{l-1}\right) \times (1 - O(H) \times p_m) \tag{5.19}$$

式(5.19)可进一步简化为

$$m(H,t+1) \geqslant m(H,t) \times \frac{\bar{f}(H)}{\bar{f}} \times \left[1 - p_c \times \frac{\delta(H)}{l-1} - O(H) \times p_m\right] \tag{5.20}$$

由上面分析,可得出如下结论:

定理 5.1 对于那些长度短、阶数低、适应度高于种群平均适应度的模式将在子代中呈指数级的增长。

定理 5.1 就是遗传算法的模式定理(Schema Theory),它是遗传算法的理论基础。根据这个定理,随着遗传算法得一代一代地进行,那些长度短的、位数少的、高适应度值的模式将越来越多,因而可期望最后得到的个体(即这些模式的组合)的性能越来越得到改善,并最终趋向全局的最优点。

5.2.2 遗传算法的全局收敛性分析

传统的基于模式定理的对全局收敛性的定性分析认为,遗传算法是全局收敛的。最近基于 Markov 链的定量数学证明认为,带有复制、交换、变异操作的标准遗传算法不是全局收敛的,不适合于静态函数的优化问题,而最优保存算法(OMSGA)是概率性全局收敛的,下面对此进行严格的数学证明。

定义 5.7 设离散随机过程$\{X_k, k \in N\}$的状态空间 S 为有限集,若 X_k 满足马氏性:

$$P(X_{k+1}=i_{k+1} \mid X_0=i_0, X_1=i_1, \cdots, X_k=i_k)=P(X_{k+1}=i_{k+1} \mid X_k=i_k)$$

称此随机过程为 Markov 链,条件概率 $p_{ij}(k,k+m)=p(X_{k+m}=j \mid X_k=i)$ 为 Markov 链在时刻 k 处于状态 i 条件下,在时刻 $k+m$ 转移到状态 j 的转移概率,若对于 $\forall i,j \in S, p_{ij}(k,k+m)=p_{ij}(m)$ 与 k 无关,则称此 Markov 链为齐次。其中 $p_{ij}(1)=p_{ij}$ 为一步转移概率,矩阵 $\boldsymbol{P}=[p_{ij}]$,称为 Markov 链的转移概率矩阵。

定义 5.8　设 $\{X_k\}$ 为齐次 Markov 链,若 $\forall i,j \in S$,有 $\lim\limits_{m\to\infty} p_{ij}(m)=\pi_j(\sum\limits_{j\in S}\pi_j=1)$,则称 $\{X_k\}$ 具有遍历性。

定义 5.9　$\boldsymbol{A}$ 为一方阵。

①若所有 $i,j,a_{ij}>0$,称 $\boldsymbol{A}$ 严格正矩阵,记 $\boldsymbol{A}>0$;

②若 $\boldsymbol{A}\geqslant 0$ 且 $\exists k\in N$ 使 $\boldsymbol{A}^k>0$,称 $\boldsymbol{A}$ 正则矩阵;

③若 $\boldsymbol{A}\geqslant 0$ 且 $\forall i$ 使 $\sum\limits_{j=1}^{n} a_{ij}=1$,称 $\boldsymbol{A}$ 随机矩阵。

定理 5.2　若 $\boldsymbol{P}$ 是正则的齐次 Markov 链的转移矩阵,则此齐次 Markov 链是遍历的。证明略。

定义 5.10　称 $H(s_i,s_j)=\sum\limits_{k=1}^{l}|g_{ik}-g_{jk}|$ (其中 g_{ik} 是串 s_i 的第 k 位基因) 为串 s_i 和 s_j 的海明(Hamming)距离。

SGA 用齐次有限链描述如下:状态空间为群体空间 Λ,Λ 的维数为 $2^{\ln}$,Λ 的元素 λ_i 是一群体,包含 n 个串长为 1 的串 $s_j(j=1,\cdots,n)$,群体空间的概率变化由复制、交换和变异 3 种基因操作引起,它们分别用矩阵 $\boldsymbol{R},\boldsymbol{C},\boldsymbol{M}$ 描述,显然 SGA 的 Markov 转移矩阵为 $\boldsymbol{P}=\boldsymbol{RCM}$。

引理 5.1　比例复制操作的概率矩阵 $\boldsymbol{R}$ 是随机的。

证明　比例复制操作的作用是按与适应度相关的概率映射到自身或其他状态,对所有的 $i\in[1,2^{\ln}]$,有 $\sum\limits_{j=1}^{2^{\ln}} r_{ij}=1$

所以,$\boldsymbol{R}$ 为随机矩阵。

引理 5.2　交换概率为 p_c 的交换操作概率矩阵 $\boldsymbol{C}$ 是随机的。

证明　交换操作的作用是按一定的概率把个体 λ_i 映射到 λ_j

对所有的 $i\in[1,2^{\ln}]$,有 $\sum\limits_{j=1}^{2^{\ln}} c_{ij}=1$

所以,$\boldsymbol{C}$ 是随机矩阵。

引理 5.3　变异概率为 p_m 的变异操作概率矩阵 $\boldsymbol{M}$ 是严格正的随机矩阵。

证明　种群个体 λ_i 和 λ_j 之间的海明距离为 $H(\lambda_i,\lambda_j)=\sum\limits_{a=1}^{n}\sum\limits_{b=1}^{l}|g_{iab}-g_{jab}|$

所以个体 λ_i 变异为 λ_j 的概率为:$m_{ij}=p_m^{H(\lambda_i,\lambda_j)}(1-p_m)^{nl-H(\lambda_i,\lambda_j)}>0$

又对所有的 $i\in[1,2^{\ln}]$,有:$\sum\limits_{j=1}^{2^{\ln}} m_{ij}=1$

故,$\boldsymbol{M}$ 是严格正的随机矩阵。

定理 5.3　SGA 的转移矩阵 $\boldsymbol{P}$ 是正则随机的,构成的 Markov 链是遍历的。

证明　因 $\boldsymbol{R},\boldsymbol{C},\boldsymbol{M}$ 是随机矩阵,$\boldsymbol{P}$ 也是随机矩阵,令 $\boldsymbol{A}=\boldsymbol{RC}$,因为 $\boldsymbol{M}>0$

所以,对于任意的 $i,j\in[1,2^{\ln}]$, $p_{ij}=\sum_{k=1}^{2^{\ln}}a_{ik}m_{kj}>0$,即 $\boldsymbol{P}>0$

故,SGA 构成的 Markov 链是遍历的。

此结论说明不论群体的初始分布如何,从任意的状态 λ_i 出发可在有限时间内到达任意的状态 λ_j,即能遍历整个状态空间,马氏链中的任何状态均有一大于零的惟一极限分布,但这并不意味着收敛于全局最优解,为此定义如下全局收敛概念。

定义 5.11 令 $F_k=\max\{f(s_{ik_j})\mid j\in[1,n]\}$ 是时刻 k,状态 λ_i 时群体中的最大适应度,令 $F=\max\{f(s_j)\mid j\in[1,2^l]\}$ 是所求问题的全局最优适应度,当且仅当 $\lim_{k\to\infty}P(F_k=F^*)=1$ 成立时,GA 是全局收敛的。

定理 5.4 SGA 不是全局收敛的。

证明 设 λ_i 是满足 $F_k<F^*$ 的一任意状态,并设 $P_i(k)$ 是 SGA 在时刻 k 处于状态 λ_i 的概率,显然 $P(F_k<F^*)\geqslant P_i(k)$,则

$$P(F_k=F^*)\leqslant 1-P_i(k)$$

由 SGA 的遍历性(见定理 5.3)知,任意状态 λ_i 均有一大于零的惟一极限分布,即

$$\lim_{k\to\infty}P_i(k)>0$$

因此 $\lim_{k\to\infty}P(F_k=F^*)\leqslant 1-\lim_{k\to\infty}P_i(k)<1$,所以 SGA 不是全局收敛的。

本定理说明 SGA 虽然能发现最优解,但却不是全局收敛的,它有全空间搜索能力但不能实现全局收敛的原因是发现的最优解不能保持,下面的 OMSGA 则避免了这方面的缺点。

定义 5.12 设 λ_k 是 SGA 马氏链在时刻 k 具有最优适合度 F_k 的状态,若 $F_{k+1}<F_k$,则 $\lambda_{k+1}=\lambda_k$, $F_{k+1}=F_k$,以上加入最优保存操作的 SGA 称为 OMSGA(optimum maintaining simple genetic algorithm)。

定理 5.5 OMSGA 是全局收敛的。

证明 设 Λ^* 为包含全局最优解的状态集合,由 OMSGA 的定义,Λ^* 是自封闭的吸引子,即一旦状态转移到此空间则最优个体就能保存下来。把 GA 的整个状态空间划分为 $\Lambda_1,\Lambda_2,\cdots,\Lambda_s=\Lambda^*$,其中 $\Lambda_i(i=1,\cdots,s)$ 为具有相同最优适应度的状态集合,且 Λ_{i+1} 中的最优适应度比 Λ_i 中的大。则 OMSGA 的转移矩阵为

$$\boldsymbol{P}=\begin{bmatrix}a_{11}&a_{12}&\cdots&a_{1s}\\0&a_{22}&\cdots&a_{2s}\\\vdots&\vdots&&\vdots\\0&0&0&a_{ss}\end{bmatrix}$$

其中,a_{ij} 为由状态空间 Λ_i 转移到 Λ_j 的概率,显然 $\boldsymbol{P}$ 满足:

①$\boldsymbol{P}$ 为随机矩阵,即

$$P\geqslant 0,\ \forall i,\ \sum_{j=1}^{s}a_{ij}=1;$$

②$1\leqslant i<s$, $a_{ii}<1$。

又因为: $\lim_{k\to\infty}p^k=\begin{bmatrix}0&\cdots&0&1\\0&\cdots&0&1\\\vdots&&\vdots&\vdots\\0&\cdots&0&1\end{bmatrix}$,

即对于 OMSGA 不论何种初始状态，经过一定时间后必会转移到 Λ^* 空间，又因 Λ^* 是自吸引的，所以 OMSGA 为全局收敛。

5.2.3　遗传算法的虚拟边界定理

遗传算法的动态是 Markov 过程，抑制突然变异的一般遗传算法是吸收的，作为吸收遗传算法的 Markov 过程由于解析化，可以严密地求出最优解的收敛率和收敛世代数。两位二进制码的两个个体问题的状态迁移图如图 5.8 所示。其中，实线表示选择的状态迁移，虚线表示交换的状态迁移。

给定初期分布 π_0，因为对于特定状态 i 吸收概率是交换概率 p_c 的函数，用 $\pi_\infty^i(p_c)$ 表示。满足下列不等式：

$$\pi_\infty^{opt}(p_c) < \pi_\infty^{opt}(0) \tag{5.21}$$

存在 $0 < p_c < 1$ 时的问题，称为虚拟问题（deceptive problem）。

如果在遗传算法中引入交换操作，式（5.21）表明收敛于最优解的概率低的问题是虚拟问题。

两位二进制两个个体问题，解析地求最优解的吸收概率是可能的，由解析结果，可得到下面的虚拟问题边界条件。

定理 5.6　两位二进制二个体问题，把 f_{11} 作为最优解的问题是虚拟的必要条件，满足下面不等式：

$$(f_{11}f_{10} - f_{00}f_{01})(f_{10}f_{00} - f_{01}f_{11}) > 0 \tag{5.22}$$

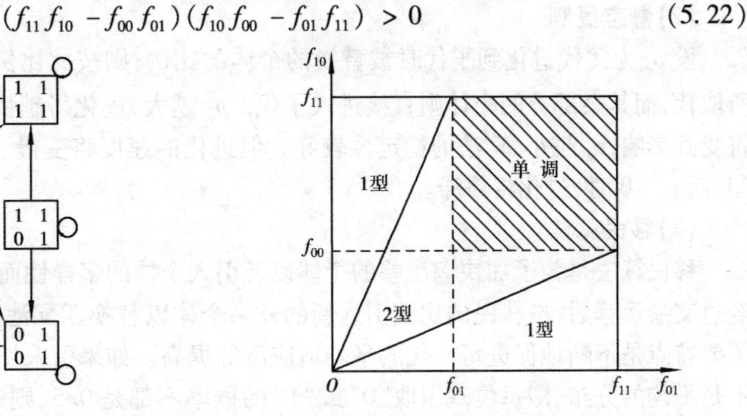

图 5.8　两位二进制二个体状态迁移图　　图 5.9　两位二进制二个体的虚拟边界定理

定理的含义可由图 5.9 来说明。图中表示存在 f_{00} 值，当取 $0 < f_{00} < f_{11}$ 时 f_{01} 和 f_{10} 的关系。由式（5.22）求解 f_{01} 和 f_{10} 的关系，可得到下面的不等式：

$$f_{10} < \frac{f_{11}}{f_{00}}f_{01} \text{ 或 } f_{10} > \frac{f_{00}}{f_{11}}f_{01} \tag{5.23}$$

满足式（5.23）的范围如图 5.9 中的阴影部分所示。

Goldberg 曾研究用适应度函数的非单调性来定义虚拟问题。在图 5.9 中，若以（f_{00}，f_{00}）作原点时，在第一象限，因为适应度每个遗传因子单调地增加，叫单调问题；在第二、四象限，过去称为 1 型虚拟问题，在第三象限称 2 型虚拟问题。

然而，根据虚拟边界定理，1 型、2 型虚拟问题应该称 1 型、2 型非单调问题，在非单调问题中存在虚拟问题和非虚拟问题。在图 5.9 中空白领域表示非单调的，但表示非虚拟问题的存在领域。

过去，将适应度函数的非单调问题和虚拟问题同一看待，遗传算法只有在单调问题里有效。但是，如果单调问题不使用遗传算法或者不使用概率搜索法，过去的搜索法可能是适用的，没有遗传算法存在的必要。即使非单调，只有存在需要高机能交换问题（非单调且非虚拟问题）时，才能使遗传算法存在有意义，这不外乎是交换成为遗传算法的本质作用的证明。

模式定理只是把选择中的模式维持以及交换和突然变异的模式破坏当做焦点，而不是对遗传算法存在的意义加以支持；而虚拟边界定理是明确遗传算法存在的意义某个方面问题，在分析遗传算法的动态方面具有重要的作用。

5.3 遗传算法的改进

5.3.1 改进的基本方法

(1)优先策略

优先策略是把目前种群中一定数量的优秀个体直接放入下一代种群中，以防止优秀个体因复制、交换和变异操作中的偶然因素而被破坏掉。这种策略能增强算法的稳定性和收敛性，但有可能使遗传算法陷入局部的极值范围。

(2)静态复制

设 p_g 为父代进化到子代时被替换的个体的比例，则按此比例，部分个体被新的优秀个体所取代，而其余部分的个体则直接进入子代。p_g 越大，进化得越快，但算法的稳定性和收敛性将受到影响；p_g 越小，算法的稳定性较好。但进化的速度将变慢。当 $p_g=1$ 时，就为一般的复制；而 $p_g=0$ 时，进化将停滞。

(3)移民算法

移民算法是为了加快淘汰差的个体以及引入个体的多样性而提出的。在匹配池中的个体经过交换运算后，按移民的比例引入新的外来个体以替换匹配池中适应度低的那些个体。其主要特点是不断地促进每一代的平均适应度的提高。如果引入外来移民的个体上的等位基因不是平均的分布，即每位基因取“0”或“1”的概率不都是0.5，则这样的移民称为有偏外来移民。但是移民算法所丢弃的低适应度的个体中也可能包含着一些重要的基因模式，因此移民法在引入移民增加个体多样性的同时，也因为抛弃那些低适应度的个体又减少了个体的多样性。

(4)自适应变异

当父代两个个体的基因非常相似时，它们产生的后代也必然与双亲相接近，即出现所谓的“近亲繁殖”现象。这不仅会减慢进化的历程，而且可能导致进化停滞，以至于过早地收敛于局部极值点。为此，自适应变异方法采取在交换操作前，以海明距离（hamming distance）来测量父代两个体基因码的差别，由测定值决定后代的变异概率 p_m。当父代个体间的差异较小时，则选取较大的变异概率。这样，当种群中的个体过于趋于一致时，可通过变异的增加来提高种群的多样性，即提高了遗传算法全局搜索的能力；反之，当种群本身具有较强的多样性时，则减小变异概率，而不破坏优良的个体。

(5)分布式遗传算法

分布式遗传算法是将种群分成若干个子种群,各子种群具有不同的基因模式,各自的遗传过程具有相对的独立性和封闭性,所以进化的方向也略有差异,从而保证搜索的全局性和充分性;另外,在各子种群间又以一定的比率定期的进行优良个体的迁移,即每个子种群将其最优的那些个体轮流送到其他子种群中,亦即子种群间共享优良个体,以防止一些子种群向局部最优解方向收敛。

分布式遗传算法是模拟生物进化遗传中的基因隔离和基因迁移,即各子种群间既有相对的封闭性,又有必要的交流和沟通。

(6)双层遗传算法

对于一个待优化的问题,首先随机地生成 $N\times n(N\geqslant 2,n\geqslant 2)$ 个个体;然后将它们分成 N 个子种群,每个子种群包含 n 个个体。对每个子种群独立运行各自的遗传算法,记为 $GA_i(i=1,\cdots,N)$。这些是低层遗传算法。

在每个子种群的遗传算法运行到一定代数后,将 N 个低层遗传算法的结果种群记录于一个二维数组 $R[N\times n]$ 中,其 $R_{(ij)}(i\in[1,N],j\in[1,n])$ 表示 GA_i 的结果种群中的第 i 个个体。另外,将 N 个结果种群的平均适应度记录到一维数组 $A(N)$ 中,其 $A_{(i)}(i\in[1,n])$ 代表 GA_i 的结果种群的平均适应度。

随后进行高层遗传算法运算,其运算操作与一般遗传算法相类似。

①根据数组 $A(N)$,即 N 个子种群结果的平均适应度,对数组 R 进行复制操作,使一些行 $R[p,1\cdots n](1\leqslant p\leqslant n)$ 被复制,而另一些行 $R[q,1\cdots n](r\leqslant q\leqslant n)$ 被淘汰,亦即平均适应度高的子种群(GA_p)被复制一次或多次,而平均适应度低的子种群(GA_q)则被淘汰。

②若 $R[\theta,1\cdots n]$ 和 $R[\phi,1\cdots n]$ 被随机地匹配在一起,并从位置 x 处进行交换($1\leqslant\theta,\phi\leqslant N;1\leqslant x\leqslant n-1$),则 $R[\theta,x+1\cdots n]$ 和 $R[\phi,x+1\cdots n]$ 互相交换相应的部分,亦即交换 GA_θ 和 GA_ϕ 的结果种群中的 $n-x$ 个个体。

③以很小的概率将少量的随机生成的新个体替换 $R[1\cdots N,1\cdots n]$ 中随机抽取的个体,即进行变异运算。

在高层遗传算法完成后,N 个底层遗传算法 $GA_i(i=1,\cdots,N)$ 开始更新后的各自的遗传操作。当底层遗传算法再次各自运行到一定代数后,更新数组 R 和 A 并再次进行一次高层遗传算法。如此循环操作直到得到满意结果为止。

(7)摄动遗传算法

按照基因突变原理,在种群的个体发生封闭竞争时,对种群中的个体采取人工加以变异,即将变异概率 p_m 置为1;一旦封闭竞争消除后,再将 p_m 置为原值。在 p_m 为1的情况下进化了 g 代后封闭竞争仍不能消除,则认为算法收敛到了最优点。

5.3.2　广义自适应遗传算法 GSAGA

(1)基本原理

在遗传算法中,算法的收敛性主要通过复制实现,而搜索性主要通过交换和变异实现。由于复制和交换的作用,适应度高于种群平均适应度的优良个体得到保留,并且其数量随着进化而不断增加,最后成为种群中的超级个体,产生封闭竞争,即出现“近亲繁殖”,减慢甚至导致进化的停滞,过早地收敛于局部极值解;而变异操作可以增加新的搜索空间,扩大搜索范围,以利于找到全局最优解,但增加变异会影响收敛的速度。上节中介绍的各种遗传算法改进方法有助于解决算法搜索性与收敛性间的矛盾。但许多算法只有在迭代步数很多时才有可能搜索到全局极值点附近,给算法的实际应用造成了困难。为此,人们提出了一种快速遗传算法——广义自适应遗传算法(Generalized Self-Adaptive Genetic Algorithm——GSAGA)。

1)初始种群的产生

在许多改进的遗传算法中初始种群的产生依然采用完全的随机方式,而没有解决初始种群中各个体在解空间中的分布情况,这有可能让许多个体都集中在某一些局部区域内,不利于扩大搜索空间和收敛到全局最优解。广义自适应遗传算法首先在初始种群的产生上要求各个个体之间保持一定的距离,尽可能均匀地分布在整个解空间上。

定义 5.13 相同长度的以 a 为基的两个字符串中对应位不相同的数量称为二者间的广义海明距离,记为 GH。

设个体是以 a 为基的字符串,个体的长度为 k,种群的规模大小为 N,则要求入选种群的所有个体之间的广义海明距离 GH(general hamming distance)必须满足:

$$GH_{ij} \geqslant (k-b) \quad (i \neq j) \tag{5.24}$$

其中,i,j 为两个个体,$i,j=1,2,\cdots,N$;b 为一常数,视不同的编码形式而定。一般若为二进制编码,则 $b=\mathrm{int}(k/2)$;若为十进制编码,则可取 $b \geqslant 2$。

种群的大小 N 影响着算法的有效性,当 N 太小时,算法会很差或找不出问题的解;而 N 太大,则会使收敛时间增长,因此设定 $N=3K(K>4)$。

对于一个以 a 为基长度为 k 的字符串,共有 a^k 个编码串。在这 a^k 个编码串中,相互间广义海明距离 GH 大于或等于 $(k-b)$ 的字符串编码共有 $a^{k-(k-b)+1}$ 个。所以在广义自适应遗传算法中,种群的大小 $N=3k$ 远小于 $a^{k-(k-b)+1}$,即要求初始种群中所有个体间的广义海明距离 GH 大于或等于 $(k-b)$ 是完全能满足的。

设两个长度为 l 的字符串个体间的广义海明距离是 GH,则这两个字符串中所包含的相同模式的数量为 2^{l-GH},而长度为 l 的字符串个体所含的模式数为 2^l,故这两个字符串中所包含的不相同模式的数量就是(2^l-2^{l-GH}。广义海明距离 GH 越大,字符串间所包含的不相同模式的数量就越多,进而种群中的模式也就越多。

初始种群采取这种方式产生就能保证随机产生的各个个体间有较明显的差别,使它们能比较均匀地分布在解空间上,保证初始种群含有较丰富的模式,从而增加搜索收敛于全局最优解的可能。

2)适应度函数 f

在遗传算法中,适应度函数用来评价各个解的优劣。适应度的计算可能很简单也可能很复杂,这完全取决于问题本身。对有些问题,只需要一个数学解析公式计算出来;而有些问题本身不存在这样的解析式子,则有可能需通过一系列基于规则的步骤才能求得;甚至对某些问题,是上述两种方法的结合。

在广义自适应遗传算法中,可采用解析公式计算适应度。设实际问题的目标函数为 $J(x)$,适应度函数为 $f(x)$,则有

$$f(x_i) = J(x_i) - J_{\min} + (J_{\max} - J_{\min})/N \tag{5.25}$$

其中,N 为种群大小,$J_{\min} = \mathop{\mathrm{Min}}\limits_{i=1}^{N}(J(x_i))$,$J_{\max} = \mathop{\mathrm{Max}}\limits_{i=1}^{N}(J(x_i))$。

3）复制算子

为了保证搜索到的最优个体不会因为选择、变异、交换算子的操作而被破坏掉，可以将父代种群中适应度最大的 $0.1N$ 个（10%）优良个体直接传递到子代种群中，成为子代种群中的个体。对父代种群中剩下的 $0.9N$（90%）个个体，按各自的适应度进行从小到大排序。设各个体相应的排序序号为 $r_i(i=1,2,\cdots,0.9N)$，则每个个体按式（5.26）计算的数量复制到匹配池中。

$$\mathrm{Int}\left(\frac{r_i}{\sum_{i=1}^{0.9N} r_i} \times 0.9 \times N + 0.5\right) \tag{5.26}$$

4）“高品质”移民

在广义自适应遗传算法中，为了避免出现超级个体，防止发生封闭竞争，将根据匹配池中各个体间的差异来决定是否引入移民和移民的数量，并且要求被引入的移民具有较高的“品质”，即对将要引入的移民个体进行“打分”，若它的适应度值大于或等于当前匹配池中个体的平均适应度，则将其引入，否则考察下一个移民候补个体；当匹配池中各个体间的广义海明距离 GH 小于一特定值 λ 时，就不断地引入“高品质”移民以随机地替代匹配池中的某些个体，直到匹配池中个体间的广义海明距离 GH 大于或等于 λ 为止。λ 为一常数，一般取为0.01。

5）自适应交换算子

交换可以对被选择到匹配池中的 $0.9N$ 个个体进行。对于随机选择的交换匹配对的两个个体来说，当两者之间的广义海明距离 GH 很小时（即二者非常相似），交换的作用变得不明显，因此应减少交换操作，甚至不进行交换操作，亦即交换的概率 p_c 应较小或为零；而两者间的距离较大时，交换后产生新个体的机会也较大，有助于提高搜索效率，因而应有较大的交换概率 p_c。在 GSAGA 中，交换概率 p_c 具有如下形式：

$$p_{ijc} = \begin{cases} 0 & \text{当}\ \alpha + (GH_{ij} - \overline{GH}/(0.001 + \overline{GH}) < 0 \\ \alpha + (GH_{ij} - \overline{GH})/(0.001 + \overline{GH}) & \text{当}\ 0 \leqslant \alpha(GH_{ij} - \overline{GH})/(0.001 + \overline{GH}) \leqslant 1 \\ 1 & \text{当}\ \alpha + (GH_{ij} - \overline{GH})/(0.001 + \overline{GH}) > 1 \end{cases} \tag{5.27}$$

其中，i,j 分别为匹配对中的两个个体；GH_{ij} 为它们间的广义海明距离；$\overline{GH}$ 为匹配池中所有个体间的平均广义海明距离；α 为一个常数，取值范围为（0.2～0.8）。

这样确定的交换概率 p_c 将依据匹配对个体间的情况而变化，距离大的交换的可能性大；反之，交换的可能性就小。

6）自适应变异算子

变异算子保证算法能搜索到问题解空间的每一点，使算法具有全局收敛性。当种群中平均广义海明距离 $\overline{GH}$ 很小时，说明种群中的各个体基本上趋于一致，种群的基因模式单一化性增强，因而可能导致进化停滞，过早地收敛于局部的极值解。为此必须通过变异操作来改变这种情况。

在交换操作前，用广义海明距离 GH 来评价要交换的双亲个体的差异，根据这个差异，以及当前匹配池中个体间的平均广义海明距离 $\overline{GH}$ 和适应度的情况来确定交换后的后代的变异概率 p_m。

在广义自适应遗传算法中,经交换后的各个体按如下变异概率 p_m 进行变异操作:

$$p_m = \beta / [(f_{max} - \bar{f}) \times \overline{GH} + (GH - \overline{GH}) + 0.001] \tag{5.28}$$

其中,f_{max},$\bar{f}$,$\overline{GH}$,GH 分别为匹配池中交换前所有个体的最大适应度、平均适应度、平均广义海明距离和配对个体间的广义海明距离;β 为常数,一般取为 0.005。$f_{max} - \bar{f}$ 和 $\overline{GH}$ 体现了群体的收敛程度,当它们较小时,说明群体已趋向收敛,p_m 应加大。

匹配池中的 0.9N 个个体经移民、交换、变异操作后进入新一代种群。

7)停止条件

在广义自适应遗传算法中,算法停止条件为 M 代内最优适应度值无显著提高。M 太大则收敛时间太长,而太小则所求得的最优结果与实际最优解相差太大。我们根据种群规模 N 来确定,取 $M = N/3$。

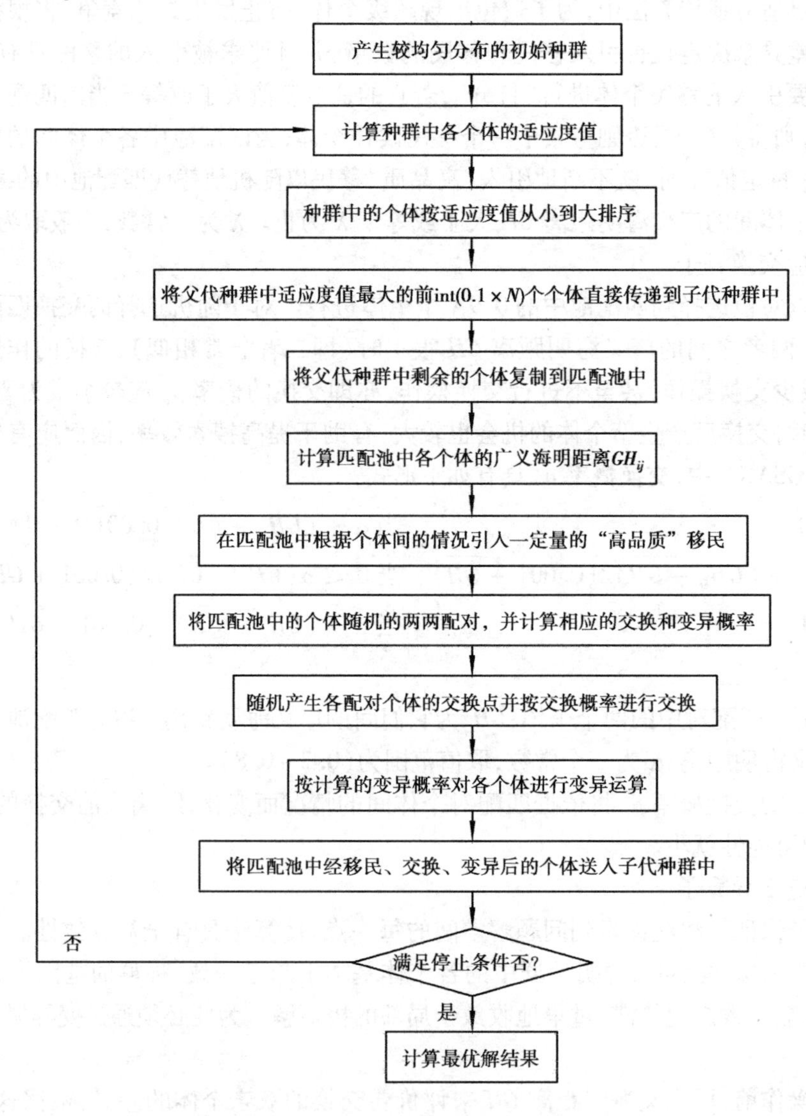

图 5.10 广义自适应遗传算法实现流程图

(2)仿真检验

下面用两个检验评价遗传算法的典型函数,来检验广义自适应遗传算法的效率,并与参考文献[26]中的遗传算法结果进行比较。

1) 实际问题

问题1:待优化函数为

$$J_1 = \frac{0.5 - \sin^2(\sqrt{x^2 + y^2})}{1 + [0.001 \times (x^2 + y^2)]^2} \tag{5.29}$$

其中,x,y 的取值范围分别为:$x \in [-100, +100]$,$y \in [-100, +100]$。

此函数的特点是有多个极大值,且次大值与最大值很接近。函数的实际最优解在(0,0)处取得,为0.5。

问题2:待优化函数为

$$J_2 = 100 - \sum_{i=1}^{3} x_i^2 \tag{5.30}$$

其中,$x_i (i=1,2,3)$的取值范围均为:$x_i \in [-5.12, +5.12]$,求函数的最大值。

函数的最大值在(0,0,0)处取得,为100。

2) 算法实现

每个变量用8位十进制数表示,把各问题的所有自变量的十进制码串接起来就构成各自相应个体。于是两个问题的广义自适应遗传算法的有关参数分别为:编码长度 $K_1 = 16$,种群大小 $N_1 = 3K_1 = 48$,结束迭代次数 $M_1 = N_1/3 = 16$;编码长度 $K_2 = 24$,种群大小 $N_2 = 3K_2 = 72$,结束迭代次数 $M_2 = N_2/3 = 24$。

适应度函数均定义为

$$f_i = J_i - J_{\min} + (J_{\max} - J_{\min})/N \tag{5.31}$$

其中,i 代表种群中第 i 个个体,$J_{\min}$和 $J_{\max}$分别为种群中最小和最大的目标函数值。

广义自适应遗传算法的流程图如图5.10所示,本例采用VB编写程序。

3)结果分析

为消除随机性带来的干扰,本例中算法重复执行了30次,仿真实验数据见表5.5和表5.6。在有些仿真实验中,由于算法很快直接地找到了比较好的解,而跳过了某些指定目标函数值,所以表中在一行里有些数据是相同的。从表5.5和表5.6中可以看出,当指定的目标函数值小于0.499 5或99.99时,算法能迅速地收敛到指定极值点;并且在实验中发现如果没有移民,则对于搜索大于或等于0.499 5或99.99的目标函数值将要进化很多代才能搜索到,甚至有时在指定的进化代数内搜索不到指定的极值。

在表5.7和表5.8中,"—"表示在进化200代后该算法的最大目标函数值仍不能达到指定值。

与参考文献[26]的结果(表5.7和表5.8)相比较,广义自适应遗传算法不仅收敛速度快,而且能够搜索到更优越的解,其搜索性和收敛性比许多遗传算法都有很大的改善。

4)结论

从前面的分析和仿真实验结果可以看出,由于广义自适应遗传算法首先通过产生能适应问题解空间分布状况的初始种群,保证了初始种群中个体模式的合理分布;其次它通过保护优秀个体直接进入下一代种群,避免了交换、变异操作破坏优良个体;同时,有条件地引入"高品质”移民,有效地解决了种群中个体的多样性;最后,对匹配池中的个体用自适应的方式确定各个体的交换概率 p_c 和变异概率 p_m,从而较好地解决了算法收敛性和搜索性之间的协调问题。在广义自适应遗传算法的整个过程中,无论是初始种群的产生,还是外来移民的引入,以及交换和变异概率的确定都是根据种群中各个体的具体情况而定的,并且自适应地随着进化而不断地改变。所有这一切使得广义自适应遗传算法具有良好的搜索性和收敛性,其性能明显优于现存的许多遗传算法。

表 5.5　广义自适应遗传算法达到问题 1 指定函数值的进化代数

仿真次数	0.45	0.48	0.49	0.495	0.499	0.499 5	0.499 9	0.499 95
1	6	6	9	9	13	13	19	19
2	3	3	5	5	15	15	15	29
3	8	8	8	8	9	16	16	211
4	4	10	10	11	43	48	49	63
5	1	1	22	28	56	107	163	166
6	7	13	47	47	88	167	167	248
7	0	9	12	45	45	110	144	144
8	7	7	8	8	17	43	44	44
9	4	4	4	8	159	211	286	287
10	0	0	7	7	13	13	13	119
11	0	9	9	9	42	85	120	181
12	13	17	45	45	60	60	60	243
13	5	7	7	7	10	10	10	93
14	8	9	11	11	11	46	46	52
15	3	4	9	9	40	102	155	156
16	17	18	46	46	81	96	120	123
17	7	10	56	56	56	56	149	206
18	0	0	31	31	31	94	167	167
19	2	2	2	2	2	2	2	2
20	2	2	2	9	9	20	23	50
21	7	7	10	10	10	10	10	97
22	4	11	11	12	12	16	16	180
23	5	7	7	9	22	22	285	285
24	0	17	17	17	17	17	21	30
25	0	7	7	7	7	10	21	92
26	8	12	12	21	23	23	48	620
27	7	10	10	10	14	14	19	111
28	3	3	3	14	14	14	21	146
29	11	14	14	21	27	29	34	130
30	13	18	50	50	75	106	106	348
平均值	5.17	8.17	16.37	19.07	34.03	52.5	78.3	154.73

表5.6　广义自适应遗传算法达到问题2指定函数值的进化代数

仿真次数	99	99.5	99.9	99.95	99.99	99.995	99.999	99.999 5
1	0	7	10	13	14	14	14	31
2	0	5	8	8	22	23	25	25
3	4	4	6	6	14	17	23	26
4	0	0	9	12	60	60	68	68
5	3	5	5	5	62	77	77	77
6	5	8	10	13	62	62	79	79
7	2	3	5	8	58	58	71	71
8	5	7	9	11	15	16	25	39
9	3	5	13	13	57	70	73	73
10	1	4	6	9	9	9	27	28
11	2	6	8	13	17	17	25	25
12	0	5	10	10	15	15	22	22
13	3	5	7	13	13	55	60	60
14	2	5	8	8	8	12	17	17
15	6	6	8	8	64	80	81	81
16	5	5	7	7	74	74	84	84
17	2	2	3	3	69	70	72	72
18	4	4	11	13	14	14	18	19
19	4	6	9	9	9	9	19	19
20	4	4	6	8	14	20	22	22
21	2	2	10	11	66	66	67	74
22	3	5	13	56	57	105	107	107
23	0	0	10	10	41	56	56	56
24	3	4	9	12	13	13	20	21
25	1	2	8	8	57	95	99	99
26	6	7	7	14	63	63	64	64
27	2	7	9	13	66	79	81	82
28	3	7	7	14	59	59	59	59
29	0	0	12	12	62	62	70	70
30	4	4	9	9	11	13	13	16
平均值	2.63	4.47	8.4	11.63	38.83	46.1	51.27	52.87

表 5.7　文献[26]中不同算法达到问题 1 指定函数值的进化代数

目标函数值	0.45	0.48	0.49	0.495	0.499	0.499 5	0.499 9	0.499 95
简单遗传算法	8	15	28	41	129	—	—	—
均匀交换遗传算法	6	15	24	39	117	195	—	—
引入普通移民的算法	7	16	27	38	—	—	—	—
文献[26]的遗传算法	6	14	24	37	67	103	153	199

表 5.8　文献[26]中不同算法达到问题 2 指定函数值的进化代数

目标函数值	99	99.5	99.9	99.95	99.99	99.995	99.999	99.999 5
简单遗传算法	3	8	30	45	185	—	—	—
均匀交换遗传算法	3	8	54	90	157	—	—	—
引入普通移民的算法	4	7	40	78	179	—	—	—
文献[26]的遗传算法	3	7	26	58	134	163	—	—

5.4　遗传算法的计算机实现及应用

由前面所介绍的遗传算法知识可知，遗传算法的核心在于初始种群的产生、遗传算子的实现和适应度函数与优化问题目标函数间的映射。下面以基于广义自适应遗传算法的 PID 控制器参数优化设计为例，具体说明遗传算法的计算机实现过程。

PID 控制器因原理简单、易于实现、鲁棒性强和适用面广等优点使其在智能控制中仍得到广泛的应用。但目前 PID 参数的设计确定依然是一个难题，它主要是依靠设计人员的经验采用工程设计方法来确定。这样设计的周期长、花费的精力多，同时还不能保证确定的参数是最优的。所以，应用遗传算法，并结合设计人员的工程设计方法和经验进行 PID 参数的智能优化设计，以快速、方便、有效地找到最优的 PID 控制参数。

5.4.1　控制系统描述

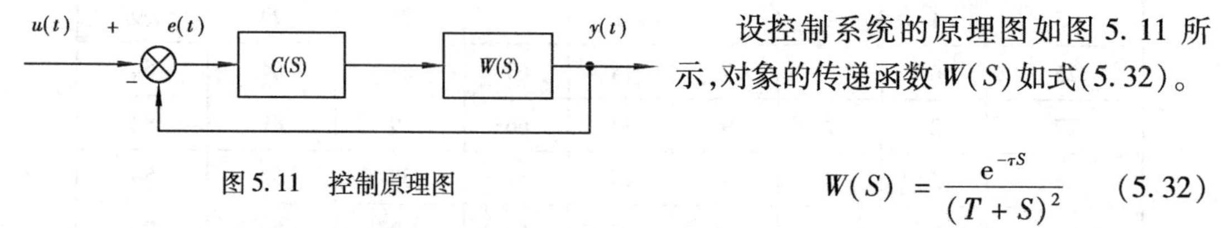

图 5.11　控制原理图

设控制系统的原理图如图 5.11 所示，对象的传递函数 $W(S)$ 如式(5.32)。

$$W(S) = \frac{e^{-\tau S}}{(T+S)^2} \tag{5.32}$$

其中，T 为对象的惯性时间常数，τ 为对象的纯滞后时间常数。PID 控制器的传递函数 $C(S)$ 是

$$C(S) = K_p\left(1 + \frac{1}{T_i S} + T_d S\right) \tag{5.33}$$

其中，K_p 为比例系数，T_i 为积分时间常数，T_d 为微分时间常数。

则误差 $e(t)$ 的传递函数 $E(S)$ 为

$$E(S)=U(S)-Y(S)=\frac{T_iS(T+S)^2}{T_iS(T+S)^2+K_p\mathrm{e}^{-\tau S}(1+T_iS+T_iT_dS^2)}U(S) \tag{5.34}$$

在阶跃输入信号作用下,式(5.34)为

$$E(S)=\frac{T_i(T+S)^2}{T_iS(T+S)^2+K_p\mathrm{e}^{-\tau S}(1+T_iS+T_iT_dS^2)}=$$

$$L^{-1}\left[\frac{T_i(T+S)^2}{T_iS(T+S)^2+K_p\mathrm{e}^{-\tau S}(1+T_iS+T_iT_dS^2)}\right] \tag{5.35}$$

5.4.2 优化目标函数 J 的选择

控制系统的控制品质直接影响到产品的质量,进而影响企业的经济效益。评价控制系统的性能指标通常有稳态误差 $e(\infty)$、最大超调量 $\sigma\%$、上升时间 t_r、峰值时间 t_p、过渡过程时间 t_s 等。但是,这些品质指标只有在零初始条件和单位阶跃给定输入下才有意义,同时这些指标也很难能用一个统一的解析式子表达。为此人们建立了一种更为一般的广义的品质指标评价函数,即性能指标积分评价。这种评价函数是以控制系统瞬时误差函数 $e(t)$ 为泛函的积分评价,故又叫为误差泛函积分评价指标。常见的有如下几种:

$$J_{op}(IE)=\int_0^\infty e(t)\,\mathrm{d}t=\min \qquad J_{op}(ISE)=\int_0^\infty e^2(t)\,\mathrm{d}t=\min$$

$$J_{op}(ITSE)=\int_0^\infty te^2(t)\,\mathrm{d}t=\min \qquad J_{op}(ISTSE)=\int_0^\infty t^2e^2(t)\,\mathrm{d}t=\min$$

$$J_{op}(IAE)=\int_0^\infty |e(t)|\,\mathrm{d}t=\min \qquad J_{op}(ITAE)=\int_0^\infty t|e(t)|\,\mathrm{d}t=\min$$

$$J_{op}(ISTAE)=\int_0^\infty t^2|e(t)|\,\mathrm{d}t=\min$$

在上面各式中,$J_{op}(\cdots)$ 表示误差函数 $e(t)$ 加时间 t 之后的积分面积;I 表示积分;S 代表平方;T 代表时间;A 表示绝对值;E 为误差。

通过比较上述各指标的实用性和选择性,发现ITAE比较理想。所以选取 $J_{op}(ITAE)$ 作为控制系统优化的目标函数,即目标函数 J 为

$$J=J_{op}(ITAE)=\int_0^\infty t|e(t)|\,\mathrm{d}t \tag{5.36}$$

选 $J_{op}(ITAE)$ 作为优化PID控制器参数的目标函数,并用遗传算法来寻找最优解,实际是将ITAE最佳调节律、PID控制和遗传算法三者结合起来。按照ITAE最佳调节律设计的控制系统,具有快速平稳的动态性能。因为任何一个控制系统,都是能量变换和传送的过程,这种过程不可能瞬时完成,总是需要时间的,因此初始误差是不可能避免的,对控制系统动态性能影响最大的是中频段,反映在时域是 $t\in[t_r,t_S]$ 之间。ITAE最佳调节律对误差 $e(t)$ 加以时间 t 的权,在过渡过程之初,$t\to 0$ 时,权 t 对 $e(t)$ 的影响极小;在 $t\in[t_r,t_S]$ 之间内,随着权 t 的增加,逐渐加强对 $e(t)$ 的权 t 的作用,以抑制误差的增大,促进它加快收敛。所以,ITAE最佳调节律具有快速而又平稳的过渡过程。

5.4.3 优化目标函数 J 的计算

在式(5.35)中,由于存在指数运算,并且有待定系数,所以很难能直接求出 $e(t)$ 的解析

式,并且目标函数式(5.36)中存在绝对值运算,进而无法方便地求得目标函数 J。故需用数字方法求取。

(1)求误差 $e(t)$

利用留数来求取 $e(t)$:

$$e(t)=\sum_{i=1}^{n}\mathrm{Res}[E(S_i)\mathrm{e}^{S_it}]=\sum_{i=1}^{n}\mathrm{Res}\left[\frac{A(S_i)}{B(S_i)}\mathrm{e}^{S_it}\right]=\sum_{i=1}^{n}\frac{A(S_i)\mathrm{e}^{S_it}}{B'(S_i)}\tag{5.37}$$

其中,$S_i(i=1,2,\cdots,n)$为 $E(S)$的极点,即为 $B(S)$的零点;$B'(S)$为 $B(S)$的一阶导数;$\mathrm{Res}(f(S))$为求函数$f(\cdot)$在点 S 的留数;n 为极点个数。

$$A(S)=T_i(T+S)^2\tag{5.38}$$

$$B(S)=T_i(T+S)^2+K_p\mathrm{e}^{-\tau S}(1+T_iS+T_iT_dS^2)\tag{5.39}$$

$$B'(S)=T_i(T^2+4TS+3S^2)+K_p\mathrm{e}^{-\tau S}(T_i-\tau+2T_iT_dS-\tau T_iS-\tau T_iT_dS^2)\tag{5.40}$$

1)求 $E(S)$的极点

代复数 $S=x+jy$ 入式(5.39)并整理得

$$\begin{aligned}B(x+jy)=&T_i(T^2x+2Tx^2-2Ty^2+x^3-3xy^2)+\\&K_p\mathrm{e}^{-\tau x}\{\cos(\tau y)[1+T_i(x+T_dx^2-T_dy^2)]+\sin(\tau y)T_i(y+2T_dxy)\}+j[T_iy(T^2\\&+4Tx+3x^2-y^2)]+jK_p\mathrm{e}^{-\tau x}\{yT_i\cos(\tau y)(1+2T_dx)-\sin(\tau y)[1+T_i(x+T_dx^2\\&-T_dy^2)]\}\end{aligned}\tag{5.41}$$

令:

$$\begin{aligned}h_1(x,y)=&T_i(T^2x+2Tx^2-2Ty^2+x^3-3xy^2)+\\&K_p\mathrm{e}^{-\tau x}\{\cos(\tau y)[1+T_i(x+T_dx^2-T_dy^2)]+\sin(\tau y)T_i(y+2T_dxy)\}\end{aligned}$$

$$\begin{aligned}h_2(x,y)=&[T_iy(T^2+4Tx+3x^2-y^2)]+\\&K_p\mathrm{e}^{-\tau x}\{yT_i\cos(\tau y)(1+2T_dx)-\sin(\tau y)[1+T_i(x+T_dx^2-T_dy^2)]\}\end{aligned}$$

所以有

$$B(x+jy)=h_1(x,y)+jh_2(x,y)\tag{5.42}$$

$E(S)$的极点就是 $B(S)$的零点,亦即为如下方程组的解:

$$\begin{cases}h_1(x,y)=0\\h_2(x,y)=0\end{cases}\tag{5.43}$$

①当 $y=0$ 时有

$$h_1(x,0)=T_i(x^3+2x^2T+xT^2)+K_p\mathrm{e}^{-\tau x}(1+T_ix+T_iT_dx^2)\tag{5.44}$$

$$h_2(x,0)=0$$

这时,$h_1(x,0)=0$ 的解$(x_i,i=1,2,\cdots,n_1)$就是 $B(S)$的零点。设 $y=0$ 时 $B(S)$的零点集合为 Φ_1,则有

$$\Phi_1=\{(x_i,0)\mid B(x_i)=0,i=1,2,\cdots,n_1\}$$

②当 $y\neq0$ 时有

令:

$a=1+T_ix+T_iT_dx^2-T_iT_dy^2$　　$b=T_iy+2T_iT_dxy$

$d=x^3+2Tx^2+T^2x-3xy^2-2Ty^2$　　$c=K_p\mathrm{e}^{-\tau x}$

$e=T^2y+4Txy+3x^2y-y^3$

则有

$$\begin{cases} h_1(x,y) = T_i d + c[a\cos(\tau y) + b\sin(\tau y)] \\ h_2(x,y) = T_i e + c[b\cos(\tau y) - a\sin(\tau y)] \end{cases}$$

令：

$$h(x,y) = h_1(x,y) - h_2(x,y) = T_i(d-e) + c[(a-b)\cos(\tau y) + (b+a)\sin(\tau y)] \tag{5.45}$$

首先求出使式(5.45)为零的全部点，设这些点的集合为

$$\Psi = \{(x_i,y_i) \mid h(x_i,y_i) = 0, i = 1,2,\cdots,m\}$$

其次从集合 Ψ 中找出使 $h_1(x,y)=0$（或 $h_2(x,y)=0$）的点，这些点的集合设为 Φ_2，那么 Φ_2 中的点就是方程组(5.43)的解，亦即是 $B(S)$ 的零点。则 $y\neq0$ 时 $B(S)$ 的零点集合为

$$\Phi_2 = \{(x_j,y_j) \mid h_1(x_j,y_j) = 0, (x_j,y_j) \in \Psi, j = 1,2,\cdots,n_2\}$$

综合上述两种情况，得到 $B(S)$ 全部零点（亦即 $E(S)$ 的全部极点）的集合 Φ 为 Φ_1 和 Φ_2 的并集，零点的个数是 $n = n_1 + n_2$，即

$$\Phi = \Phi_1 \cup \Phi_2 = \{(x_i,y_i) \mid B(x_i + jy_i) = 0, i = 1,2,\cdots,n\}$$

计算系统误差 $E(S)$ 全部极点的流程图如图5.12所示。

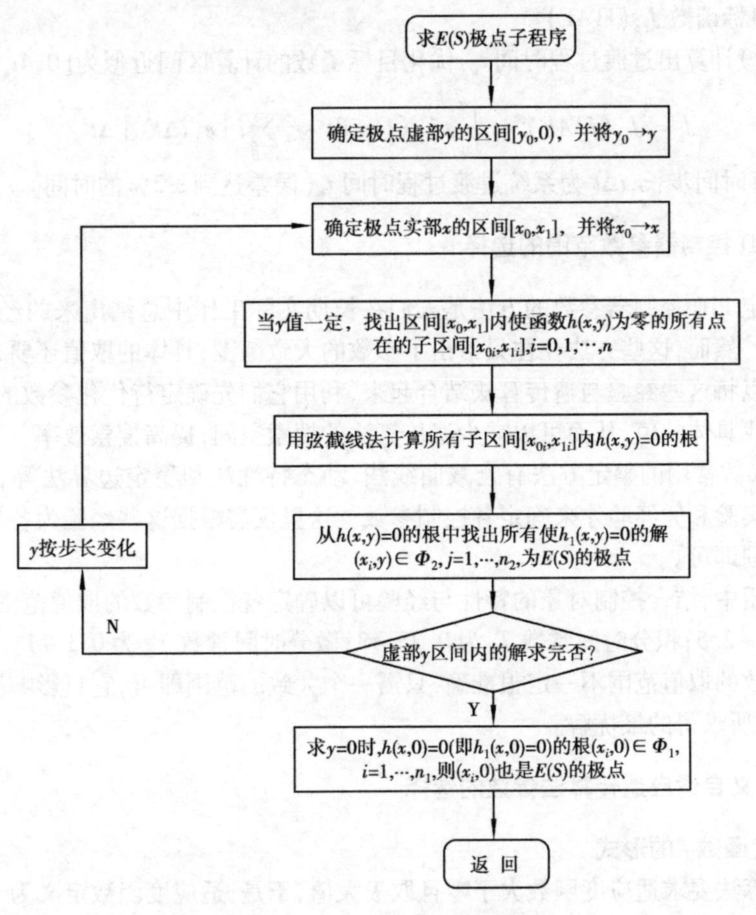

图5.12　$E(S)$ 极点计算流程图

2）计算误差 $e(t)$

代 $B(S)$ 的零点 $(x_k, y_k) \in \Phi$ 入式(5.38)和式(5.40)中,并整理得到

$$B'(x_k + jy_k) = u_{k1} + jv_{k1} \tag{5.46}$$

其中, $u_{k1} = T_i[3(x_k^2 - y_k^2) + 4x_kT + T^2] + K_p e^{-\tau x}[a_2\cos(\tau y_k) + b_2\sin(\tau y_k)]$

$v_{k1} = T_i(6x_ky_k + 4y_kT) + K_p e^{-\tau x}[b_2\cos(\tau y_k) - a_2\sin(\tau y_k)]$

$a_2 = T_i + 2T_iT_dx_k - \tau(1 + T_ix_k + T_iT_dx_k^2 - T_iT_dy_k^2)$

$b_2 = 2T_iT_dy_k - 2(T_iy_k + 2T_iT_dx_ky_k)$

$$\begin{aligned} A(x_k + jy_k) &= T_i(x_k + jy_k + T)^2 = \\ &T_i[(x_k + T)^2 - y_k^2 + j2y_k(T + x_k)] = \\ &u_{k2} + jv_{k2} \end{aligned} \tag{5.47}$$

其中, $u_{k2} = T_i[(x_k + T)^2 - y_k^2]$, $v_{k2} = 2T_iy_k(T + x_k)$。

所以有

$$\begin{aligned} e(t) &= \sum_{k=1}^{n} \frac{e^{x_kt}[\cos(y_kt) + j\sin(y_kt)]A(x_k + jy_k)}{B'(x_k + jy_k)} = \\ &\sum_{k=1}^{n} \frac{e^{x_kt}}{u_{k1}^2 + v_{k1}^2}[(u_{k1}u_{k2} + v_{k1}v_{k2})\cos(y_kt) + (v_{k1}u_{k2} - u_{k1}v_{k2})\sin(y_kt)] \end{aligned}$$

(2)计算目标函数 J_{op}(ITAE)

由误差 $e(t)$ 计算出过渡过程时间 t_s,优化目标函数的计算区间近似为 $[0, 4t_s]$,即有

$$J = J_{op}(ITAE) = \int_0^{\infty} t\,|e(t)|\,dt \approx \sum_{i=0}^{4i} i\,|e(i\Delta t)|\,\Delta t^2$$

其中, Δt 为计算时间步长, $i\Delta t$ 为系统过渡过程时间 t_s(误差达到 ±2% 的时间)。

5.4.4 PID 控制器参数范围的选择

现有的确定 PID 控制器参数的方法是人们在长期实际工作中总结出来的经验,这些经验是非常宝贵的。然而,这些方法往往只给出了参数的大致范围,具体的取值还要通过实验反复试凑。因此可以将这些经验与遗传算法结合起来,利用它们先确定待优化参数的取值范围,再用遗传算法寻找具体的值,从而可以减少遗传算法的搜索空间,提高搜索效率。

PID 控制参数常用的整定方法有衰减曲线法、动态特性法和稳定边界法等。这些方法都需要通过反复实验和凭经验才来确定各控制参数。这里仅需根据这些经验为各参数确定一个大致的取值范围即可。

在实际应用中,结合控制对象的特性与经验可以确定各控制参数的取值范围分别为:比例系数 K_p 为 0.5 ~2.5;积分时间常数 T_i 为 0.25 ~3;微分时间常数 T_d 为 0.1 ~1。

各控制参数的取值范围不一定很准确,只需一个大致的范围即可,它只影响搜索空间的大小,而不会影响所求得的最优解。

5.4.5 广义自适应遗传算法参数的选择

(1)适应度函数 f 的形式

由于遗传算法要求适应度函数大于零且取极大值,于是,适应度函数定义为

$$f_i = \frac{J_{max} - J_i}{J_{max} \cdot J_i} + \frac{J_{max} - J_{min}}{J_{max} \cdot J_{min} \cdot N} \tag{5.48}$$

其中,i代表种群中第i个个体,J_{min}和J_{max}分别为种群中最小和最大的目标函数值,N为种群的规模。

从式(5.48)可知,当控制系统的目标函数J最小时,遗传算法的适应度f为最大;并且随着J的增大,f越来越小。无论J为何值,f始终是大于零的。

(2)算法各参数的选择

在广义自适应遗传算法中,需事先确定的参数有个体编码方式与长度K、种群规模N和停止进化的代数M。可以采用十进制编码方式,且每个待优化的控制参数均用五位编码,共有3个需优化参数,所以个体编码长度$K=15$,种群规模$N=3K=45$,停止进化代数$M=N/3=15$。

实现程序可以采用VB等语言编写。

5.4.6　优化结果分析

当控制对象的时间常数$T=1$、纯滞后时间$\tau=0$ s时,由广义自适应遗传算法求得的PID控制器的各控制参数分别为

$$K_p = 2.179 \quad T_i = 2.6106 \quad T_d = 0.57635$$

在这组控制参数的作用下,对应的控制系统的单位阶跃响应曲线如图5.13所示,相应的控制系统动态性能指标为

超调量P_{OS}:1.535 7%　　　上升时间T_r:2.150 5 s

峰值时间T_p:5.275 s　　　调节时间T_s(误差范围为±2%):3.175 3 s

这里峰值时间大于调节时间是因为超调量小于过渡过程的误差范围,所以过渡过程先结束。

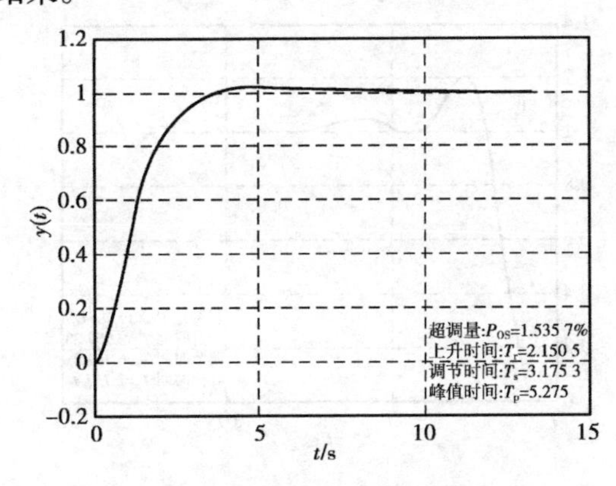

图5.13　$\tau=0$时的单位阶跃响应曲线

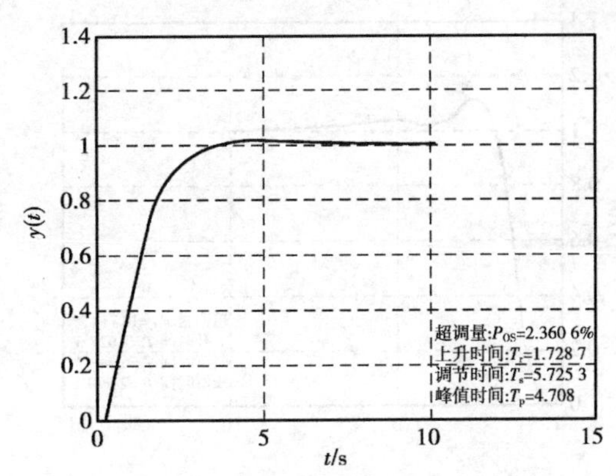

图5.14　$\tau=0.2$时的单位阶跃响应曲线

图5.14~图5.18是当纯滞后时间τ分别为0.2,0.35,0.5,0.6,0.7 s时,在同一组控制参数作用下的单位阶跃响应曲线。对应的控制系统动态性能指标分别为

1)$\tau=0.2$ s

超调量P_{OS}:2.360 6%　　　上升时间T_r:1.728 7 s

峰值时间T_p:4.708 s　　　调节时间T_s(误差范围为±2%):5.725 3 s

2)$\tau=0.35$ s

超调量P_{OS}:3.081%　　　上升时间T_r:1.489 5 s

峰值时间T_p:4.399 8 s　　　调节时间T_s(误差范围为±2%):6.221 1 s

3) $\tau=0.5$ s

超调量 P_{OS}:3.579 7%　　上升时间 T_r:1.104 5 s

峰值时间 T_p:4.549 1 s　　调节时间 T_s(误差范围为 ±2%):6.324 8 s

4) $\tau=0.6$ s

超调量 P_{OS}:10.719 3%　　上升时间 T_r:1.027 6 s

峰值时间 T_p:2.690 5 s　　调节时间 T_s(误差范围为 ±2%):6.447 3 s

5) $\tau=0.7$ s

超调量 P_{OS}:19.986 6%　　上升时间 T_r:0.959 28 s

峰值时间 T_p:2.757 7 s　　调节时间 T_s(误差范围为 ±2%):6.784 8 s

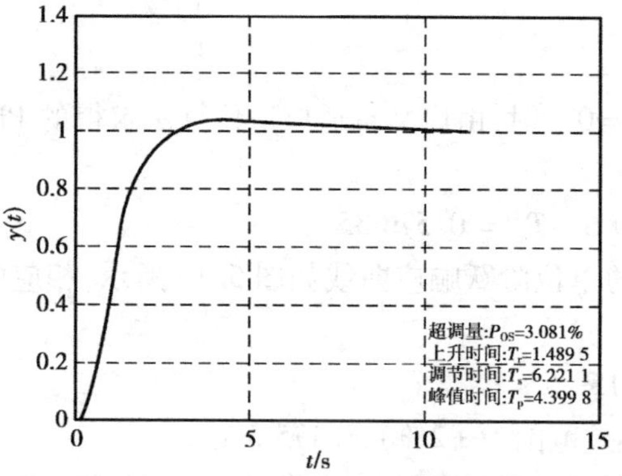

图 5.15　$\tau=0.35$ 时的单位阶跃响应曲线

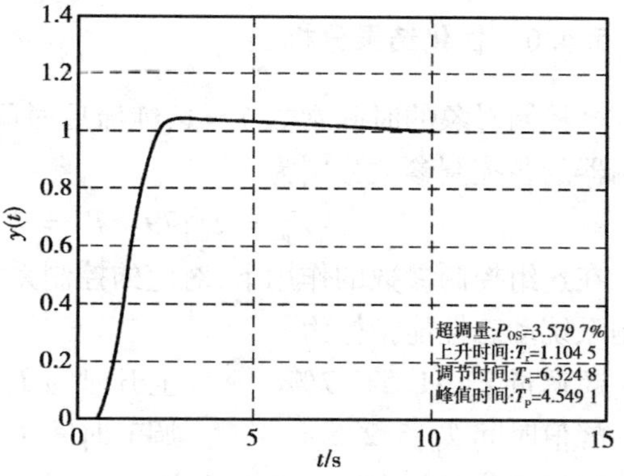

图 5.16　$\tau=0.5$ 时的单位阶跃响应曲线

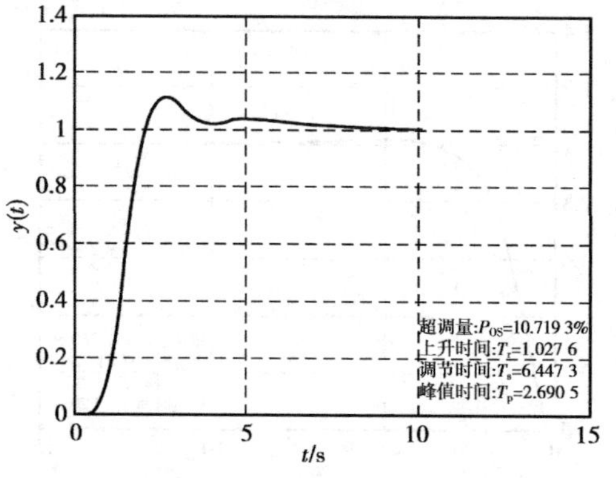

图 5.17　$\tau=0.6$ 时的单位阶跃响应曲线

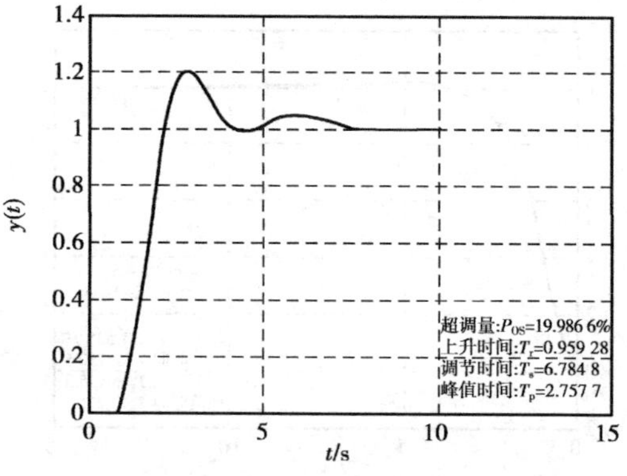

图 5.18　$\tau=0.7$ 时的单位阶跃响应曲线

从图 5.14 ~ 图 5.18 和对应的动态性能指标可知,当纯滞后时间 $\tau\leqslant 0.5$ s 时,控制系统各方面的性能指标都比较好;一旦 $\tau\geqslant 0.6$ s 后,系统的超调量增加较大,但上升时间和峰值时间有所减小,调节时间变化不大。不过,在比值控制系统中(如配料控制系统),如果各成分的超调比例相当时,则超调量的大小对最后的控制效果影响不大。

所以利用 GSAGA 来进行 PID 控制器的参数优化设计,方法简单、快速,得到的控制系统性能比较理想,并且有一定的适应能力。

5.4.7　遗传算法实现中的共性问题

(1)编码

1)编码原理

设计遗传算法的一个重要步骤是对所解问题的变量进行编码表示,编码表示方案的选取很大程度上依赖于具体求解问题的性质及遗传算子的设计。常用的编码有二进制编码、十进制编码及实数编码等。需要注意的是,二进制编码与十进制编码在搜索能力和保持种群稳定性上有一定区别。在种群数目相同的条件下,二进制编码的搜索能力比十进制编码强,但二进制编码对变异操作不能保证种群的稳定性。

编码的选择对问题求解的质量和速度有直接的影响,为此 David E. Goldberg 提出了编码的两条基本原理:

①所选编码方式应使确定位数少、定义长度短的模式与所求解的问题相关,而同其他固定位的模式与求解问题关系少一些。

②所选编码方式应具有最小的字符集,自然地表达欲求解的问题。

原理①是基于模式定理的,在实际编码过程中较难掌握和使用。原理②则为实际编码工作指出了方向。根据原理②,由于二进制编码的字符集少,它比非二进制编码要好。设某问题的解可以用 b 位二进制数,或用基数位 K(K 进制)的 d 位非二进制数编码表示,为了保证这两种编码方式确定的解的数量相同,必须有:$2^b=K^d$。

二进制数编码时每个码位的取值有 0,1,* 三种情况,可得到的模式数为 3^b。K 进制数编码时每个码位取值有 $K+1$ 种情况,可得到模式数为 $(K+1)^d$。由于 $b>d$(如十进制,$b\approx 3.33d$,即一位十进制数若用二进制数表达,约需 3.3 位),故可以证明,当 $k>2$ 时,$3^b>(K+1)^d$。这说明采用二进制数能比十进制数提供更多的模式。

另外,由于实际问题中往往采用十进制数,用二进制数字串编码时,需要把实际问题对应的十进制数变换为二进制数,使其数字长度扩大约为 3.3 倍,因而对问题的描述更加细致,而且加大了搜索范围,使之能够以较大的概率收敛到全局解。同时,进行变异运算的工作量小(只有 0 变 1,或 1 变 0 的操作)。所以,早期遗传算法的编码多采用二进制数。

但是,二进制编码也存在一些不足,如:编码时需要进行十进制数到二进制数变换,输出结果时又要解码,进行二进制数到十进制数的转换。当二进制数串很长时,交换操作计算量很大。同时,有人认为二进制编码效率低,可能会使遗传算法的性能变坏。因此,近年来许多应用系统已使用非二进制编码。如遗传算法在求解高维或复杂优化问题时大多使用实数编码。由于实数编码使得表示比较自然,而且较易引入相关的领域知识,因此它的使用也越来越广泛。

2)编码方案

在实际应用中,对于多个实数参数优化问题的编码,一个实用的多参数编码方案就是所谓的连接多参数映射的定点编码法。

对于一个参数 $x\in[U_{\min},U_{\max}]$,我们将已编码的无符号的整数线性地从 $[0,2^l]$ 映射到特定区间 $[U_{\min},U_{\max}]$ 上。这样,可以仔细地控制一些决定性变量的变化范围和精度,这种映射编码的精度为

$$\delta=(U_{\max}-U_{\min})/(2^l-1)$$

为了设计多参数的编码,只要按要求将单参数码连接起来即可,每一个单参数码可以有自己的子长度和自己的 U_{min} 和 U_{max} 值,且子长度也可以各不相同。如表5.9和5.10所示。

表5.9 单参数编码

$0000 \to U_{min}$
$1111 \to U_{max}$
(中间值线性映射)

表5.10 多参数级联定点映射编码(5个参数)

0101	10101	001	1101	111110
x_1	x_2	x_3	x_4	x_5

假设有 n 个参数需要编码:

$$x_1 \in [U_{min}^{(1)}, U_{max}^{(1)}]$$
$$x_2 \in [U_{min}^{(2)}, U_{max}^{(2)}]$$
$$\vdots$$
$$x_n \in [U_{min}^{(n)}, U_{max}^{(n)}]$$

采用二进制编码,先对各参数分别编码:

$$x_1: l_1 \text{ 位}, U_1 \in [0, 2^{l_1}]; \delta_1 = \frac{U_{max}^{(1)} - U_{min}^{(1)}}{2^{l_1} - 1}$$
$$x_2: l_2 \text{ 位}, U_2 \in [0, 2^{l_2}]; \delta_2 = \frac{U_{max}^{(2)} - U_{min}^{(2)}}{2^{l_2} - 1}$$
$$\vdots$$
$$x_n: l_n \text{ 位}, U_n \in [0, 2^{l_n}]; \delta_n = \frac{U_{max}^{(n)} - U_{min}^{(n)}}{2^{l_n} - 1}$$

建立映射:

$$x_i = U_{min}^{(i)} + U_i \delta_i$$

级联各参数编码成为一个整体,即为

$$\begin{array}{cccc} l_1 & l_2 & \cdots & l_n \\ | b_{11} b_{12} \cdots b_{1l_1} & | b_{21} b_{22} \cdots b_{2l_2} | & \cdots b_{ij} \cdots & | b_{n1} b_{n2} \cdots b_{nl_n} | \\ U_1 & U_2 & \cdots & U_n \end{array}$$

其中,$b_{ij} \in [0,1]$。

(2)控制参数的选择

在遗传算法中,控制参数的不同选取常常会对算法的性能产生较大的影响。遗传算法控制参数主要包括种群规模 N、交换概率 p_c 和变异概率 p_m。目前,用遗传算法求解实际问题时,这些参数主要是凭经验给定的。经验取值范围一般为

$$N = 20 \sim 100$$
$$p_c = 0.60 \sim 0.95$$
$$p_m = 0.001 \sim 0.01$$

需要注意的是,种群规模过小将影响搜索范围,从而得不到全局最优解,规模过大则使搜索效率降低;交换和变异概率 p_c,p_m 越大,算法的探测能力就越强,越容易探测到新的超平面,但个体的平均适应度值波动会较大;反之,p_c,p_m 越小,则算法的开发能力越强,使得较优个体

不易被破坏,个体的平均适应度值平衡。通常,在遗传算法运行的初期应使用较大的交换概率和变异概率,从而使得种群内具有足够的多样性,这样将有助于找到全局最优解。而在运行的后期,较小的交换概率和变异概率将使得算法具有良好的收敛性,且使得搜索在某些可能最优解的局部领域内进行。

5.5　基于遗传算法的机器学习系统

工程上对于学习的研究起源于人工智能中对学习机制的模拟。一条途径是基于人脑结构模型来模拟人的形象思维。20 世纪 40 年代初,McCulloch 和 Pitts 就提出了一种最基本的神经元突触模型。50 多年来,已有数百种神经元模型和神经网络模型被发表。这些学习模型具有联想和分布记忆的特征,与非线性动力学关系密切,导致了非线性问题的学习控制的发展。另一条途径是基于人脑的外部功能来模拟人的逻辑思维。20 世纪 50 年代末 Samuel 研制了能与人对弈而且能积累经验的跳棋程序;60 年代 Feigenbaum 的语言学习模型表明从参数学习到概念学习的发展;70 年代中期 Buchanan 和 Mitchell 的 Meta-DENDRAL 系统等研究表明从孤立概念的符号学习到知识基系统的结构学习;80 年代以来,示例式、观察式发现式、类比式等多种学习机制被深入研究,一些工具式学习系统可供应用。以上阶段的研究形成了"机器学习"的人工智能学科分支,它以知识为中心,综合应用知识的表达、存储、推理等技术。是自动知识获取的重要手段。

人工智能对于学习的研究有力地推动了学习控制理论的发展。20 世纪 60 年代以来,学习开展的研究方向主要有:

(1)基于模式识别的学习控制

起源于人工神经元的研究,采用的方法基本上是模式识别,着重于参数的自学习控制,出现了利用模式分类器、再励学习、Bayes 学习、随机逼近、随机自动机、模糊自动机和语义学方法的各种学习控制系统。

(2)基于迭代和重复的学习控制

主要针对在一定周期内作重复运行的系统,它不但与传统的控制理论相联系,而且可导出易于工程实现的简单的学习控制规律。迭代和重复自学习控制分别在时域和频域中研究,但基本思想是一致的,都是基于系统不变性的假设、基于记忆系统的间断的重复训练过程。

(3)联结主义学习控制

主要基于人工神经网络机制的联结主义是人工智能学科领域中近年来蓬勃发展的一大学派。联结主义与学习控制的结合已被认为是一种新型的学习控制方法,它与基于知识推理的符号主义学习方法(机器学习)相比,更具有效性。

5.5.1　基于遗传算法的产生式规则学习机制

专家系统是人工智能中应用效果最为显著的领域。用专门知识装备起来的系统在许多领域达到了专家求解问题的能力。尽管如此,专家系统技术的应用范围仍然局限于相当狭窄的独立的领域,并且系统的性能在知识的边缘处一般下降很快。另一方面,当时空变迁对系统性能的要求有所变化时,系统适应或重新组织知识的能力很小。这种技术存在的局限性、脆弱性、低效性以及知识获取中的“瓶颈”现象在很大程度上制约了专家系统的应用和发展。解决这一问题最有希望的途径是机器学习。通用的学习能力要求一种不受问题领域中具体概念约束的搜索技术,本节讨论的基于遗传算法的自适应学习策略,作为对学习问题的一种具体方法的研究,以图能克服传统学习方法在复杂困难环境中所面临的难题,为获取、修改、重组知识系统提供机会。

遗传算法在任意位串(模式)空间中的非凡搜索能力,可以构成学习系统中一种主要的规则发现机制。而这种机制对于设计在复杂且缺少完整定义的环境下的学习系统是非常适宜的。系统设计的基本思路是将基于有效性度量的学习机制和基于遗传规则的发现机制有机结合起来,通过对规则个体的学习、发现,达到更有效地丰富和完善知识库的目的。

系统的学习模式如图 5.19 所示。

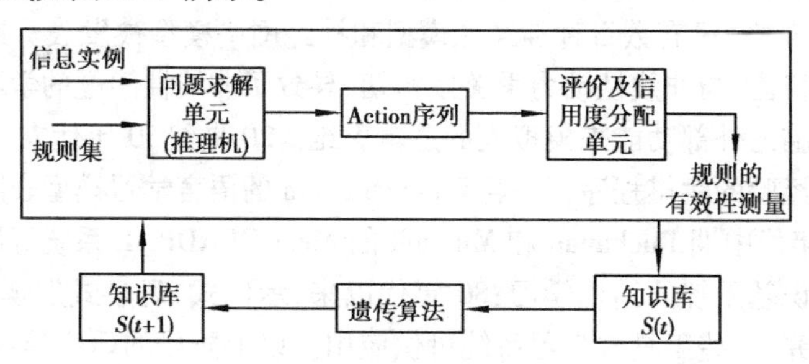

图 5.19　系统的学习模式

(1)规则及信息的表示方法

产生式规则的表示形式为

IF < condition > THEN < action >

具有计算完备、便于处理的优点。传统的基于规则的系统在学习上的障碍是其规则过于复杂,即规则的条件和行动部分都允许包含语法结构。在基于遗传算法的学习系统中,我们对规则做些限制,采用固定长度的规则表示。这样一方面定义在给定字符集上的所有个体在句法上都有意义,而且又便于遗传算子的处理。

定义 5.14　一条信息是在一个有限字符集{0,1}上的一个有限长的位串。即 message :: = {0,1}L,L 为输入参数(个体长度)。

定义 5.15　条件(condition)是扩展字符集{0,1,*}上的一个 L 长度位串。即 condition ::　= $\{0,1,*\}^L$

定义 5.16　一个规则的表示形式为

< rule > ::　< condition >：< action >

其中,action ::　= $\{0,1\}^{L'}$,L'为输入参数。

当条件和事实信息匹配时,要求对于信息位串任意位置上的 0,条件个体相应位置上必须是 0 或 *;对于 1 必须是 1 或 *。

上述定义的目的是将知识编码成简单成分的固定长度个体,个体中的每一个位置都代表了某个属性。每个产生式的条件部分由固定数量的基本模式组成,提供给系统的每个信息都由一个基本模式来检测。每种出现在产生式中的模式都被表示成字符集{0,1,*}中的字符组成的字符串。其中 0 和 1 作为模式常数,* 与这两种字符中的任何一种相匹配。例如,模式 *1*0 将与输入 0100,0110,1100 和 1110 相匹配。模式的前缀可提供附加的表达能力,它可以有选择地或用于产生有关模式的互补或简单地命令匹配器不考虑有关模式。

(2)生成规则

对于外来的信息(如新的事实)若系统无匹配的规则,则在系统中根据信息生成一个相匹配的规则。生成的方法是:在信息位串上对每一位按系统给定的 * 的生成率进行变异。若发生变异,则由 0 或 1 改为 *,否则不变。然后将变异过的信息作为新生规则的条件部分,〈action〉部分随机生成。新生成的规则直接加入知识库,只有当知识库的增长超过一定的限度时才进行淘汰(淘汰的方法是置换知识库中有效性度量最小(实力最弱)的规则)。这种方法的好处是在系统运行的初期,当实力的差别还不明显时,能够较好地避免将有发展潜力的规则淘汰掉。

(3)知识库结构设计

为适应环境变化对系统性能的影响,对知识库采用缺省的层次结构(Default Hierarchy)设计。通用的规则(condition 部分包含更多的 *)涵盖一般的情况;具体的规则(condition 部分 * 相对较少)涵盖较特殊的情况。为了使规则能自组织地形成这样一种合理的层次结构,对环境信息的响应采取 * 含量少的规则优先中标的策略。这样就能淘汰对环境不适应的规则,提高机器学习的效能。

为了形成 DH,定义规则 i 的投标:

$$B_i = C_{\text{bid}} \cdot f(sp) \cdot u_i \tag{5.49}$$

其中,u_i 为规则 i 的有效性度量(实力);C_{bid}为投标系数;sp 为规则 i 的特征值(定义为 condition 中非 * 的字符个数)。$f(sp)$为规则 i 特征的线性算子,且满足:

1)f 正比于 sp;

2)$f \geqslant 1$,且 $C_{\text{bid}} \cdot f(sp) < 1$;

3)当 $sp = 0$ 时,$f = 1$;$sp = L$ 时,$f = \max$。

故取

$$f(sp) = 1 + sp/L \tag{5.50}$$

(4)评价及信用度分配设计

学习系统成功的关键是是否能有效地对那些在所运行的环境中的知识给予正确的评价,保留性能好的知识,淘汰不合适的知识。如果没有一个恰当的评价机制,试图改进系统性能的做法只能会弄巧成拙。所以,为评价规则集的相对价值而建立一种自适应的信用度评价分配机制是至关重要的。

1)信任回报 (reward)机制

由遗传算法产生的规则集是对所学习问题的可能解,在评价规则集的性能时,根据规则集的行动确定该规则集是否应得到信任回报(reward),若行动正确得 reward,否则没有。reward 的值由评价函数产生,评价函数由问题专用的知识源和与领域无关的知识源构成。前一种知识源产生的测量与规则集在熟练性测试中的外部特性直接相关,并把重点放在有效性合成测量的推导上。后一种知识源则对那些不论具体领域都能提高系统性能的规则集一般特性(规则的结构特性、动态特性和有效性)进行测量。这些测量的结合将增强评价函数的区别能力。

如对课表编排一类规划问题的学习系统,对规则性能的评价可以从两方面入手,一是规则前提和结论的相关性评价,即分别提取前提的主要特征(如周学时数)和结论的主要特征(如上课节次),对二者进行相关性检验;二是对结论的合理性程度进行检验(如上课时间是否有

一定的间隔等)。由此,评价函数可表示为

$$f(n)=g(n)\times h(n) \qquad (n=1,2,\cdots,m)$$

其中,$g(n)$为规则n的前提与结论的相关性测量;$h(n)$是结论的合理性测量;$0\leqslant g(n)\leqslant 1$,$0\leqslant h(n)\leqslant 1$;$m$为初始知识库规则的个数。

2)共享(sharing)机制

为了保持规则库的多样性,限制某一类规则的无限度扩张,本系统在规则的信用度分配中引入了共享机制。系统从环境中取得的回报,不是简单地赋予采取行动的中标规则,而是在与这一环境信息相匹配的规则中所有和中标者行动一致的规则之间按其投标的多少进行分配。

(5)遗传算法设计

1)初始知识库$S(0)$中的结构数目M

M的大小对最终的性能和算法的效率都有很大影响。用于遗传优化(规则发现)的个体数目M的取值控制在总数的25%左右,即Ps-elect =0.2 ~0.4。选择方法采用简单的加权抽样法。将每个规则的有效性度量作为适值试验产生一个[0,1]上的均匀随机数,和总适值相乘得一随机值,该数落入由规则适值排列的区间上的哪一个小区间里,则相应的规则被选中。

2)交换率P_c和变异率P_m的自适应调整

交叉运算是产生新规则的主要方法,P_c控制了交叉算子的使用频度;变异运算是指对所选规则位串进行$0\to\{1,*\}$、$1\to\{0,*\}$、$*\to\{0,1\}$的操作,它提供了在知识库中引入新信息的手段。P_c和P_m的自适应调整控制如下:

$$P_c=\begin{cases}k_1(f_{\max}-f')/(f_{\max}-\bar{f}) & 当 f'\geqslant\bar{f}\\ k_3 & 当 f'<\bar{f}\end{cases} \tag{5.51}$$

$$P_m=\begin{cases}k_2(f_{\max}-f)/(f_{\max}-\bar{f}) & 当 f\geqslant\bar{f}\\ k_4 & 当 f<\bar{f}\end{cases} \tag{5.52}$$

其中,$0<k_1,k_2,k_3,k_4\leqslant 1.0$;$f_{\max}$是$S(t)$中最大适应度值;$\bar{f}$是$S(t)$中的平均适应度值;$f'$是用于交叉的两个串中较大的适应度值;$f$是变异串的适应度值。

由于$0\leqslant P_c\leqslant 1$,$0\leqslant P_m\leqslant 1$且$f'=f_{\max}$时,$P_c=0$;$f=f_{\max}$时,$P_m=0$,因而,能在任意状态中把最优串(规则)保存下来。

3)交配限制

为了防止交叉运算中对高性能结构的可能破坏,交配方案采取主从交配法。即对任意两个选来交配的个体,以其中适值高的位串中的基因的排列为主序,另一个进行相应的映射调整(倒位)和主串位构成对等关系,然后再进行交叉。

4)本地算子

为了保证遗传的多样性,得到合理的规则库,在GAs中采用De Jone提出的"Crowding model"来实现本地算子。即在实现共享机制和受限交配的同时,对在一个有重叠的种群中,新产生的个体要置换一个已存在的个体。被置换的个体是在几个从种群中随机选出的有CF(Crowding factor)个成员的子种群里和新生个体最相似的适值最小的那个个体。

由上述的分析与设计过程可见,基于遗传算法的系统学习过程实质上是一个搜索过程,它能在系统的表示空间中作高度并行和以宽度为基础的搜索。同时,它不受问题领域中具体概念的约束,也不以领域专用的假设为基础。这说明遗传算法的学习策略应用范围是非常宽阔的。另一方面,这种学习机制能否成功或有效地完成学习任务,设计一个恰当的知识编码方案和评价测量函数是问题解决的关键。

5.5.2　基于遗传算法的机器学习系统

遗传算法的高效搜索能力,形成了机器学习一种主要的规则发现机制。基于遗传学的机器学习系统非常适合于复杂且缺少完整定义的环境。目前基于遗传学的机器学习系统中,最成功和最典型的就是所谓的分类器系统(Classifier System——CS)。这是一种将基于信任分配的学习机制和基于遗传规则发现机制有机结合在一起的机器学习系统。

(1)分类器系统的结构

分类器是一类机器学习系统,它通过对简单位串规则的学习、发现,更有效地引导其在一个随意环境中的行为。一个分类器系统由3部分组成:

1)规则及信息系统(Rule and Message System)

2)信任分配系统(Apportionment of Credit System)

3)遗传算法(Genetic Algorithm)

规则及信息系统是一类特殊的产生式系统(Production System)。一条简单的规则形式如下:

IF <条件> THEN <行动>

意为当条件满足时,产生式规则就可能采取行动(称规则被点火或激活)。

虽然产生式系统的规则对于知识表达形式看似简单,但它却是计算完备的,而且便于处理。传统的基于规则的系统在学习上的障碍是其规则过于复杂,即规则的条件和行动部分都允许包含语法结构。分类器系统在规则上做了限制,采用固定长度的规则表示。这样,一方面定义在一个给定字母表上的所有位串在句法上都是有意义的,另一方面又便于遗传算法的处理。

分类器系统在规则的使用上和传统的专家系统有一个重要的区别,专家系统中使用的是串行的规则触发机制,而分类器系统却允许并行的规则触发机制。即在一个匹配周期内,传统专家系统仅触发一个单个规则,分类器系统却允许并行的规则触发。当必须在两个不同的行动之间做出选择时,或者为了适应固定长度的信息队列必须对匹配的规则进行修剪时,分类器系统并不简单地立即响应,而是尽可能地将这些选择推迟到最后时刻,由竞争机制来解决。

分类器中的竞争机制是这样实现的:如果有多个规则和环境信息相匹配,那么,响应此信息的权力最终属于投标最高的规则。这种竞争保证了好的(Profitable)规则的生存和不适应的(unprofitable)规则的消亡。

图5.20是一个和环境交互作用的分类器系统的学习规则。

环境信息通过分类器的检测器被编码成有限长的信息(检测器相当于分类器的眼睛和耳朵的感官)。然后发往信息队列,信息队列中的信息有可能触发位串规则(称为分类器)。被触发的分类器又向信息队列发信息,这些信息又可能触发其他的分类器或引发一个行动,通过执行机构作用于环境。以这种方式,分类器系统通过将环境信息和其内部"思想"相结合来决定下一步的行动或"思考"。

下面将对分类器的3个组成部分(规则信息系统、信任分配系统、遗传算法)加以说明。

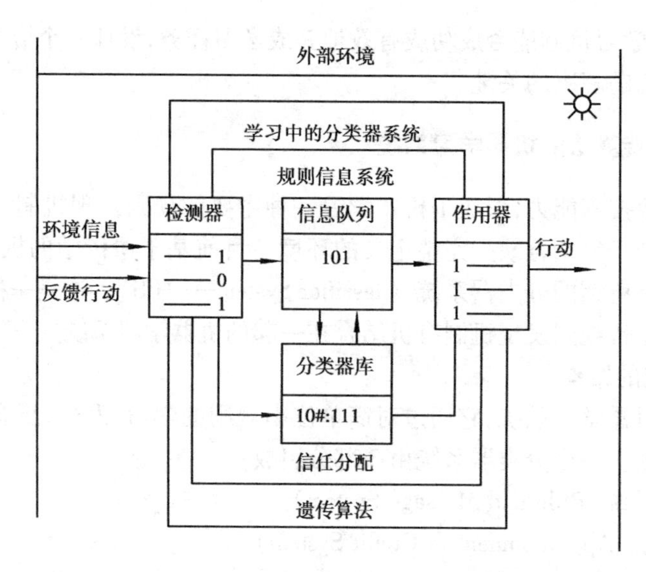

图 5.20　一个和环境交互作用的分类器系统

(2)规则信息系统

规则信息系统由信息队列(Message List)和分类器库(Classifier Store)两部分组成。

一条信息是定义在一个有限字符表上的一个有限长 l 的位串(个体),如:

<message> :: = $\{0,1\}^l$

一个分类器是一个产生式规则的变形表示,如:

<classifier> :: = <condition> : <message>

条件(condition)类似于一个模式识别器,定义在扩展的字符表上(在基表中加通配符"＊"):

<condition> :: = $\{0,1,*\}^l$

如果条件位串中某位置的 0 和信息位串中相应位置上 0 相匹配,1 和 1 相匹配,通配符"＊"可以和 0 或 1 相匹配,则该条件和信息相匹配。例如,一个 4 位的条件位串 ＊01＊,可以和信息位串 0010 相匹配,而不能和 0000 相匹配。一个分类器的条件一旦被匹配时,它就成了发送信息的候选人。是否真的在下一步发送信息或采取行动,由所有被匹配的分类器之间竞争(投标)的结果来决定。实质上是取决于各分类器所拥有的权值(信任度)。

规则信息系统构成了分类器系统的骨干(Computational Backbone),信任分配和规则优化是围绕着它进行的。

(3)信任分配系统

信任分配的实质是,根据各分类器在使系统成功地作用于环境的过程中所起的作用,对所有分类器进行的排列和评价。一般说来,分类器起的作用大,其权值(权值一般称为信任度,有时称为强度或实力)就越大。

进行信任分配的方法中,最流行的是桶队列算法(Bucket Briade Algorithm)。桶队列可以形象地看成是一个信息服务组织。在这里,分类器可以进行信息交易权的买卖,获得交易权的分类器就可以把自己的消息拿出去卖,但只有在当前信息分配的分类器中投标较高的分类器才能获得交易权。这样,在信息生产者(环境)和信息消耗者(系统的执行机构)之间就形成了一个由分类器作为经纪人(Middle Man)组成的信息转换链。这个链的另一个作用是一个信任分配链。

桶队列算法中维护着两种机制，即拍卖（Auction）和票据交换（Clearing）。所有被匹配的分类器要根据其自身的实力（Strength）进行投标（Bid）。投标值 B 正比于其实力 S。投标值高者，因为其实力较大，适应性强，才有权力发送其信息。一旦一个分类器被选中（中标）发送其信息，它必须通过交换所（Clearing House）支付其投标值 B 给信息提供者。B 被一个或多个分类器（同时匹配某条信息的分类器组成一个桶）所分享。为了更好地说明桶队列的工作，可参看图5.21所给出的例子。

在图5.21中，$t=0$，环境信息0111出现在分类器库中，此信息与分类器1匹配，并发送出分类器1的信息0000。在 $t=1$ 时，信息0000依次与分类器2和分类器4相匹配，被匹配的分类器2和分类器4分别发送出信息1100和0001。在 $t=2$ 时，信息1100与分类器3和分类器4相匹配。$t=3$ 时，分类器3发送出信息1000，并和分类器4相匹配。$t=4$ 时，分类器发送出信息0001，过程结束。

		$t=0$				$t=1$				$t=2$			
编号	分类器	实力	信息	匹配	投标	实力	信息	匹配	投标	实力	信息	匹配	投标
(1)	01**:0000	200		1	20	180	0000			220			
(2)	00*0:1100	200				200		1	20	180	1100		
(3)	11**:1000	200				200				200		2	20
(4)	**00:0001	200				200		1	20	180	0001	2	18
	环境信息	0	0111			20				20			

		$t=3$				$t=4$				$t=5$	投标结果
编号	分类器	实力	信息	匹配	投标	实力	信息	匹配	投标	实力	
(1)	01**:0000	220				220				220	
(2)	00*0:1100	218				218				218	
(3)	11**:1000	180	1000			196				196	
(4)	**00:0001	162	0001	3	16	146	0001			196	50
	环境信息	20				20				20	

注：$C_{bid}=0.1$；$C_{tax}=0.0$。

图5.21　桶队列的工作过程举例

下面分析一下一个分类器的实力组成及变化情况。第 i 个分类器在时间 $t+1$ 的实力取决于其在时间 t 是否中标，是否得到了由于其先前发送的信息而应得的回报以及其原有的实力：

$$S_i(t+1)=S_i(t)-P_i(t)-T_i(t)+R_i(t)$$

其中，P_i 为中标支出，T_i 为所缴的税，R_i 为其出卖信息所得。

分类器 i 的投标正比于其实力，一般有

$$B_i=C_{bid}S_i$$

其中，C_{bid} 是投标系数。

在一轮投标中，选出 k 个最好（投标最高的）分类器（k 是信息队列的容量，即最多可同时接受 k 条信息）的确定方法，可能导致系统维持现状。因此，需引入一个随机扰动，产生一个有效投标：

$$EB_i = B_i + N(\sigma_{\text{bid}})$$

其中,$N(\sigma_{\text{bid}})$是一个噪声项,取0均值且方差为σ_{bid}的正态分布的随机函数。

(4)机器学习中的遗传算法

机器学习中用于规则发现的遗传算法和在一般的搜索优化问题中的遗传算法有很大不同。

①在一代的遗传过程中,并不是对整个种群进行完全的选择与置换,而是只对种群的部分个体进行遗传优化(规则发现)。若定义选择概率$P_s=0.2$,则只选种群中20%的个体进行遗传发现。

②精心安排被置换的选择策略,如加入本地算子。本地算子的本质就是在遗传算法中保证遗传的多样性,即在机器学习中,不希望某一类规则充满整个规则库,以便得到更合理的规则库。本地算子包含两种机制:一是共享机制,用来限制一个民族无限度地扩张;二是交叉受限,为了维持一个种族的存在,应有选择地进行交配,因为不同种族之间的自由交配有时并不是一种好事,会使一个种族丧失其优良的特性。在生物界,大多是同种相配或近种相配,以使种族得以延续。

在遗传算法中,采用本地选择标准进行繁殖(复制)时,可以保持种群内位串的多样性,而这种多样性在机器学习中是十分重要的。

③遗传算法并不是在机器学习的每一个循环里都使用的,而是定义一个使用周期T_{ga},每循环T_{ga}次就使用遗传算法进行一个规则发现。例如,$T_{ga}=5\ 000$,则机器每学习5 000次才进行一次规则发现。

④变异一般是$0\to\{0,*\}$,$1\to\{0,*\}$,$*\to\{0,1\}$。

⑤注意保持种群的多样化,使用本地算子和受限交配。在遗传算法中,为了避免产生劣等种类,应对交配进行限制,使交配尽可能发生在相像的个体(同种类)之间。

在机器学习中,遗传算法的基本操作是,繁殖(复制)、交叉、变异和本地算子。

习题5

1. 什么是遗传算法?

2. 试对传统的搜索方法(基于微分的方法、枚举法、随机法等)和遗传算法进行比较。

3. 遗传算法有何特点?

4. 模式理论的实质是什么?

5. 目标函数值到适应度值的映射原则如何确定?

6. 考虑3个数字串$A_1=11101111$,$A_2=00010100$和$A_3=01000011$和6个模式$H_1=1*******$,$H_2=0*******$,$H_3=******11$,$H_4=***0*00*$,$H_5=1*****1*$,$H_6=1110**1*$。哪些模式与哪些串能够匹配?各模式的阶和定长为多少?当单个变异的概率$P_m=0.001$时,计算在该变异率的条件下,各模式的存活概率;当交换概率为$P_c=0.85$时,在该交换率的条件下,各模式的存活概率。

7. 一个搜索空间包含2 097 152个点。比较二进制和八进制编码的遗传算法,计算并比较两种情况以下各量:

(1)模式总数；

(2)搜索点总数；

(3)在单个个体内所含的模式数目；

(4)在种群规模为 $n=50$ 时,模式数目的上界和下界。

8. 假定要使3个变量的函数 $f(x_1,x_2,x_3)$ 极大化,各变量的论域分别为:$x_1\in[-30,150]$,$x_2\in[-0.5,0.5]$,$x_3=[0,10^5]$。对 x_1,x_2 和 x_3 要求的精度分别为0.1,0.001和1 000。

(1)对上述问题设计一个多参数级联定点映射编码。

(2)为得到所要求的精度,最少需要多少位?

(3)利用所设计方法,写出代表以下各点的数字串:(x_1,x_2,x_3),$(-30,0.5,0)$,$(10.5,0.008,5\,200)$,$(72.8,0.357,72\,000)$,$(150,0.5,100\,000)$。

9. 求2个变量 x_1,x_2 的组合使其记分(适应度)最高,其中 $x_1,x_2\in\{1,2,\cdots,9\}$。对每种可能组合适应度(记分表)给出如图5.22。显然,最高分的组合为 $(x_1,x_2)=(5,5)$,其记分为9。令本问题中个体由类似于基因的2个数组成。首先决定值 x_1,其次确定 x_2 值,每代的种群规模保持为 $n=4$。

(1)考虑记分表图5.22(a),只用复制和变异运算,实现GA搜索,寻求最优 (x_1,x_2)。提示:令初始染色体为,变异概率为 $P_m=0.2$,代沟 $G=1$(即每代无交叠)。注意,变异操作是按数位为基础的。

(2)重复(1),但容许有交换操作,交换概率设为1。交换位落在 x_1 和 x_2 之间。

(3)重复(1)和(2),但考虑记分表图5.22(b)。

(4)分别在2个记分表中,评价交换的效果。

(5)解释为何在记分表图5.22(b)中,交换能帮助GA搜索,而在记分表图5.22(a)中反而阻碍GA的搜索。

9	1	2	3	4	5	4	3	2	1
8	2	3	4	5	6	5	4	3	2
7	3	4	5	6	7	6	5	4	3
6	4	5	6	7	8	7	6	5	4
5	5	6	7	8	9	8	7	6	5
4	4	5	6	7	8	7	6	5	4
3	3	4	5	6	7	6	5	4	3
2	2	3	4	5	6	5	4	3	2
1	1	2	3	4	5	4	3	2	1
	1	2	3	4	5	6	7	8	9

x_1

(a)

9	1	2	3	4	5	4	3	2	1
8	2	0	0	0	0	0	0	0	2
7	3	0	0	0	0	0	0	0	3
6	4	0	0	7	8	7	0	0	4
5	5	0	0	8	9	8	0	0	5
4	4	0	0	7	8	7	0	0	4
3	3	0	0	0	0	0	0	0	3
2	2	0	0	0	0	0	0	6	2
1	1	2	3	4	5	4	3	2	1
	1	2	3	4	5	6	7	8	9

x_2

(b)

图5.22　记分表

10. 考虑具有以下适应度值:5,15,30,45,55,70和100,七个个体。

(1)利用转轮选择法,如果种群规模 $n=7$,计算在匹配池中每个个体复制的期望数目。

(2)重复(1),但采用两两竞争的选择方法。

(3)这两种方法在哪些方面是一样的？在哪些方面是不一样的？

11. 利用GA算法，编制程序，优化下列函数：

$$f(x,y)=0.5-\frac{\sin^2\sqrt{x^2+y^2}-0.5}{[1.0+0.001(x^2+y^2)]^2}$$

式中，$x,y\in[-100,100]$，并把优化结果与一般优化方法相比较。

12. 应用模式理论验证简单遗传算法操作，数据如下：

个体号	初始种群	x 值	适应度 $f(x)=x^2$	选择复制的概率 $f_i/\sum f_i$	期望的复制数 $f_i/\bar{f}_i$	实际得到的复制数
1	01101	13	169	0.144	0.58	1
2	11000	24	576	0.492	1.97	2
3	01000	8	64	0.055	0.22	0
4	10011	19	361	0.309	1.23	1
总　计			1 170	1.000	4.00	4
平均值			293	0.25	1.00	1
最大值			576	0.49	1.97	2

第6章 专家控制系统

专家控制(Expert Control)是智能控制的一个重要分支,它将专家系统的理论和技术同自动控制的理论、方法与技术相结合,在未知环境下,仿效专家的智能(知识和经验),实现对系统的控制。故专家控制又称为基于知识的控制或专家智能控制。根据专家控制的原理所设计的控制系统或控制器,分别称为专家控制系统或专家控制器。

本章主要介绍专家系统的基本概念,阐述专家控制系统、模糊专家系统的基本结构、基本原理,典型实例的工作原理。

6.1 专家系统

专家系统是人工智能研究中最活跃且最有成效的领域之一,是人工智能的一个重要分支。自1968年Feigenbaum等人研制成功第一个专家系统DENDRAL以来,专家系统技术已经获得了迅速发展,并被广泛地应用于医疗诊断、图像处理、语音识别、石油化工、地质勘探、金融决策、实时监控、分子遗传工程、教育、军事等领域中,产生了巨大的社会和经济效益,同时也促进了人工智能基本理论和基本技术的研究与发展。

6.1.1 基本概念

(1)什么是专家系统

迄今为止,关于专家系统还没有一个公认的严格定义,一般认为:所谓专家系统就是一种在相关领域中具有专家水平解题能力的智能程序系统,它能运用领域专家多年积累的经验与专门知识,模拟人类专家的思维过程,求解需要专家才能解决的困难问题。现在习惯于把一个利用了大量领域知识的大而复杂的人工智能系统都称为专家系统。

例如,在医学界有许多医术高明的医生,他们在各自的工作领域中都具有丰富的实践经验和高人一筹的"绝招",如果把某一具体领域(如肝病的诊断与治疗)的医疗经验集中起来,并以某种表示模式存储到计算机中形成知识库,然后再把专家们运用这些知识诊治疾病的思维过程编成程序构成推理机,使得计算机能像人类专家那样诊治疾病,那么这样的程序系统就是一个专家系统。

专家系统可以解决的问题一般包括解释、预测、诊断、设计、规划、监视、修理、指导和控制等。发展专家系统的关键是将来自人类的并已被证明对解决某领域内的典型问题有用的事实和过程，即领域专家知识的表达和运用。

(2)与常规计算机程序的区别

专家系统虽然也是一个程序系统，但它与常规的计算机程序有着本质的不同：专家系统所要解决的问题一般没有算法解，并且经常要在不确定、不完全和不精确的信息基础上做出决断。主要体现在：

①常规的计算机程序是对数据结构以及作用于数据结构的确定型算法的表述，即

常规程序：：=数据结构+算法

而专家系统是通过运用知识进行推理，力求在问题领域内推导出满意的解答，即

专家系统：：=知识+推理

②常规程序把关于问题求解的知识隐含于程序中，而专家系统则把应用领域中关于问题求解的知识单独地组成一个知识库。也就是说，常规程序将其知识组织为两级，即数据级和程序级；而专家系统则将其知识组织成三级，即数据级、知识库级和控制级。

③常规程序一般是通过查找或计算来求取问题的答案，基本上是面向数值计算和数据处理的，而且给出了问题的求解步骤，即在问题求解过程中先做什么及后做什么都是由程序设计人员事先规定好的；而专家系统是通过推理来求取问题的答案或证明某个假设，给出的是要求解的问题，本质上是面向符号处理的，其推理过程随着情况的变化而变化，具有不确定性和灵活性。

④常规程序处理的数据多是精确的，对数据的检索是基于模式的布尔匹配；而专家系统处理的数据及知识大多是不精确的、模糊的，知识的模式匹配也多是不精确的，需要为其设定阈值。

⑤常规程序一般不具有解释功能，而专家系统一般具有解释机构，可对自己的行为和结论作出解释。

⑥常规程序与专家系统具有不同的体系结构。

(3)专家系统的基本特征

专家系统是基于知识工程的软件系统，一般具有如下一些基本特征：

1)具有专家水平的专门知识

人类专家之所以能称为“专家”，是由于他掌握了某一领域的专门知识，使得他在处理问题时能比别人技高一筹。一个专家系统为了能像人类专家那样工作，就必须具有专家级的知识，知识越丰富，质量越高，解决问题的能力就越强。

任何一个专家系统都是面向一个具体领域的，求解的问题仅仅局限于一个较窄的范围内。例如肝病诊断专家系统只适用于肝病的诊断与治疗，对其他疾病就无能为力。因此，专家系统的知识都具有专门性，它可能很精，但只局限于所面向的领域，针对性强。事实上，人类专家也都只是某一方面的专家，在某一方面有独到之处，否则他就不成其为“专家”了。另外，正是由于专家系统是面向具体领域的，才使得它能抓住领域内问题的共性与本质，使系统有较高的可信性与效率。

2)能进行有效的推理

专家系统的根本是求解领域内的现实问题。问题的求解过程是一个思维过程,即推理过程。这就要求专家系统必须具有相应的推理机构,能根据用户提供的已知事实,通过运用掌握的知识,进行有效的推理,以实现对问题的求解。不同专家系统所面向的领域不同,要求解的问题有着不同的特性,因而不同专家系统的推理机制也不尽相同,有的只要求进行精确推理,有的则要求进行不确定性推理、不完全推理以及试探性推理等,这需要根据问题领域的特点分别进行设计,以保证问题求解的有效性。

3)具有获取知识的能力

专家系统的基础是知识,并且人类的知识也在不断的发展和更新,这就要求专家系统应该具有获取知识和更新知识的能力。目前专家系统主要通过知识编辑器,把知识工程师或领域专家的领域知识"传授"给专家系统,以便建立起知识库。一些高级专家系统目前正在建立一些知识自动获取工具,使得系统自身具有学习能力,能从系统运行的实践中不断总结出新的知识,使知识库中的知识越来越丰富和完善。

4)具有灵活性

在大多数专家系统中,其体系结构都采用了知识库与推理机相分离的构造原则,彼此既有联系,又相互独立。这样做的好处是,既可在系统运行时能根据具体问题的不同要求分别选取合适的知识构成不同的求解序列,实现对问题的求解,又能在一方进行修改时不至影响到另外一方,使系统具有较强的适应性。特别是对于知识库,随着系统的不断完善,可能要经常对它进行增、删、改操作,由于它与推理机分离,这就不会因知识库的变化而要求修改推理机的程序。

另外,由于知识与推理机分离,就使人们有可能把一个技术上成熟的专家系统变为一个专家系统工具,这只要抽去知识库中的知识就可使它变为一个专家系统外壳。当要建立另外一个其功能与之类似的专家系统时,只要把相应的知识装入到该外壳的知识库就可以了,这就节省了耗时费工的开发工作。事实上,目前有一些专家系统开发工具就是这样得来的。例如,由专家系统 MYCIN 得到的构造工具 EMYCIN,由 PROSPECTOR 得到的专家系统外壳 KAS 等。

5)具有透明性

所谓一个计算机程序系统的透明性是指系统自身及其行为能被用户所理解。专家系统具有较好的透明性,这是因为它具有解释功能。人们在应用专家系统求解问题时,不仅希望得到正确的答案,而且还希望知道得出该答案的依据,即希望系统说明"为什么是这样?"、"是怎么得出来的?"等。为此,专家系统一般都设置了解释机构,用于向用户解释它的行为动机及得出某些答案的推理过程。这就使用户能比较清楚地了解系统处理问题的过程及使用的知识和方法,从而提高用户对系统的可信程度,增加系统的透明度。另外,由于专家系统具有解释功能,系统设计者及领域专家就可方便地找出系统隐含的错误,便于对系统进行维护。

6)具有交互性

专家系统一般都是交互式系统。一方面它需要与领域专家或知识工程师进行对话以获取知识,另一方面它也需要通过与用户对话以索取求解问题时所需的已知事实以及回答用户的询问。专家系统的这一特征为用户提供了方便,使其能得到广泛的应用。

7)具有实用性

专家系统是根据领域问题的实际需求开发的,这一特点就决定了它具有坚实的应用背景。另外,专家系统拥有大量高质量的专家知识,可使问题求解达到较高的水平,再加上它所具有的透明性、交互性等特征,就使得它容易被人们接受、应用。事实证明,专家系统已经被广泛地应用于多种行业中,并取得了巨大的经济效益及社会效益。这是人工智能的其他研究领域所不能相比的。

8)具有一定的复杂性及难度

专家系统拥有知识,并能运用知识进行推理,以模拟人类求解问题的思维过程。但是,人类的知识是丰富多彩的,人们的思维方式也是多种多样的,尤其是经验性知识,大多是不精确、不完全或模糊的,因此要真正实现对人类思维的模拟还是一件十分困难的工作,有赖于其他多种学科的共同发展;同时,专家系统所求解的问题都是结构不良且难度较大的问题,不存在确定的求解方法和求解路径,这也为建造专家系统增加了困难性和复杂性。在建造一个专家系统时,会遇到多种需要解决的困难问题,如不确定性知识的表示、不确定性的传递算法、匹配算法等。

(4)专家系统的产生与发展

专家系统是在人工智能的研究处于低潮时提出来的。由于它的出现及其所显示出来的巨大潜能,不仅使人工智能摆脱了困境,而且使之走上了一个新的发展时期。

20 世纪 60 年代中期,化学家勒德贝格(J. Lederberg)提出了一种可以根据输入的质谱仪数据列出所有可能的分子结构的算法。在此之后,他与费根鲍姆等人一起探讨了用规则表示知识建立系统,以便在更短时间内获得同样结果的可能性。经过近 3 年的研究,终于在 1968 年建成了这样的系统,这就是著名的 DENDRAL 专家系统。产生于斯坦福大学的这一系统是专家系统发展史上成功的首例,它的出现标志着人工智能的一个新的研究领域,即专家系统诞生了。

在此之后,各种不同功能、不同类型的专家系统相继地建立了起来。例如 20 世纪 60 年代末麻省理工学院(MIT)开始研制一个专为帮助数学家、工程师们解决复杂微积分运算和数据推导的大型专家系统 MACSYMA,经过 10 多年的工作,研制出了具有 30 多万 LISP 语句行的软件系统。同期,卡内基-梅隆大学开发了一个用语音识别的专家系统 HEARSAY,之后又相继推出了 HEARSAY-Ⅱ、HEARSAY-Ⅲ等。20 世纪 70 年代初,匹兹堡大学的鲍波尔(H. E. Pople)和内科医生合作研制了内科病诊断咨询系统 INTERNIST,该系统用 Inter LISP 语言写成,于 1974 年演示成功,此后进一步发展完善,成为后来的 CADUCEUS 专家系统。

20 世纪 70 年代中期,专家系统进入了成熟期,其观点逐渐被人们接受,并先后出现了一批卓有成效的专家系统,其中较具代表性的 MYCIN,PROSPECTOR,CASNET 等。MYCIN 是一个帮助内科医生诊治细菌感染性疾病的专家系统,它的建造开始于 1972 年,于 1974 年基本完成。后经多次改进、扩充,终于在 1978 年最终完成,使之成为一个性能较高、功能完善的实用系统。它第一次使用了目前专家系统中常用的知识库的概念,并对不确定性的表示与处理提出了可信度方法。PROSPECTOR 是一个探矿专家系统,它是由国际斯坦福研究所(SRI)的一个研究小组研制开发的,由于它首次实地分析华盛顿州某山区一带的地质资料,发现了一个钼矿床,使之名声大振,成为第一个取得明显经济效益的专家系统。CASNET 是一个几乎与 MYCIN同时开发的专家系统,用于青光眼病的诊断与治疗。除这些以外,在这一时期还有另外两个影响较大的专家系统,它们是斯坦福大学研制的 AM 系统和 PUFF 系统。AM 是一个用机器模拟人类归纳推理、抽象概念的专家系统,而 PUFF 是一个肺功能测试专家系统,经对多个实例进行验证,成功率达 93%。

20 世纪 80 年代以来,专家系统的研制开发明显地趋于商品化,直接服务于生产企业,产生了明显的经济效益。例如 DEC 公司与卡内基-梅隆大学合作开发了专家系统 XCON(R1),用于为 VAX 计算机系统制订硬件配置方案,节约资金近 1 亿美元;IBM 公司为 3380 磁盘驱动器建立了相应的专家系统,创利 1 200 万美元;著名的 American Express 信用卡通过使用信用卡认可专家系统,避免损失达 2 700 万美元。

我国在专家系统的研制开发方面虽然起步较晚,但也取得了很好的成绩。例如,中国科学院合肥智能机械研究所开发的施肥专家系统、南京大学开发的新构造找水专家系统、吉林大学开发的勘探专家系统及油气资源评价专家系统、浙江大学开发的服装剪裁专家系统及花布图案设计专家系统、北京中医学院开发的关幼波肝病诊断专家系统等都取得了明显的经济效益及社会效益,对推动专家系统与人工智能理论及技术的研究起到了重要作用。

就专家系统的开发技术而言,随着人工智能研究的深入发展,30 多年来也取得了长足的进步。20 世纪 70 年代中期以前的专家系统多属于解释型和故障、疾病诊断型,它们所处理的问题基本上是可分解的问题。20 世纪 70 年代后期相继出现了其他类型的专家系统,如设计型、规划型、控制型等。这期间,专家系统的体系结构也发生了深刻的变化,由最初的单一知识库及单一推理机发展为多知识库及多推理机,由集中式专家系统发展为分布式专家系统。近几年随着人工神经网络研究的再度兴起,人们开始研制神经网络专家系统以及把符号处理与神经网络相结合的专家系统。另外,知识获取一直是专家系统建造中的一个瓶颈问题,软件工作者为了开发一个专家系统,几乎要从头学习一门新的专业知识,大大延长了开发周期,而且还不能完全保证知识的质量,对知识库的维护亦带来诸多不便。近些年随着机器学习研究的进展,人们已逐渐用半自动方式取代原来的手工方式,提高了知识获取的速度与质量。在知识表示及推理方面,也已由原先的精确表示及推理或较简单的不精确推理模型发展为多种不确定性推理理论,建立了分别适用于不同情况的不确定性推理模型,对非单调推理、归纳推理等也都开展了研究,取得了一定的进展。此外,人们还开展了对专家系统开发工具的研究,建立了多种不同功能、不同类型的开发工具,为缩短专家系统的研制周期,提高系统的质量起到了重要作用。

随着专家系统应用领域的不断扩大以及人们对它的期望日益提高,专家系统中的许多薄弱环节也逐渐暴露出来,提出了不少有待解决的问题。例如,目前的专家系统着重强调利用领域专家的经验性知识求解问题,而忽视理论与深层知识在问题求解中的作用,这就使系统的求解能力受到了限制,一旦遇到原先没有考虑到的情况,就显得无能为力;在体系结构方面,大部分还是单一、独立的专家系统,缺少多个系统的协作及综合型的专家系统;在知识获取方面还缺少自动获取知识的能力;在知识表示上缺少多种模式的集成,知识面比较狭窄;在推理方面不支持多种推理策略,缺少人类思维中最常用的推理形式,如时态推理、非单调推理等。针对这些问题,国内外学者开始了新一代专家系统的研究。目前新一代专家系统的主要研究领域有:分布协同式的体系结构、知识的自动获取、深层知识的利用和知识表示及推理方法等。

在分布协同式体系结构的研究中,主要解决的问题有:首先是任务分布,即将待求解的问题分解为若干子问题,分别交给系统中不同的成员去完成。在任务分布时,既要考虑问题自身的特点,又要考虑到各成员所具有的能力和当前的忙闲状态。因此需要有合适的方法进行问题分解,并且将分解后的任务分别交给各个成员。合适的任务分布将使各部分并行地工作,从而大大提高系统的效率。其次是合作策略。由于系统中各成员都只有部分知识,而问题的各子问题间又存在着种种内在联系,这就要求各成员间必须互相通信,合作地进行问题求解。为了实现合作,需要解决合作的方式、策略及通信手段。

知识获取一直是阻碍专家系统得以更广泛应用的瓶颈问题,因而如何增强系统的学习能力,使之能够自动地获取知识,就成为当前专家系统研究中的重要领域之一。知识获取一般分为两个阶段:一是在知识库尚未建立起来时,从领域专家及相关文献资料那里获取知识;另一是在系统运行过程中,通过运行实践不断总结、归纳出新的知识。在前一阶段,为了实现自动获取知识,需要解决自然语言的识别、理解和从大量事例中归纳知识等问题;在后一阶段中,除了同样要解决自然语言的识别和理解外,还需要解决如何从系统的运行实践中发现问题以及通过总结经验教训,归纳出新知识、修改旧知识等问题。

在目前所建造的大多数专家系统中,都只强调了专家经验性知识,即表层知识或浅层知识的作用,而忽视了相关领域中理论知识和原理性知识,即深层知识的作用,从而使专家系统求解问题的能力受到限制。事实上,在许多情况下是需要深层知识和浅层知识密切配合才能更好地求解问题的。比如,当用表层知识推出的结论可靠性不高或互相矛盾时可利用深层知识进行裁决;而在表层知识库太大时,可通过使用深层知识来指导推理,以缩小搜索空间;对表层推理得出的结论还可通过深层知识进行解释,以从原理上说明所得结论的理由,从而增强系统的可信度,并使专家系统具有数学的作用。如何确定深层知识的容量与边缘、解决非单调性,是深层知识利用中的困难。

人类知识的表现形式是多种多样的,并且思维方式不仅仅有逻辑思维,还有形象思维等。目前的许多知识表示方法和推理方法都是针对经验性知识和局限于逻辑思维范畴内的。为使专家系统真正能像人类专家那样求解领域问题,就必须对知识的表示和处理开展进一步的研究,使其能真正模拟人类求解问题的思维过程。目前首先要考虑的是如何建立一致的知识表示框架,使之能包含多范例的多种表示模式;其次是如何在时态推理、定性推理、非单调推理等方面有所突破,并在不确定性的表示与处理方面取得新的进展。

6.1.2 专家系统的组成与分类

(1)专家系统的基本组成

专家系统中知识的组织方式是把问题领域的知识和系统的其他知识分离开来,后者是关于如何解决问题的一般知识或如何与用户打交道的知识。领域知识的集合称为知识库,而通用的问题求解知识称为推理机。按照这种方式组织的程序称为基于知识的系统,专家系统是基于知识的系统。知识库和推理机是专家系统中两个主要的组成因素。通常,专家系统包括人机接口(User interface)、推理机(Inference engine)、知识库(Knowledge base)、数据库(Global database)、知识获取机构(Knowledge acquisition facility)、解释器(Explanation facility)这6个部分,如图6.1所示。但由于每个专家系统所需要完成的任务和特点不相同,其系统结构也不完全相同,可能只有图中的部分模块。

1)人-机接口

人-机接口是专家系统与领域专家或知识工程师及用户间的界面,它由一组程序及相应的硬件组成,用于完成输入输出工作。领域专家或知识工程师通过输入知识,更新、完善知识库;用户通过它输入欲求解的问题、已知事实以及向系统提出的询问;系统通过它输出运行结果、回答用户的询问或者用户索取进一步的事实。

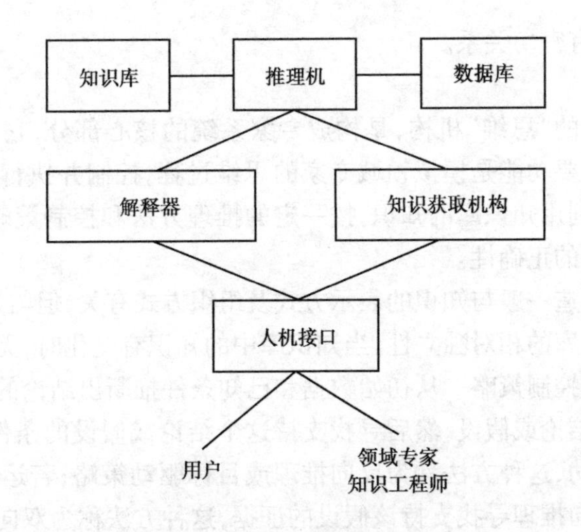

图6.1　专家系统的基本组成

在不同的系统中,由于硬件、软件环境不同,接口的形式与功能有较大的差别。如有的系统可用简单的自然语言与系统交互,而有的系统只能用最基本的方式(如编辑软件)实现与系统的信息交流。在硬件、软件配置不高的情况下,可用如下两种接口方式:

①菜单方式

系统把有关功能以菜单形式列出来供用户选择,一旦某个条目被选中,系统或者直接执行相应的功能,或者显示下一级菜单供用户做进一步的选择。

②命令语言方式

系统按功能定义一组命令,当用户需要系统实现某一功能时就输入相应的命令,系统通过对命令的解释指示相应机构完成指定的任务。接口命令一般有如下几种:

a. 获取知识命令。这是供领域专家或知识工程师向知识库输入知识的命令。

b. 提交问题命令。这是供用户向专家系统提交待求解问题的命令。

c. 请求解释命令。当用户对专家系统给出的结论不理解或者希望给出依据时,可用这种命令向系统发出询问,请求系统给予解释。

d. 知识检索及维护命令。知识工程师可用这种命令对知识进行检索,查阅知识库中的知识,以便进行增、删、改。

2)知识获取机构

知识获取是指通过人工方法或机器学习的方法,将某个领域内的事实性知识和领域专家所特有的经验性知识转化为计算机程序的过程。知识获取结构就是专家系统中获取知识的机构,其基本任务是把知识输入到知识库中,并负责维持知识的一致性及完整性,建立起性能良好的知识库。在不同的系统中,知识获取的功能及实现方法差别较大,有的系统首先由知识工程师向领域专家获取知识,然后再通过相应的知识编辑软件把知识送入到知识库中;有的系统自身具有部分学习功能,由系统直接与领域专家对话获取知识,或者通过系统的运行实践归纳、总结出新的知识。

3)知识库

知识库是知识的存储机构,它以规则的形式存储领域内的原理性知识、专家的经验性知识以及有关的事实等。知识库中的知识来源于知识获取机构,同时它又为推理机提供求解问题所需的知识,与两者都有密切关系。

4)推理机

推理机是专家系统的"思维"机构,是构成专家系统的核心部分,它实际上是求解问题的计算机软件系统。其主要功能是模拟领域专家的思维过程,控制并执行对问题的求解。它能根据当前已知的事实,利用知识库的知识,按一定的推理方法和控制策略进行推理,求得问题的答案或证明某个假设的正确性。

推理机的性能与构造一般与知识的表示方式及组织方式有关,但与知识的内容无关,这有利于保证推理机与知识库的相对独立性,当知识库中的知识有变化时,无须修改推理机。推理机的运行可以有不同的控制策略。从初始数据和已知条件推断出结论的方法称为正向推理或数据驱动策略;先提出结论或假设,然后寻找支持这个结论或假设的条件或证据,若成功则结论或假设成立,推理成功,这种方法称为反向推理或目标驱动策略;若运用正向推理帮助系统提出假设,然后运用反向推理寻找支持该假设的证据,这种方法称为双向推理。

5)数据库

数据库又称为"黑板"或"综合数据库"。它是用于存放用户提供的初始事实、问题描述以及系统运行过程中得到的中间结果、最终结果、运行信息(如推出结果的知识链)等的工作存储器(Working memory)。数据库的内容是在不断变化的。在求解问题的初始时,它存放的是用户提供的初始事实;在推理过程中,它存放每一步推理所得的结果。推理机根据数据库的内容从知识库选择合适的知识进行推理,然后又把推出的结果存入数据库中;同时它又可记录推理过程中的各种有关信息,从而为解释器提供回答用户咨询的依据。

6)解释器

能够对自己的行为做出解释,回答用户提出的"为什么?"、"结论是如何得出的?"等问题,是专家系统区别于一般计算机程序的重要特征之一,这亦是它取信于用户的一个重要措施。另外,通过对自身行为的解释还可帮助系统建造者发现知识库及推理机中的错误,有助于对系统的调试及维护。因此,无论是对用户还是对系统自身,解释器都是不可缺少的。

解释器也由一组程序组成,它能跟踪并记录推理过程,当用户提出询问需要给出解释时,它将根据问题的要求分别做出相应的处理,最后把解答用约定的形式通过人机接口输出给用户。

(2)专家系统的分类

目前国内外已经研制成功了多种专家系统,分别应用于工业、农业、医疗卫生、军事、教育等各种领域中。显然,针对不同应用建立的专家系统在功能、设计方法及实现技术等方面都是不同的,为了明确各类专家系统特点及其所需的技术和系统组织方法,以便在构造一个新的专家系统时有一个明确的方向,有必要对它们进行分类。但是,分类的标准是多种多样的,根据不同的分类标准,将会得到不同的分类效果,下面讨论目前常用的两种分类方法。

1)按特性分类

根据专家系统的特性及处理问题的类型,可将专家系统分为如下10类:

①解释型专家系统

这是根据所得到的有关数据,经过分析、推理,从而给出相应解释的一类专家系统。例如DENDRAL系统、语音识别系统HEARSAY以及根据声呐信号识别舰船的HASP/SIAP系统等都属于这一类。这类系统必须能处理不完全、甚至受到干扰的信息,并能对所得到的数据给出一致且正确的解释。

②诊断型专家系统

这是根据输入信息推出相应对象存在的故障、找出产生故障的原因并给出排除故障方案的一类专家系统。这是目前开发、应用得最多的一类专家系统，凡是用于医疗诊断、机器故障诊断、产品质量鉴定等的专家系统都属这一类。例如病菌感染性疾病诊断治疗系统MYCIN，血液凝结病诊断系统CLOT，计算机硬件故障诊断系统DART等。这类系统一般要求掌握处理对象内部各部件的功能及其相互关系。由于现象与故障之间不一定存在严格的对应关系，因此在建造这类系统时，需要掌握有关对象较全面的知识，并能处理多种故障同时并存以及间歇性故障等情况。

③预测型专家系统

这是根据相关对象的过去和现在观测到的数据来推测未来情况的专家系统。凡是用于天气预报、地震预报、市场预测、人口预测、农作物收成预测等目的的专家系统都属于这一类。例如，大豆病虫害预测系统PLANT/ds、军事冲突预测系统I&W、台风路径预测系统TYT等。这类系统通常需要有相应模型的支持，如天气预报需要构造各地区、各季节和各气象条件下的模型。另外，这类系统通常需要处理随时间变化的数据及按时间顺序发生的事件，因而时间推理是这类系统常用的技术。

④设计型专家系统

这是按给定要求进行相应产品设计的一类专家系统。凡是用于工程设计、电路设计、建筑及装修设计、服装设计、机械设计及图案设计的专家系统都属于这一类。例如，计算机硬件配置设计系统XCON，自动程序设计系统PSI，超大规模集成电路辅助设计系统KBVLSI等。对这类系统一般要求在给定的限制条件下能给出最佳或较佳设计方案。为此它必须能够协调各项设计要求，以形成某种全局标准，同时它还要能进行空间、结构或形状等方面的推理，以形成精确、完整的设计方案。

⑤规划型专家系统

这是按给定目标拟定总体规划、行动计划、运筹优化等的一类专家系统。主要适用于自动程序设计、机器人规划、交通运输调度、工程计划以及通信、航行、实验、军事行动等的规划。例如，安排宇航员在空间站中活动的KNEECAP系统、制订最佳行车路线的CARG系统、可辅助分子遗传学家规划其实验并分析实验结果的MOLGEN系统等。对这类系统的一般要求是，在一定的约束条件下能以较小的代价达到给定的目标。为此它必须能预测并检验某些操作的效果，并能根据当时的实际情况随时调整操作的序列，当整个规划由多个执行者完成时，它应能保证它们并行地工作并协调它们的活动。

⑥控制型专家系统

这是用于对各种大型设备及系统实现控制的一类专家系统。控制型专家系统的任务是自适应地管理一个受控对象或客体的全部行为，使之满足预定要求。例如维持钻机最佳钻探流特征的MUD系统就是这样的一个专家系统。这类专家系统的特点是，它能够解释当前的情况，预测未来发生的情况、可能发生的问题及其原因，不断修正计划并控制计划的执行。因此，这类专家系统具有解释、预测、诊断、规划和执行等多种功能。

⑦监测型专家系统

这是用于完成对某些行为进行实时监测并在必要时进行干预的专家系统。如当情况异常时发出警报，可用于核电站的安全监视、机场监视、森林监视、疾病监视和防空监视等。例如高危病人监护系统 VM、航空中交通管理系统 REACTOR 等就是这类专家系统。为了实现规定的监测，它们必须能随时收集任何有意义的数据，并能快速地对得到的数据进行鉴别、分析、处理，一旦发现异常，能尽快地做出反应。

⑧维修型专家系统

这是用于制订排除某类故障的规划并实施排除的一类专家系统。例如电话电缆维护系统 ACE，排除内燃机故障的 DELTA 系统等都是这样的专家系统。对这类专家系统的要求是能根据故障的特点制订纠错方案，并能通过实施这个方案排除故障，当制订的方案失效或部分失效时，能及时采取相应的补救措施。

⑨教学型专家系统

这是能进行辅助教学的一类专家系统。如它们可以制订教学计划、设计习题、水平测试等，并能根据学生学习中所产生的问题进行分析、评价，找出错误原因，有针对性地确定教学内容或采取其他有效的教学手段。例如可进行逻辑学、集合论教学的 EXCHECK 就是这样一个专家系统。在这类系统中，其关键技术是要以深层知识为基础的解释功能，并且需要建立各种相应的模型。

⑩调试型专家系统

这是用于对系统实施调试的一类专家系统。例如计算机系统的辅助调试系统 TIMM/TUNER 就是这样一个专家系统。对这类系统的要求是能根据相应的标准检测被调试对象存在的错误，并能从多种纠错方案中选出适用于当前情况的最佳方案，排除错误。

上述 10 种类型专家系统是海叶斯-罗斯(F. Heyes-Roth)等人提出的。此外，近几年还研制开发出了决策型及管理型的专家系统。决策型专家系统是对各种可能的决策方案进行综合评判和选优的一类系统，它集解释、诊断、预测、规划等功能于一身，能对相应领域中的问题做出辅助决策，并给出所做决策的依据。目前比较成功的系统有 Expertax, Capital Expert, System 等。管理型专家系统是在管理信息系统及办公自动化系统的基础上发展起来的，它把人工智能技术用于信息管理，以达到优质、高效的管理目标，提高管理水平，在人力、物资、时间、费用等方面获取更大的效益。

2)按体系结构分类

根据专家系统的体系结构进行分类，专家系统可分为如下 4 类：

①集中式专家系统

这是指对知识及推理进行集中管理的一类专家系统，目前一些成功的专家系统都属这一类。在这类专家系统中，按知识及推理机构的组织方式不同又细分为层次式结构、深-浅双层结构、多层聚焦结构及黑板结构等。层次式结构是指具有多层推理机制，例如青光眼诊治系统 CASNET 就是一个三层推理结构的例子，其推理模型分为症状层、病变层及诊断层，由症状层的症状可得知相应的病变，由病变可推出是何种青光眼；深-浅双层结构是指系统分别具有深层知识(问题领域内的原理性知识)及浅层知识(领域专家的经验知识)这两个知识库，并相应地有两个推理机，分别应用两个知识库中的知识进行推理，为了协调两个推理机的工作，在它们之上又建立了一个控制机构进行统一的管理；所谓多层聚焦结构是指知识库中的知识是动态组织的，把当前对推理最有用、最有希望推出结论的知识称为“焦点”，并把它置于聚焦结构的最上层，把有希望入选的知识放在第二层，如此类推，每个知识元所在层是不固定的，随着推理的进行而不断调整，这类结构多用于以框架、对象表示知识的系统中；黑板结构通常用于求解问题比较复杂的系统中，在这类系统中一般有多个知识库及多个推理机，它们通过一个结构化的公共数据区，即黑板来交换信息，语音识别专家系统 HEARSAY-II 首先使用了这一结构。

②分布式专家系统

这是指把知识库或推理机制分布在一个计算机网上，或者两者同时进行分布的一类专家系统。这类专家系统除了要用到集中式专家系统的各种技术外，还需要运用一些重要的特殊技术。例如，需要把待求解的问题分解为若干个子问题，然后把它们分别交给不同的系统进行处理，当各系统分别求出子问题的解时，还需要把它们综合为整体解，如果各系统求出的解有矛盾，就需要根据某种原则进行选择或折中。另外，在各系统求解子问题的过程中还需要相互通信，密切配合，进行合作推理等。

③神经网络专家系统

这是运用人工神经网络技术建造的一种专家系统，目前尚处于研究阶段。这种专家系统的体系结构与前面讨论的专家系统完全不同，前面讨论的专家系统都是基于符号表示的，而神经网络专家系统是基于神经元的，它用多层神经元所构成的网络来表示知识并实现推理。

④符号系统与神经网络相结合的专家系统

符号系统与神经网络各有自己的长处与不足，如何把它们结合起来建立相应的专家系统是人们十分关心的课题。结合的途径有多种，例如为了充分发挥神经网络学习能力强的优势，可把它用于知识的自动获取，而推理仍用符号机制；再如可把神经网络作为推理机构中的一个模块，然后再用符号机制加以连接，形成统一的专家系统等。

以上讨论了专家系统的两种分类方法，其实还可以从另外的角度进行分类。例如，若从推理方向的角度划分，可分为正向推理专家系统、逆向推理专家系统及混合推理专家系统；若从知识表示技术的角度划分，可分为基于逻辑的专家系统、基于产生式规则的专家系统、基于语义网络的专家系统等；若从应用领域的角度划分，可分为医疗诊断专家系统、化学专家系统、地质勘探专家系统、气象专家系统等；若从求解问题所采用的基本方法来划分，可分为诊断/分析型的专家系统及构造/综合型的专家系统等。

6.2　专家控制系统

传统的自动控制学科从经典控制理论发展到现代控制理论，并出现了自适应控制等高级控制技术，取得了巨大的进展。这些进展主要源于数学分析和数值计算等方面的理论和技术。

传统控制理论的不足，在于它必须依赖于受控对象或过程的严格的数学模型，并试图针对精确模型来求取最优的控制效果。但实际的受控对象或过程存在着许多难以建模的因素。完善的模型一般都难以解析表示，模型过于简化往往又不足以解决实际问题。随着人工智能中专家系统技术的发展，自动控制领域的学者和工程师开始把专家系统的思想和方法引入控制系统的研究及其工程应用中，以利用专家系统技术的特点来解决控制理论的局限性，实现了两者的结合，从而产生了一种新颖的控制系统设计和实现方法——专家控制。

6.2.1 专家控制系统概述

(1)研究状况

知识工程的思想和专家系统技术推动了传统控制的发展。1984年,在布达佩斯召开的IFAC(International Federation of Automatic Control)第九届世界大会上,J. Zaborszky提出了系统科学的一般结构,它明确地从知识的观点改变了对控制系统的传统描述,认为系统的功能和构成实际上主要是一个专家系统。1986年,美国52位专家教授在加州桑塔卡拉拉大学召开了控制界的"高峰"会议,发表了共同的观点。在1984年的IFAC第九届世界大会上仅有6篇有关专家系统用于控制问题的论文,而到1987年第10届IFAC世界大会上就有了49篇文章,并且设专门会议讨论有关问题。随后,一些著名学术刊物纷纷增设专刊。

1980年以后,专家系统技术在控制问题中的应用研究日渐增多。例如LISP机公司研制的用于蒸馏塔过程控制的分布式实时专家系统PICON(R. L. Moore等,1984年)、用于核反应堆环境辅助决策的专家系统REACTOR(M. Gallanti等,1982—1983年),利用专家系统对飞行控制系统控制规律进行再组合的研究(T. L. Trankle和L. Z. Markosian,1985年)等。另外,专家系统的技术还被应用于传统的PID调节器和自适应控制器,如性能自适应PID控制器EXACT(E. H. Bristol,1977年;T. W. Kraus和T. J. Myron,1984年),PI控制器的实时专家调节器(B. Porter等,1987年)等。

随着智能控制学科方向的发展,我国有关专家控制技术的研究工作也非常活跃。例如,基于专家知识的智能控制研究及其在造纸过程控制中的应用(胡恒章、倪先锋等,1988—1989年)、智能控制器与锅炉专家控制系统的研究(郭晨,1991年)、专家控制系统在精馏控制中的应用(王建华、刘鸿强、潘日芳,1987年)。特别是,在多方面研制实用系统的基础上,还提出了仿人智能控制理论(周其鉴、李祖枢等,1983年起)。

(2)类型

对于专家控制及其实现的研究可以有不同的分类方法。

根据专家系统技术在控制系统中的功能结构,可分为直接式专家控制和间接式专家控制。在直接式专家控制系统中,领域专家的控制知识和经验被用来直接控制生产过程或调节控制信号。此种控制方法适用于模型不充分、不精确,甚至不存在的复杂过程。而在间接式专家控制系统中,各种高层决策的控制知识和经验被用来间接地控制生产过程或调节受控对象,常规的控制器或调节器受到一个模拟控制工程师智能的专家系统的指导、协调或监督。专家系统技术与常规控制技术的结合可以非常紧密,两者共同作用方能完成优化控制规律,适应环境变化的功能;专家系统的技术也可以用来管理、组织若干常规控制器,为设计人员或操作人员提供辅助决策作用。

根据专家系统技术在控制系统中应用的复杂程度,专家控制又可分为专家控制系统和专家式智能控制器。专家控制系统具有全面的专家系统结构、完善的知识处理能力,同时又具有实时控制的可靠性能。这种系统知识库庞大、推理机复杂,还包括知识获取子系统和学习子系统,人机接口要求较高。而专家式智能控制器是专家控制系统的简化,多为工业专家控制器,主要针对具体的控制对象或过程,专注于启发式控制知识的开发,设计较小的知识库,简单的推理机制,甚至采用"case by case"的方式,省去复杂的人机对话接口等。当专家控制系统功能的完备性、结构的复杂性与工业过程控制的实时性之间存在矛盾时,专家式智能控制器是合适的选择,但它与专家控制系统的知识表示技术是没有本质的区别的。

还可以根据专家系统的知识表示技术或推理方式对专家控制的实现系统进行分类,例如产生式、框架式,串行推理、并行推理等;专家系统技术与大系统理论相结合,还可以设计多级、多层、多段专家控制系统;专家系统技术还可以基于模糊规则的控制相结合,形成模糊专家控制系统。

(3)特点

工业生产过程由于本身的连续性及对产品质量的高精度要求等特点,对专家控制系统提出了一些有别于一般专家系统的特殊要求。这使得专家控制系统必须具有下述特点。

1)高可靠性及长期运行的连续性

与其他领域相比,工业过程控制对可靠性的苛刻要求显得更为突出。工业过程控制往往要求数十甚至数百小时的连续运行,而不允许间断工作。

2)在线控制的实时性

工业过程的实时控制,要求控制系统在控制过程中要能实时地采集数据、处理数据,进行推理和决策,并对过程进行及时的控制。

3)优良的控制性能及抗干扰性

工业控制的被控对象特征复杂,如非线性、时变性、强干扰等,这就要求专家控制系统具有很强的应变能力,即自适应和自学习能力,以保证在复杂多变的各种不确定性因素存在的不利环境下,获得优良的控制性能。

4)使用的灵活性及维护的方便性

用户可以灵活方便地设置参数,修改规则等。在系统出现故障或异常情况时,系统本身应能采取相应措施或要求引入必要的人工干预。

6.2.2 专家控制系统的工作原理

专家控制的功能目标是模拟、延伸、扩展"控制专家"的思想、策略和方法。作一个形象的比喻,专家控制就是试图在控制闭环中"加入"一个富有经验的控制工程师,系统能为他提供一个"控制工具箱",即可对控制、辨识、测量、监视、诊断等方面的各种方法和算法选择自便,运用自如,而且透明地面向系统外部的用户。

(1)专家控制的设计规范与运行机制

专家控制的设计规范是建立数学模型与知识模型相结合的广义知识模型,它的运行机制是包含数值算法在内的知识推理。专家控制的设计规范和运行机制是专家系统技术的基本原则在控制问题中的应用。

1)控制的知识表示

专家控制把控制系统视为基于知识的系统,系统包含的知识信息内容可以表示如下:

根据专家系统知识库的结构,有关控制的知识可以分类组织,形成数据库和规则库,从而构成专家控制系统的知识源组合。

①数据库

数据库中包括:

事实——已知的静态数据。例如传感器测量误差、运行阈值、报警阈值、操作序列的约束条件、受控对象或过程的单元组态等。

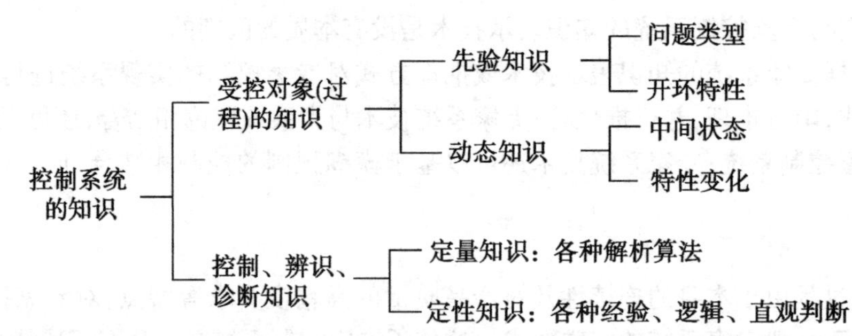

证据——测量到的动态数据。例如传感器的输出值、仪器仪表的测试结果等。证据的类型是各异的,常常有噪声、延迟,也可能是不完整的,甚至相互之间有冲突。

假设——由事实和证据推导得到的中间结果,作为当前事实集合的补充。例如,通过各种参数估计算法推得的状态估计等。

目标——系统的性能指标。例如对稳定性的要求,对静态工作点的寻优,对现有控制规律是否需要改进的判断等。目标既可以是预定的,也可根据外部命令或内部运行状况在线地动态建立,各种目标实际上形成了一个大的阵列。

上述控制知识的数据结构通常用框架形式表示。

②规则库

规则库实际上是专家系统中判断性知识集合及其组织结构的代名词。对于控制问题中各种启发式控制逻辑,一般用产生式规则表示,即

IF(控制局势)THEN(操作结论)

其中,控制局势即为事实、证据、假设和目标等各种数据项表示的前提条件,而操作结论即为定性的推理结果,它可以是对原有控制局势知识条目的更新,还可以是某种控制、估计算法的激活。

2)控制的推理模型

专家控制中的问题求解机制可以表示成如下的推理模型:

$$U = f(E,K,I) \tag{6.1}$$

其中,$U=(u_1,u_2,\cdots,u_m)$,为控制器的输出作用集;$E=(e_1,e_2,\cdots,e_n)$,为控制器的输入集;$K=(k_1,k_2,\cdots,k_p)$,为系统的数据项集;$I=(i_1,i_2,\cdots,i_n)$,为具体推理机构的输出集;f 为一种智能算子,它可以一般地表示为

$$\text{IF} \quad E \quad \text{and} \quad K \quad \text{THEN} \quad (\text{IF} \quad I \quad \text{THEN} \quad U) \tag{6.2}$$

即根据输入信息 E 和系统中的知识信息 K 进行推理,然后根据推理结果 I 确定相应的控制行为 U。

在此,智能算子 f 的含义用了产生式的形式,这是因为产生式结构的推理机能够模拟任何一般的问题求解过程。实际上,f 算子也可以基于知识表示形式来实现相应的推理方法。如语义网络、谓词逻辑等。

专家控制推理机制的控制策略如果仅仅用到正向推理是不够的。当一个结论不能自动得到推导时,就需要使用反向推理的方式,去调用前链控制的产生式规则知识源或者过程式知识源来验证这一结论。

(2)专家控制系统的典型结构

目前,专家控制系统还没有统一的体系结构。图6.2是专家控制系统的一种典型结构图,

它具有一定的代表性。

从图6.2可知，专家控制系统有知识基系统、数值算法库和人-机接口3个并发运行的子系统。人-机接口与知识基系统直接交互，而与数值算法间接联系。控制按采样周期进行，可中断人-机会话的处理。3个运行子系统间的通信是通过5个信箱进行的，这5个信箱即出口信箱（Outbox）、入口信箱（In box）、应答信箱（Answer box）、结果信箱（Result box）和定时器信箱（Timer box）。

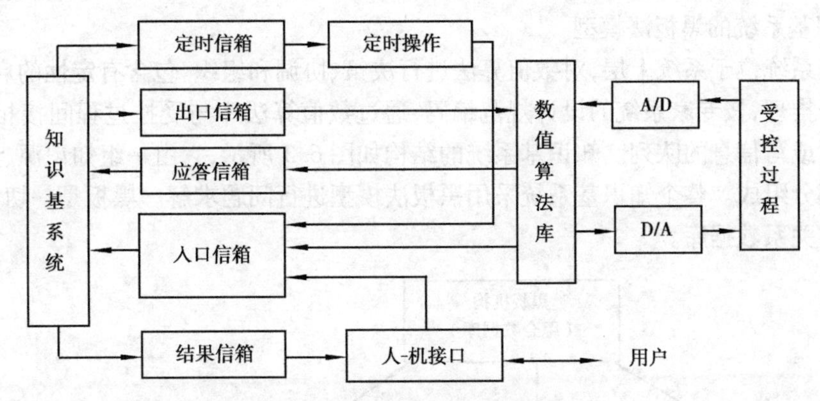

图6.2　专家控制系统的典型结构

系统的控制器由位于下层的数值算法库和位于上层的知识基子系统两大部分组成。

1）数值算法

数值算法库包含定量的解析知识，能进行快速、精确的数值计算，它由控制、辨识和监控三大类算法组成，按常规编程直接作用于受控过程，拥有最高的优先权。

控制算法根据来自知识基系统的配置命令和测量信号计算控制信号，例如PID算法、极点配置算法、最小方差算法、离散滤波器算法等，每次运行一种控制算法。

辨识算法和监控算法在某种意义上是从数值信号流中抽取特征信息，可以看作是滤波器或特征抽取器，仅当系统运行状况发生某种变化时，才往知识基系统中发送信息。在稳态运行期间，知识基系统是闲置的，整个系统按传统控制方式运行。

2）内部过程通讯

专家控制系统中，内部各运行子过程间的通讯是通过如下5个信箱进行的。

①出口信箱

将控制配置命令、控制算法的参数变更值以及信息发送请求从知识基系统送往数值算法部分。

②入口信箱

将算法执行结果、检测预报信号、对于信息发送请求的答案、用户命令以及定时中断信号分别从数值算法库、人-机接口及定时操作部分送往知识基系统。这些信息具有优先级说明，并形成先入先出的队列。在知识基系统内部另有一个信箱，进入的信息按照优先级排序插入待处理信息，以便尽快处理最主要的问题。

③应答信箱

传送数值算法对知识基系统的信息发送请求的通信应答信号。

④解释信箱

传送知识基系统发出的人机通信结果,包括用户对知识库的编辑、查询、算法执行原因、推理结果、推理过程跟踪等系统运行情况的解释。

⑤定时器信箱

用于发送知识基系统内部推理过程需要的定时等待信号,供定时操作部分处理。

人-机接口子系统传播两类命令:一类是面向数值算法库的命令,如改变参数或改变操作方式;另一类是指挥知识基系统去做什么的命令,如跟踪、添加、清除或在线编辑规则等。

3)知识基系统的黑板法模型

知识基系统位于系统上层,对数值算法进行决策、协调和组织,包含有定性的启发式知识,能进行符号推理,按专家系统的设计规范编码,通过数值算法库与受控过程间接相连,连接的信箱中有读或写信息的队列。知识基系统的结构如图 6.3 所示,它由一组知识源、黑板机构和调度器三部分组成。整个知识基系统采用黑板法模型进行问题求解。黑板是一切知识源可以访问的公共关系数据库。

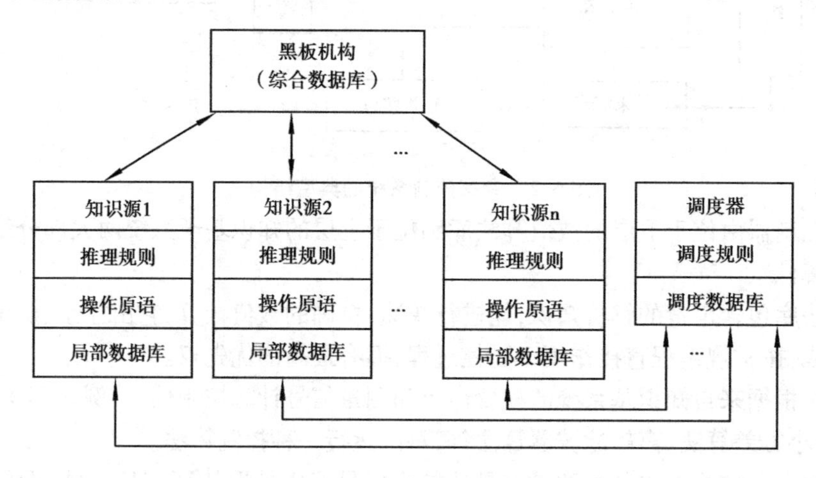

图 6.3　知识基系统

黑板法(Blackboard Approach),首先是在 HEARSAY-Ⅱ语音理解系统中发展起来的,是一种高度结构化的问题求解模型,用于适时问题求解,即在最适当的时机运用知识进行推理。它的特点是能够决定什么时候使用知识、怎样使用知识。另外还规定了领域知识的组织方法,其中包括知识源(KS)这种知识模型,以及数据库的层次结构等。

在图 6.3 中,知识源是与控制问题子任务有关的一些独立知识模块。可以把它们看作是不同子任务问题领域的小专家。知识源所表示的是各种数值算法所涉及的启发式逻辑,而不是算法本身的具体内容。每一个知识源有比较完整的知识库结构,包括:

推理规则——采用“IF-THEN”产生式规则,条件部分是全局数据库(黑板)或是局部数据库中的状态描述,动作或结论部分是对黑板信息或局部数据库内容的修改或添加。

局部数据库——存放与子任务相关的中间结果,用框架表示,其中各槽的值即为这些中间结果。

操作原语——一类是对全局或局部数据库内容的增添、删除和修改操作,另一类是对本知识源或其他的知识源的控制操作,包括激活、中止和固定时间间隔等待或条件等待。

黑板机构——存放、记录包括事实、证据、假设和目标所说明的静态、动态数据。这些数据分别为不同的知识源所关注。通过知识源的访问,整个数据库起到在各个知识源之间传递信息的作用。通过知识源的推理,数据信息得到增删、修改、更新。

调度器的作用是根据黑板的变化激活适当的知识源,并形成有次序的调度队列。

激活知识源可以采用串行或并行激活的方式,从而形成多种不同的调度策略。

串行激活又分成相继触发、预定顺序和动态生成顺序3种方式,即:

相继触发——一个激活知识源的操作结果作为另一个知识源的触发条件,自然激发,此起彼伏。

预定顺序——按控制过程的某种原理,预先编一个知识源序列,依次触发。例如初始调节,在检测到不同的报警状态时,系统返回到稳态控制方式等情况。

动态生成顺序——对知识源的激活顺序进行在线规划。每个知识源都可以附上一个目标状态和初始状态,激活一个知识源即为系统状态的一个转换,通过逐步比较系统的期望状态与知识源的目标状态,以及系统的当前状态与知识源的初始状态,就可以规划出状态转移的序列,即动态生成了知识源的激活序列。

并行激活方式是指同时激活一个以上的知识源方式。例如系统处于稳态控制方式时,一个知识源负责实际控制算法的执行,而另外一些知识源同时实现多方面监控作用。

调度器的结构类似于一个知识库,其中包括一个调度数据库,用框架形式记录着各个知识源的激活状态的信息,以及某些知识源等待激活的条件信息。调度器内部的规则库包括了体现各种调度策略的产生式规则,例如:

"IF a KS is ready and no other KS is running THEN run this KS"

整个调度器的工作所需的时间信息,如知识源等待激活、彼此中断等,是由定时操作部分提供的。

6.2.3　专家控制器

工业生产所遇到的被控对象千变万化,其复杂程度各不相同,如果都对被控对象或过程建造专家控制系统进行控制,显然是不必要的。因此,对于一些被控对象,考虑到对其控制性能指标、可靠性、实时性及对性能/价格比的要求,可以将专家控制系统简化为专家控制器。

(1)专家控制器的一般结构

专家控制器通常由知识库(KB)、控制规则集CRS、推理机IE和特征识别与信息处理(FR&IP)四部分组成。图6.4给出了一种专家控制器的结构框图。

1)知识库

知识库用于存放工业过程控制的领域知识,由经验数据库(DB)和学习与适应装置(LA)组成。经验数据库主要存储经验和事实集,学习与适应装置的功能是根据在线获取的信息,补充或修改知识库内容,改进系统性能,以提高问题求解能力。事实集主要包括控制对象的有关知识,如结构、类型、特征等,还包括控制规则的自适应及参数自调整方面的规则。经验数据包括控制对象的参数变化范围,控制参数的调整范围及其限幅值,传感器的静态、动态特性参数及值,控制系统的性能指标或有关的经验公式等。

建立知识库的主要问题是如何表达已获得的知识。专家控制知识库由产生式规则来建立,这种表达方式有较高的灵活性,每条产生式规则都可独立地增删、修改,使知识库的内容便于更新。

2)控制规则集

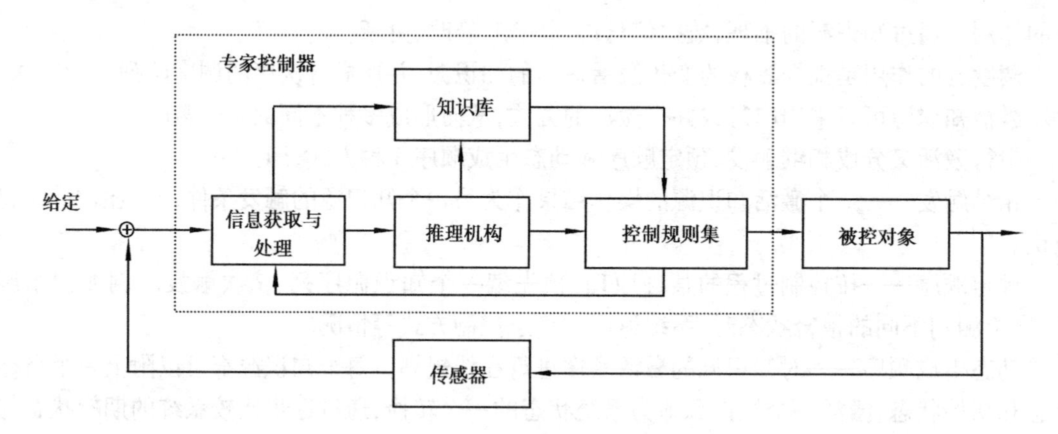

图 6.4　专家控制器的一种结构

控制规则集是对被控对象的各种控制模式和经验的归纳和总结。由于规则条数不多，搜索空间很小，推理机构就十分简单。采用正向推理方法逐次判别各种规则的条件，满足则执行，否则继续搜索。

3）推理机

由于专家控制器的知识库和控制规则集的规模远小于专家控制系统，因此它的搜索空间十分有限，这使得推理机制变得简单。一般采用前向推理机制，对于控制规则由前向后逐条匹配，直至搜索到目标。

4）信息获取与处理

信息获取与处理模块的作用是实现对信息的提取与加工，为控制决策和学习适应提供依据。它主要抽取动态过程的特征信息，识别系统的特征状态，并对特征信息做必要的加工。信息的获取主要是通过其闭环控制系统的反馈及系统的输入来实现，对这些信息量的处理可以获得控制系统的误差及其误差变化量等信息。

(2) 专家控制器模型

专家控制器的模型可表示为

$$U = f(E,K,I) \tag{6.3}$$

其中，U 为专家控制器的输出集；$E=(R,e,Y,U)$ 为专家控制器的输入集；I 为推理机构输出集；K 为经验知识集。智能算子 f 为几个算子的复合运算，即

$$f = g \cdot h \cdot p \tag{6.4}$$

式中

$$g: E \to S$$
$$h: S \times K \to I$$
$$p: I \to U$$

S 为特征信息输出集；g,h,p 均为智能算子，其形式为

$$\text{IF} \quad A \quad \text{THEN} \quad B \tag{6.5}$$

其中，A 为前提或条件，B 为结论。A 与 B 之间的关系可以是解析表达式、模糊关系、因果关系的经验规则等多种形式。B 还可以是一个子规则集。

6.3　模糊专家系统

6.3.1　模糊专家系统的基本结构

模糊专家系统是一类在知识获取、知识表示和运用过程中全部或部分地采用了模糊技术的专家系统。基于规则的模糊专家系统通常包括:输入输出接口、模糊数据库、模糊知识库、模糊推理机、学习模块和解释模块等,其一般体系结构如图6.5所示。

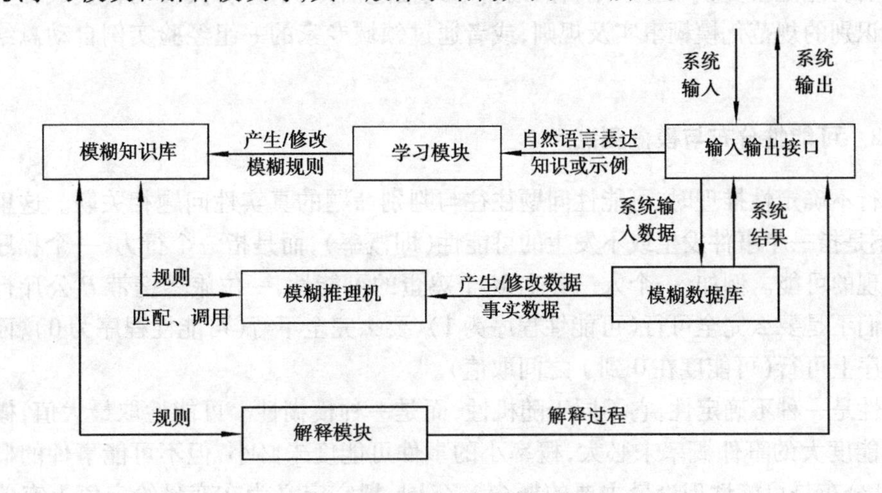

图6.5　模糊专家系统的一般结构

模糊专家系统中各模块的作用或功能归纳如下。

(1)输入输出接口

主要用于输入系统初始信息(这些信息允许是不确定的)、输出系统最终结论(这些结论一般也包含某种不确定性)、显示系统推理的解释过程和系统运行过程中的人-机对话、输入建库及修改信息等。

(2)模糊数据库

用于存储各类不确定性的信息。如系统的初始输入信息、基本数据信息、系统基本定义,主要用于确定描述不确定信息的模糊语言值、系统推理过程中产生的中间信息、系统的最终结论信息等。

(3)模糊知识库

在模糊知识库中存放着从领域专家的经验中总结出来的事实及规则。这些事实或规则可以是模糊的或不完全可靠的,即在各事实上要附上一个可信度标志并为各规则附上一个强度标志。

(4)模糊推理机

模糊推理机是模糊专家系统的核心,其功能是根据系统输入的不确定证据,利用模糊知识库和模糊数据库中的不确定性知识,按一定的不确定性推理策略例如关于证据的不确定性、结论的不确定性等,解决系统问题领域中的问题,给出较为合理的建议或结论。

为了更好地模拟领域专家的推理过程,模糊推理机不仅包括一般专家系统推理机所具有的推理技术,如按广度或深度优先搜索策略,进行正向、反向或双向推理,在推理过程为了减小搜索空间,可采用α,β剪枝技术或使用启发式函数等,通常还需定义一组函数,用于推理过程中信息的不确定性的传播计算。

(5)解释模块

系统解释模块与一般专家系统中的相对应模块相似,记录了系统推理过程中所用的规则及产生的中间结果,但在规则和结论中均附有不确定性标度。

(6)学习模块

其主要功能是接受领域专家用自然语言形式描述的知识,并将其自动转换成计算机推理过程中可识别的规范化模糊事实及规则,或者通过领域专家的一组经验实例自动总结归纳出模糊规则。

6.3.2 可能性分布与模糊测试

在进行不确定性推理时,可能性问题往往与判别命题的真实性问题相关联。这里所说的可能性,不是指一个事件发生或不发生的可能性(即概率),而是指一个行为、一个程序或一种方案等实现的可能。例如,一个人一餐吃M个鸡蛋的可能性,一位旅客携带P公斤行李的可能性。它们不是要么完全可行(可能性程序为1),要么完全不行(可能性程序为0),而是在各种不同程序上可行(可能度在0到1之间取值)。

可能性是一种不确定性,它不同于随机性,而是一种模糊性。可能性取最大值,概率取平均值。可能度大的事件概率未必大,概率小的事件可能度未必小,但不可能事件的概率必为0。可能性分布是可能性理论最主要的概念。Zadeh把它定义为在变量给定值上有伸缩性的模糊约束。

(1)模糊限制与可能性分布

设被描述的对象为u,对象的属性用字母X,Y,Z,KK表示,则对象u对属性的标记可表达为

$$X(u),Y(u),Z(u),KK$$

例如,一个人有年龄、身高、体重、性别、文化水平等相关属性,每一属性均有一属性值。比如,王云今年25岁,身高1.69 m,体重70 kg,可形式化地表达为

$$X(u)=25,Y(u)=1.69,Z(u)=70$$

当研究的对象不是一个人而是一群人时,则属性值不是一个"常量",而是一个"变量"。比如年龄$X(\cdot)$的值可以是从1岁到100岁的一个值,也可以是"年轻"、"中年"、"老年"等模糊语言变量值,这要根据具体对象而定,给"变量"以"常量"值的过程称为赋值。以$X(\cdot)$表示人的年龄,在不致混淆时直接记为X,则王云的年龄是25岁可表达为

$$X:=25$$

它表示把值25赋给变量X。若

$$X:=[25,30],X:=a\mid a\in[25,30]$$

则上式表示年龄X在区间[25,30]之间。将X取值受到[25,30]这个集合的限制表达为

$$R(X):=[25,30]$$

同样,"王云是个年轻人"可表达为

$X:=a|a\in$ 年轻 或 $R(X)=$ 年轻

若"年轻"用模糊集合 A 来表达,隶属函数为 $\mu_A(a)$,则

$$X:=a\mid a\in A\qquad R(X)=A \tag{6.6}$$

上式称为赋值方程,它表达了把一个模糊集合或模糊关系赋给变量 X 的限制过程,称为模糊限制或模糊约束,即 $R(X)$ 表达了命题"王云是年轻的"含义。

若年龄为30岁,"王云是年轻的"的隶属度函数为0.5。对此,可以有两种解释:一种解释是,0.5是30岁的可能,即模糊集合"年轻"这个语言变量的相容性程序;另一种解释是,0.5看作是被研究对象年龄为30岁的可能,即将模糊集合"年轻"(A)认为是年龄(X)的一种可能性分布。若记 X 的可能性分布为 $\boldsymbol{\Pi}_x$,则

$$\boldsymbol{\Pi}_x=R(X)=A \tag{6.7}$$

上式表明,若 A 是论域 U 上的一个模糊集合,X 是在 U 上取值的一个变量,并令 A 是 X 取值的模糊限制 $R(X)$,$R(X)=A$,则命题"X 是 A"规定了变量 X 的一个可能性分布 $\boldsymbol{\Pi}_x$,可能性分布函数 $\boldsymbol{\Pi}_x$ 在数值上等于模糊集合 A 的隶函数 μ_A,即 $\boldsymbol{\Pi}_x=\mu_A$,或表示为

$$\boldsymbol{\Pi}_x=A \tag{6.8}$$

例6.1 设论域 $U=\{1,2,3,4,5,6\}$,模糊语言变量是"小整数",A 是 U 上的一个模糊集子,定义为

$$A=\frac{1}{1}+\frac{1}{2}+\frac{0.8}{3}+\frac{0.6}{4}+\frac{0.4}{5}+\frac{0.2}{6}$$

命题"X 是一个小整数"确定了 X 的一个可能性分布:

$$\boldsymbol{\Pi}_x=\frac{1}{1}+\frac{1}{2}+\frac{0.8}{3}+\frac{0.6}{4}+\frac{0.4}{5}+\frac{0.2}{6}$$

其中的一项,如 $\text{Poss}\{X=3\}=0.8$,读作"$X=3$ 的可能性是0.8"。

在模糊专家系统中,常以可能性来表达含不确定性模糊规则和模糊证据的真值。可能性理论把模糊集理论提高到了可以进行信息结构分析的高度。

(2)模糊集合的可能性测度

设 A 是论域 U 上的普通集合,$\boldsymbol{\Pi}_x$ 是在 U 上取值的变量 X 的可能性分布,如图6.6所示,那么,A 的可能性测度 $\pi(A)$ 定义为在区间[0,1]上的一个数:

$$\pi(A)\triangleq \text{Sup}_{\mu\in A}\pi_x(u) \tag{6.9}$$

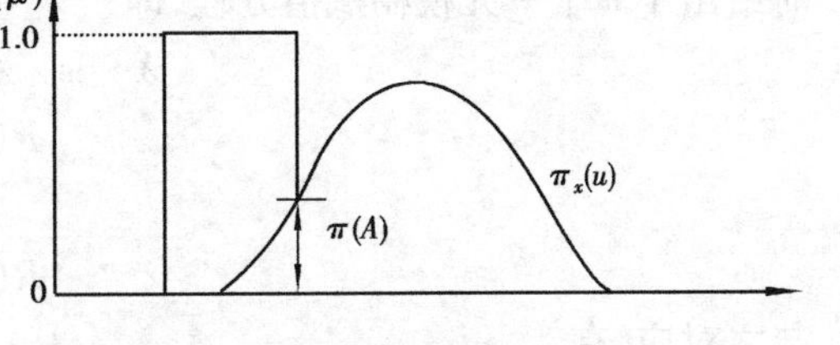

图6.6 普通集合的可能性测度

式中,$\pi_x(u)$ 是 $\boldsymbol{\Pi}_x$ 的可能性分布函数。这一数值也可以解释为 X 的值属于 A 的可能性,即

$$\text{Poss}\{X\in A\}\triangleq\pi(A)\triangleq\text{Sup}_{\mu\in A}\pi_x(u) \tag{6.10}$$

若 A 是一个模糊集合,则模糊集合 A 可能性测度 $\pi(A)$ 为:

$$\text{Poss}\{X\ \text{ is }\ A\}\triangleq\pi(A)\triangleq\text{Sup}_{\mu\in A}(\pi_x(u)\wedge\mu_A(u)) \tag{6.11}$$

式中,用"X is A"代替了普通集合中的"$X\in A$",$\mu_A(u)$ 是 A 的隶属度函数,$\wedge$ 表示取小运算。

上式的直观意义如图6.7所示,可以看作是两个分布函数的"交"的"高度"运算,即

$$\pi(A)\triangleq HT(A\cap\boldsymbol{\Pi}_x) \tag{6.12}$$

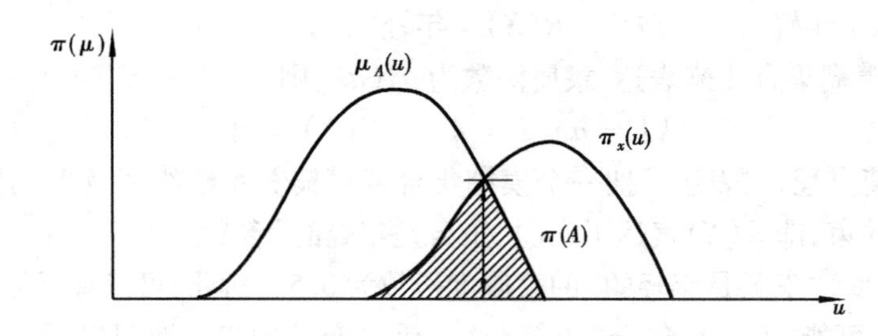

图 6.7　模糊集合 A 的可能性测度

式中，$HT(\cdot)$ 是一种“取其高度”的运算。

根据可能性测度的定义，若 A 和 B 是 U 上的两个任意模糊集合，则

$$\pi(A \cup B) = \pi(A) \vee \pi(B)$$

$$\pi(A \cap B) \leqslant \pi(A) \wedge \pi(B)$$

(3) 多元可能性分布

设论域 $U = U_1 \times U_2 \times \cdots \times U_n$ 是一个多维(因素)空间，A 是 U 上的一个模糊关系，X 是在 U 上取值的一个 n 元模糊变量，$X = (X_1 \times X_2 \times \cdots \times X_n)$，则命题“$p \triangleq X$　is　A”表达了对 X 取值的一种模糊限制。

$$R(X) = R(X_1, X_2, \cdots, X_n) = A \tag{6.13}$$

并诱导出 X 的一个 n 元可能性分布：

$$\Pi = \Pi(X_1, X_2, \cdots, X_n) \tag{6.14}$$

即

$$X \text{ is } A \rightarrow (X_1, X_2, \cdots, X_n) = A \tag{6.15}$$

若 A 的隶属函数为 $\mu_A(u_2, u_2, \cdots, u_n)$，则 n 元可能分布性函数为

$$\pi_{(x_1, x_2, \cdots, x_n)}(u_1, u_2, \cdots, u_n) = \mu_A(u_1, u_2, \cdots, u_n)$$

式中，$(u_1, u_2, \cdots, u_n) \in U$。

若 A 是 n 个一元模糊向量 $A_1, A_2, \cdots, A_n$ 笛卡尔积集，则命题“$p \triangleq X$　is　A”可以看作是同时给出了 n 个一元模糊赋值方程，即

$$X \text{ is } A \rightarrow R(X_1) = A_1$$
$$R(X_2) = A_2$$
$$\vdots$$
$$R(X_n) = A_n$$

与之对应，有

$$\Pi(X_1, X_2, \cdots, X_n) = \Pi_{X_1} \times \Pi_{X_2} \times \cdots \times \Pi_{X_n} \tag{6.16}$$

且　$$\pi_{(X_1, X_2, \cdots, X_n)}(u_1, u_2, \cdots, u_n) = \pi_{X_1}(u_1) \wedge \pi_{X_2}(u_2) \wedge \cdots \wedge \pi_{X_n}(u_n) \tag{6.17}$$

式中，$\pi_{X_i}(u_i) = \mu_{A_i}(u_i), u_i \in U_i, i = 1, 2, \cdots, n$

例如，在命题“$p \triangleq$地毯很大”中，“地毯很大”可以理解为“地毯又宽又长”，是地毯“长度”和“宽度”的一种综合考虑。若对大地毯认识如下表所示：

地毯长度 X_1	300	350	400	…	600	…
地毯宽度 X_2	250	250	300	…	400	…
属于大地毯的程度 μ	0.4	0.5	0.6	…	1	…

则命题"$p \triangleq$地毯很大"所诱导的可能性分布可表达为

Π(长度(地毯),宽度(地毯))=很大

在上面给出的条件下,此地毯长400 cm、宽300 cm的可能性是0.6,而长600 cm、宽400 cm的可能性是1。

6.3.3　模糊性知识的规则表示

模糊性知识可以采用产生式规则、框架、语义网络等形式表达。本节只讨论模糊产生式规则的表达方法。

(1)模糊产生式规则

模糊产生式规则是采用基于模糊理论的模糊规则,其模糊化主要从以下几方面进行。

1)前提条件模糊化

在规则的前提条件中引入模糊谓词或模糊状态量词,以表达模糊关系及模糊状态,并定义一种模糊匹配原则。当该规则的前提条件和数据库中的模糊数据模糊地相匹配时,就可以应用此规则,模糊地推出一个模糊结论或动作。

2)动作或结论模糊化

使规定的动作或结论具有一种介于(0,1)之间的可信度,或者让结论本身就是一个模糊谓词或模糊状态,或者动作本身是一个带模糊性的动作。

3)设置规则激活阈值

当前提条件匹配度大于或等于规则激活阈值时,规则被激活。

4)设置规则可信度(规则强度)$CF(0<CF\leqslant 1)$

以确定的可能度来反映规则的可信度。

全部或部分具有上述特征的产生式规则称为模糊产生式规则。

(2)模糊规则的表达方法

模糊产生式规则的形式可表示为

$$\text{IF}(p_1,p_2,\cdots,p_m)\text{THEN}(q_1,q_2,\cdots,q_n)\text{WITH}\quad CF(R) \tag{6.18}$$

式中　$P_1,P_2,\cdots,p_m$——规则中的各模糊前提条件(模糊命题);

$q_1,q_2,\cdots,q_n$——规则中的模糊结论或动作(模糊命题);

$CF(R)$——规则可信度(置信度)或强度。

规则的前件和后件均可以是模糊命题。凡命题中含有模糊谓词或模糊状态量词或带不同程度肯定的均称为模糊命题,通常可以有以下几种表达方式。

1) $$p:=[p'=(A(x)\quad \text{is}\quad D),t] \tag{6.19}$$

式中　p——模糊命题;

x——对象名;

A——x的属性名;

D——确定性状态的表达式；

p'——p 相应的确定性命题；

t——p 的确定性程度。

例如，模糊命题“室内湿度八成是80%左右”可表示为

$$p: = [(\text{humidity}(\text{room}) \text{ is } 80\%), 0.8]$$

2) $p: = [A(x) \quad \text{is} \quad \Pi_x]$

或
$$p: = [p' = (A(x) \quad \text{is} \quad B), \mu_B(A(x)) = \Pi_x] \tag{6.20}$$

式中，Π_x 表示 $A(x)$ 在论域中的可能性分布，B 为 $A(x)$ 基础论域上的一个模糊概念。当 $A(x)$ 有基础论域时，通常令 $\Pi_x = \mu_B(A(x))$。

例如，模糊命题“张是个年轻人”可表示为

$$p: = [(\text{age}(\text{zhang}) \text{ is young}), \mu_{\text{young}}(A(x)) = \pi_x]$$

其中，$\mu_{\text{young}}(A(x))$ 中的 $A(x) = \text{age}(\text{zhang})$。

3) $p: = [p' = (R(x,y) \text{ is } S), \mu_s(R(x,y)) = \pi_{R(x,y)}]$ (6.21)

式中 x,y——两个对象名；

$R(x,y)$——x,y 之间的模糊关系；

S——$R(x,y)$ 论域上的模糊关系。若 R 没有基础论域，$\mu_S(R(x,y))$ 可以直接以数值形式给出。

例如，模糊命题“杰克喜欢玛丽”可表示为

$p: = [p' = (R(\text{Jack}, \text{Mary}) \text{ is like}), \mu_{\text{like}}(R(\text{Jack}, \text{Mary})) = 0.7]$

4) $p: = [p' = (A(x) \text{ is } \Pi_x), \pi_m = t]$ (6.22)

对既含有模糊状态表达，又带不同程度肯定的命题，可采用双重模糊表达。此时，式中 Π_x 表示 $A(x)$ 的模糊状态或者说其可能性分布，π_m 表达对 p' 的确信程度。

例如，模糊命题“玛丽的眼睛多少有点大，这绝对是真的”可表示为

$$p: = [p' = \text{size}(\text{eye}(\text{Mary}) \text{ is big}, 0.9), 0.99]$$

5) $p: = [p' = (R(x,y) \text{ is } s, \mu_A(R,(x,y)) = \pi_{R(x,y)}, \pi_m = t)]$ (6.23)

这是一种对表达模糊关系的模糊命题的一般描述，其意义与4)相类似。

(3)模糊产生式系统运行举例

为了更好地理解模糊规则是如何表达模糊知识的，了解模糊产生式系统的运行原理，下面用一个简单的模糊推理的例子来加以说明。

假定已有模糊规则集：

R_1:IF[$(A(x)$ is small$)$] THEN [$(B(x)$ is $b_1)$]

R_2:IF[$(A(x)$ is middle$)$] THEN [$(B(x)$ is $b_2)$, 0.7]

R_3:IF[$(A(x)$ is large$)$] THEN [$(B(x)$ is $b_3)$, 0.4]

$A(x)$ 的基础论域是$\{1,2,3,4,5\}$，其模糊概念 small, middle, large 的可能性分布分别定义如下：

$$\mu_{\text{small}}(A(x)) = \pi_x^1 = \left\{\frac{1}{1}, \frac{0.8}{2}, \frac{0.3}{3}\right\}$$

$$\mu_{\text{middle}}(A(x)) = \pi_x^2 = \left\{\frac{0.6}{2}, \frac{1}{3}, \frac{0.5}{4}\right\}$$

$$\mu_{\text{large}}(A(x)) = \pi_x^3 = \left\{\frac{0.3}{3},\frac{0.8}{4},\frac{1}{5}\right\}$$

输入原始事实

$$E_1:[(A(x)\ \text{is}\ 2),0.5]$$

依据模糊匹配规则,系统运行如下:

首先将规则中的$A(x)$与模糊数据库中的$A(x_1)$进行匹配,并将x_1赋值给x;然后将规则前提条件中的模糊概念 small,middle,large 分别与数据库中$A(x_1)$对应的值2进行匹配(基础论域),分别计算规则匹配和程度$\delta_{\text{match}}(R_i,E_i)$,即

$$R_1:\ \ \delta_{\text{match}}(\text{small},2) = \mu_{\text{small}}(2) = 0.8$$

$$R_2:\ \ \delta_{\text{match}}(\text{middle},2) = \mu_{\text{middle}}(2) = 0.6$$

$$R_3:\ \ \delta_{\text{match}}(\text{large},2) = \mu_{\text{large}}(2) = 0$$

若取规则激活阈值$\delta=0.5$,则此时有两条规则被激活,构成冲突集(R_1,R_2)。其中规则R_1的匹配程度为0.8,规则R_2的匹配程度为0.6。根据最佳匹配策略即选取匹配程度最大的规则,以此作为冲突的解决策略。此时,选择规则R_1。

执行R_1操作时,数据$E_1[A(x)\ \text{is}\ 2]$的可信度为0.5,记为$\delta_{\text{data}}(E_1)=0.5$,同时要考虑规则操作的级别或结论的可信度$\delta_{\text{opr}}(R_1)$。

操作级别或结论的可信度$\delta_{\text{opr}}(R_1)$由数据的可信度$\delta_{\text{data}}(E_1)$和规则匹配程度$\delta_{\text{match}}(R_1,E_1)$的模糊逻辑与运算来确定,即

$$\delta_{\text{opr}}(R_1) = \delta_{\text{data}}(E_1) \wedge \delta_{\text{match}}(R_1,E_1) = 0.5 \wedge 0.8 = 0.5$$

执行R_1的结果,得

$$E_2:[(B(x_1)\ \text{is}\ b_1),0.5]$$

如果同时执行被激活的规则R_1、R_2,由于R_2的结论部分$(B(x)\ \text{is}\ b_2)$本身还带有可信度$\delta_{\text{opr}}(R_2)=0.7$,则操作的可信度为

$$\delta_{\text{opr}}(R_2) = (\delta_{\text{data}}(E_1) \wedge \delta_{\text{match}}(R_1,E_1)) \wedge \delta_{\text{opr}}(R_2) = (0.5 \wedge 0.6) \wedge 0.7 = 0.5$$

可得到结果

$$E_3:[(B(x_1)\ \text{is}\ b_2),0.5]$$

6.3.4　不确定性推理模型

在基于规则的专家系统中,不论是哪一种推理模型,尽管其处理问题的基本思想和方法不同,但其结构是相同的。其领域专家的知识一般表示为

$$\text{IF}\quad E\quad \text{THEN}\quad H\quad \text{WITH}\quad CF(E,H) \tag{6.24}$$

其中,E表示规则的前提条件,即证据,它可以是单独命题,也可以是复合命题;H表示规则的结论部分,即假设,也是命题;CF(Certainty Factor)是规则强度,反映当前提为真时,规则对结论的影响程度。

对于一条规则来说,它的不确定性主要表现为:前提的不确定性、结论的不确定性和规则的不确定性。因此,对于任何一个不确定性推理模型,都要解决3个问题。

1)前提(或证据)的不确定性描述;

2)规则(或知识)的不确定性描述;

3)不确定性的传播或更新算法。

证据不确定性的描述就是要给出证据为真、为假和对证据一无所知时的情况。最后一种情况称为证据的单位元。

对于规则的不确定性描述,要明确地给出规则强度,即当证据为真时,结论为真(或假)的值;还要给出规则的单位元,即证据对结论没有影响的情况。

对于不确定性的传播或更新算法,要给出求结论不确定性的计算公式,使得不确定性在推理网络中能够得以传播,最终求得问题的解。

不确定性推理模型中一般包含下面5个函数。

①如果已有规则($E \to H$)和证据E',则可根据证据的不确定性值$CF(E/E')$、规则强度$CF(H/E)$和/或$CF(H/E)$求结论H的不确定性值$CF'(H/E')$。在不确定性推理中,有时$CF'(H/E')$还与E的单位元$e(E)$和H的单位元$e(H)$有。若把该函数记为F,则

$$CF'(H/E') = F[CF(E/E'),CF(H/E),CF(H/\overline{E}),e(E),e(H)] \tag{6.25}$$

②当两条规则($E_1 \to H$)、($E_1 \to H$)具有同一假设时,如果分别求出了结论命题H的两个不确定性值$CF(H/E_1)$,$CF(H/E_2)$,则在证据E_1,E_2同时被承认的情况下,命题H的不确定性值$CF(H/E_1 \cap E_2)$应是$CF(H/E_1)$、$CF(H/E_2)$和H单位元的函数,若把该函数记为G,则

$$CF(H/E_1 \cap E_2) = G[CF(H/E_1),CF(H,E_2),e(H)] \tag{6.26}$$

③如果前提命题E是命题E_1和E_2的合取,即$E = E_1 \cap E_2$,则$CF(E/E_1)$应是$CF(E_1/E')$和$CF(E_2/E')$的函数,记此函数为S,则

$$CF'(E/E') = CF(E_1 \cap E_2/E') = S[CF(E_1/E'),CF(E_2/E')] \tag{6.27}$$

④若前提命题E是命题E_1和E_2的析取,即$E = E_1 \cup E_2$,则$CF(E/E')$应是$CF(E_1/E')$和$CF(E_2/E')$的函数,记此函数为T,则

$$CF'(E/E') = CF(E_1 \cup E_2/E') = T[CF(E_1/E'),CF(E_2/E')] \tag{6.28}$$

⑤对任意命题E,证据$\overline{E}$的不确定性为

$$CF(\overline{E}/E') = -CF(E/E')$$

在一个具体的专家系统中,规则强度和命题的单位元是由领域专家在构造专家系统时给出的。命题E和H的单位元表示在推理之前,即在没有任何证据的情况下,对E和H一无所知。原始证据的不确定性值是由系统的用户在系统运行时给出的。系统的主要推理过程是:初始化的推理网络上附有所有规则的强度和全部命题的单位元,然后用户根据观察提供推理网络中最低层的原始证据的不确定性值,系统将使用更新命题不确定值的算法把这些不确定性值沿推理网络传播,更新相关命题的不确定性值,从而做出判断和决策。

6.3.5 模糊专家系统在故障诊断中的应用

近年来,故障检测与诊断技术得到了广泛、深入的研究,已发展出许多可行的方法。模糊专家系统因其不需要系统精确的数学模型,并利用模糊技术来处理不确定性问题,能更好地模拟人类专家的推理方法,有效或正确地解决基于概率论的专家系统所不能解决的问题,因而在故障诊断方面得到了广泛的应用。下面以模糊专家系统在宝钢冷轧CM09过程故障诊断中的实施为例来说明如何设计故障诊断模糊专家系统。

(1)总体设计

宝钢CM09冷轧机组是一套大型冷轧带钢涂层的自动化生产线。它的控制系统以SIEMENS R30过程控制机为控制核心;传感器、检测、显示、记录和控制仪表等中间控制单元

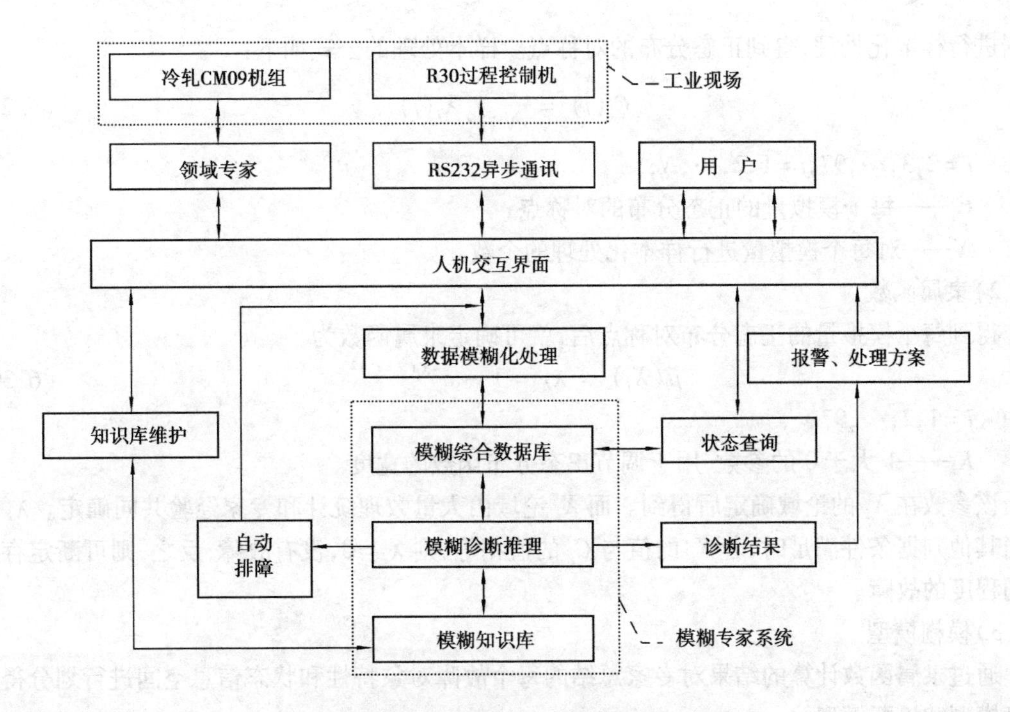

图6.8　故障诊断模糊专家系统的体系结构

为基础自动化。整个系统的运行分为入口段、工艺段、出口段3个阶段,各阶段的运行由过程控制机实时控制。由于原监测系统功能不健全,使得许多故障发生时不能及时报警或在故障发生后不能进行分析,不但对许多已有的故障无法预测或报警,对新发故障更是无从捕捉。严重时生产线停机,造成巨大损失。为此,在保留了系统原有功能的基础上,开发设计了一个用于整个系统监控的故障诊断模糊专家系统,实现了对冷轧CM09系统的在线故障诊断。由于系统规模庞大,阶次高、过程复杂,内关联性强,给诊断工作带来了很大的困难。尤其是专家总结的故障原型中含有大量的不确定性因素,如对“开卷机甩尾自动刹车故障、开卷机过零信号丢失”一类的故障原型的总结和归纳中,含有不确定钢带长度作为是否产生故障的判据,而钢带长度在故障产生时又符合一定的分布规律。对这类故障采用典型的专家系统无法进行正常的描述、演绎和推理。而模糊专家系统则可解决这一难点。

本系统(宝钢冷轧CM09故障解析支持系统)开发在一台与过程控制机双向通信的微机上,通信方式为RS232串口异步通信。过程机以每5 s为一周期向诊断微机传送一次数据(传送的变量有1 063个,其中数字量有966个、模拟量有97个),这些变量经过预处理和模糊处理被存放在诊断微机的综合数据库中。在此基础上由模糊专家系统对冷轧CM09系统进行实时状态监测与故障诊断。为配合数据采样周期,专家系统的诊断推理每5秒钟进行一次,当诊断出现故障时,诊断系统以画面和声音的方式进行报警。对出现的软性故障(可通过发送过程计算机指令排除的故障),还可进行自动排障,将排障指令发送给过程机,由过程机接受并实施排障。故障诊断模糊专家系统的整体结构如图6.8所示。

(2)模糊模型的建立

1)数据的样本化处理

在建立模糊模型前,首先要对诊断所需的所有模拟量进行处理,经大量的数量统计和专家的经验表明,作为判据的模拟量数值的大小在故障发生点呈正态分布。因此首先对模拟过程

数据进行样本化处理,得到正态分布的对称点。样本处理的公式如下:

$$C_i(j) = \frac{1}{N}\sum_{j=1}^{N} X_i(j) \tag{6.29}$$

式中 $i=2,3,\cdots,97,j=1,2,\cdots,N$;

C_i——每个模拟量的正态分布的对称点;

N——对每个模拟量进行样本化处理的个数。

2)隶属函数

得到每个模拟量的正态分布对称点后,就可确定隶属函数为

$$\mu(X_i) = \lambda_i = 1 - \mathrm{e}^{-K_i(X_i-C_i)^2} \tag{6.30}$$

式中 $i=1,2,\cdots,97$;

K_i——1 大于 0 的参数,用于调节正态分布函数的宽度。

该参数在 X_i 的论域确定后得到。而 X_i 论域由大量数理统计和专家经验共同确定。λ_i 表明当其他判据条件满足时,若 X_i 的值与 C_i 的值相等,则 $\lambda_i=0$,没有故障;反之,则可断定存在不同程度的故障。

3)模糊模型

通过隶属函数计算的结果对专家总结的每个故障对象特性和状态信息空间进行划分得到故障模型和诊断模型。

故障模型:

$$\begin{cases} \varphi_i = \{\varphi_{i1},\varphi_{i2},\cdots,\varphi_{it}\},\varphi_{ij} \in \cdots \\ i = 1,2,\cdots,97; j = 1,2,\cdots,t \\ \varphi_{i1} = \{\lambda_i = P_0\} \\ \varphi_{ik} = \{P_{k-1} < \lambda_i \leqslant P_k\},k = 1,2,\cdots,t-1 \\ \varphi_{it} = \{\lambda_i = P_t\} \end{cases} \tag{6.31}$$

式中,$P_0=0,P_t=1$;域值 P_0,P_K,P_t 将 Λ 空间分为 t 类,即将故障按严重程度分为 t 类,作为诊断的依据。其中,t 值由领域专家决定。由此得到诊断模型。

诊断模型:

$$\begin{cases} R_{i1}: \lambda_{i1} \in \varphi_{i1} \to \text{Fault-}A_1 \text{ With } CF(R_1) \\ R_{ik}: \lambda_{ik} \in \varphi_{ik} \to \text{Fault-}A_k \text{ With } CF(R_k) \\ k = 2,\cdots,t-1 \\ R_{it}: \lambda_{it} \in \varphi_{it} \to \text{Fault-}A_t \text{ With } CF(R_t) \end{cases} \tag{6.32}$$

式中 R_{ik}——规则序号;

Fault-A_k——诊断结果,$CF(R_k)$结论的确信度。

(3)模型知识库

1)模糊规则的表达方式

冷轧过程现场的故障诊断要求很强的实时性,并且对知识的可维护性要求很高。因此本系统采用模糊产生式规则的表达方法。规则表达的知识具有其他方法不可比拟的优点。首先,产生式规则与人类判断性知识形式上基本一致,因而用规则形式表示的知识很易于被人理解,同时人们也容易用规则写知识。其次,产生式规则具有模块化和一致性,使得规则库的知

识都具有相同的格式,并且全局数据库可被所有规则所访问。各条规则相对独立,因而规则的增、删、改很容易进行,知识库易于维护和扩充。

知识库中的规则来自于诊断模型,即公式(6.32)。在规则的产生过程中,对每条规则的前提条件和动作结论都进行了模糊化,同时设置了规则激活阈值 $\tau(0<\tau<1)$ 和规则可置信度 $CF(0<CF\leqslant 1)$。本系统中一个典型的模糊产生式规则表达为

$$\text{IF}[(p_1,f_1,t_1)\otimes(p_2,f_2,t_2)\otimes\cdots\otimes(p_m,f_m,t_m)]$$

$$\text{THEN}[(q_1,g_1,s_1),(q_2,g_2,s_2),\cdots]\text{WITH}\quad CF(R)$$

表达式中,符号"⊗"表示前提条件中的与、或、非等任意一种逻辑操作;$p_1,p_2,\cdots,p_m$ 表示规则中各模糊前提条件,$q_1,q_2,\cdots$ 表示规则中的模糊结论及动作;$CF(R)$ 是规则的强度或可信度;$f_1,f_2,\cdots,f_m$ 是 $p_1,p_2,\cdots,p_m$ 的状态可能性分布;$t_1,t_2,\cdots,t_m$ 是 $(p_1,f_1),(p_2,f_2),\cdots,(p_m,f_m)$ 的确信程度;$g_1,g_2,\cdots$ 是 $q_1,q_2,\cdots$ 的状态可能性分布;$s_1,s_2,\cdots$ 是 $(q_1,g_1),(q_2,g_2)\cdots$ 的确信程度。

尤其要说明一点,知识库中还有一部分故障机理确定的不需要模糊化的规则(如完全利用数字量进行推理的规则),为保证规则形式上的一致,前提、结论以及规则可信度均取"1"。

2)知识库的维护

知识库的维护包括对规则的增加、修改、删除、查询、打印等操作。本系统提供了友好的知识库编辑界面。知识库以文本的方式储存。用户可用 Windows 提供的文本编辑器(如记事本、书写器等)打开知识库,进行上述的各种操作,并且修改后不需要编译。不仅知识工程师,包括领域专家和用户也能方便地对知识库进行扩充和完善。知识库编辑完毕并存盘后,启动专家系统的执行文件便开始了对知识库的检查,包括检查知识表达语法的正确与否,规则是否相互矛盾,若无错误则正常运行。

(4)模糊推理

为保证过程故障诊断的实时性,本系统采用以模糊正向推理为主的方式。推理过程为:

①从模糊数据库接受数据,根据模糊匹配的原则,并将模糊数据库中的数据类型与各条规则前提中的数据类型进行最适匹配,将其值赋给规则的前提。

②分别计算各规则前提条件中的模糊概念与数据库中对应的数据匹配程度 $\delta_{\text{match}}(R_i,E_i)$,其中,$R_i$ 代表某条规则,E_i 代表数据库的事实。

$$\delta_{\text{match}}(p_i(R),E(P_i))=\mu_{pi}(E(P_i)) \tag{6.33}$$

若规则前提部分包含多个条件时,以式(6.34)和(6.35)来判断有多少条规则被激活。

$$\delta_{\text{match}}(R,E)=\delta_{\text{match}}(P_1(R),E(P_1))\wedge\delta_{\text{match}}(P_2(R),E(P_2))\wedge\cdots\wedge\delta_{\text{match}}(P_m(R),E(P_m)) \tag{6.34}$$

$$\delta_{\text{match}}(R,E)\geqslant\delta_0(\text{激活阈值}) \tag{6.35}$$

式(6.34)中符号"∧"代表模糊"与"操作。

③若无规则激活说明当前周期内无故障。若有多条规则被激活则构成冲突集$(R_1,R_2,\cdots,R_N)$,这时采用最佳匹配策略,即选取匹配程度最大的规则作为冲突消解策略。

④计算结论的可信度

$$\delta_{\text{match}}(q(R))=\delta_{\text{match}}(P_1(R),E(P_1))\wedge(6.32)\delta_{\text{match}}(P_2(R),E(P_2))\wedge\cdots\wedge$$
$$\delta_{\text{match}}(P_m(R),E(P_m))\wedge\delta_{\text{opd}}(q(R)\wedge CF(R)) \tag{6.36}$$

式中 $P_1(R),P_2(R),\cdots,P_m(R)$——规则 R 的各个前提条件;

$E(P_1),E(P_2),\cdots,E(P_m)$——与 $P_1,P_2,\cdots,P_m$ 最适匹配的各个数据;

$q(R)$——规则的动作；

δ_{opd}——动作或结论的可信度；

$\delta_{opr(q(R))}$——执行 $q(R)$时的操作可信度。

(5)系统开发平台介绍

本系统采用工业监控软件 Onspec 作为平台,来完成过程管理、数据查询与处理。人机交互界面采用友好的图形界面操作方式,过程机与 PC 机的通信程序及专家系统的设计以 C ++ 语言开发完成。开发后的软件运行于 Windows 95/NT。整个系统开发平台的体系结构见图6.9。

(6)诊断系统的运行过程

CM09 故障解析支持系统的运行过程如下:

①在 Winodws 95/NT 下启动系统进入系统的主画面。在主选单中可进行各项任务的选择。

②在主选单中选择"启动通信"按键,便开始了 PC 机与过程之间的双向通信,过程控制机每5 s 通过串口接口向诊断微机发送一次数据,数据按通信协议将数据以预先设定的顺序存放在综合数据库,刷新综合数据库的内容。然后进行过程数据预处理和模糊化,放于暂存数据库中。该程序一经启动,便一直运行,直到整个系统终止。

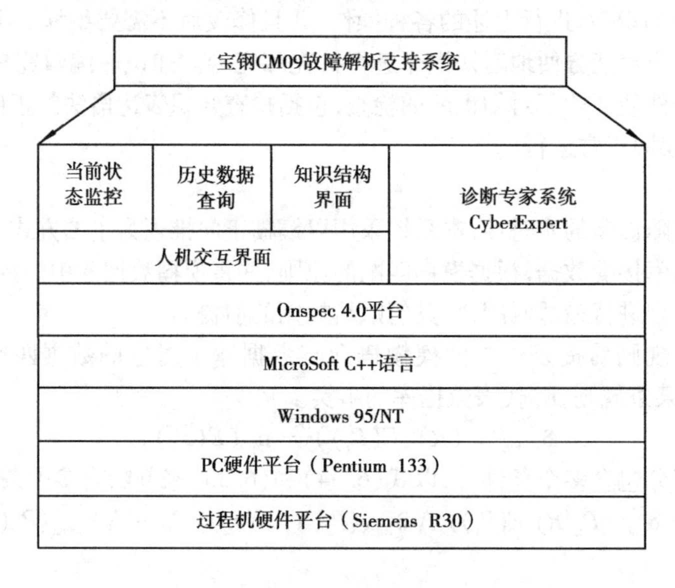

图6.9 开发平台体系结构

③在主选单中选择"专家系统"按键,运行诊断专家系统。该程序与通信程序一样,一经启动则连续运行,对冷轧过程进行诊断。专家系统每个采样周期进行一次推理,推理过程如上节中模糊推理一节所述。若诊断出故障,则在系统的任务画面中弹出报警画面,并通过诊断微机的外接音箱发出警铃提醒现场操作人员。

④对于所诊断的故障,若已知原因或排障方法的,则在报警界面中详细说明故障原因和排障方法,对其中可进行自动排障的故障,运行自动排障程序向过程控制机发送命令,达到自动排障的目的。若原因不明或有多种导致故障的可能,系统将以人机交互的方式获得更充分的信息协助判断故障原因。对完全不能判断原因的故障,可能是首发故障。中止对知识库的搜

寻,并将到目前为止的历史数据保存到 Onspec 的历史的数据库中以备以后分析。

⑤系统还提供了对冷轧 CM09 系统当前状态的查询界面和对当前故障和历史故障的查询界面,以协助用户和领域专家分析当前故障和历史故障,来进一步完善诊断系统。

本系统正式投入运行后,经宝钢专家评审团的鉴定,该项目在技术上已处于国内领先地位。目前运行效果良好,尤其是具有实时诊断的功能,对冷轧 CM09 过程中出现的故障可在一个采样周期(5 s)内报警、给出诊断结果和处理方案,在 15 s 内对软性故障实施自动排障。过程的常见故障的诊断与排障的正确性达到 100%,对首发故障诊断的准确率达 80%。

习 题 6

1. 什么是专家系统？它有哪些基本特征？
2. 专家系统有哪些基本部分组成？每一部分的主要功能是什么？
3. 专家系统的主要类型有哪些？
4. 新一代专家系统要解决哪些主要问题？
5. 什么是专家控制系统？其主要特征是什么？
6. 专家控制系统的基本构成原理是什么？
7. 专家控制系统与专家系统有什么相同之处？又有什么重要区别？
8. 说明专家控制器的推理模型特点。
9. 模糊专家系统的特点是什么？
10. 什么是可能性分布函数？它与隶属函数是什么关系？
11. 可能性与概率的关系是什么？试举例说明之。
12. 试述模糊产生式规则的模糊化方法。
13. 什么是不确定性推理？

第 7 章

基于规则的仿人智能控制

7.1 仿人智能控制的基本原理

智能控制从根本上说是要仿效人的智能行为进行控制和决策,即在宏观结构上和行为功能上对人的控制进行模拟。通过大量的实验发现:在得到必要的操作训练后,由人实现的控制方法是接近最优的。这个方法的得到不需要了解对象的结构、参数,即不需要依据对象的数学模型,也不需要最优控制专家的指导,而是根据积累的经验和知识进行在线推理确定或变换控制策略。因此,开展仿人智能控制的研究,是目前智能控制研究的一个重要方向。

传统的比例、积分和微分控制,就是著名的 PID 控制,已被广泛用于工业生产过程。但是调节比例、积分和微分参数是采用实验加试凑的方法由人工整定的。这种整定工作不仅需要熟练的技巧,而且还往往相当费时。更为重要的是,当被控对象特性发生变化,需要调节器参数作相应调整时,PID 调节器没有这种自适应能力,只能依靠人工重新整定参数。由于生产过程的连续性以及参数整定所需的时间,这种整定实际很难进行,甚至几乎是不可能的。众所周知,调节器参数的整定和控制质量是直接有关的,而控制质量往往意味着显著的经济效益。因此,在对人脑宏观结构模拟和行为功能模拟的基础上,开展仿人智能控制的研究,进行调节参数的自整定是目前智能控制研究的重要内容之一。

7.1.1 仿人智能控制的基本思想

传统的 PID 是一种反馈控制,存在着按偏差的比例、积分和微分三种控制作用。比例控制的特点是:偏差一旦产生,控制器立即就有控制作用,使被控制量朝着减小偏差方向变化,控制作用的强弱取决于比例系数 K_p。但 K_p 过大时,会使闭环系统不稳定。积分控制的特点是:它能对偏差进行记忆并积分,有利于消除静差,但作用太强会使控制的动态性能变差,以至于使系统不稳定。微分控制的特点是:它能敏感出偏差的变化趋势。增大微分控制作用可以加快系统响应,使超调减少,但会使系统抑制干扰的能力降低。可以看出,根据不同被控对象适当地整定 PID 的控制参数,可以获得一定的控制效果。

但是，对于大多数工业被控对象来说，由于它本身固有的惯性、纯滞后特性，参数时变的不确定性和外部环境扰动的不确定性，使控制问题复杂，采用上述线性组合的PID控制难以取得满意的控制效果。

下面我们来分析一下PID控制中的三种控制作用的实质，以及它们的功能与人的控制思维的某种智能差异，从而看出控制规律的智能化发展趋势。

(1)比例作用

比例作用实际上是一种线性放大或缩小的作用。它有些类似人脑的想像功能，人可以把一个量想像得大一些或小一些，但人的想像力具有非线性和时变性，即可根据情况灵活地实施放大或缩小，这一点是常规的比例控制作用所不具备的。

(2)积分作用

积分作用实际上是对偏差信号的记忆能力。人脑的记忆能力是人类的一种基本智能，但是人的记忆功能具有某种选择性，人总是有选择地记忆某些有用的信息，而遗忘无用的信息。而常规PID控制中的积分作用，不加选择地记忆了偏差的存在及其变化的信息，其中包括了对控制不利的信息。因此，这种不加区分的积分作用缺乏智能性。

(3)微分作用

微分作用体现了某种信号的变化趋势。这种作用类似于人的预见性。但是常规PID的微分的预见性缺乏人的远见卓识的预见性，因为它对变化快的信号敏感，而不善于预见变化缓慢信号的改变趋势。

从上述分析可以看出，常规PID控制中的比例、积分和微分三种控制作用，对于获得良好控制来说都是必要的，但还不是充分的条件。

众所周知，二阶系统是工程上最常见而又最重要的一类系统。这系统的形式代表了许多在化工过程控制、伺服传动系统、空间飞船控制、生物、舰船控制系统等领域中控制系统的动力学特征。正因为如此，经典控制理论将二阶系统作为典型系统，并通过对二阶系统阶跃响应的过渡过程分析，定义了表示系统控制质量的一些特征量，其中以调节时间、最大超调量和稳态误差3个特征量最为重要，称其为性能指标。

下面通过分析二阶系统的阶跃响应，找出经典控制的利弊，从而引出仿人智能控制的一些基本思想。

图7.1为典型的二阶系统的单位阶跃响应曲线。人们一般期望能快、稳、准地达到给定值，经典控制中的常规PID控制，采取了比例、积分、微分三种控制作用的线性组合方式，通过适当选择K_p、K_i及K_d3个参数，可以在一定程度上获得比较满意的响应特性。这种控制方式的主要缺点是难以解决稳定性和准确性之间的矛盾，原因在于这种控制方式以不变的统一模式来处理变化多端的动态过程。

为了便于分析阶跃响应曲线的动态过程，将图7.1响应曲线分为几个不同阶段：

①OA段：这一段为系统在控制信号作用下，由静态再向稳态转变的关键阶段。由于系统具有惯性，决定了这一段曲线只能呈倾斜方向上升。

为了获得好的控制特性，在OA段应该采取增益控制。若采用固定比例控制，当输出达到稳态值时，由于本身惯性所致，系统输出不会保持住稳态值而势必超调。为了使系统输出上升既快又不至于超调过大，一个自然而又合理的想法是：当系统输出上升接近稳态而存在误差时（如图示ε_1），比例控制作用要降低，使系统借助于惯性继续上升，既有利于减小超调而又不至

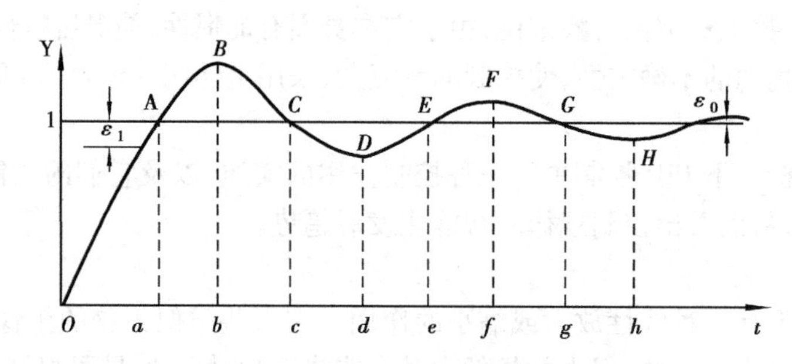

图 7.1　二阶系统的单位阶跃相应曲线

于影响上升时间。

②*AB* 段:系统输出值已超过了稳态值,向误差增大的方向变化,到 *B* 点时误差达到了最大值(负)。

在 *AB* 段,控制作用应该尽力压低超调,除了采用比例控制外,应加积分控制作用,以便通过对误差积分而强化控制作用,使系统输出尽快回到稳态值。

③*BC* 段:在这一段误差开始减小,系统在控制作用下已呈现向稳态变化的趋势。这时如再继续施加积分控制作用,势必造成控制作用太强,而出现系统回调,因此应不加积分控制作用。

④*CD* 段:系统输出减小,误差向相反方向变化,并达到最大值(正)。此种情况,应采用比例加积分控制。

⑤*DE* 段:系统出现误差逐渐减小的趋势,控制作用不宜太强,否则会出现再次超调,显然这时不应施加积分控制作用。

后面各段 *EF*、*FG*、*GH* 等的情况类同,不再赘述。

由上述响应特性的分析可以看出,控制系统的动态过程是不断变化的,为了获得良好的控制性能,控制器必须根据控制系统的动态特征,不断地改变或调整控制决策,以便使控制器本身的控制规律适应于控制系统的需要。

在控制决策过程中,经验丰富的操作者并不是依据数学模型进行控制,而是根据操作经验以及对系统动态特征信息的识别进行直觉推理,在线确定或变换控制策略,从而获得良好的控制效果。

仿人智能控制的基本思想是在控制过程中利用计算机模拟人的控制行为功能,最大限度地识别和利用控制系统动态过程所提供的特征信息,进行启发和直觉推理,从而实现对缺乏精确模型的对象进行有效的控制。

7.1.2　仿人智能控制行为的特征变量

为了有效地模拟人的智能控制行为,并应用计算机实现智能控制,必须通过一些变量来描述控制系统的动态特征,表征其动态行为。

通常,控制输出的误差 e 和误差变化 Δe 我们可以测量得到,因而它们可用作控制器的输入变量。但如果我们只根据误差 e 的大小进行控制,对于一些复杂系统,很难收到满意的控制效果。例如,当被控系统处于误差较大,而又向减小误差方向快速变化时,如果只根据误差较大而不考虑误差迅速变化的因素,必然要加大控制量,使系统尽快消除大的误差,这样的控制势必导致调节过头而又出现反向误差的不良后果。

当采用两个输入变量 e 和 Δe 进行控制时，就可以避免上述的盲目性。因此，可以得出这样的结论：一个人工控制的复杂系统，在控制过程中，人对被控系统的状态、动态特征及行为了解的越多，控制的效果就会越好。

若用计算机控制一个动态系统，如何根据输入输出的信息来识别被控系统所处的状态、动态特征及行为，并使计算机借助于这些特征变量更好地实现仿人智能控制，是仿人智能控制的一个重要问题。

下面就从误差 e 和误差变化 Δe 这两个基本的控制变量出发，引出其他特征，以便能够从动态过程中获取更多的特征信息，进而利用这些信息更好地设计仿人智能控制器。

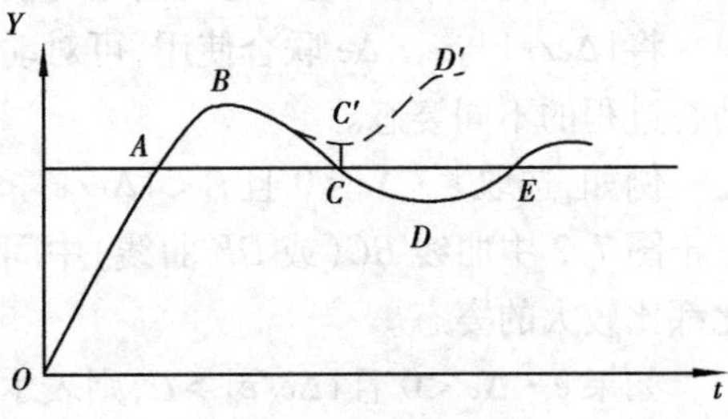

图7.2 动态过程曲线

图7.2给出一个系统的典型阶跃响应曲线图。现令 e_n 表示离散化的当前采样时刻误差值，e_{n-1} 和 e_{n-2} 分别表示前一个和前二个采样时刻的误差值，Δe 为误差变化，则有

$$\Delta e_n = e_n - e_{n-1} \tag{7.1}$$

$$\Delta e_{n-1} = e_{n-1} - e_{n-2} \tag{7.2}$$

(1) $e \cdot \Delta e$

误差 e 同误差变化 Δe 之积构成了一个新的描述系统动态过程的特征变量，利用该特征变量的取值是否大于零，可以描述系统动态过程误差变化的趋势。

对于如图7.2所示的动态系统响应曲线的不同阶段，特征变量 $e \cdot \Delta e$ 的取值符号由表7.1给出。

表7.1 特征变量的符号变化

	OA段	AB段	BC段	CD段	DE段
e_n	>0	<0	<0	>0	>0
Δe_n	<0	<0	>0	>0	<0
$e_n \cdot \Delta e_n$	<0	>0	<0	>0	<0

当 $e \cdot \Delta e < 0$ 时，如 BC 段和 DE 段，表明系统的动态过程正向着误差减小的方向变化，即误差的绝对值逐渐减小。

当 $e \cdot \Delta e > 0$ 时，如 AB 段和 CD 段，表明系统的动态过程正向着误差增大的方向变化，即误差的绝对值逐渐增大。

在控制过程中，计算机很容易识别 $e \cdot \Delta e$ 的符号，从而掌握系统动态过程的行为特征，以便更好地制定下一步控制策略。

(2) $\Delta e_n \cdot \Delta e_{n-1}$

相邻两次误差变化之积 $\Delta e_n \cdot \Delta e_{n-1}$ 构成了一个表征误差出现极值状态的特征量，若 $\Delta e_n \cdot \Delta e_{n-1} < 0$ 表征出现极值，则 $\Delta e_n \cdot \Delta e_{n-1} > 0$ 表征无极值。

把 $\Delta e_n \cdot \Delta e_{n-1}$ 和 $e_n \cdot \Delta e_n$ 联合使用，可以判别动态过程当误差出现极值后的变化趋势，如

图 7.2 中,在 B 点和 C' 点处均出现极值,但它们的 $e_n \cdot \Delta e_n$ 取值符号却相反,即

B 点:$\Delta e_n \cdot \Delta e_{n-1} < 0; e_n \cdot \Delta e_n > 0$

C' 点:$\Delta e_n \cdot \Delta e_{n-1} < 0; e_n \cdot \Delta e_n < 0$

在 B 点后误差趋于减小,而在 C' 点后误差逐渐变大。

(3) $|\Delta e/e|$

误差变化 Δe 与误差 e 之比的绝对值的大小,描述了系统动态过程中误差变化的姿态。

将 $|\Delta e/e|$ 与 $e \cdot \Delta e$ 联合使用,可对动态过程做进一步的划分,通过这种划分,可以捕捉到动态过程的不同姿态。

例如,选取 $e \cdot \Delta e < 0$ 且 $\beta < |\Delta e/e| < \alpha$,其中 α,β 是根据需要而确定的常数,这种情况相应于图 7.2 中曲线 BC(或 DE 曲线)中间部分的一段,此种情况动态过程是呈现误差和误差变化都比较大的姿态。

如果 $e \cdot \Delta e < 0$ 且 $|\Delta e/e| > \alpha$,则表示曲线 BC 段中靠近 C 点处的某一段,此种情况动态过程呈现误差小而误差变化大的姿态。对于 $|\Delta e/e| > \alpha$ 或 $|\Delta e/e| < \beta$ 的情况,读者自行分析。

(4) $|\Delta e_n/\Delta e_{n-1}|$

当前时刻误差变化与前一时刻误差变化之比的绝对值的大小,反映了误差的局部变化趋势,也间接表示出前期控制效果,如该比值大,表明前期控制效果不显著。

(5) $\Delta(\Delta e)$

误差变化的变化率,即二次差分,它是描述动态过程的一个特征量。例如,对于图 7.2 所示曲线,有

ABC 段:$\Delta(\Delta e) > 0$,处于超调段

CDE 段:$\Delta(\Delta e) < 0$,处于回调段

通过对上述特征变量的分析可知,特征变量是对系统动态特性的一种定性与定量相结合的描述,它体现了对人们形象思维的一种模拟。

7.1.3 仿人智能控制器的结构

仿人智能控制所要研究的主要目标不是被控对象,而是控制器自身,研究控制器的结构和功能如何更好地从宏观上模拟控制专家大脑的结构功能和行为功能。

一个多变量仿人智能控制器的基本结构如图 7.3 所示。它由简单的协调器 K,主从控制器 MC 和参数自校正器 ST 组成了两级智能控制器。MC 和 ST 分别由各自的特征辨识器 CI、推理机 IE 和规则库 RB 构成。二者共有数据库 DB 联系交换信息。输入给定 R、输出 Y 和误差 E 的信息分别输入给 MC 和 ST,经 CI 中反映系统动态特性的特征集 A 和反映系统特性变化的特征集 B 比较识别后,由 IE 中的直觉推理规则集 F 和 H 映射到控制模式集 V 和参数校正模式集 W,产生控制输出 U^* 和控制参数集 M。于是可得

$$A_i = \{a_{i1}, a_{i2}, \cdots, a_{im}\} \xrightarrow{F_i} V_i = \{v_{i1}, v_{i2}, \cdots, v_{im}\} \tag{7.3}$$

$$B_i = \{b_{i1}, b_{i2}, \cdots, b_{ip}\} \xrightarrow{H_i} W_i = \{w_{i1}, w_{i2}, \cdots, w_{ip}\} \quad (i = 1,2,\cdots,n) \tag{7.4}$$

其中,A,B 是解析式、逻辑关系式和阀集的集合;F,H 是以 IF(特征)THEN(控制模式)的形式写成的直觉推理规则集;V,W 是以各种线性、非线性函数写成的模式集,分别存放于 RB 和 DB 中。ST 产生的 M 进入 DB 取代原有的控制参数集,MC 产生输出 u^*,经 K 输出 $u = Ku^*$,去控

制被控对象G。

为了应用计算机来实现仿人智能控制,需要设法把人的操作经验、定性知识及直觉推理教给计算机,让它通过灵活机动的判断、推理及控制算法来应用这些知识,进行仿人智能控制。

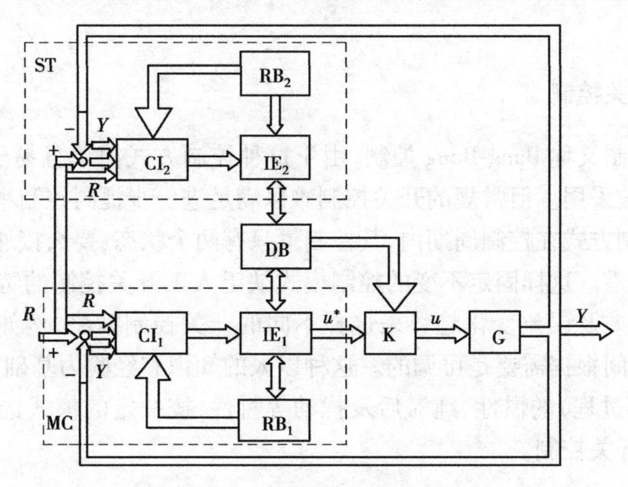

图7.3 多变量仿人智能控制器的结构

计算机在线获取信息的主要来源是系统的输入 R 和输出 Y,从中可以计算出误差 e 及误差变化 Δe,通过 e 及 Δe 可以进一步求出表征系统动态特性的特征量,例如 $e\cdot\Delta e$,$\Delta e_n\cdot\Delta e_{n-1}$,$|\Delta e/e|\cdots$

计算机借助于上述特征量可以捕捉动态过程的特征信息,识别系统的动态行为,从多种控制模式中选取最有效的控制形式,对被控对象进行精确的控制。计算机在控制过程中能够使用定性知识和直觉推理,这一点是和传统的控制理论根本不同的,也正是这一点体现出仿人智能。这种方式很好地解决了控制过程中的快速性、稳定性和准确性的矛盾。

7.1.4 仿人智能控制的多种模式

仿人智能控制器可以在线识别被控系统动态过程的各种特征,它不仅知道当前系统输出的误差变化及误差变化的趋势,还可以知道系统动态过程当前所处的状态、姿态及其动态行为,可以记忆前期控制效果和识别前期控制决策的有效性。总之,仿人智能控制器在同样条件下,所获取的关于动态过程的各种信息(包括定量的、定性的),要比传统的控制方式丰富得多。

对于仿人智能控制来说,为了获得好的控制效果,关键还在于合理地确定控制方式,实时地选择大小和方向适当的控制量以及合理的采样周期和控制周期。

从不同的角度模仿人的控制决策过程,就出现了多种仿人智能控制模式,例如仿人智能开关控制、仿人比例控制、仿人智能积分控制、智能采样控制等。此外,在仿人智能控制中还采用变增益比例控制、比例微分控制以及开环、闭环相结合的控制方式,这里所说的开环是指一种保持控制方式,即控制器当前的输出保持前一时刻的输出值,此时控制器的输出量与当前动态过程无关,相当于系统开环运行。

7.2 仿人智能开关控制器

7.2.1 智能开关控制

开关(on-off)控制又称 Bang-Bang 控制，由于这种控制方式简单且易于实现，因此在许多电加热炉的控制中被采用。但常规的开关控制难以满足进一步提高控制精度和节能的要求。

常规的开关控制方式在控制周期内，其控制量只有两个状态：要么接通，为一固定常数值；要么断开，控制量为零。这样固定不变的控制模式缺乏人工开关控制的特点。人工开关控制过程中，人要根据误差及误差变化趋势来选择不同的开关控制策略，例如在一个控制周期 T 内，控制量输出的时间根据需要是可调的。这种以人的知识和经验为基础，根据实际误差变化规律及被控对象(或过程)的惯性、纯滞后及扰动等特性，按一定的模式选择不同控制策略的开关控制称为智能开关控制。

7.2.2 智能开关控制器的设计示例

被控对象为氧化还原炉的温度，控制量为交流电压 $U(t)$，其输出波形如图 7.4 所示。其中 T 为控制周期，t_0为控制输出时间或称为开关接通时间。

图 7.5 给出了开关控制过程中的一段温度误差曲线。设 k 是当前采样时刻，$e(k)$表示当前时刻的误差，$\Delta e(k)$表示当前时刻误差的变化。根据前一节的分析，特征变量有如下特性：

$$e(k) \cdot \Delta e(k) > 0, \quad k \in (0, t_1) \text{ 或 } (t_2, t_3)$$

$$e(k) \cdot \Delta e(k) < 0, \quad k \in (t_1, t_2) \text{ 或 } (t_3, t_4)$$

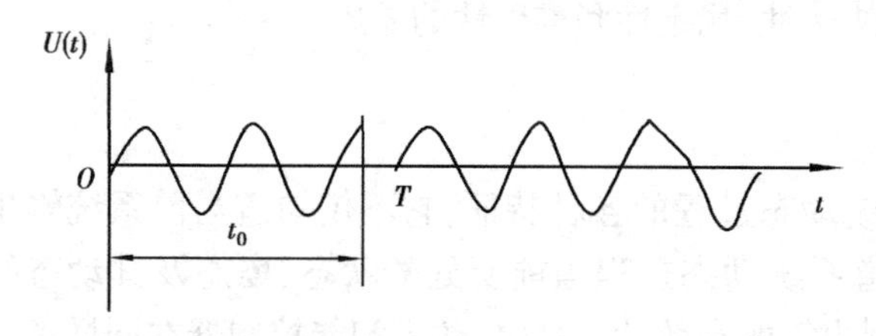

图 7.4 控制电压波形图

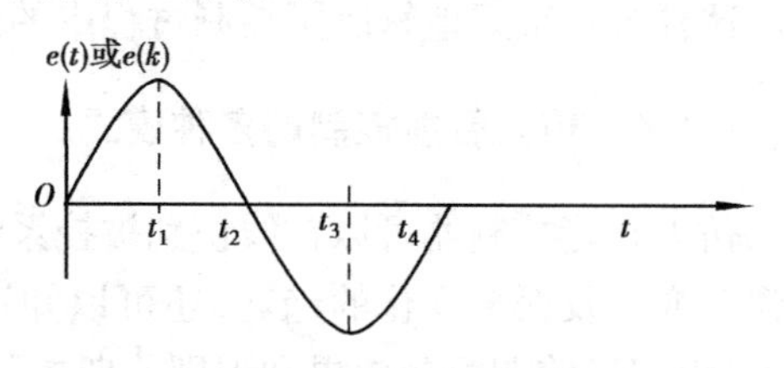

图 7.5 温度误差变化曲线

根据上述特征，考虑到被控过程的大惯性及具有一定的纯滞后的特点，采用产生式规则来设计智能开关控制算法，共总结出 12 条规则如下：

①IF $|e(k)| \geq M, e(k) > 0$ THEN $U(k) = U, t_0(k) = T$

②IF $|e(k)| \geq M, e(k) < 0$ THEN $U(k) = 0, t_0(k) = 0$

③IF $|e(k)| = 0, e(k-1) < 0$ THEN $U(k) = U, t_0(k) = K_1 t_0(k-1)$

④IF$e(k) = 0, e(k-1) > 0$ THEN $U(k) = U, t_0(k) = t_0(k-1)$

⑤IF $|e(k)| < E, e(k) > 0, \Delta e(k) > 0$ THEN $U(k) = U, t_0(k) = K_2 t_0(k-1)$

⑥IF $|e(k)| < E, e(k) > 0, \Delta e(k) < 0$ THEN $U(k) = U,\ t_0(k) = K_3 t_0(k-1)$

⑦IF $|e(k)| < E, e(k) < 0, \Delta e(k) < 0$ THEN $U(k) = U,\ t_0(k) = K_4 t_0(k-1)$

⑧IF $|e(k)| < E, e(k) < 0, \Delta e(k) > 0$ THEN $U(k) = U,\ t_0(k) = t_0(k-1)$

⑨IF $E \leqslant |e(k)| < M, e(k) > 0, \Delta e(k) > 0$　THEN　$U(k) = U,\ t_0(k) = K_5 t_0(k-1)$

⑩IF $E \leqslant |e(k)| < M, e(k) > 0, \Delta e(k) < 0$　THEN　$U(k) = U,\ t_0(k) = K_6 t_0(k-1)$

⑪IF $E \leqslant |e(k)| < M, e(k) < 0, \Delta e(k) < 0$　THEN　$U(k) = U,\ t_0(k) = K_7 t_0(k-1)$

⑫IF $E \leqslant |e(k)| < M, e(k) < 0, \Delta e(k) > 0$　THEN　$U(k) = U,\ t_0(k) = K_8 t_0(k-1)$

其中,E为允许误差的绝对值,M为给定的常数,且$M > E$;$t_0(k)$、$t_0(k-1)$分别为本次和上次控制量输出时间;$U(k)$为本次输出的控制量;$K_1 \sim K_8$均为根据经验而整定的参数。

分析上述控制规则可知,由于考虑了误差的大小和正负误差的变化趋势,从而决定了本次控制量的大小及控制时间。因此这种具有仿人智能的开关控制较普通的开关控制具有较高的控制精度和较强的鲁棒性,故称其为智能开关控制。

7.3　仿人比例控制器

7.3.1　仿人比例控制的原理

对于一些被控对象,虽然简单的比例反馈控制能保证其稳定,但常有较大的静差,满足不了稳态精度的要求。利用微机模仿人的操作,不断地调整给定值,使系统输出不断逼近期望值,从而可以提高稳态精度,这就是一种仿人比例控制的基本原理。

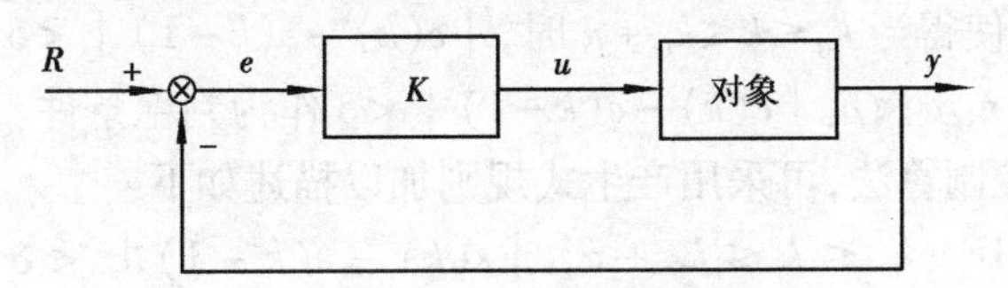

图7.6　比例反馈控制系统

假定对象为线性定常系统,其比例反馈控制系统如图7.6所示,图7.7(a)是该系统的闭环单位阶跃响应曲线。y_{ss0}为系统的稳态输出值,e_{ss0}为静差。若系统输出响应进入稳态后,再给一个阶跃输入,幅值为e_{ss0},则此时给定值变为$1 + e_{ss0}$。系统第二级稳态输出为$y_{ss0} + y_{ss1}$,静差减小为e_{ss1}。再给一个幅值为e_{ss1}的阶跃输入,系统第三稳态输出变为$y_{ss0} + y_{ss1} + y_{ss2}$,静差进一步减小为$e_{ss2}$,此时系统的给定变为$1 + e_{ss0} + e_{ss1}$。这样如此下去,系统整个输出过程如图7.7(b)所示,即

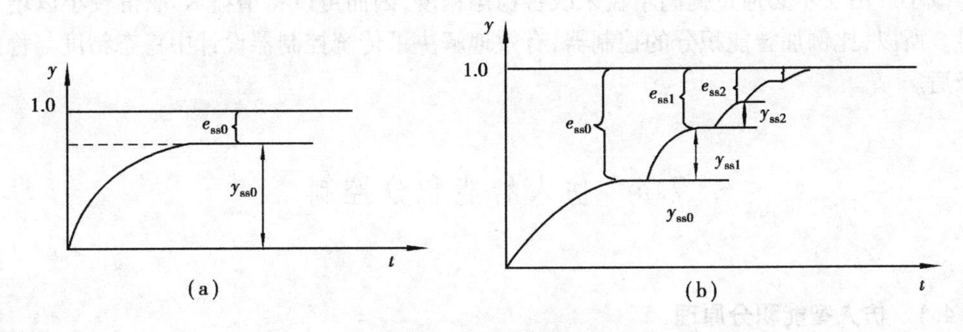

图7.7　阶跃响应曲线

输出 $$y = \sum_{i=0}^{n} y_{ssi} \xrightarrow{n \to \infty} R = 1$$

静差 $$e_{ssn} \xrightarrow{n \to \infty} 0$$

实际上,为保证静态精度的要求,只要选择 n 足够大即可。例如原比例控制静差为 $e_{ss0} = 20\%$,$y_{ss0} = 80\%$,若精度要求为1%,只须取 $n = 2$,稳态误差变为0.8%已能满足要求。

7.3.2 仿人比例控制算法

仿人比例控制系统如图7.8所示,图中积分开关只有在满足稳态条件时,才闭合一次,完成 $e_0^{(n)} = e_0^{(n-1)} + e$ 运算后又立即断开,此后 $e_0^{(n)}$ 不变。

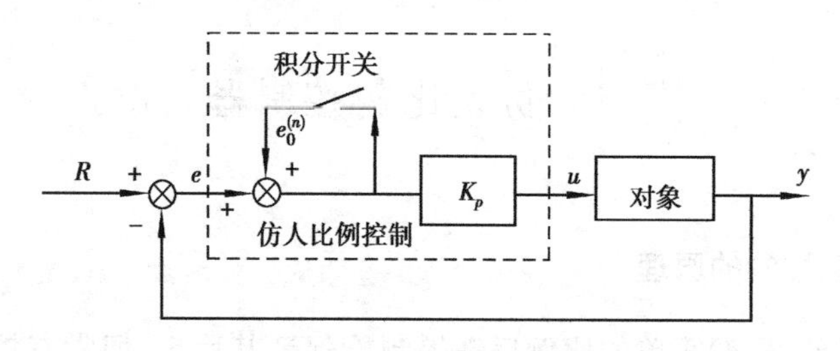

图7.8 仿人比例控制器

为了判断系统处于稳态条件而不受干扰和振荡的影响,给出如下判据:系统处于稳态的充分条件是存在一个 k_0,使得当 $k_0 \leqslant k \leqslant k_0 + n$ 时,$|e(k) - e(k-1)| < \delta$ 成立,其中 δ 是大于0的一个常数,即以连续 n 步满足 $|e(k) - e(k-1)| < \delta$ 作为判稳条件。

为实现仿人比例控制算法,可采用产生式规则加以描述如下:

$$\text{IF} \quad k_0 \leqslant k \leqslant k_0 + n, \ |e(k) - e(k-1)| < \delta$$

$$\text{THEN} \quad e_0^{(n)} = e_0^{(n-1)} + e \tag{7.5}$$

上述控制规则中,δ 一般选为系统允许稳态误差的2倍,n 与对象的时间常数最大值与采样间隔之比成正比,即 n 正比于 τ/T。若系统还有最大不超 dT 的时延,则需在 n 上再加上 dT 以保证判断正确。

上述控制算法的实质等价于比例控制加智能积分。当系统未满足稳态条件时,系统仅有比例控制作用。当满足稳态条件时,积分才起一次作用。进入调节状态($|R - Y| < \delta$)后,积分开关每 n 个采样周期才闭合一次,积分器工作一次。这样就避免了由于引入积分器而使相位裕量减小。由于不必通过提高增益来改善稳态精度,因而可以将增益 K_P 取得较小以增大增益裕量。所以,比例加智能积分的控制器,有效地解决了传统控制器设计中稳态精度与稳定裕量的矛盾。

7.4 仿人智能积分控制

7.4.1 仿人智能积分原理

我们知道,在控制系统中引入积分控制作用是减小系统稳态误差的重要途径。按前面对常规 PID 控制中的积分控制作用的分析,可知这种积分作用对误差的积分过程如图 7.9(c)所示。它在一定程度上模拟了人的记忆特性,记忆了误差的存在及其变化的全部信息。但它有以下几个缺点:

(1)积分控制作用针对性不强,甚至有时不符合控制系统的客观需要;

(2)只要误差存在就一直进行积分,在实际应用中导致“积分饱和”,会使系统的快速性下降;

(3)积分参数不易选择,选择不当会导致系统出现振荡。

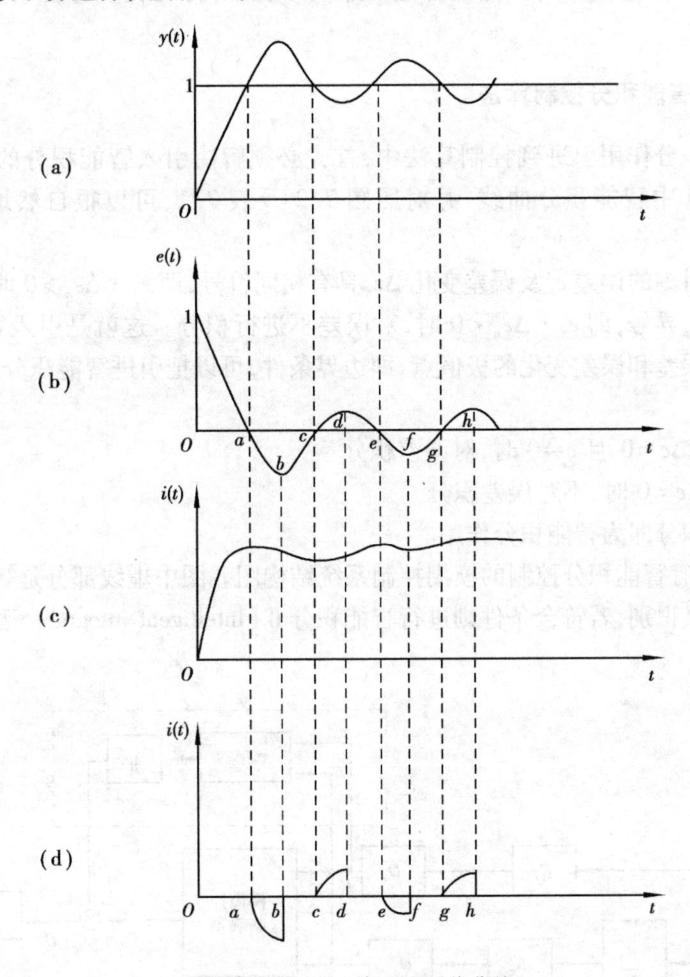

图 7.9　误差及其误差积分曲线

造成上述积分控制作用不佳的原因在于:它没有很好地体现出有经验的操作人员的控制决策思想。在图 7.9(c)的积分曲线区间(a,b)和(b,c)中,积分作用和有经验的操作人员的控制作用相反。此时系统出现了超调,正确的控制策略应该是使控制量在常值上加一个负量控制,以压低超调,尽快降低误差。但在此区间的积分控制作用却增加了一个正量控制,这是由于在$(0,a)$区间的积分结果很难被抵消而改变符号,故积分控制量仍保持为正。这样的结果导致系统超调不能迅速降低,从而延长了系统的过渡过程时间。

在上述积分曲线的(c,d)段,积分作用增加一个正量的控制有利于减小回调。但在(d,e)区间积分作用继续增强,其结果势必造成系统再次出现超调,这时的积分作用对系统的有效控制帮了倒忙。

为了克服上述积分控制的缺点，采用如图 7.9(d)中的积分曲线，即在(a,b)、(c,d)及(e,f)等区间上进行积分，这种积分能够为积分控制作用及时地提出正确的附加控制量，能有效地抑制系统误差的增加。而在$(0,a)$、(b,c) (d,e)等区间上，停止积分作用，以利于系统借助于惯性向稳态过渡。此时系统并不处于失控状态，它还受到比例等控制作用的制约。

这种积分作用较好地模拟了人的记忆特性及仿人智能控制的策略，它有选择地“记忆”有用信息，而“遗忘”无用信息，具有仿人智能的非线形特性，称这种积分控制为仿人智能积分控制。

7.4.2 仿人智能积分控制算法

为了把智能积分作用引进到控制算法中，首先必须解决引入智能积分的逻辑判断问题。这种条件由图 7.9 中智能积分曲线，并对照图 7.2 及表 7.1，可以很自然地得出如下判断条件：

当本次采样时刻的误差 e_n及误差变化 Δe_n具有相同符号，即 $e_n \cdot \Delta e_n > 0$ 时，对误差进行积分。相反，e_n与 Δe_n异号，即 $e_n \cdot \Delta e_n < 0$ 时，对误差不进行积分。这就是引入智能积分的基本条件。再考虑到误差和误差变化的极值点，即边界条件，可以把引进智能积分和不引进积分的条件综合如下：

当 $e\Delta e > 0$ 或 $\Delta e = 0$ 且 $e \neq 0$ 时，对误差积分

当 $e\Delta e < 0$ 或 $e = 0$ 时，不对误差积分

这样引入的积分即为智能积分作用。

图 7.10 为具有智能积分控制的模糊控制系统结构图。图中虚线部分是智能积分环节，它首先进行特征变量识别，若符合条件则进行智能积分Ⅱ(intelligent integral)，否则，不引入积分作用。

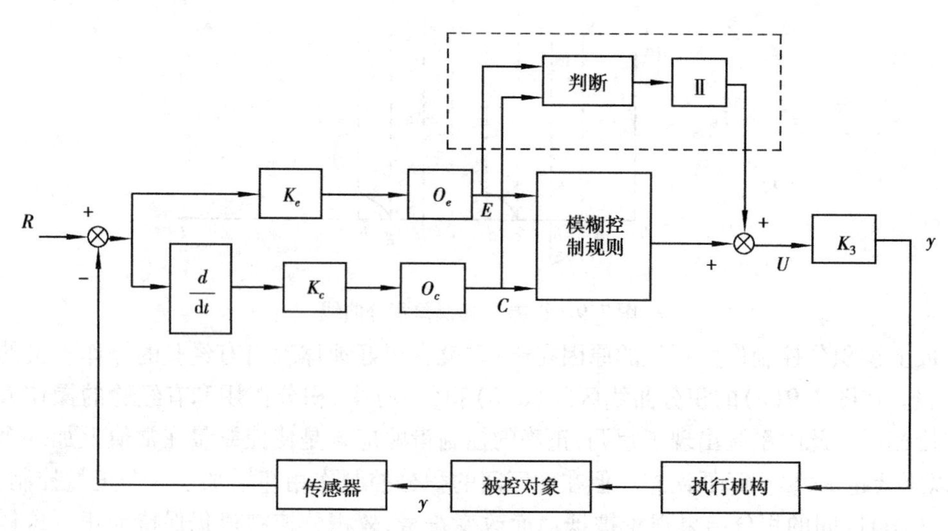

图 7.10 具有智能积分控制的模糊控制系统

具有智能积分控制作用的模糊控制算法可描述如下：

$$U=\begin{cases}[\alpha E+(1-\alpha)C] \text{当} E\cdot C<0 \text{或} E=0\\ [\beta E+\gamma C+(1-\beta-\gamma)\sum_{i=1}^{k}E_i] \text{当} E\cdot C>0 \text{或} C=0,E\neq 0\end{cases} \tag{7.6}$$

其中,U、E、C 均为经过量化的模糊变量,其相应的论域分别为控制量、误差、误差变化,而 α、β 及 γ 为加权因子,且 α、β、$\gamma\in(0,1)$。

符号〈·〉表示取最接近于"·"的一个整数。$\sum E_i$ 为智能积分项,引入后可提高控制系统的稳态精度。

7.5　仿人智能控制应用举例

7.5.1　实例一　电液位置伺服系统的智能控制

(1)数字控制系统的组成

液压驱动的现代火炮控制系统设计有以下5个方面的要求:相应快、控制精度高、无超调、抗干扰和控制策略简单易实现。由于电液伺服阀的零漂总是存在的,在有零漂干扰的条件下,采用传统的PID控制器进行控制,难度大,很难同时保证相应速度、控制精度和无超调的技术要求,因此,采用全数字化仿人智能控制器和速度、加速度反馈补偿仿人智能控制器。

数字控制系统的方框图如图7.11所示,采用STD总线工业控制计算机作为数字控制器。为提高控制精度和抗干扰能力,液压马达角位移的检测采用了高精度光电编码器和四倍频技术。经设计,数字控制系统中每一个数字脉冲量对应的马达转角为52.5 mrad,马达轴上等效负载转动惯量为3.6 kg·m^2。

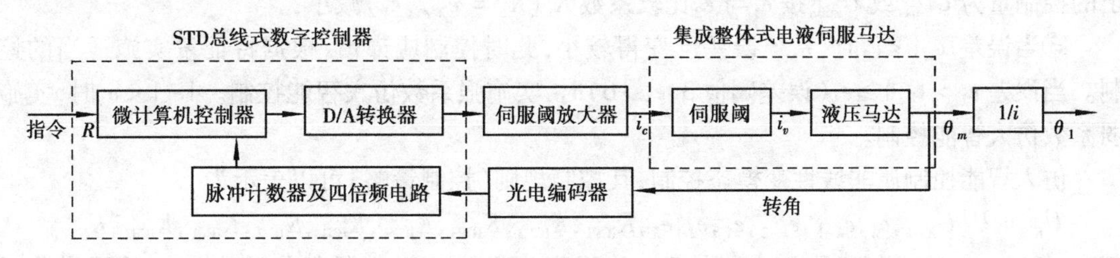

图7.11　液压数字控制系统仿框图

(2)仿人智能控制

1)仿人智能控制系统结构

仿人智能控制(SHIC)的结构如图7.12所示。主控制器MC和协调器K构成运行控制级;自校正器ST构成控制参数自校正器;自学习器SL构成控制规则组织级。MC,ST和SL分别具有各自的在线特征辨识器CI、规则库RB和推理机IE,SL还有作为学习评价标准的性能指标库PB。3个层级公用一个公共数据库CDB,以进行密切联系和快速通讯。

运行控制级根据人的经验和知识实现对工业生产过程的闭环控制;参数校正级主要解决运行级和控制级模态或控制模态参数自校正。当系统运行状态、外部环境和被控对象等发生较大变化,或者给定任务和控制要求需要变更时,控制规则组织级马上进行运行控制级和参数

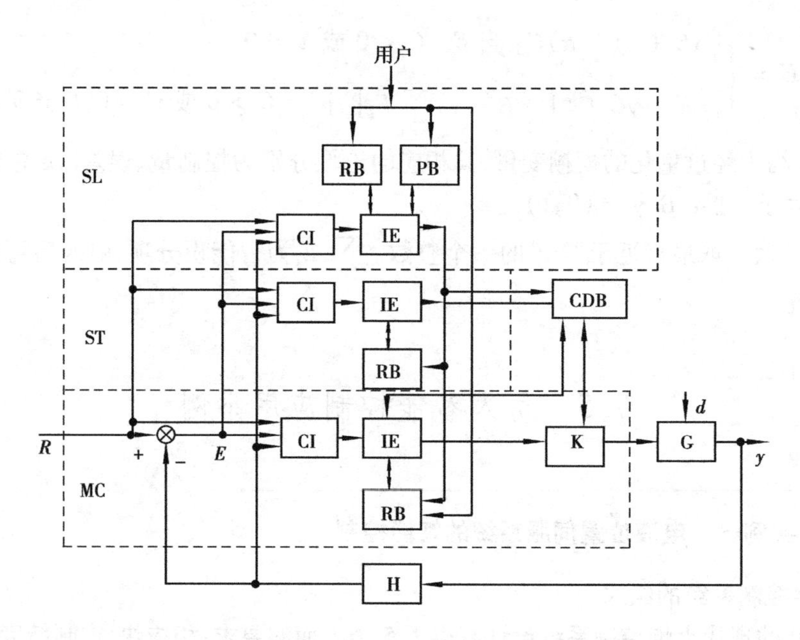

图 7.12　仿人智能控制系统框图

校正级中特征模型、推理方法和控制决策的控制模态选择、修正及自学习生成。

2）仿人智能控制的基本原理及控制策略

仿人智能控制的基本原理可以表述为：

①当误差$|e_k| = e_1$（误差阈值1，$e_1>0$）时，采用第一级 Bang-Bang 控制模式，控制器输出绝对值最大的控制量为U_{kmax}或U_{kmin}（负最大）；

②当误差$e_1 > |e_k| \geqslant e_2$（误差阈值2，$e_2>0$）时，采用第二级 Bang-Bang 控制模式，控制器输出的控制量为U_{kmax}或U_{kmin}按e_1与e_2比较系数K_u（$K_u = e_2 / e_1$）减小；

③当误差$|e_k| < e_2$时，系统误差已变得较小，此时控制应谨慎，根据特征量实施适当的控制。当误差$e_2 > |e_k| \geqslant e_3$（误差阈值3，$e_3>0$）时，实施强系数仿人智能控制。$|e_k| < e_3$时，实施弱系数仿人智能控制。

仿人智能控制属非线性变模态控制，其控制规则（控制策略）可以表示为

$$U_K = U\{U_{K-1}, e_k, e_{k-1}, e_{k-2}, e_1, e_2, e_3, K_{ICP1}, K_{ICP2}, K_{ICP3}, K_{ICP4}, K_{ICi1}, K_{ICi2}, K_{ICd1}, K_{ICd2}, K_U\}$$

其中，$K_{ICP1},\cdots,K_{ICP4}$为强弱比例系数；K_{ICi1}为强积分系数；K_{ICi2}为弱积分系数；K_{ICd1}为强微分系数；K_{ICd2}为弱微分系数。

在本控制系统中，建立如下的规则集：

R_0: IF $|e_k| \geqslant e_1$ AND

$e_k > 0$ THEN $U_k = U_{k\max}$

$e_k < 0$ THEN $U_k = U_{k\min}$

R_1: IF $e_1 > |e_k| \geqslant e_2$ AND

$e_k > 0$ THEN $U_k = K_u U_{k\max}$

$e_k < 0$ THEN $U_k = K_u U_{k\min}$

R_2: IF $e_2 > |e_k| \geqslant e_3$ AND

$e_k \Delta e_k > 0$ THEN $U_k = U_{k-1} + K_{ICP1}\Delta e_k + K_{ICi1}\Delta e_k$

$e_k \Delta e_k < 0$ THEN $U_k = K_{ICP2} e_k + K_{ICd1} \Delta e_k$

R_3：IF $|e_k| \leqslant e_3$ AND

$e_k \Delta e_k > 0$ THEN $U_k = U_{k-1} + K_{ICP3} \Delta e_k + K_{ICi2} \Delta e_k$

$e_k \Delta e_k < 0$ THEN $U_k = K_{ICP2} e_k + K_{ICP4} \Delta e_k$

3）仿人智能控制阶跃响应实验研究

在实际干扰影响下（等效为伺服阈输入电流零漂值 I_b），仿人智能控制的阶跃响应如图 7.13所示。其数据分析处理结果见表 7.2。

表 7.2　SHIC 阶跃响应实验结果

阶跃幅度	曲线号	控制参数		I_b/mA	阶跃响应性能			
		K_{ICi1}	K_{ICi2}		t_r/ms	σ/%	e_{ssm}	t_s/ms
600	①	2	0.2	−3.2	179.28	2.7	−2	0.19
600	②	1	0.2	−3.2	179.28	2.0	−2	0.19
200	③	2	0.2	−3.2	116.64	2.9	−2	0.13
200	④	1	0.2	−3.2	116.64	2.0	−2	0.13

实验结果证明，仿人智能控制：

①调节时间 $t_s < 0.20$ s。

②超调量 $\sigma < 3\%$。

③位置稳态精度高：实际零漂（$I_b = 3.2$ mA）干扰作用下，马达轴稳态误差 $|e_{ssm}|$ 为 2 个数码，在不同减速比 i 下负载轴稳态误差 $\Delta\theta_k$ 如表 7.3 所示。

④鲁棒性好，而且控制器参数调试自由度大，尤其是积分系数可以调到大于 1（即 $K_{ICi1} > 1$），这在 PID 控制方式中是做不到的。

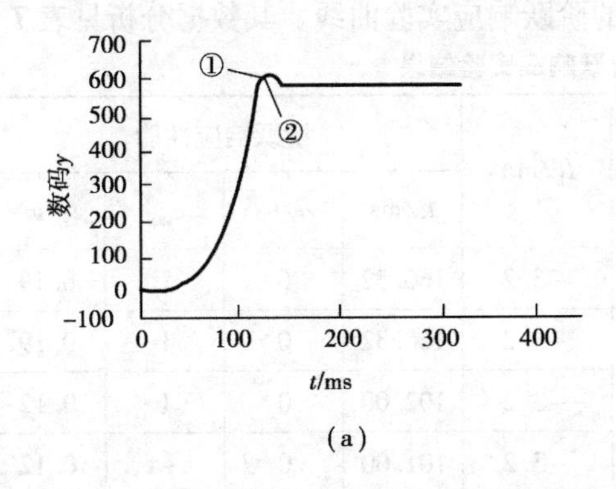

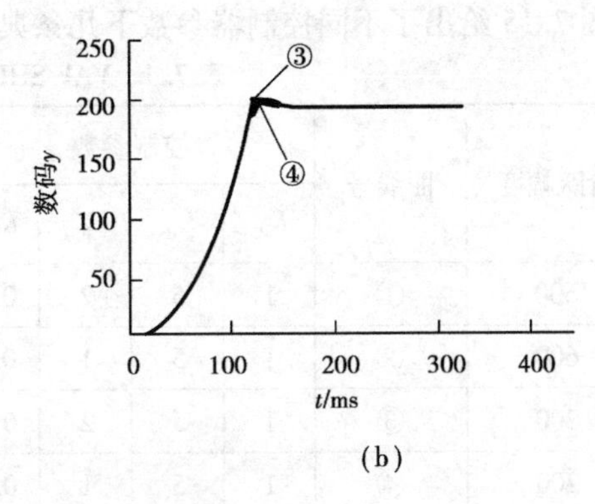

图 7.13　仿人智能控制阶跃响应实验曲线

（a）600 幅度；（b）200 幅度

表 7.3　SHIC 不同减速比下负载轴稳态误差

i	1 500	1 000	750	500
$\Delta\theta_i$/mrad	0.070 0	0.105 0	0.140 0	0.210 0

(3)速度、加速度反馈补偿仿人智能控制

仿人智能控制鲁棒性及控制精度已经很好,但还存在小超调,为进一步改善控制特性,研究设计了速度、加速度反馈补偿仿人智能控制(VAF-SHIC),以使控制效果更好。

1)速度、加速度反馈补偿仿人智能控制系统设计

根据电液伺服系统干扰的特点,将主控制器按仿人智能控制器设计,速度环控制器 D_2 设计为比例控制 K_{P2}。加速度环控制器 D_3 设计为比例控制 K_{P3},其结构框图如图 7.14。

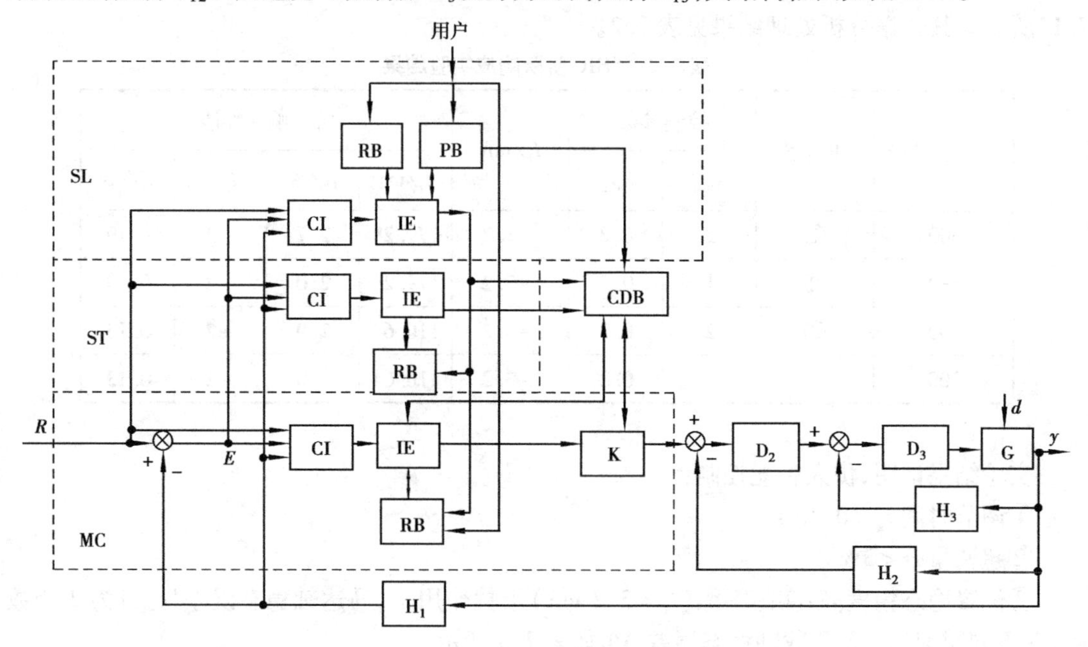

图 7.14　速度、加速度反馈补偿仿人智能控制系统框图

2)速度、加速度反馈补偿仿人智能控制阶跃响应实验研究

图 7.15 给出了不同控制器参数下几条典型的阶跃响应实验曲线。其数据分析见表 7.4。

表 7.4　VAF-SHIC 阶跃响应实验结果

阶跃幅度	曲线号	控制参数				I_b/mA	阶跃响应性能			
		K_{P2}	K_{P3}	K_{ICi1}	K_{ICi2}		t_r/ms	σ/%	e_{ssm}	t_s/ms
600	①	1	5	2	0.2	−3.2	166.32	0	1	0.19
600	②	1	5	1	0.2	−3.2	166.32	0	1	0.19
200	③	1	5	2	0.2	−3.2	102.00	0	1	0.12
200	④	1	5	1	0.2	−3.2	101.00	0	−1	0.12

实验结果证明了速度、加速度反馈补偿仿人智能控制:

①调节时间快,可与 SHIC 相同,T_s <0.20 s。

②超调量 σ 全部为零。

③稳态精度进一步提高,马达轴转;角精度达一个数码。在不同减速比 i 下负载转角精度见表 7.5。

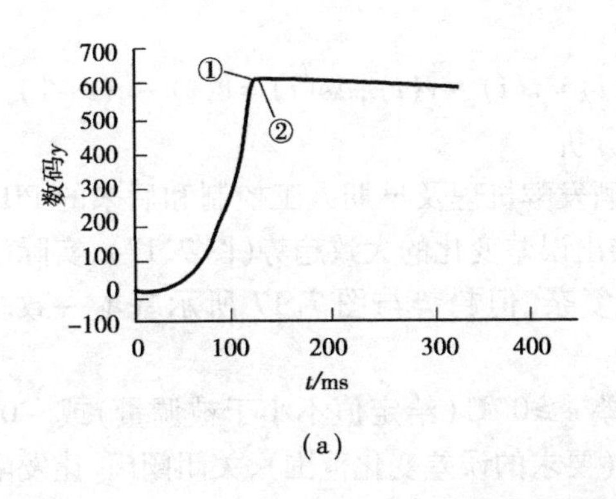

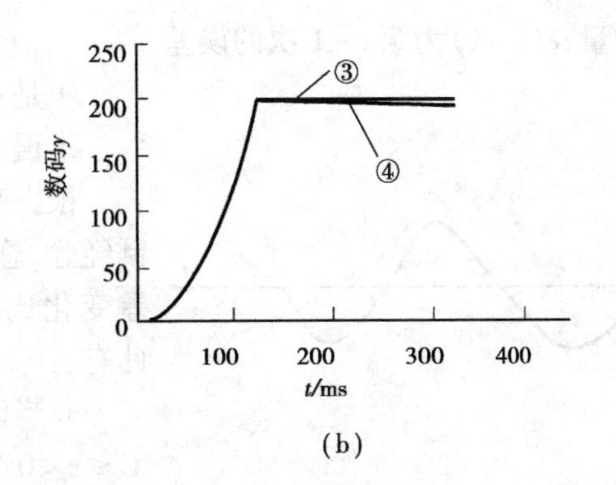

图7.15　速度、加速度反馈补偿仿人智能控制阶跃响应实验曲线

(a)600幅度;(b)200幅度

表7.5　VAF-SHIC不同减速比下负载轴稳态误

i	1 500	1 000	750	500
$\Delta\theta_i$/mrad	0.003 5	0.053 0	0.070 0	0.105 0

7.5.2　实例二　啤酒发酵罐温度智能控制

(1)大型锥底发酵罐温度控制分析

啤酒发酵是使糖化麦汁向啤酒转化的关键流程。发酵过程是在酵母的作用下,将麦汁中浸出物(糖)的大部分(约占2/3)转化为乙醇和二氧化碳,此过程将产生大量的热。以罐容为250 m^3的11°麦汁为例,当真正发酵度达到65% 时,所产生的热量为10 485.5 MJ。发酵罐罐壁上设有上中下三段独立的冷媒盘带,冷媒盘带中通以-4 ℃冰水,通过控制冷媒盘带中冰水的流量实现温度的控制。

发酵罐罐内温度工艺曲线(图7.16)是完成发酵工艺的保证。控温的任务就是通过控制算法保证发酵工艺曲线。

(2)仿人智能控制

1)选择仿人智能控制的必要性

大型锥底发酵罐的容积约为200~800 m^3,因而被控对象具有大惯性,大迟延性质,温度的变化是一个缓慢的过程。若采用PID控制,在不同发酵阶段PID参数变化很大,极难确定,而且对象特性、麦汁质量均可影响PID参数,这势必使调节的难度增大。但是有经验的操作者能根据自己的经验对被控对象实施良好的控制。为此我们选择仿人智能控制,以人的知识和经验为基础,根据实际误差变化的规律及上述发酵罐温度变化的特点,选择如下的仿人智能开关控制策略。

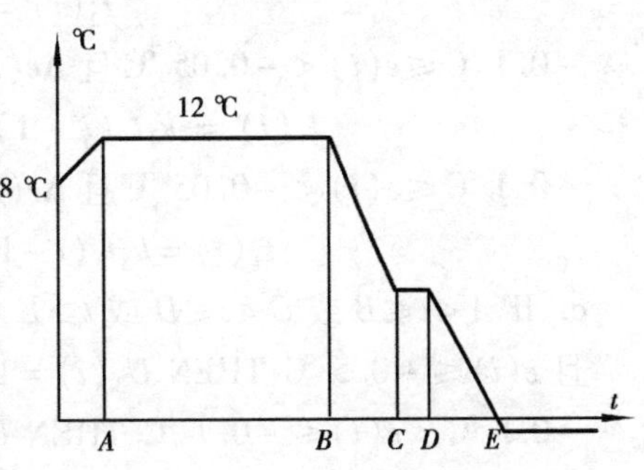

图7.16　啤酒发酵工艺曲线

2)控制算法的设计

设:$r(i)$为第i次给定值;$y(i)$为第i次被调量;$e(i)$为第i次的误差;$\Delta e(i)$为第i次的误

差增量；$e(i-1)$为第$i-1$次的误差。

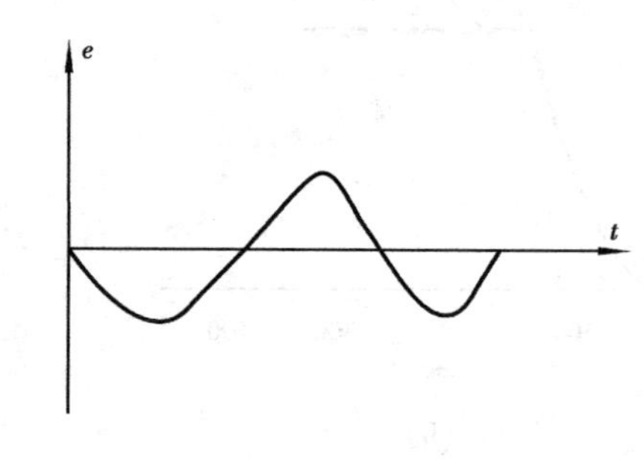

图7.17 误差变化曲线

于是：$e(i)=r(i)-y(i)$；$\Delta e(i)=e(i)-e(i-1)$。

①误差分析

根据啤酒发酵机理及早期人工控制和后来的PID控制经验，总结出误差变化的大致趋势（图7.17），实际的误差变化比较复杂，但趋势与图7.17所示基本一致。据此有：

a. 当误差$e\geqslant 0$ ℃（给定值不小于被调量）或-0.05 ℃$\leqslant e<0$ ℃（要求的误差变化范围），关闭阀门，让发酵液升温。

b. 当误差的变化趋势增大时（$\Delta e<0$ ℃），加长阀门开启的时间。

c. 当误差的变化趋势减小时（$\Delta e>0$ ℃），缩短阀门开启的时间。

d. 当给定值小于被调量时（$e<-0.05$ ℃），根据误差大小调节阀门打开的时间。

②控制算法的设计

据上述分析，可以通过误差e和误差增量Δe来表征误差的变化。所以，设计出以下算法：

其中，$U_1(i)$，$U_2(i)$，$U_3(i)$分别代表上中下三段冷媒盘带入口阀门控制量；

A,B,C,D,E代表不同工艺阶段的时间（参照图7.16）；

$U_j(i)=1$，上（$j=1$）、中（$j=2$）、下（$j=3$）阀门开；

$U_j(i)=0$，上（$j=1$）、中（$j=2$）、下（$j=3$）阀门关。

a. IF $e(i)\geqslant 0$ ℃或-0.05 ℃$\leqslant e(i)<0$ ℃ THEN $U_1(i)=U_2(i)=U_3(i)=0$

$$t_1(i)=t_2(i)=t_3(i)=0$$

b. IF $0\leqslant t\leqslant A$

且$e(i)\leqslant -0.5$ ℃ THEN $U_3(i)=0, U_1(i)=U_2(i)=1; t_1(i)=t_2(i)=T1, t_3(i)=0$

-0.5 ℃$<e(i)\leqslant -0.1$ ℃ THEN $U_3(i)=0, U_1(i)=U_2(i)=1; t_1(i)=kt_1(i-1)$,

$$t_2(i)=k_0t_2(i-1), t_3(i)=0$$

-0.1 ℃$\leqslant e(i)<-0.05$ ℃且$\Delta e(i)>0$ ℃ THEN $U_3(i)=0, U_1(i)=U_2(i)=1$;

$$t_1(i)=k_1t_1(i-1), t_2(i)=k_2t_2(i-1), t_3(i)=0$$

-0.1 ℃$\leqslant e(i)<-0.05$ ℃且$\Delta e(i)<0$ ℃ THEN $U_3(i)=0, U_1(i)=U_2(i)=1$;

$$t_1(i)=k_5t_1(i-1), t_2(i)=k_4t_2(i-1), t_3(i)=0$$

c. IF $A<t\leqslant B$或$C<t\leqslant D$或$t\geqslant E$

且$e(i)\leqslant -0.5$ ℃ THEN $U_3(i)=1, U_1(i)=U_2(i)=0; t_1(i)=t_2(i)=0, t_3(i)=T2$

-0.5 ℃$<e(i)\leqslant -0.1$ ℃ THEN $U_3(i)=1, U_1(i)=U_2(i)=0$;

$$t_1(i)=t_2(i)=0, t_3(i)=k_5t_3(i-1)$$

-0.1 ℃$\leqslant e(i)<-0.05$ ℃且$\Delta e(i)>0$ ℃ THEN $U_3(i)=1, U_1(i)=U_2(i)=0$;

$$t_1(i)=t_2(i)=0, t_3(i)=k_6t_3(i-1)$$

-0.1 ℃$\leqslant e(i)<-0.05$ ℃且$\Delta e(i)<0$ ℃ THEN $U_3(i)=1, U_1(i)=U_2(i)=0$;

$$t_1(i)=t_2(i)=0, t_3(i)=k_7t_3(i-1)$$

d. IF $A<t\leqslant C$或$D<t\leqslant E$

且 $e(i) \leqslant -0.5$ ℃ THEN $U_1(i)=U_2(i)=U_3(i)=1$;$t_1(i)=t_2(i)=t_3(i)=T3$

-0.5 ℃ $<e(i) \leqslant -0.1$ ℃ THEN $U_1(i)=U_2(i)=U_3(i)=1$;$t_1(i)=k_8t_1(i-1)$,

$$t_2(i)=k_9t_2(i-1),t_3(i)=k_{10}t_3(i-1)$$

-0.1 ℃ $\leqslant e(i)<-0.05$ ℃且 $\Delta e(i)>0$ ℃ THEN $U_1(i)=U_2(i)=U_3(i)=1$;

$$t_1(i)=k_{11}t_1(i-1),t_2(i)=k_{12}t_2(i-1),t_3(i)=k_{13}t_3(i-1)$$

-0.1 ℃ $\leqslant e(i)<-0.05$ ℃且 $\Delta e(i)<0$ ℃ THEN $U_1(i)=U_2(i)=U_3(i)=1$;

$$t_1(i)=k_{14}t_1(i-1),t_2(i)=k_{15}t_2(i-1),t_3(i)=k_{16}t_3(i-1)$$

说明:

a. $U_1(i),U_2(i),U_3(i)$与$U_1(i-1),U_2(i-1),U_3(i-1)$分别为本次和上次控制输出;$t_1(i),t_2(i),t_3(i)$与$t_1(i-1),t_2(i-1),t_3(i-1)$分别为本次和上次控制输出量时间;$k\sim k_{16}$及$T1,T2,T3$均为根据经验而整定的参数。

b. 由于发酵罐本身设备条件不同,投入的发酵液、酵母活力不同,以及冷媒、压力、温度不恒定等因素的影响,在对$k\sim k_{16}$及$T1,T2,T3$进行整定时会出现多组数据,在不同的情况下,取用不同的整定值。

c. 根据经验,在不同的发酵阶段,开启不同的阀门:主酵期开上、中阀门,降温期全部打开,保温期开下部阀门。

3)控制算法的实际应用(见图7.18所示)

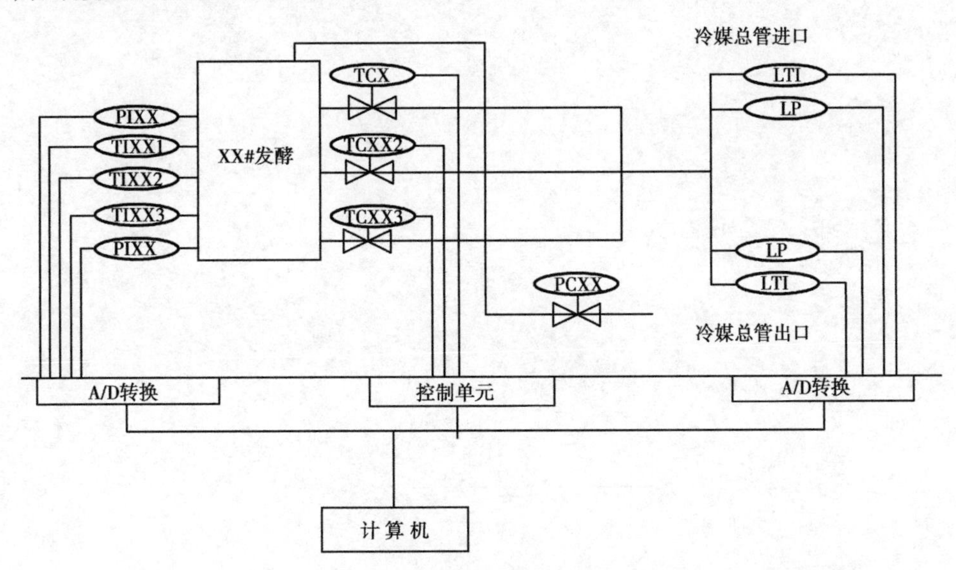

图7.18　自动控制原理图

注:XX=0~60#;PIXX1—罐上部压力测量;PIXX2—罐下部压力测量;PCXX—罐压控制;
TIXX1—上部温度测量;TIXX2—中部温度测量;TIXX3—下部温度测量;
LTIY1—冷媒进口温度测量;LTIY2—冷媒出口温度测量;LP—冷媒进出口压力;
TCXX1—上部温度控制;TCXX2—中部温度控制;TCXX3—下部温度控制

①被控对象:60个360 m^3锥形大罐;

②被控对象特点:

a. 由于60个大罐是分批建设的,所以上、中、下冷媒盘带分布位置不一样,上、中、下温度传感器安装位置不同,冷媒总管的管径不同,44个罐管径为DN50,16个罐管径为DN65。

b. 60 个锥形底罐使用同一条冷媒总管道，前后压力、温度差异较大；

c. 制冷车间送来的冷媒温度、压力不稳定。例如：工艺要求为 -4 ℃，实际为 -8 ~ 0 ℃。

d. 同一个罐每次装入发酵液数量不一样。

习 题 7

1. 仿人智能控制的基本原理是什么？
2. 传统 PID 三种基本控制作用与仿人智能控制有何差异？
3. 主要的仿人智能控制行为的特征变量有哪些？
4. 对于有纯滞后的过程应采用什么样的仿人智能控制策略？
5. 系统动态特征模式分类的依据是什么？

第8章 智能控制应用实例

8.1 复杂工业过程的智能控制

8.1.1 基于神经网络质量模型的磨矿过程智能控制

磨矿作业是将大颗粒矿石研磨到符合工艺要求的粒度分布,使各种有用矿物与脉石分离,为下一步浮选工序创造良好的作业条件。在大量基础数据采集的基础上,设计基于神经网络质量模型选矿过程的智能控制和给矿量的专家系统控制,其目的是在保证实际磨矿过程系统稳定生产的前提下,尽可能地提高生产效率,提高产品质量,节约能源。

(1)磨矿过程工艺

分级过程磨矿作业在选矿行业具有一定的代表性,其工艺流程如图8.1所示。矿石经过破碎由皮带送到球磨机,通过给球磨机加水(前水)和一定介质比的钢球介质,在球磨机内部对其进行研磨,球磨机的磨矿浓度按工艺要求在一定的范围之内,磨矿浓度是通过按给矿量进行加水实现比值给水控制。通过给砂泵池加水(后水)保持砂泵池一定的液位,防止"跑粗"(液位超过上限)和"喘气"(液位低于下限)现象的发生。球磨机中的矿浆进入旋流器,旋流器溢流进入后续浮选作业,旋流器返砂返回到球磨机再研磨。旋流器溢流浓度由浓度计测

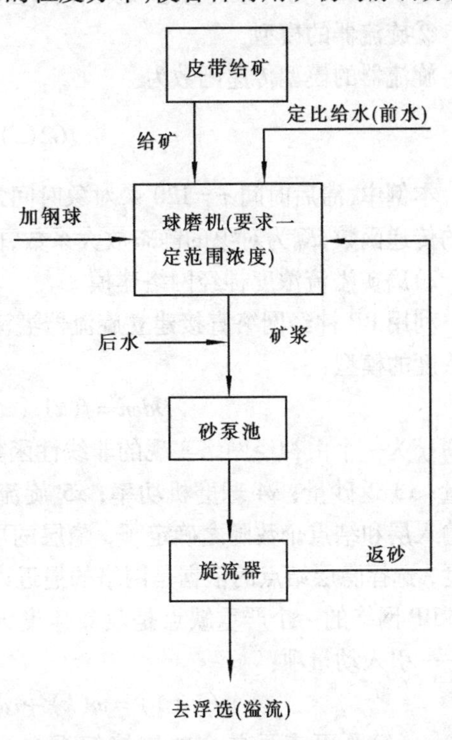

图8.1 磨矿作业流程图

量,球磨机的给矿量通过皮带秤进行检测,球磨机的负载量可由其交流电动机的功率表检测,给水和返砂量可由流量计检测。

整个生产流程的控制目的:

①通过调节给矿量,能够克服扰动(主要是矿石性质的影响),保证磨矿生产的正常运行,使球磨机的处理量最大。

②调节球磨机的给水(前水)量保持球磨机的矿浆浓度,使球磨机工作在最佳磨矿状态,提高球磨机的工作效率。

③通过检测球磨机的功率,及时发现和避免球磨机出现"胀肚"事故。

④通过调节砂泵池的给水(后水)量,调节旋流器的给矿浓度。

⑤由于生产要求砂泵池保持一定的液位,因水压引起的液位不稳定会对下步分级工序造成不利的扰动,利用液位调节器调节液位,以利于下步分级作业的正常进行。

(2)磨矿过程溢流浓度模型

1)磨矿过程经典模型

①球磨机的模型

球磨机有很大的滞后性,通过分析球磨机的工作特性和现场的测试以及数据的分析,得出了球磨机的模型是带滞后的一阶系统,其传递函数为

$$G1(s) = K_P \frac{e^{-\tau s}}{T_1 s + 1}$$

本例中,滞后时间 $\tau = 420$ s,对象时间常数 $T_1 = 120$ s,采样周期 $T = 4$ s,$G1(s)$ 为被控对象的传递函数,K_p 为对象的静态放大系数,由实测确定。

②旋流器的模型

旋流器的模型传递函数为

$$G2(s) = K_0 \frac{e^{-\tau s}}{T_0 s + 1}$$

本例中,滞后时间 $\tau = 120$ s,对象时间常数 $T_0 = 120$ s,采样周期 $T = 15$ s,$G2(s)$ 为被控对象的传递函数,K_0 为对象的静态放大系数,由实测确定。

2)磨矿溢流浓度神经网络建模

利用 BP 神经网络直接建立旋流器溢流浓度与给矿量、球磨机给水量、砂泵池给水量和返砂浓度的模型:

$$Dden = f(x1, x2, x3, x4, x5, x6)$$

其中,f 为一个由神经网络实现的非线性函数,输入变量 X 为:$x1$ 球磨机给矿量;$x2$ 球磨机给水量;$x3$ 返砂量;$x4$ 球磨机功率;$x5$ 旋流器功率;$x6$ 砂泵池给水量;$Dden$ 为溢流浓度。网络输入层和结点个数随之确定了,隐层的层数为 1,输出为一个节点,输出量为旋流器溢流浓度,选择隐层结点的依据是网络的逼近误差不再有明显的减小为止。

BP 网络的一个严重缺点是收敛速度太慢,为提高收敛速度,以下采取改进算法中的一种——引入动量项:

$$w(k+1) = w(k) + \alpha[(1-\eta)D(k) + \eta D(k-1)]$$

其中,$w(k)$ 既可表示单个的连接权系数,也可表示连接权向量(其元素为连接权系数);$D(k) = -9E/9w(k)$ 为 k 时刻的负梯度;$D(k-1)$ 是 $k-1$ 时刻的负梯度;α 为学习率,$\alpha > 0$;

η 为动量项因子，$0 \leqslant \eta < 1$。

该方法所加入的动量项实质上相当于阻尼项，它减小了学习过程的振荡趋势，改善了收敛性，是目前应用比较广泛的一种改进算法，神经网络模型一旦建成后，响应迅速，使用方便。

(3)磨矿系统控制

由于整个磨矿系统流程的复杂性，对于球磨机、砂泵池和旋流器的控制各不相同，为了获得有效的控制，在此采取了经典 PID 控制和智能控制相结合的控制方法。

1)经典 PID 控制

PID 控制以其结构简单、易于实现等特点，在工业控制中得到广泛的应用。考虑到整个系统的生产流程和现场实际的情况，在运用 PID 控制效果能满足工艺要求的情况下采用了 PID 控制，如给矿量和给水的比值控制，液位的 PID 控制。

2)溢流浓度的神经网络控制

生产要求溢流浓度满足一定的指标，由于整个系统的生产有较大的滞后性，仅根据在线测量值来调节溢流浓度将会产生误差，所以采取了基于神经网络质量模型的控制方法。利用球磨机和旋流器的浓度模型，对旋流器的溢流浓度反馈形成串级主回路的输出，与神经网络的预估值相比较作为副环给定的方式，来控制旋流器的溢流浓度(见图 8.2)。

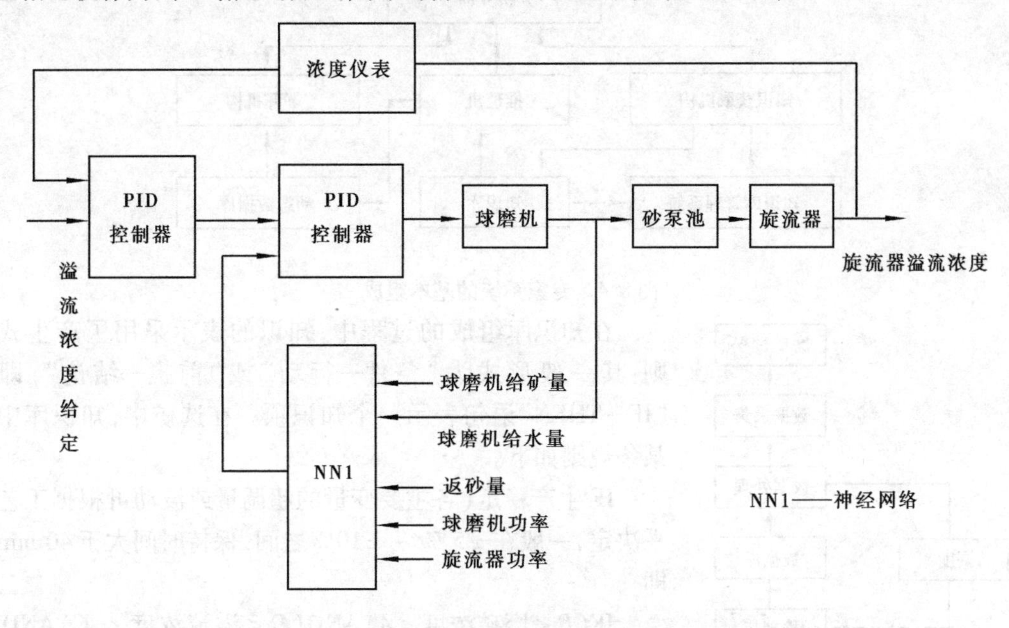

图 8.2　磨矿浓度控制系统

对上述浓度系统的仿真结果(见图 8.3)可以看出，系统最终趋于稳定，在系统的实际运行过程中，经过不断的对 PID 参数的调试，整个控制系统可以满足工艺要求。

3)给矿量的专家系统控制

专家系统是一种基于知识的系统，其基本结构由知识库与推理机为核心构成，如图 8.4 所示。

给矿量的专家系统设计是在稳定生产的情况下，最大限度地提高球磨机处理量。可以采用“专题面谈”或“记录的方式”从操作熟练的工人那儿获取知识，组成知识库。推理机运用知识库中提供的知识，基于给矿量的多少进行自动推理，采用正向推理或数据驱动，即从原始数据和已知条件推断出结论。推理机包括一个解释程序和一个调度程序，解释程序用于决定如何使用判断性知识推导新的知识，调度程序用于决定判断性知识的使用次序。

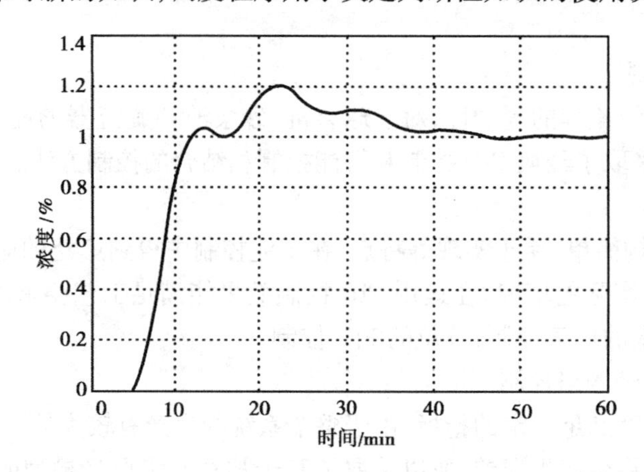

图 8.3　浓度仿真结果

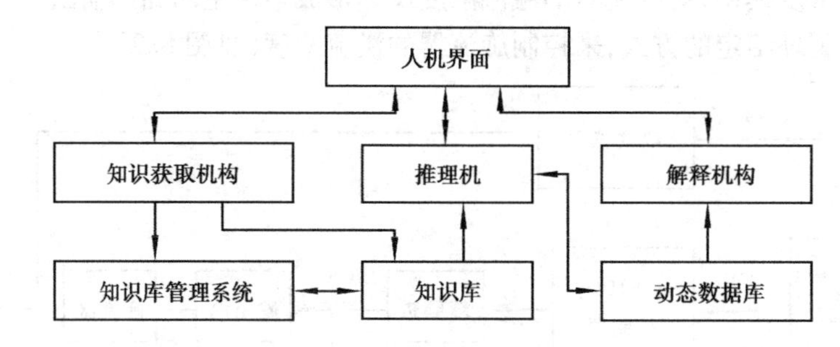

图 8.4　专家系统的基本组成

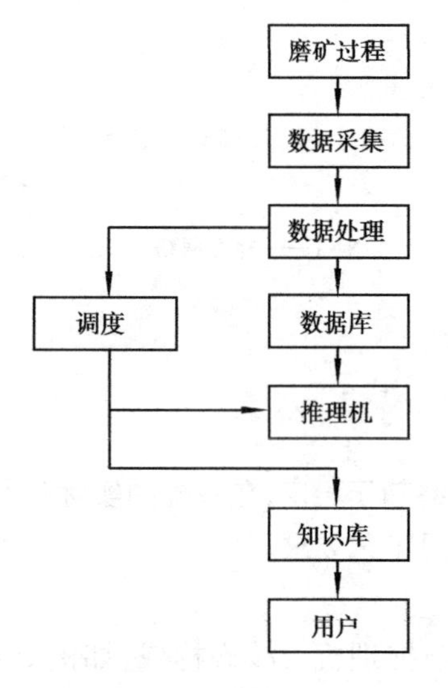

图 8.5　给矿量专家系统设计

在知识库组成的过程中，知识的表示采用了产生式规则：其一般形式为“条件—行动”或“前提—结论”，即用“IF—THEN”语句表示一个知识项。在选矿中，知识库中的某条规则如下。

IF 生产稳定（各主要变量的超调量或波动可根据工艺水平决定，一般在 ±5 % ~ ±10% 之间，保持时间大于 40 min），即

IF（B < 磨矿浓度 < A）AND（D < 溢流浓度 < C）AND（E < 产品粒度 < F）AND（H < 球磨机电机电流 < G）AND（I < 球磨机功率 < J）THEN（给矿量 ±a）

推理机通过“推理咨询”机构与用户相联系，形成了专家系统与用户之间的人机接口。系统可以输入并“理解”用户有关领域问题的咨询提问，再向用户输出问题求解的结论，并对推理过程作出解释。人机之间的交互信息一般要在机器内部表达形式与人可接受的形式（如自然语言、图文等）之间进行转换。

给矿量的专家系统总体结构如图 8.5 所示。图中数据采集：采用各种测量仪器从磨矿过

程中采集到所需要的数据,如磨矿浓度、溢流浓度、球磨机的功率等。数据处理:为推理提供所需的数据,专家系统所需的知识和数据有严格的定义,数据在进入推理机之前必须进行规格化处理。数据库:存放测量仪器采集到的瞬时数据,这些数据是经过数据处理后的格式化数据。知识库:存放整个系统的专家知识,是一组规则的集合,其容量不受内存的限制。调度:在接受到推理请求信号,调度可决定将哪一组规则调入内存以供推理机使用。

给矿量的专家控制系统结构如图 8.6 所示。

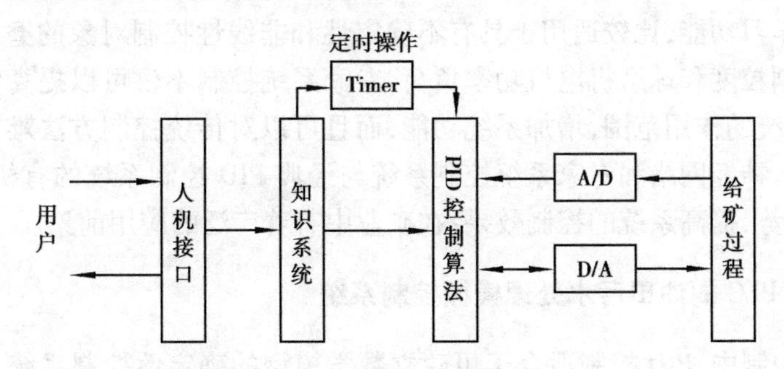

图 8.6　选矿系统的专家控制结构

由于球磨机和旋流器的工作过程都是滞后过程,所以在建立选矿系统的专家控制系统中采用了定时操作,这个时间相当于球磨机和旋流器的工作时间常数的 1.5 倍。

在以上专家系统的条件控制中,主要是根据球磨机传动电机功率值调节给矿量。当球磨机的装载量(水和矿石) 增加时,所耗功率上升,到极值点后,随着装载量的增加,功率开始下降,当功率下降到某一值后,球磨机呈“胀肚”状态。该极值点是磨机最佳磨矿状态。当矿石的性质变化时,球磨机的磨矿功率随着变化,通过测量,可以得到球磨机的功率 E 和给矿量 Q 之间的关系,如图 8.7 所示。对于任何一种特定性质的矿石,其 E—Q 之间的关系是一条类似于抛物线的特征曲线。

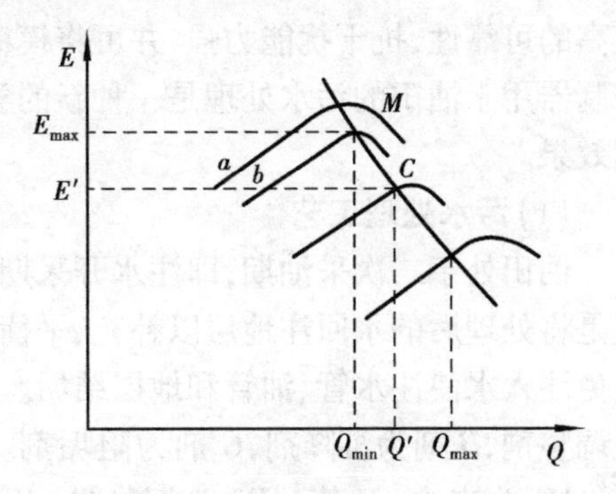

图 8.7　功率和给矿量的关系

对于不同性质的矿石, 其 E—Q 关系是一组曲线,矿石越难磨,曲线在坐标平面上的位置越高, 反之则越低。对于越易磨的矿石, 其特征曲线的极值点越偏右,表示该种矿石所允许的最大处理量越大, 由于浮选作业的工艺限制, 最大给矿量设定为 Q_{max},对于最易磨的矿石,其特征曲线在最大容许范围内($Q < Q_{max}$)无极值点,也即表示最易磨矿石即使按最大允许给矿量(Q_{max})给矿时,也不会引起磨机过负荷(胀肚) 。对于越难磨的矿石, 其特征曲线的极值点越偏左, 即表示该种矿石允许的最大处理量越小,图中曲线 b 为生产中通常遇到的最难磨矿石的特征曲线, 其极值点 M 所对应的纵、横坐标分别定为 E_{max} 和 Q_{min},正常情况下,球磨机的给矿量在 Q_{min} 和 Q_{max} 之间的范围内变化。对于偶尔遇到的最难磨的矿石, 其特征曲线如图 8.7 的 a 线所示,该曲线表明,即使按下限给矿量(Q_{min})给矿,功率也将超过极值点, 会造成磨机“胀肚”。也就是说, 在正常范围内, 如检测到磨机功率已超过 E_{max},则认为磨机已过负荷。

将图 8.7 各特征曲线的极值点连接起来, 构成一条极值点轨迹, 沿着这条轨迹进行自动给矿, 则对应于不同性质的矿石,都能使其功率维持在相对应的最大值上。从极值点轨迹可以看到，当功率检测值增大时，给矿量应减少；反之，给矿量应增大。

以上选矿系统的专家控制系统是在计算机中通过软件包实现的。

综上所述，本系统由三部分构成，第一部分为经典控制系统，PID 控制适应性好，算法简单，其比例、微分、积分三种作用配合得当，可使动态过程快速、平稳、准确，收到较好的控制效果。磨矿浓度的串级控制改善了对象的动态特性，减小动态偏差，提高了调节质量。第二部分为神经网络质量模型的矿浆质量控制系统，神经网络控制基本上不依赖于模型的控制方法，具有较强的适应和学习功能，比较适用于具有不确定性和非线性控制对象的磨矿系统。第三部分为专家系统控制粒度和球磨机电机功率负荷，专家系统控制不仅可以提高常规控制系统的控制品质，拓宽系统的作用范围，增加系统功能，而且可以对传统控制方法难以奏效的复杂过程实现闭环控制。神经网络和专家系统控制系统与经典 PID 控制系统的有机结合，相互取长补短，发挥各自优势，提高系统的控制效果，在矿业中有着广泛的应用前景。

8.1.2 基于 PLC 的油田污水处理模糊控制系统

在工业过程控制中，PID 控制适合于可建立数学模型的确定性控制系统。但在实际的工业过程控制系统中存在很多非线性或时变不确定的系统，使 PID 控制器的参数整定烦琐且控制效果也不理想。模糊控制不需要掌握控制对象的精确数学模型，而是根据控制规则决定控制量的大小。这种控制方法对于存在滞后或随机干扰的系统具有良好的控制效果。PLC 具有很高的可靠性，抗干扰能力强，并可将模糊控制器方便地用软件实现。因此，用 PLC 构成模糊控制器用于油田的污水处理是一种新的尝试，不仅使控制系统更加可靠，而且取得了较好的控制效果。

(1)污水处理工艺

油田处于二次采油期，即注水开采期时，所采的油中含有大量的污水。油田污水处理的目的是将处理后的水回注地层以补充、平衡地层压力，防止注入水和返回水腐蚀注水管和油管，避免注入水使注水管、油管和地层结垢。其处理方法是使用 *A*、*B*、*C* 三种药剂，其中 *A* 剂为 pH 值调整剂，*B* 剂为沉降剂，*C* 剂为阻垢剂。其工艺流程方案如图 8.8 所示，图中 *Q*1 为来水流量，pH1 为来水 pH 值，pH2 为沉降罐 pH 值。

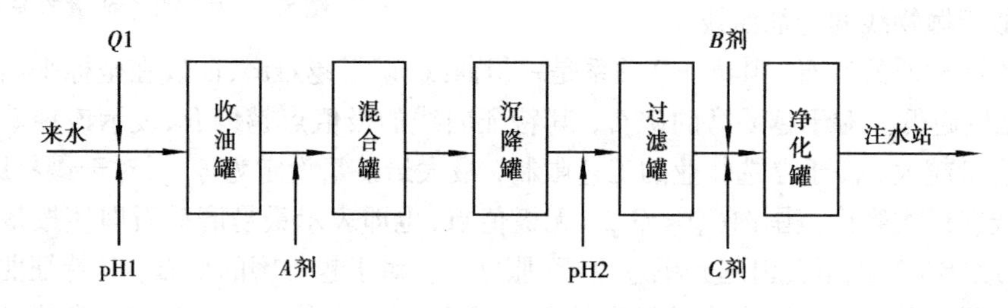

图 8.8 污水处理工艺流程图

根据工艺要求，关键是在混合罐中对污水添加 *A* 剂提高污水的 pH 值(即控制 pH2)以减少腐蚀。添加 *B* 剂可加速污水中絮状物的沉淀。添加 *C* 剂可减缓污水在注水管和油管中的结垢。相应控制系统属非线性、大滞后系统，其对象的精确数学模型难以获得，采用 PID 反馈控制效果不是很理想，且一般采油联合站都位于偏僻的地方，环境恶劣。因此，该污水处理系统采用了基于 PLC 的模糊控制来提高系统的控制精度和可靠性，从而满足工艺要求。

(2)模糊控制原理

控制系统采用“双入单出”的模糊控制器。输入量为pH值给定值与测量值的偏差e以及偏差变化率e_c，输出量为向加药泵供电的变频器的输入控制电压u。图8.9为模糊控制系统的方框图。控制过程为控制器定时采样pH值和pH值变化率与给定值比较，得pH值偏差e以及偏差变化率e_c，并以此作为PLC控制器的输入变量，经模糊控制器输出控制变频器输出频率n，从而改变加药量使pH值保持稳定。

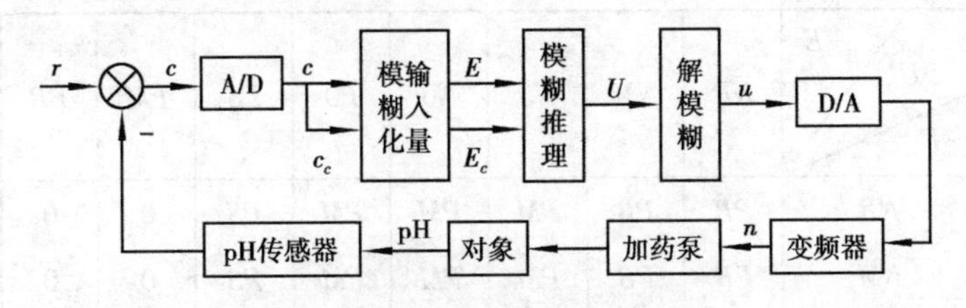

图8.9　模糊控制系统方框图

r—给定pH值；e—偏差信号；e_c—偏差信号变化率；

u—变频器控制信号；n—变频器输出频率

模糊控制器包括输入量模糊化、模糊推理和解模糊3个部分。E和E_c分别为e和e_c模糊化后的模糊量，U为模糊控制量，u为U解模糊化后的精确量。

1)输入模糊化

在模糊控制器设计中，设E的词集为[$NB,NM,NS,N0,P0,PS,PM,PB$]，论域为[$-6,-5,-4,-3,-2,-1,0,+1,+2,+3,+4,+5,+6$]；$E_c$和$U$的词集为[$NB,NS,NM,P0,PS,PM,PB$]，论域为[$-6,-5,-4,-3,-2,-1,0,+1,+2,+3,+4,+5,+6$]。令$e(k)=\mathrm{pH}(k)-\mathrm{pH0}$，$e_c(k)=e_c(k)-e_c(k-1)$，pH0表示期望值。然后，将$e$、$e_c$和$u$模糊化，根据pH值控制的经验可得出变量$E$、$E_c$和$U$的模糊化量化表。表8.1为变量$E$的赋值表。

表8.1　语言变量E的赋值表

E	-6	-5	-4	-3	-2	-1	0	1	2	3	4	5	6
NB	1	0.8	0.4	0.1	0	0	0	0	0	0	0	0	0
NM	0.2	0.7	1	0.2	0	0	0	0	0	0	0	0	0
NS	0	0	0.2	0.7	1	0.9	0	0	0	0	0	0	0
$N0$	0	0	0	0	0	0.5	1	0.5	0	0	0	0	0
$P0$	0	0	0	0	0	0.5	1	0.5	0	0	0	0	0
PS	0	0	0	0	0	0	0	0.9	1	0.7	0.2	0	0
PM	0	0	0	0	0	0	0	0.2	0.7	1	0.7	0.2	
PB	0	0	0	0	0	0	0	0	0.1	0.4	0.8	1	

2)模糊决策和模糊控制规则

总结污水处理过程中pH值的控制经验，得出控制规则，如表8.2所示。选取控制量变化的原则是：当误差大或较大时，选择控制量以消除误差为主。而当误差较小时，选择控制量要注意防止超调，以系统的稳定性为主。例如，当pH值低很多，且pH值有进一步快速降低的趋势时,应加大药剂的投放量。可用模糊语句实现这条规则(IF $E = NB$ AND $E_c = NB$ THEN $U = PB$)。当误差为负大且误差变化为正大或正中时,控制量不宜再增加,应取控制量的变化为0,以免出现超调。本控制系统中一共有56条规则。每条规则的关系 R_k 可表示为

$$R_k = E_i \times E_{cj} \times U_{ij} \quad (i = 1,2,\cdots,8;j = 1,2,\cdots)$$

表8.2 控制规则表

U \ E / E_c	NB	NM	NS	N0	P0	PS	PM	PB
NB	PB	PB	PM	PM	PM	PS	0	0
NM	PB	PB	PM	PM	PM	PS	0	0
NS	PB	PB	PM	PS	PS	0	NM	NM
P0	PB	PB	PS	0	0	NS	NB	NB
PS	PM	PM	0	NS	NS	NM	NB	NB
PM	0	0	NS	NM	NM	NM	NB	NB
PB	0	0	NS	NM	NM	NM	NB	NB

根据每条模糊语句决定的模糊关系 $R_k(k=1,2,\cdots,56)$,可得整个系统控制规则总的模糊关系 R:

$$R = R_1 \cup R_2 \cup \cdots \cup R_{56}$$

3)输出反模糊化

根据模糊规则表取定的每一条模糊条件语句都计算出相应的模糊控制量 U,由模糊推理合成规则,可得如下关系:

$$U = (E \times E_c)R$$

以此得出模糊控制量,如表8.3所示。然后依据最大隶属度法,可得出实际控制量 u。再经D/A转换为模拟电压,去改变变频器的输出频率 n,通过加药泵控制加药量调节pH值,从而完成控制任务。

表8.3 模糊控制量表

U \ E / E_c	−6	−5	−4	−3	−2	−1	0	+1	+2	+3	+4	+5	+6
−6	−7	−6	−7	−6	−7	−7	−5	−5	−2	−2	0	0	0
−5	−6	−6	−6	−6	−6	−6	−6	−4	−4	−4	0	0	0
−4	−7	−6	−7	−6	−6	−6	−4	−4	−4	−2	0	0	0
−3	−6	−6	−6	−6	−6	−6	−6	−3	−2	0	1	1	1
−2	−4	−4	−4	−5	−4	−4	−4	−1	0	0	2	1	1

续表

U \ E \ E_c	−6	−5	−4	−3	−2	−1	0	+1	+2	+3	+4	+5	+6
−1	−4	−4	−4	−5	−4	−1	−1	0	0	0	3	2	1
0	−4	−4	−4	−5	−1	−1	0	1	1	1	4	4	4
+1	−2	−2	−2	−2	0	0	1	4	4	3	4	4	4
+2	−1	−1	−1	−2	0	1	4	4	4	5	4	4	4
+3	−1	−1	−1	0	2	3	6	6	6	6	6	6	6
+4	0	0	0	2	4	4	7	7	7	6	7	6	7
+5	0	0	0	2	4	4	6	6	6	6	6	6	6
+6	0	0	0	2	4	4	7	7	7	6	7	6	7

(3)模糊控制算法的 PLC 实现

本控制系统中选用了 OMRON 公司的 CQM1 型 PLC。首先将模糊化过程的量化因子置入 PLC 的保持继电器中，然后利用 A/D 模块将输入量采集到 PLC 的 DM 区，经过限幅量化处理后，根据所对应的输入模糊论域中的相应元素，查模糊控制量表求出模糊输出量，再乘以输出量化因子即可得实际输出值，由 D/A 模块输出对 pH 值进行控制。

1)模糊控制算法

模糊控制算法流程如下：

①将输入偏差量化因子 Ke、偏差变化率量化因子 Kec 和输出量化因子 Ku 置入 HR10 ~ HR12 中。

②采样计算 e 和 e_c，并置入 DM0000 和 DM0001 中。

③判断 e 和 e_c 是否越限，如越限令其为上限或下限值。否则将输入量分别量化为输入变量模糊论域中对应的元素 E 和 E_c 并置入 DM0002 和 DM0003 中。

④查模糊控制量表，求得 U。

⑤将 U 乘以量化因子 Ku，得实际控制量 u。

⑥输出控制量 u。

⑦结束。

2)查表梯形图程序设计

在模糊控制算法中，模糊控制量表的查询是程序设计的关键。为了简化程序设计，将输入模糊论域的元素[−6, −5, −4, −3, −2, −1, 0, +1, +2, +3, +4, +5, +6]转化为[0,1,2,3,4,5,6,7,8,9,10,11,12]，将模糊控制量表中 U 的控制结果按由上到下，由左到右的顺序依次置入 DM0100 ~ DM0268 中。控制量的基址为 100，其偏移地址为 $Ec \times 13 + E$，所以由 E 和 Ec 可得控制量的地址为 $100 + Ec \times 13 + E$。梯形图程序如图 8.10 所示。其中 DM0002 和 DM0003 分

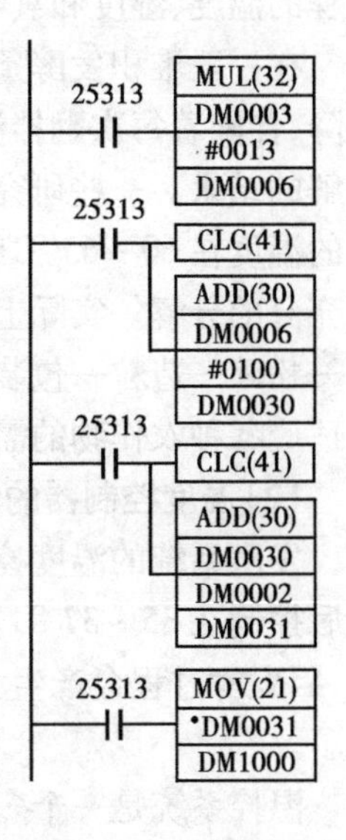

图 8.10　梯形图程序

别为 E 和 Ec 在模糊论域中所对应的元素，MOV * DM0031DM1000 是间接寻址指令。它将 DM0031 的内容（即控制量地址 $100 + Ec \times 13 + E$）作为被传递单元的地址，将这个地址指定单元的内容（即控制量 U），传递给中间单元 DM1000 再通过解模糊运算得 u，然后由模拟输出通道传送给 D/A 转换器。

综上述，将模糊控制与 PLC 相结合，利用 PLC 实现模糊控制，既保留了 PLC 控制系统可靠、灵活、适应能力强等特点，又提高了控制系统的智能化程度。结果表明，对于那些大滞后、非线性、数学模型难以建立且控制精度和快速性要求不很高的控制系统，基于 PLC 的模糊控制方法不失为一种较理想的方案。只要选择适当的采样周期和量化因子，可使系统获得较好的性能指标，从而满足控制性能要求。

8.1.3 有机肥发酵过程智能控制系统

(1) 有机肥生产工艺

商品有机肥工厂化生产的发酵，主要分好氧生物处理和厌氧生物处理技术两大类。对于畜禽粪类原料由于厌氧发酵时间长，粪尿不能快速处理，而沼液沼渣的处理、运输和施用花费大量的劳力，推广不多，特别在近几年，随着国家环保政策的严格执行，有机肥工厂化生产设备的研究推广工作在国内得到了大力开展，试验证明好氧发酵比厌氧发酵在气味和化学需养量（COD）控制方面更为有效。一些学者对好氧发酵氧化过程的机理及处理过程的动力学模型进行了研究，建立了好氧处理过程的动力学模型，在特定的处理时间内，预测不同粪便处理后的浓度，一般经 3 ~4 天连续好氧处理可减少 COD 1/3 以上。制定适宜的发酵技术参数，是工厂化生产进行工艺技术调控的依据。荷兰学者提出的城市固体废弃物的废物堆肥化生产系统的 20 项可调控因素，并归纳为五大因素，即物料的性状、环境条件、生物因素、物理因素和经济因素等，并建立了用于畜禽粪便处理的优化模型；目前，在各个工艺参数中，通气率、温度、湿度和 C/N 比等已有量化标准。当然有机质的发酵本质是微生物的作用过程，研究表明控制发酵过程的温度、湿度和氧气供应是整个过程的关键。

在一般堆积发酵条件下，经过预处理的有机物料在 2 天内可以达到 70 ℃左右，然后缓慢下降，伴随着每次翻拌温度又逐渐上升，但其升温值则逐渐下降，这是尚未分解的有机物继续分解的结果。一些研究表明 70 ℃是保护有益菌的临界温度，在实验中得出畜禽粪便无害化处理的温度在 60 ~65 ℃维持 3 ~4 天即可以达到国家允许的卫生标准，当然有机质也同时得到了充分的分解。实际上整个商品性有机肥的工艺流程包括固液分离—物料预处理—发酵—干燥—粉碎—造粒—包装等工艺，如配合无机肥或活性有益菌就可制成有机菌肥和有机复合肥以适应各种农作物的需要。

(2) 温度控制器的设计

发酵系统的温度控制一般在前处理部分起关键作用，实验证明有机废物生物激活经前处理后控制在 35 ~37 ℃左右即可以达到良好的发酵效果，在后续发酵的过程中，主要考虑通氧量，因发酵过程会产生大量的热量，随着有机物分解的完成，好氧发酵的无害化过程也就完成了。

温控系统是一个多输入、扰动大、强耦合的非线性时滞系统，常规 PID 控制算法几乎无法使系统稳定。为了减少超调量，一般采用微分和中间反馈等方案，效果亦不太理想，被调量仍存在较大的超调，且响应速度很慢。实验证明采用单神经元自适应 PID 控制算法能取得较好的效果。单神经网络 PID 控制具有自学习、自适应等功能，且结构简单、有较强的鲁棒性，已得到较广泛的应用。

目前，人们经常使用的是由 Mceulloch 和 Pitts 最早提出的 M-P 模型，它是一个多输入单输出的具有非线性特性的信息处理单元，相应的表达式为

$$a = \sum_{i=1}^{n} W_i x_i - Q, y = f(a) \tag{8.1}$$

其中，x_i，y 分别为神经元的输入、输出，Q 为神经元阈值；W_i 为神经元之间的连接权值。

用神经元实现的自适应 PID 控制规律，若神经元学习控制所需的状态量为 $x_i(x_1, x_2, x_3)$，则神经元 PID 控制器输出的增量形式为

$$\Delta u(k) = \frac{K(k) \sum_{i=1}^{3} W_i(k) x_i(k)}{\| \sum_{i=1}^{3} W_i(k) \|} \tag{8.2}$$

用权重向量 W 和状态向量 x 的内积除以权重向量的欧向里德度数 $\| W \|$，以保证其控制策略的收敛性。

式(8.2)中的 $x_i(k)$ 由(8.3)表示，其中 $e(k)$ 为控制器增量，$y_r(k)$ 为输出期望值。

$$\begin{aligned} x_1(k) &= y_r(k) - y(k) = e(k) \\ x_2(k) &= \Delta e(k) \\ x_3(k) &= e(k) - 2e(k-1) + e(k-2) \end{aligned} \tag{8.3}$$

若性能指标为

$$J = \frac{1}{2} \left[y_r(k+1) - y(k+1) \right]^2 = \frac{1}{2} p^2(k+1) \tag{8.4}$$

沿 J 对 W_i 的负梯度方向搜索，则(参阅文献 66)

$$\Delta W_1(k+1) = \eta_i p(k+1) \frac{\partial y(k+1)}{\partial u(k)} \cdot \frac{\partial u(k)}{\partial W_i(k)} \tag{8.5}$$

$\eta_i(i = I.p.D)$ 为 η_I、η_p、η_D、分别表示积分、比例和微分学习速度。

由式(8.3)、式(8.5)可得：

$$\Delta W_i(k+1) = \eta_i K(k) p(k+1) b x_i(k) \tag{8.6}$$

其中，b 值当 $\partial y(k+1)/\partial y(k)$ 为正值时取 1，负值时取 -1。

经归纳，单神经元自适应 PID 控制算法表述如下：

$$u(k) = (k-1) + K(k) \sum_{i=1}^{3} W'_i(k) x_i$$

$$W'_i(k) = \frac{W_i(k)}{\sum_{i=1}^{3} | W_i(k) |}$$

$$x_1(k) = e(k), x_2(k) = \Delta e(k), x_3(k) = \Delta^2 e(k)$$

$$W_1(k+1) = W_1(k) + \eta_I k(k) p(k+1) b x_1(k)$$

$$W_2(k+1) = W_2(k) + \eta_p k(k) p(k+1) b x_2(k)$$

$$W_3(k+1) = W_3(k) + \eta_D k(k) p(k+1) b x_3(k)$$

(3)翻堆和通风装置的速度控制

对于通氧量的控制，有两种方式：闭环控制和补偿控制。发酵完整性与翻堆频率有关，一

般根据温度来确定翻堆频率。若采用通氧量闭环控制,可不考虑这种比值进行自动调节,其调节器可以设计成单神经元自适应 PID。但为了简单起见,本文采用补偿控制。其中的设定持续温度时间 n^* 就是根据出料、翻堆频率的比值来确定。当通氧量小于给定值时,通过 PI(比例-积分),$n^*+\Delta n$ 增加,变频器使异步机转速提高,翻堆频率增加,使通氧量始终接近于给定值。反之亦然。当外界条件都为设计值时(如电网电压为额定值,出料输送系统摩擦恒定不变且为设计值时),Δn 应近似为零。所以,通氧量比较后的 PI 调节仅起补偿作用。这里所用的变频器根据实际适用性,不需要选用高分辨率(0.01 Hz)多功能(100 多种速度输出方式)的变频器,也不易选用体积过大、效率低、噪音偏大、电压利用率低的晶闸管变频器,首选主开关器件为 IGBT 的三相通用变频器。三相通用逆变器的理论和技术已经比较成熟,如果自行设计,则要注意电压利用率。SPWM 调制方式的电压利用率最高只有 87%,为了提高电压利用率,有许多办法,SAPWN 则是其中一种较好的方法。

$$\text{其中 } y(t)=\begin{cases}3\sin\omega t & 0\leqslant\omega t\leqslant 30^\circ\\ \sin(\omega t+30^\circ) & 30^\circ\leqslant\omega t\leqslant 90^\circ\end{cases}$$

把各相的波形与三角载波(本例中载波频率为 1.38 kHz)进行比较,输出 SAPWM 信号,经过隔离放大使变频器中的主开关管开通或关断,拖动异步电机。

(4)控制系统的计算机实现

图 8.11 所示的电气结构图中,温度信号要经过放大,然后送计算机运行 A/D 转换。出料设定速度、通氧参数和温度保持时间给定,其他参数则要通过键盘送给计算机,存放到 EEPROM 中。计算机通过计算,D/A 转换后分别输出模拟量。计算机选用带 A/D 转换的 80C196KB,其系统组成如图 8.12 所示。

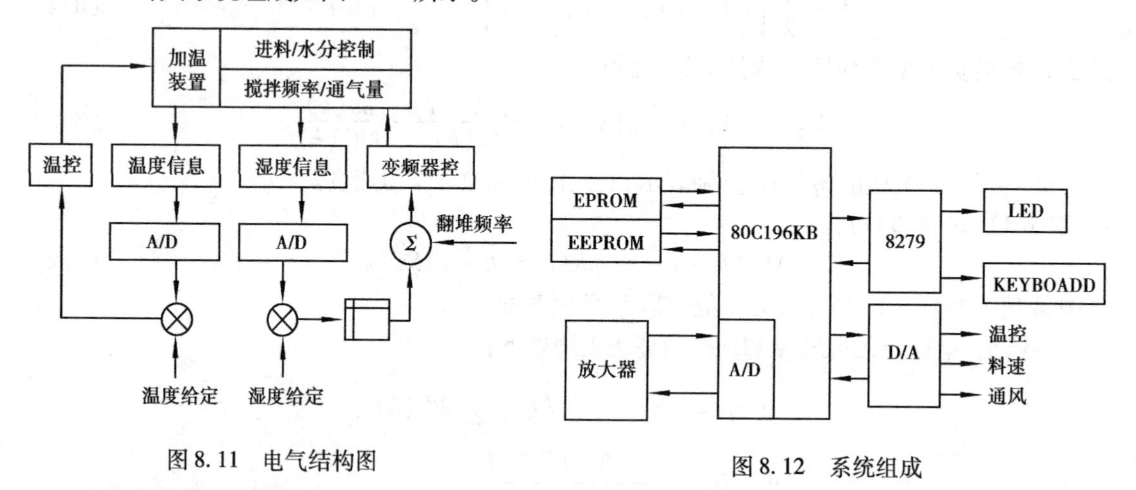

图 8.11 电气结构图

图 8.12 系统组成

(5)实验结果及结论

温控系统可看到两个惯性环节和一个纯滞后环节的串联,离散化后,采样周期则温度无超调现象。在通风量与搅拌频率调节器中,取放大倍数为 13,积分时间常数为0.13 s,通风参数为 6、4,则输出通风量与翻堆频率参数稍有超调但很快稳定下来。

由于发酵系统主要使用有机物发酵产生的热量,实际生产中主要控制通氧量这个关键的参数,也就是通风量与翻堆频率,由于物料的复杂性,控制系统的参数设计仍采用了经验值,智能化传感器需要进一步研究。

8.1.4　三轴转台快速精密定位系统的智能控制

在陀螺漂移测试转台伺服系统设计中最常用的方法是古典频域法。其控制器由一超前补偿环节与一迟后补偿环节串联而成,参见图8.13。

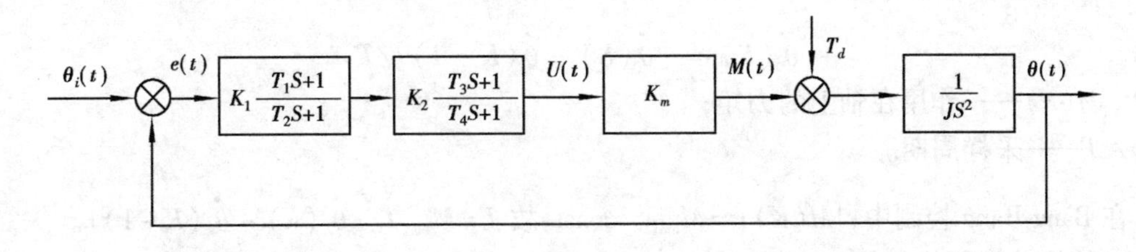

图8.13　Ⅱ型伺服系统框图

$\theta_i(t)$—角位置输入;$\theta(t)$—对象角位置输出;$e(t)$—偏差信号;$M(t)$—电机力矩;

$T_d(t)$—干扰力矩;$U(t)$—控制器输出;K_m—力矩系数;J—转动惯量;

$(K_1T_1S+1)/(T_2S+1)$—超前校正;$(K_2T_3S+1)/(T_4S+1)$—迟后校正。

Ⅱ型系统是条件稳定系统。在大偏差时,由于功放级饱和导致系统等效增益下降,会使系统的动态性变坏,甚至失去稳定。精心调整增益分配可以保证系统的大范围稳定。但实际运行中超调量往往很大。进一步提高精度的措施是在控制器中加入纯积分环节,使静态刚度无穷大,对轴上的阶跃干扰力矩稳态误差为零。但Ⅲ型系统的动态特性不会比Ⅱ型更好。改善动态特性的措施是引入测速反馈以增强阻尼。同时宽带的速度环还能抑制干扰,但是测速机的纹波将给系统引入噪声,限制了精度提高。

与一些现代控制方法相比,古典方法具有设计简单、实现容易、鲁棒性好的优点。令设计者感到困扰的是无法解决动态特性与稳态精度间的矛盾。Bang-Bang控制可以实现无超调归零,但它难以保证高的稳态精度。事实上,工程控制的理论与实践都已说明,难以找到一种方法适用于所有对象,针对某一对象的控制方法也难以使该对象的所有指标达到最优。为此,吸收古典方法的成功经验,组合简单的控制规律实现高品质的控制,是件很有实际意义的工作,在这方面人工智能与智能控制为我们提供了强有力的手段。

本例需要设计的智能控制器,必须克服一些控制理论靠单纯的数学解析结构难处理对象不确定性的弱点。也就是说,智能控制器应能处理对象的定性知识。这种控制器能记忆以往伺服系统设计的经验和技巧,并具有设计师的直觉推理能力。基于这种思想本例设计了一种专家变模态控制器,能根据对象的运行状况,自发地选择适宜的控制律。它将三轴转台的定位任务分解成无超调归零与保证稳态精度两个子任务。在大偏差时采用Bang-Bang控制,小偏差时采用Ⅲ型系统,其间用Ⅱ型系统过渡。

(1)自适应Bang-Bang控制

根据时间最优理论设计的Bang-Bang控制系统,具有无超调快速归零的特点。在实际运行中由于采样延时、干扰力矩以及转动惯量变化的影响,会使其动态特性变坏,失去最优性能。对于三轴汽浮转台而言,转轴上的干扰力矩相对于电机最大力矩可忽视。在三轴依次转动的过程中,动态干扰力矩可视为零。

1)转动惯量的辨识

三轴转台每次定位前,三轴角位置不同,各次定位之间,外环轴及中环轴上的转动惯量是变化的,但可通过参数辨识较快的确定。具体而言,对于每个轴:

$$\ddot{\theta}(K) = M(K)/J$$

$$\ddot{\theta}(K) = [\dot{\theta}(K) - \dot{\theta}(K-1)]/T$$

式中 $M(K)$——作用在轴上的力矩;

T——采样周期。

在 Bang-Bang 控制中,$|M(K)| = M_{max} = \text{const}$,故 $J = M_{max}T/|\dot{\theta}(K) - \dot{\theta}(K-1)|$。

2)切换点的预估

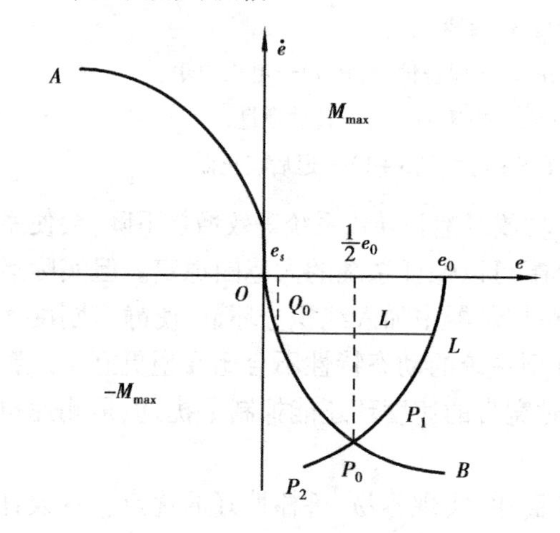

图 8.14 最优相轨迹切换线

时间最优控制成功与否的关键是切换点的准确性。对于图 8.13 所示的对象,其最优控制相轨迹切换线如图 8.14 中 AOB 所示,其方程为

$$\begin{cases} AO\text{ 段} \quad e = \dfrac{-J\dot{e}^2}{2M_{max}} \\ BO\text{ 段} \quad e = \dfrac{J\dot{e}^2}{2M_{max}} \end{cases} \tag{8.7}$$

下面考虑最大力矩由正向往负向切换时的情况。对于初始值偏差为 e_0 的定位过程,控制量的切换点 P_0 可通过求解轨迹 L 与切换线 OB 的交点得到。轨迹 L 的方程为

$$e = -\frac{J\dot{e}^2}{2M_{max}} + e_0 \tag{8.8}$$

联立式(8.7)、式(8.8)可得 P_0 点横坐标:

$$e_s = \frac{J}{2}e_0 \tag{8.9}$$

预先计算好切换点可减少实时计算量。此外,三轴转台有限速线路限定最高转速,这时轨迹如 L 所示,切换点为 Q_0,其横坐标为:

$$e_s = -\frac{J\dot{\theta}_m^2}{2M_{max}} \tag{8.10}$$

式(8.10)中 $\dot{\theta}_m$ 为三轴台位置工作状态所限定的最高转速。

采样延时的影响在于,如果在 t_1 时刻系统运行至 P_1 点,未到达切换点 P_0,而在下一时刻 t_2,系统达到 P_2 点,可能已穿过了切换线。这时切换已为时过晚,其间走过的距离约为 $e_L(t_1)$:

$$e_L(t_1) = |T\dot{e}(t_1)| \tag{8.11}$$

式中 $e_t(t_1)$——P_2 点距离的近似值;

T——采样周期。

为此,设每个采样周期检测系统所处位置与切换点间距离为 $\Delta e(t_1)$:

$$\Delta e(t_1) = | e_s - e(t_1) | \tag{8.12}$$

若 $\Delta e(t_1) < e_L(t_1)$，则在 t 时刻改变电机力矩方向，实现切换。

$$t_1 = t_1 + \frac{\Delta e(t_1)}{e_L(t_1)} T \tag{8.13}$$

这种方法的实质是对切换时刻进行预估，等效于缩短了切换前的那个采样周期，提高了切换的准确性。

(2) 专家变模态控制器

专家变模态控制器结构如图8.15所示，设系统采样周期仍为 T。在 $T_K = KT$ 时刻，

$$e(K) = Y(K) - Y_d(K)$$

$$\dot{e}(K) = [e(K) - e(K-1)]/T$$

专家变模态控制器（见图8.15）的工作原理为：由推理机根据系统的运行状态，依据控制规则进行逻辑推理，选择适当的控制算子，在由计算器根据所选的控制算子进行数据计算，求出控制量。

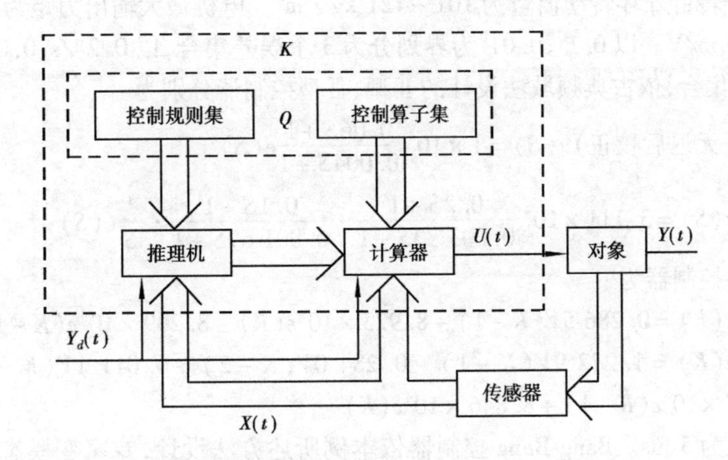

图8.15　专家变模态控制系统

$Y_d(t)$—期望轨迹；$Y(t)$—对象输出轨迹；$U(t)$—控制器输出；

$X(t)$—对象状态；K—专家控制器；Q—知识库。

本例所讨论的伺服系统、控制算子集中包括3种控制律：

Bang-Bang 型算法　$U_{\mathrm{I}}(K) = F[e(K)]$

Ⅱ型算法　$U_{\mathrm{II}}(K) = F_{\mathrm{II}}[e(K)]$

Ⅲ型算法　$U_{\mathrm{III}}(K) = F_{\mathrm{III}}[e(K)]$

整个控制器的输出可表示为

$$V(K) = C_1(K)V_{\mathrm{I}}(K) + C_2(K)V_{\mathrm{II}}(K) + C_3(K)V_{\mathrm{III}}(K) \tag{8.14}$$

式(8.14)中 $C_1(K) \in (0,1)$ $(i=1,2,3)$ 为选取系数，在每一时刻有且仅有一个选取系数为1，其余为零，即

$$C_1(K) + C_2(K) + C_3(K) = 1$$

划分如下误差集合：大误差 e_1；中误差 e_m；小误差 e_3。

且满足：$e_1 Y e_m Y e_3 = R$

$e_1 Y e_m Y e_3 = \phi$

同理划分误差变化律集合 e_1, e_m, e_3。

控制规则的基本内容就是根据当前的误差大小选取适当的控制算子。此外要保证3个模态间实现平滑切换。切换时系统应具有较小的相对剩余能量,该能量可用 $\dot{e}(t)$ 来表征。若这部分能量过大,则系统在释放相对剩余能量的过程中可能发生往复振荡使动特性变坏。综上所示,控制规则集中包含3条产生式规则:

$$\text{IF} \quad e(K) \in e_m \quad \text{AND} \quad \dot{e}(K) \in \dot{e}_s$$
$$\text{THEN} \quad C_1(K) = 0 \quad \text{AND} \quad C_2(K) = 0 \quad \text{AND} \quad C_3(K) = 1$$
$$\text{IF} \quad e(K) \in e_m \quad \text{AND} \quad \dot{e}(K) \in \dot{e}_m \quad \text{OR} \quad \dot{e}(K) \in \dot{e}_s$$
$$\text{THEN} \quad C_1(K) = 0 \quad \text{AND} \quad C_2(K) = 1 \quad \text{AND} \quad C_3(K) = 0$$
$$\text{ELSE} \quad C_1(K) = 1 \quad \text{AND} \quad C_2(K) = 0 \quad \text{AND} \quad C_3(K) = 0$$

(3)实例仿真

某型号三轴转台外环转动惯量为101~121 kg·m²。电机最大输出力矩为120 N·m。力矩系数为12 N·m/V。以0.1^0、0.01^0为界划分为3个误差集合,以0.2°/s、0.02°/s为界划分3个误差变化率集合,依古典频域法设计的Ⅱ型、Ⅲ型控制器分别为

Ⅱ型系统:(无迟后校正)$u(S) = 1 \times 10^4 \dfrac{0.06S + 1}{0.004S + 1} e(S)$

Ⅲ型系统:$u(S) = 3.111 \times 10^4 \dfrac{0.2S + 1}{0.003\,33S + 1} \cdot \dfrac{0.1S + 1}{0.001\,67S + 1} \cdot \dfrac{1}{S} e(S)$

转化为数字控制器为

Ⅱ型系统:$u(K) = 0.286\,5V(K-1) + 8.923 \times 10^4 e(K) - 8.209 \times 10^4 e(K-1)$

Ⅲ型系统:$u(K) = 1.272\,9V(K-1) - 0.284\,0V(K-2) + 0.011\,1V(K-3) + 9.535 \times 10^4 e(K) - 1.837 \times 10^5 e(K-1) + 8.846 \times 10^4 e(K)$

采样周期取为5 ms。Bang-Bang控制器依本例所述方法设计,专家变模态控制器仿真运行结果为:

①25°偏差归零过程超调小于1%,见图8.16(a)。

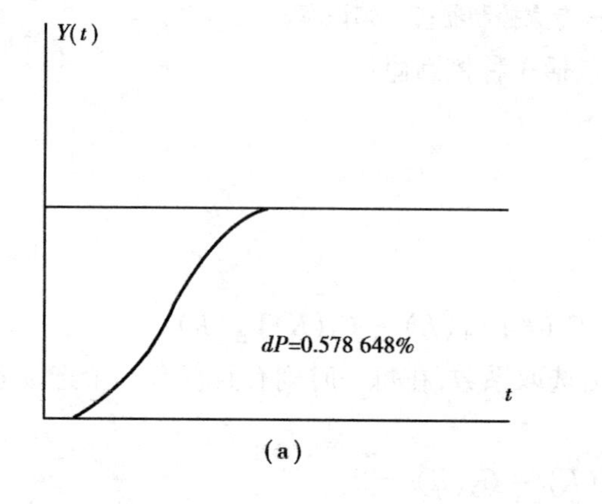

(a)

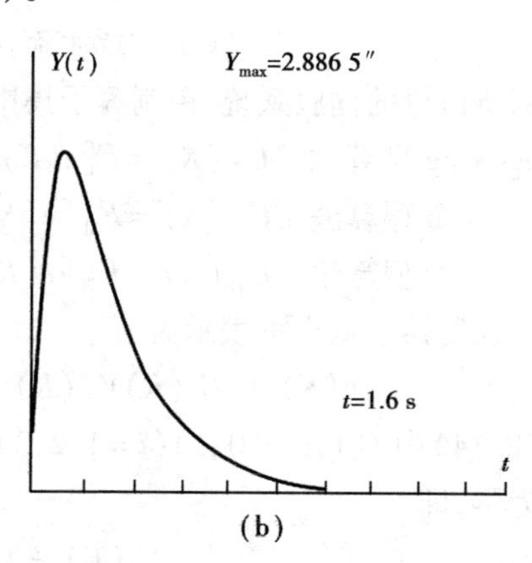

(b)

图8.16 仿真运行结果

(a)阶跃输入响应 (b)阶跃干扰响应

②在1 N·m的阶跃干扰力矩下最大动态误差小于3″、稳态误差为零。(1°=3 600″)。

综上述,采用专家变模态控制器,将简单的控制方法组合起来,可以实现高品质控制。控制任务分阶段完成,同时保证三轴转台伺服系统的动态性能与稳态精度。

8.2　智能机器人控制

8.2.1　机器人的智能控制

传统机器人控制是通过推导数学模型用经典或现代控制方法实现的。这种方法理论上虽然很精确,但它需要大量繁杂的严格的数学公式推导。没有容错能力和自学习能力。对参数变化敏感,环境和结构稍作变化就必须重新建立数学模型,适应性差。生物控制系统却在动态环境中表现出卓越的适应性和灵捷性,这是因为生物控制系统具有分布式并行计算与处理的神经网络体系的缘故。

基于符号处理的专家系统(ES)技术与基于连接机制的人工神经网络(ANN)技术相结合已成为人工智能技术发展的重要趋势。将两者集成用于机器人智能控制,能够显著提高机器人的控制精度。

(1)基于ES/ANN集成的控制结构

机器人的智能控制结构如图8.17所示。它由两个控制层组成。第一层(即低层)由PID调节控制模块和CMAC(Cerebellar Model Articulation Controller)神经网络控制模块组成;第二层(即高层)由基于专家系统的智能监督及协调模块组成。

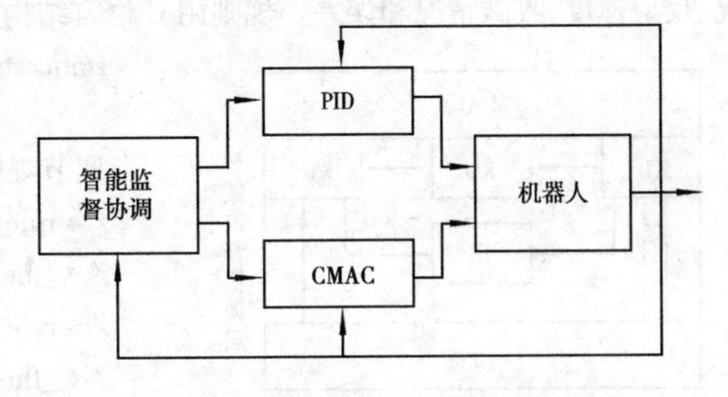

图8.17　ES/ANN集成控制结构

控制策略是:在高层监督下,高层协调PID及CMAC参数;在机器人实时操作中,CMAC模块通过实时训练并逐渐在控制中占主导地位;遇有异常情况如环境突变、机器人结构参数突变等,由高层基于ES使PID控制模块占主导地位并协调PID参数,CMAC模块转入训练。这个控制模型基本上模拟了运动员进行训练的原理,即训练指令和练习。

(2)低层控制

图8.18所示为低层控制结构。PID为调节控制模块,CMAC为小脑模型神经网络控制模块。低层控制为基于ES的CMAC与PID的混合集成控制。CMAC具有很强学习能力,其外延性能可显著提高机器人控制精度。

(3)高层控制

图8.19所示为高层控制结构。智能监督协调层由人机接口(MMI)、知识库(KB)、数据库(DB)、知识更新单元(KU)、推理机(IE)和控制接口(CI)等组成。

应用专家系统对系统进行动态过程决策,其目的是使系统具有较好的抗干扰性能,使系统的恢复时间较短,超调量较小。在设定值附近实现平滑控制。

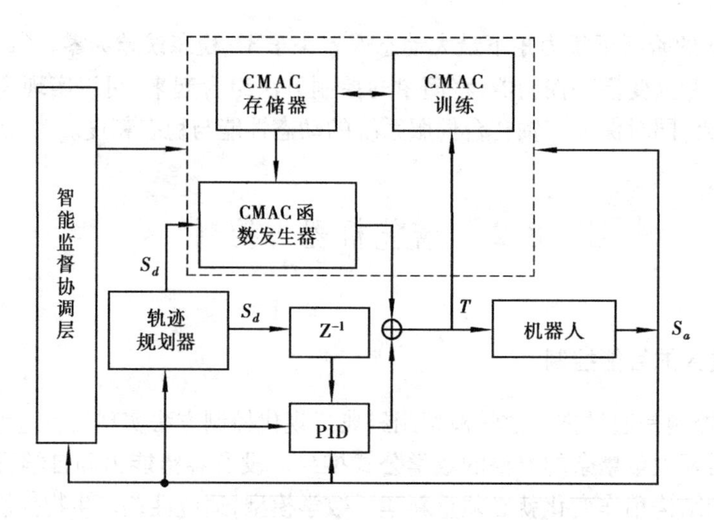

图 8.18　低层控制结构

1)知识库的建立

在本控制结构中,智能协调专家系统采用产生式规则作为其知识表达式,来集成反映专家的实际经验。根据控制规则以及可检测到的机器人响应的性能形成相应的调节规则。设机器人响应性能指标为误差幅值 F、振荡幅值 A 和收敛率 λ,这些特性可表示响应的精度、振荡情况、反应速度、收敛情况和误差。规则用 C 语言结构类型表示,结构如下:

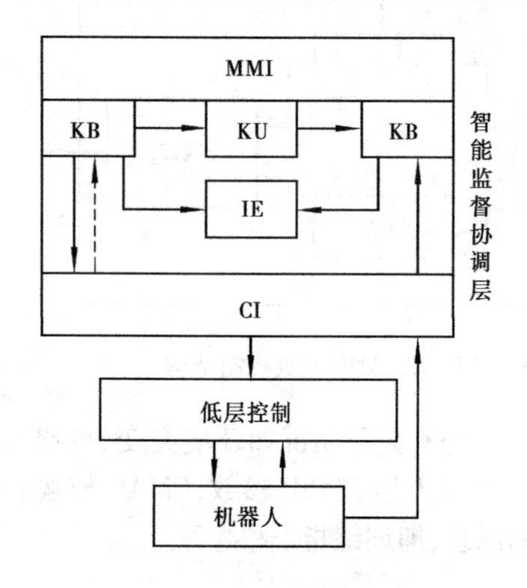

图 8.19　高层控制结构

```
static struct {char *if;
               char *then;} rule[max];
```

调节规则中的几条说明如下:

```
/* rule_1_if */"(OFF = MOD)"
/* _then */"(DP = PL, DI = PL, DD = NC)"
/* rule_2_if */"(RSP = NOK)"
/* _then */"(DP = PL, DI = NC, DD = PL)"
/* rule_3_if */"(OSC = HIG)"
/* _then */"(DP = NH, DI = NC, DD = PH)"
```

条件变量可用下列符号表示:

OFF:响应误差值;DSP:响应速度;OSC:响应的振荡性。它们的状态可用下列符号表示:

MOD:不很好;NOK:不好;HIG:不太好。

执行变量分别以符号 DP、DI 及 DD 来表示比例,积分及微分系数的变化量,其状态可用下列符号表示:

PH:正大;PL:正小;NH:负大;NC:不变。

规则 1 的意思:如果误差不是很大,那么比例增益及积分率应有较小的增加,而微分常数不变。

规则 2 的意思:如果响应速度不满足,那么比例增益及微分时间常数应有较小的增加,而积分率不变。

规则 3 的意思:如果响应的振荡性不太好,那么比例增益应有较大的减小,微分时间常数应有较大的增加,而积分率不变。

2)推理机制

推理的进行是基于模式匹配——触发方式进行的,采用的策略是规则排序,所触发的规则就是被启用的规则,为了加快推理速度,在匹配过程中,不是扫描整个知识库规则,而是一旦找到一条满足条件的规则,就算匹配成功。

(4)控制效果

图 8.20 为 2DOF 机械手模型。

图 8.22 是对图 8.21 所示的轨迹进行跟踪仿真的结果。

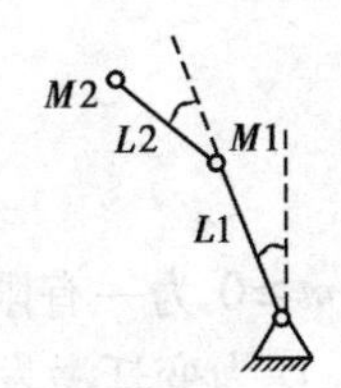

图 8.20　2DOF 机械手模型

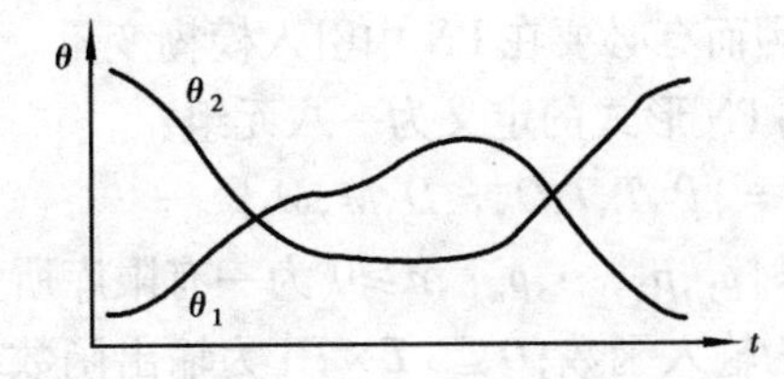

图 8.21　运动轨迹

在图 8.22 中,(a)表示基于 PID 控制的仿真;(b)表示基于 PID + CMAC 的仿真;(c)表示基于 ES/(PID + CMAC)集成控制的仿真。

比较图 8.22 中的(a)、(b)可见基于 CMAC 的 PID + CMAC 混合控制较常规 PID 控制精度有大幅度提高;而从图(b)、(c)可见在相同外部环境及相同 CMAC 训练时间情况下基于 ES/ANN 集成的控制精度有显著提高。

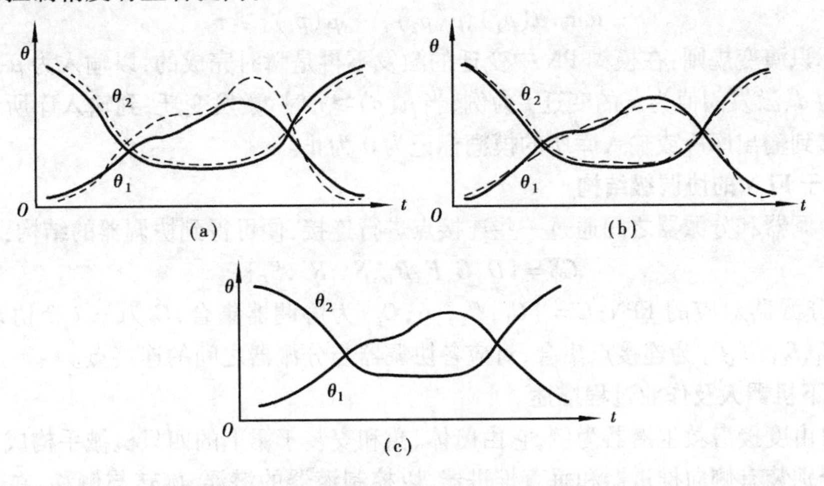

图 8.22　仿真结果

8.2.2　水下机器人智能控制的协调级规划

六自由度海洋空间对接水下机器人是一个多变量、强耦合、高度非线性的动力学系统,由于其独有的动力学特性、水下环境的不确定性和任务的复杂性,使得传统的控制方法给人以力不从心的感觉。而近二十多年来系统控制科学技术发展所带来的新颖的控制方法:定性一定量混合控制方法给人们提供了新的思路。这种控制方法的最好体现者就是 Saridis 提出的分层递阶智能控制模型。这种模型按 IPID(精度渐增,智能下降)原理将控制系统分成了组织级、协调级和执行级,分别用于实现任务的规划和决策、任务的协调及任务的执行。在协调级将模糊推理规则与 PN(Petri Net)结合得到 FPN 用于实现分层递阶智能控制系统的协调级规划。

(1)具有模糊标记的 PN(PN with fuzzy tokens)

Petri 网是由德国科学家 Petri 于 1962 年在他的博士论文中提出来的,经过多年的应用,被普遍认为是描述具有并发行为系统的良好工具。PN 具有变迁和库所两种节点;其库所可划分为有、无托肯两种状态;变迁的阈值为正整数,变迁也只有激发和非激发两种状态,且变迁的激发及托肯的转移是瞬时完成的。这对于许多需要用模糊信息进行描述的系统来说是不能满足要求的,因而有必要在 PN 中引入模糊变量。

模糊 PN 形式的定义为一八元组:

$FPN=\{P,T,I,O,\tau,D,M,M_i\}$

其中,$P=\{p_1,p_2,\cdots,p_n\}$,$n\geqslant 0$ 为一有限库所集;$T=\{t_1,t_2,\cdots,t_m\}$,$m\geqslant 0$ 为一有限变迁集;$I\subseteq\{P\times T\}$ 为输入函数;$O\subseteq\{T\times P\}$ 为输出函数;τ 为变迁的阈值集合;D 为变迁激发后输入库所模糊标记的转移量(仅当转移权重为 1 时有意义);M 为→[01]标记函数集,定义为库所到真实值[01]的映射;M_i为初始标记函数,又称为初始资源分配。

模糊标识:定义为引发变迁后对应输出位置中托肯的可能分布;

模糊输入量:为库所中模糊数,由基于模糊规则的隶属函数来确定;

变迁激发规则:考虑变迁 t,对应变迁的阈值为 τ,具有输入库所 $p_1,p_2,\cdots,p_i$,对应的模糊标识为 $\mu(p_1),\mu(p_2),\cdots,\mu(p_i)$,则变迁被激发的条件为

$$\min\{\mu(p_1),\mu(p_2),\cdots,\mu(p_i)\}\geqslant\tau$$

模糊标识演变规则:在模糊 PN 中变迁的激发不再是瞬时完成的,以输入为 $\mu(p)$、模糊标记转移量为 d、激发阈值为 τ 的变迁 t 为例,当 $\mu(p)\geqslant\tau$ 时,激发变迁,到输入库所中的模糊标记有 d 转移到输出库所或输入库所的模糊标记为 0 为止。

(2)基于 FPN 的协调级结构

将各协调器和分派器之间通过一些连接点进行连接,便可得到协调器的结构:

$$CS=\{D,C,F,R_D,S_D,R_C,S_C\}$$

其中,D 为分派器对应的 FPN;$C=\{C_1,C_2,\cdots,C_i\}$ 为协调器集合,C_i为第 i 个协调器对应的 FPN;$F=\{f_1,f_2,\cdots,f_s\}$ 为连接点集合,对应各协调器与分派器之间的连接点。

(3)水下机器人及作业过程描述

以六自由度援潜救生潜器为例,它由艇体、裙和安装于裙上的四只机械手构成。在艇的艏部和艉部分别装有侧向推进器和垂直推进器,以控制潜器的潜浮、旋转与侧移,在艉部还装有主推进器,为潜器的运动提供动力。其模型是一个高度非线性的动力学系统。模型设计的试验目的是为了探索六自由度潜器在各种情况(失事潜器的不同姿态及海流情况)下,援潜救生机器人的定位与对接能力。

机器人的作业过程可描述为五步:靠近失事潜艇、动力定位、机械手抓取作业圆环、引导对中、拉降对口。为了提高对接成功的几率,缩短对接时间,下面将针对救生机器人的作业过程,运用 FPN 进行规划。

(4)基于 FPN 的协调级规划

1)模糊标记的确定

在水下机器人协调级规划的 FPN 描述中，有的变迁对应的是以[0,1]为代表的状态变化，如机械手手指的开合，此时的 FPN 已退化为普通的 PN。有的状态的变化则是一个渐进过程，此时就需要用 FPN 进行描述。下面以机器人到作业平台的距离的模糊化为例进行说明。水下机器人在作业时与作业平台需保持一定的距离，太近则有与平台相撞的危险，太远则超出机械手的作业范围，不能作业，只有适中距离(图 8.23 中 c、d 两点之间)为最佳作业状态，因此定义隶属函数如下(参见图 8.23)。

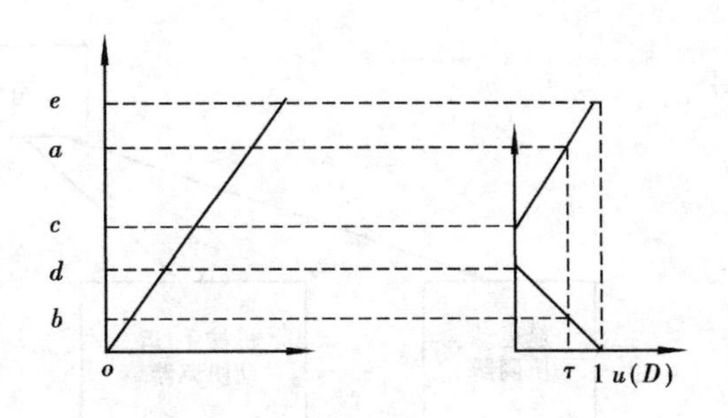

图 8.23　库所模糊标记的确定

定义 8.1　c、d 两点间为最佳作业范围，其隶属函数为 0；o、e 两点为作业的临界点，其隶属函数为 1；a、b 两点隶属函数为 τ，对应变迁的激发点。

模糊标记转移量 d：$d=\begin{cases}\tau & \tau\geqslant 1-\tau\\ 1-\tau & \tau<1-\tau\end{cases}$

2)协调级规划

水下机器人作业过程描述如图 8.24 所示。

由图 8.24 可以看出，机器人的作业过程可概括为：运用传感器信息，协调机械手与潜器的位姿来完成作业任务。由此得到协调级规划示意图如图 8.25。

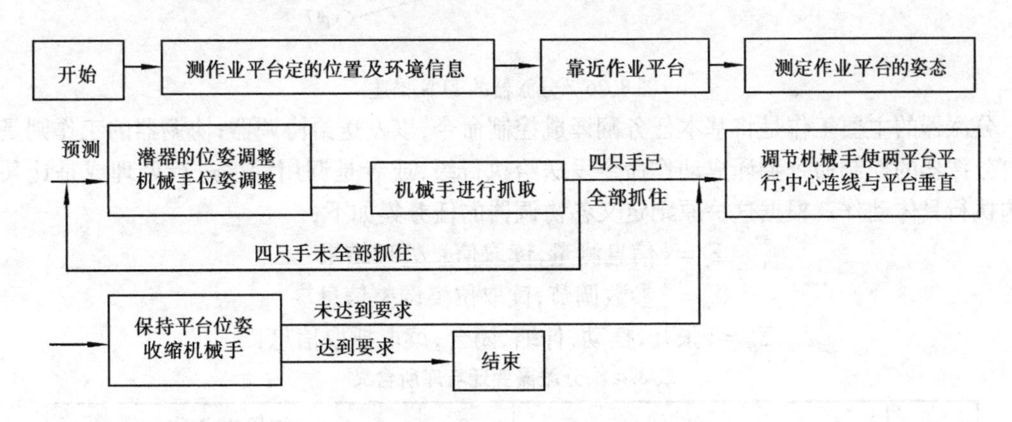

图 8.24　水下机器人作业过程

为了对协调级进行描述，定义以下任务文法：$G=(B,N,\Sigma,P)$

其中，B 为系统开始符号；$N=\{E,O,OP,HP,SUB,H_1,H_2,H_3,H_4\}$ 为对象集；$\Sigma=\{$信息测量，运动，位姿调整，靠近，抓取$\}$ 为基本任务集；$P=\{B\to O|E$ 信息测量$\to SUB$ 运动$\to OP|SP|HP$ 信息测量$\to SUB|H1|H2|H3|H4$ 位姿调整$\to H1|H2|H3|H4$ 位姿调整$\to SUB$ 靠近$\}$ 为任务规划的产生规则。

在对分派器进行 FPN 描述时，变迁一般对应由分派器发送一个命令到协调器来完成一个指定的任务，而库所则代表了系统状态的变化。由以上定义的文法可得协调级中分派器的 FPN 描述如图 8.26 所示，变迁与库所含义如表 8.4。

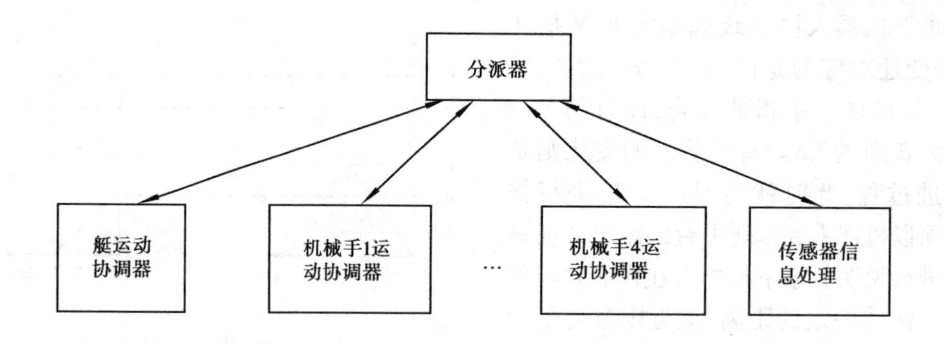

图 8.25　水下机器人的协调级规划

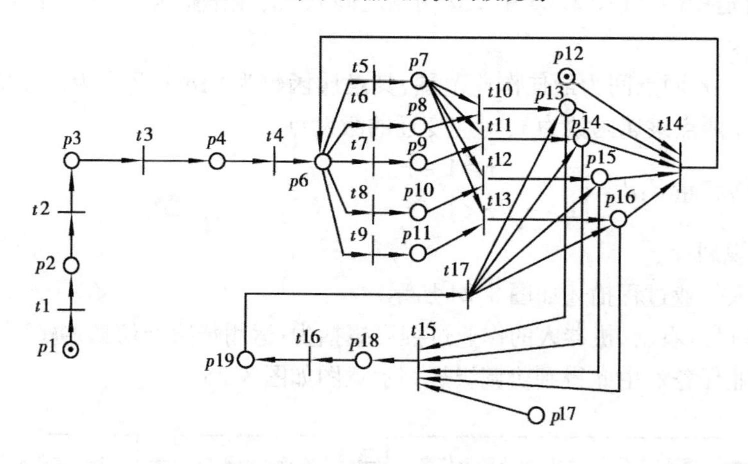

图 8.26　分派器的 FPN 描述

分派器的主要工作是将基本任务翻译成控制命令,以发送给协调器;协调器的工作则是将来自分派器的控制命令翻译成动作命令发送给执行级,或者是调用程序进行处理或是让某一机构执行具体动作。根据这一原则定义各协调器的任务集如下:

$$\Sigma_I = \{信息测量,读取信息处理结果\}$$

$$\Sigma_S = \{参数调节,读取位姿调整信息\}$$

$$\Sigma_H = \{张开,摆动,伸缩,闭合,读取抓取信息\}$$

表 8.4　分派器变迁与库所含义

t1	初始化	p2	初始化成功
t2	测定作业平台的位置及环境信息	p3	作业平台及环境信息测量完成
t3	靠近作业平台	p4	机器人到达预定位置
t4	测量作业平台的姿态	p5	
t5	艇的姿态调整	p6	作业平台姿态测量完成
t6	机械手 1 的调节	p7	艇的姿态调节完成
t7	机械手 2 的调节	p8	机械手 1 的调节完成

续表

$t8$	机械手 3 的调节	$p9$	机械手 2 的调节完成
$t9$	机械手 4 的调节	$p10$	机械手 3 的调节完成
$t10$	机械手 1 进行作业	$p11$	机械手 4 的调节完成
$t11$	机械手 2 进行作业	$p12$	四只机械手未全部完成作业
$t12$	机械手 3 进行作业	$p13$	机械手 1 完成作业
$t13$	机械手 4 进行作业	$p14$	机械手 2 完成作业
$t14$	继续作业	$p15$	机械手 3 完成作业
$t15$	调节机械手使两平台平行	$p16$	机械手 4 完成作业
$t16$	保持位姿,收缩机械手,完成作业	$p17$	四只机械手已全部完成作业
$t17$	重新开始	$p18$	两平台已调节到相互平行
$p1$	开始	$p19$	作业未达到预定目的

由以上各协调器任务集定义可得各协调器的 FPN 描述分别如图 8.27、8.28、8.29 所示，各协调器对应的变迁与库所含义如表 8.5、表 8.6 和表 8.7。

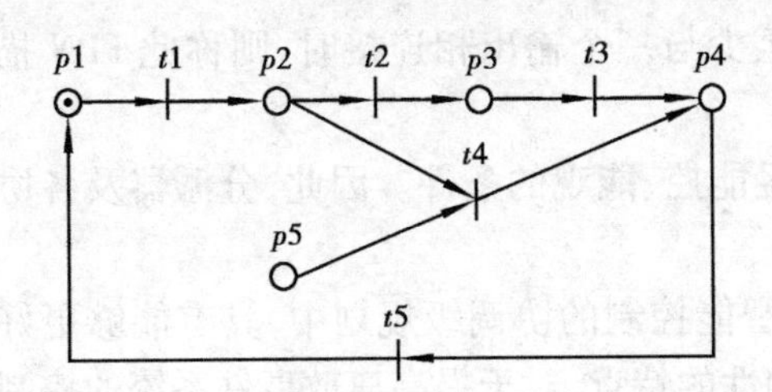

图 8.27　信息处理协调器的 FPN 描述

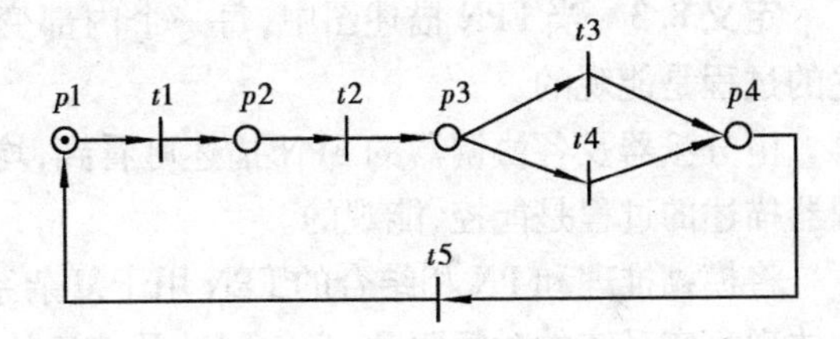

图 8.28　潜器运动协调的 FPN 描述

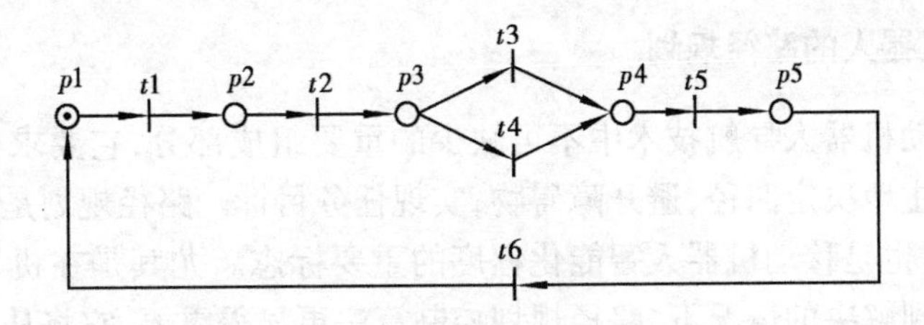

图 8.29　机械手运动协调的 FPN 描述

表 8.5　信息处理协调器变迁与库所含义

$t1$	初始化	$p1$	开　始
$t2$	测定作业平台的位置	$p2$	初始化完成
$t3$	测定环境信息	$p3$	作业平台位置测量完成
$t4$	测定作业平台的姿态	$p4$	信息处理完成
$t5$	信息反馈	$p5$	机器人与作业平台的距离小于给定值

表 8.6 艇运动协调器变迁与库所含义

t1	初始化	p1	开　始
t2	艇的位置调节	p2	初始化完成
t3	艇的姿态调节	p3	机器人到达预定位置
t4	艇姿态的辅助调节	p4	机器人姿态调节完成
t5	信息反馈		

表 8.7 机械手运动协调器变迁与库所含义

t1	初始化	p1	开　始
t2	机械手手指张开	p2	初始化完成
t3	摆动臂调节	p3	手指处于张开状态
t4	伸缩臂调节	p4	摆动臂、伸缩臂调节完成
t5	机械手手指闭合	p5	机械手闭合动作完成
t6	信息反馈		

3)能控、能观性分析

定义 8.2　当 FPN 描述图中,每一个内部变迁至少与一个输入相连接时,则称此 FPN 描述的过程是能控的。

定义 8.3　当 FPN 描述图中,每一个内部变迁至少与一个输出相连接时,则称此 FPN 描述的过程是能观的。

由分派器及各协调器的 FPN 描述可看到,均满足能控、能观的条件。因此,分派器及各协调器描述的过程是能控、能观的。

将模糊推理和 PN 相结合的 FPN 用于复杂系统智能控制的协调级规划中,具有能够更好的体现真实系统的时间驱动、事件驱动及信息的模糊性的特点,对于提高离散事件系统的控制效果具有重要的意义。

8.2.3 移动机器人的路径规划

路径规划是移动机器人导航技术中不可缺少的重要组成部分,它要求机器人根据给予的指令及环境信息自主地决定路径,避开障碍物,实现任务目标。路径规划是移动机器人完成任务的安全保障,同时也是移动机器人智能化程度的重要标志。尤其是在机器人硬件系统的精度在短期内不能得到解决的情况下,路径规划控制算法更显得重要,它将从根本上改变移动机器人的导航性能,提高移动机器人的智力水平和减少移动机器人在移动过程中存在的不确定状态,提高移动机器人移动的速度及灵活性,为开发高智能的远距离搬运机器人、探测机器人、服务机器人、汽车自动驾驶系统打下基础。

下面以移动机器人小车的路径规划为例。

(1)硬件描述

某移动机器人小车是一辆长方体的四轮小车,前面两个轮子是牵引轮,由步进电机驱动,控制移动机器人小车的运动方向。后面两个轮子是驱动轮,分别由两台直流电机控制轮子的运动状态。

移动机器人小车的控制系统是一个分布式控制系统。上位机为 Pentium 主机,下位机控制子系统分别由 80C196KA 来控制移动机器人小车的定位系统、测距系统、车体驱动系统以及摄像机及其图像处理系统等。其中测距系统是由三个超声波传感器来实现的,它们安装在机器人小车的头部,用来提供机器人小车正前方、左前方以及右前方的障碍物距离信息,而摄像机及其图像处理系统用来提供带有标记的目标信息。路径规划算法就是在上述两个系统所提供信息的基础上进行推导的。

(2)路径规划算法的推导

1)确立模糊控制器的输入变量和输出变量

在模糊推理中,需要考虑推理的前件和后件,也即是推理的输入条件和输出结果。在移动机器人导航系统中,要求视觉系统能够测量机器人正前方 120°范围内的障碍物信息,因此把障碍物信息分成三个方向,分别为正前方、左前方、右前方。行为和推理规则的输入变量设为 4 个,分别为:移动机器人预定的目的地方向,移动机器人前进方向的左、中、右三面的障碍物状态。而从这些条件推出模糊推理的两个输出分别为速度和移动机器人的方向控制。输入和输出函数分别定义为速度控制(S. C),转向控制(T. C),目标函数(G. O)和障碍物函数(O. P)。

系统的推理结构框图如图 8. 30 所示。

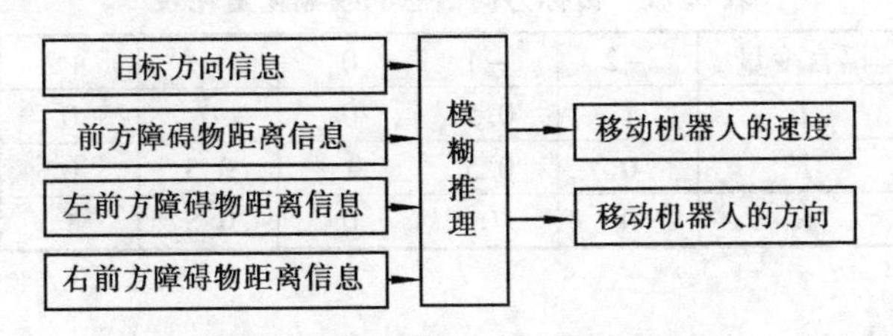

图 8. 30　移动机器人的模糊推理框图

2)输入变量与输出变量的模糊语言描述

输入变量确定为 4 个,分别用 *TO*、*FO*、*LO*、*RO* 表示目标方向信息、前方障碍物距离信息、左前方障碍物距离信息、右前方障碍物距离信息。用 *MRV*、*MRO* 分别表示移动机器人的速度与方向,各自对应的模糊化量化表如表 8. 8 ~8. 11。

表 8. 8　前方障碍物方向信息的模糊化量化表

语言变量	0	1	2	3
OV	1	0	0	0
SV	0. 5	1	0	0
MV	0	0. 5	1	0
Ⅱ*V*	0	0	0. 5	1

表 8. 9　前方障碍物距离信息的模糊化量化表

语言变量	0	1	2	3	4	5
GN	1	0. 5	0	0	0	0
VN	0. 5	1	0. 5	0	0	0
VF	0	0	0. 5	1	0. 5	0
GF	0	0	0	0	0. 5	1

由于变量被模糊化后,它们的取值被表示为在一个范围内,并且这些变量是障碍物或目标相对于机器人当前位置的取值,而不是在移动环境中相对于起点的绝对值,因此这种算法使移动机器人对定位精度不敏感,从而提高了路径规划算法的鲁棒性。

3)建立模糊控制规则

根据模糊理论,建立定性推理规则。按照模糊逻辑进行推理的基本理论,规定 4 个定性的输入信号,2 个定性的输出信号。例如:

IF (A is $A1$, and B is $B1$, and C is $C1$ and D is $D1$) THEN (E is $E1$ and F is $F1$)
其中,$A1$、$B1$、$C1$、$D1$、$E1$、$F1$ 是定性变量。

表 8.10 机器人移动速度的模糊量化表

语言变量	−3	−2	−1	0	1	2	3
$GR\theta$	1	0.5	0	0	0	0	0
$MR\theta$	0.5	1	0.5	0	0	0	0
$SR\theta$	0	0.5	1	0.5	0	0	0
$O\theta$	0	0	0.5	1	0.5	0	0
$SL\theta$	0	0	0	0.5	1	0.5	0
$ML\theta$	0	0	0	0	0.5	1	0.5
GLQ	0	0	0	0	0	0.5	1

表 8.11 目标方向信息的模糊化量化表

语言变量	−2	−1	0	+1	+2
L	1	0.5	0	0	0
F	0	0.5	1	0.5	0
R	0	0	0	0.5	1

根据生物学上的"感知—动作"行为可简化模糊控制规则的确定,并可减少模糊控制规则的数目。例如:如果左前方障碍物很近、前方障碍物很远、右前方障碍物很远且目标在前方,则移动机器人小车高速向前行驶。

类似于这样的控制规则可制定102条,把它们放到数据库中,以供查询。

4)模糊关系的求取

模糊控制规则实际是一组多重条件语句(因果关系的集合描述)。由模糊集合理论可知,这种因果关系可以表示为从输入变量 TO、FO、LO、RO 到输出变量 MRV、MRO 的两个模糊关系矩阵 RV、RO。影响移动机器人转向控制(MRV)的有三个变量,即移动机器人的目标方向信息(TO)、左前方障碍物的距离信息(LO)、右前方的障碍物的距离信息(RO)。影响移动机器人移动速度(MRV)的只有一个变量,即正前方的障碍物的距离信息,根据 Mamdani 模糊推理方法分别求取这两个模糊关系矩阵。

5)模糊控制决策

根据求出的两个模糊控制关系,只要有输入变量,就可求出输出变量,即移动机器人小车的移动速度与方向。输出量由下式得出:

$$MRV = FO \circ RV$$

$$MRO = (TO \circ LO \circ RO) \circ RT$$

当知道了移动机器人的目标方向信息(TO)、左前方障碍物的距离信息(LO)、右前方的障碍物的距离信息(RO)和正前方的障碍物(FO)的距离信息,就可以由上式分别求出输出变量 MRV、MRO。如:

当 $FO = (0,0,0.5,1,0.5,0)$ 时,有:

$MRV = FO \circ RV = (0,0,0.5,1,0.5,0) \circ RV = (0.5,0.5,1,0.5)$

6）控制量的非模糊化（精确化）

由以上过程求得的 MRV、MRO 为一模糊量，当取 $FO = (0,0,0.5,1,0.5,0)$ 时，$MRV = (0.5,0.5,1,0.5)$，它可以改写为

$$MRV = \frac{0.5}{0} + \frac{0.5}{1} + \frac{1}{2} + \frac{0.5}{3}$$

按照"隶属度最大原则"的表决方法，应选择 $MRV = 2$，即当前方障碍物比较远时，移动机器人应以中速度行驶，这与所制定的控制规则是一致的。把控制信号送到步进电机，即可驱动移动机器人按照环境信息进行移动。

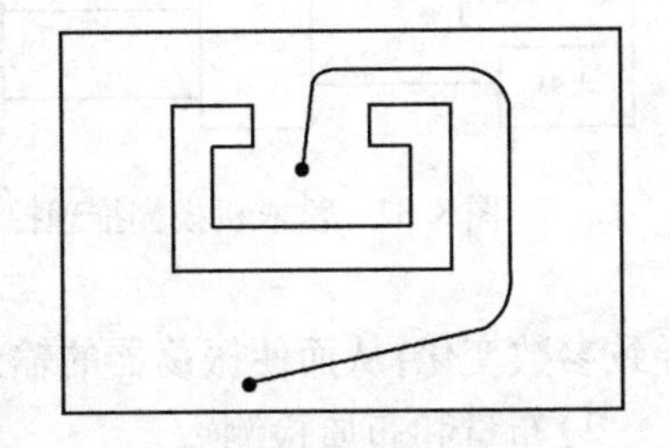

图 8.31　路径规划仿真图

（3）控制结果

使用模糊控制进行路径规划的移动机器人小车对运行环境几乎没有什么限制，它能在情况比较复杂的三维环境里运动。对障碍物的形状及其个数也没有什么约束。为了使用超声波检测障碍物信息，假设目标已知，或者在目标上带有特殊标记，由摄像镜头进行识别。使用模糊控制算法对机器人定位的精度不敏感，对周围环境信息依赖性不强。仿真结果如图 8.31 所示。从仿真图中可以看出，移动机器人小车的行为表现出比较好的一致性、连续性和稳定性。

8.3　模糊控制技术应用

8.3.1　模糊控制全自动洗衣机

模糊控制技术在家电设计上的应用已经比较普遍，如模糊控制洗衣机、模糊控制电冰箱、模糊控制电饭锅、模糊控制照相机、模糊控制空调器、模糊控制微波炉、模糊控制摄像机、模糊控制吸尘器等，而且这类产品的品种还在不断增多。模糊控制技术的广泛应用必将使家电的自动化、智能化、精确化上一个新的台阶，进一步提高人们的生活质量，使生活更加丰富多彩。

传统的全自动洗衣机从控制的角度看，实际上是一台按事先设定的程序工作的机械，它并不具备任何智能，即它不能根据情况和条件的变化来改变程序中的参数。而模糊控制的洗衣机则是向真正的智能化全自动迈进了一大步。它可以根据所洗衣服的数量、种类和脏污程度，来自动决定水的多少、水流的强度和洗衣的时间，动态地改变参数，以达到在洗干净衣服情况下，尽量不伤衣服、省电、省水、省时的目的。另外操作简单，只一个按钮，一按就行。它还可以用液晶显示把其工作情况和过程显示出来，比如机械已进入洗衣的哪个阶段，衣服已完成预定洗净目标的百分比，以及还需要多长时间完成洗衣任务等。据测定，模糊控制的全自动洗衣机与普通全自动洗衣机相比，在条件完全相同情况下，可提高洗净度 20% 左右，其水平可达到有经验主妇手工洗净的程度。

洗衣机的模糊推理及控制关系如图8.32所示，这是一个多输入多输出的控制系统。输入量（均为模糊量）有布量、布质、水温、脏污程度和脏污性质等；输出量有电机转速及其正、反转

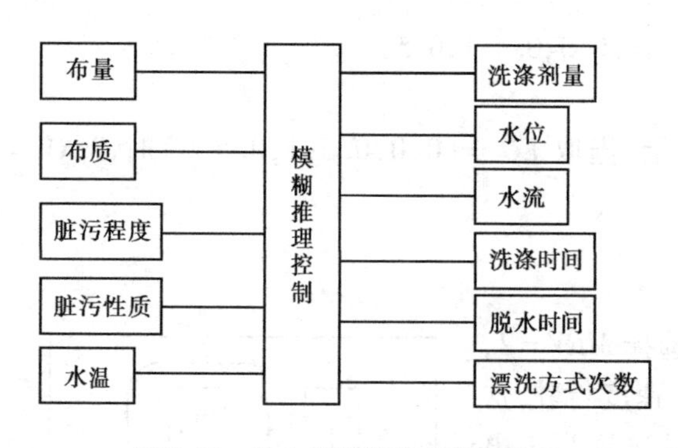

图 8.32 洗衣机模糊推理控制关系

时间(亦即水流方式)、水位、洗涤时间、洗涤剂投放量、脱水时间、漂洗方式等,其中洗涤剂量、水流、水位、脱水时间由洗涤前的模糊推理所得,而洗涤时间、漂洗方式及次数则由实时模糊控制器所控制。

(1)输入量的检测

1)水位传感器

水位传感器是一个压力/频率转换部件。在结构上水位检测器为一 LC 振荡器,水位的高低使振荡元件产生位移变化进而导致参数变化,从而使振荡器的输出频率发生变化。因此由其频率可推知水位高低。

2)布量和布质检测

洗涤之前,先在桶内放入待洗物品,注入极少量水,然后启动、停止电机数次。每次断电后,由于惯性电机仍将短时低速运转,在衣物的阻尼作用下,转速愈来愈低,直至最终为零。实验结果发现布质布量信息将全部反映到电机绕组两端的反电势衰减振荡特性上。为此,先将反电势交流信号半波整流变为直流信号,再经光电耦合隔离,三极管整形放大得到一串脉冲信号,根据脉冲的个数来判别被洗衣物的布质布量。进一步的实验结果表明,布量相同而布质完全不同时往往会有相同的脉冲个数,布质相同但布量不太接近时也有类似结果。而不同的信息是脉冲宽度和脉冲周期。这就说明,只要把脉冲个数、脉冲宽度和脉冲周期全部同时检测出来,就能够比较全面地复现反电势信号的衰减振荡特性,以提高对布质布量的分辨能力。

3)温度检测电路

温度检测电路在洗衣桶内无水时,检测室温;在桶内进水之后,检测水温。温度检测元件采用热敏电阻或 MTS102 温度检测器。检测的结果转换为 0 ~ 5 V 电压,输入单片机(微电脑)。在模糊控制中,通常将水温的模糊值定为“高”、“中”、“低”。

4)脏污程度和脏污性质的检测

衣物的脏污程度、脏污性质和洗净程度都需要检测,以便控制洗衣机的工作过程。浑浊度的检测是通过红外光电传感器来完成的。利用红外线在水中透光率和时间的关系,通过模糊推理,以得出检测的结果,而这个结果可用于控制推理。红外光电传感器包含一个红外发光管和一个红外接收管,红外发光管和红外接收管分别安装在排水管的两侧。在红外发光管中通过定量的稳定电流,使红外线以一定的强度向外发射。红外线穿透排水管中的水,并送到红外接收管中。当水浑浊度不同时,红外线穿透水的程度也有所不同。这样,红外接收管所接收到的红外线强度就反映了水的浑浊程度。

(2)模糊控制器的设计

模糊控制洗衣机的控制器是一个多输入、多输出的控制系统。输入变量有布质、布量、脏污程度、脏污性质、温度;输出变量有水位、水流、洗涤时间、脱水时间、洗涤剂投放量、漂洗方式和次数 6 种结果。为了使控制效果既好又使控制简单,采取矛盾分析方法,具体策略是:①根据布质、布量确定水位高低和水流强度;②根据布质、布量和温度确定初始的洗衣时间;③根据洗涤过程中的浑浊度信息来修正实际的洗涤时间长短和漂洗次数的多少。

1)水位设定的模糊控制

①模糊量的定义

布质的模糊子集为{化纤,棉布};

布量的模糊子集为{少,中,多};

水位的模糊子集为{少,低,中,高};

根据经验和实验数据,各模糊子集的隶属函数采用梯形与三角形隶属函数,模糊变量布质、布量、水位的隶属函数如图8.33、图8.34、图8.35所示。

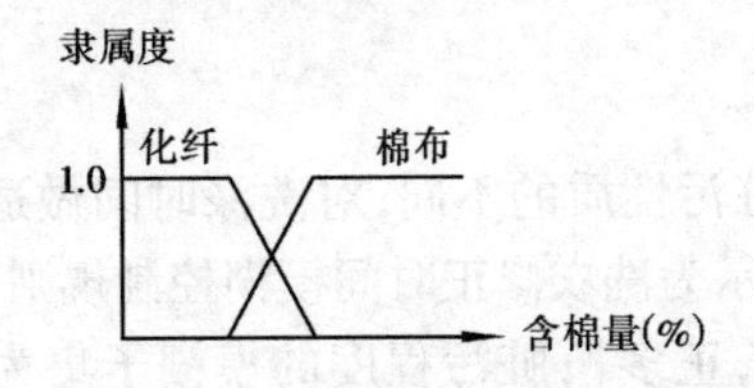

图8.33 布质的隶属度函数

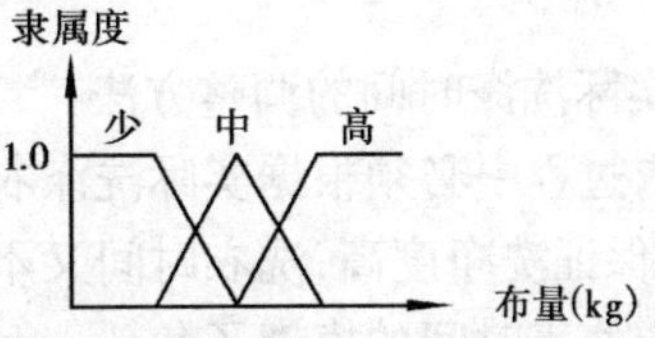

图8.34 布量的隶属度函数

②根据实际操作经验可总结出如表8.12所示的水位模糊控制规则表。

2)水流强度的模糊控制

①水流强度的模糊量可定义为:{弱,中,强},其隶属度函数如图8.36所示。

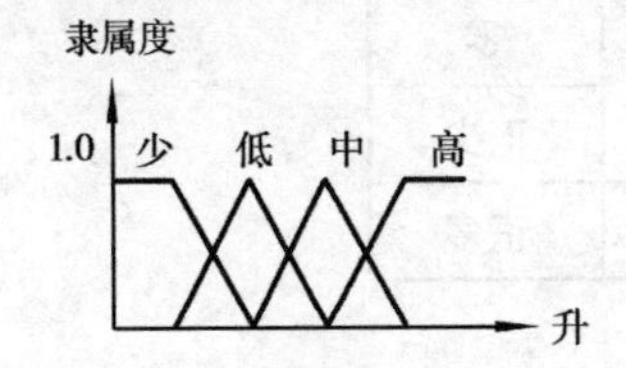

图8.35 水位的隶属度函数

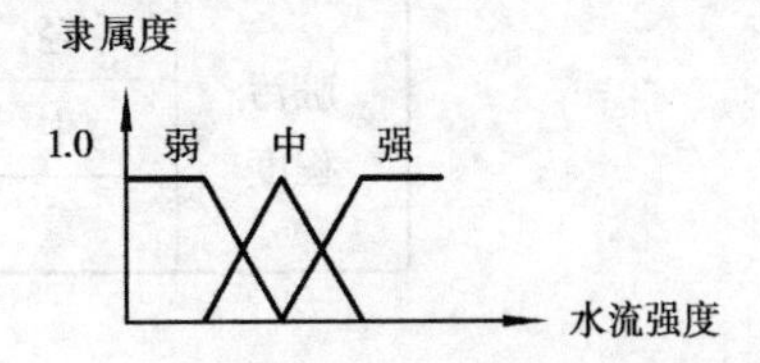

图8.36 水流强度的隶属度函数

②根据实际操作经验可总结出如表8.13所示的水流强度模糊控制规则表。

表8.12 水位模糊控制规则表

水位		布质 化纤	布质 棉布
布量	少	少	低
	中	低	中
	多	中	高

表8.13 水流强度模糊控制规则表

水流强度		布质 化纤	布质 棉布
布量	少	弱	中
	中	中	强
	多	强	强

3)洗衣设定时间的模糊控制

①洗衣设定时间和温度的模糊量定义如下:

洗衣设定时间的模糊子集为{很短,短,较短,中,较长,长,很长},其隶属度函数如图8.37所示;温度的模糊子集为{低,中,高}。

②根据实际操作经验可总结出如表8.14所示的洗衣设定时间模糊控制规则表。

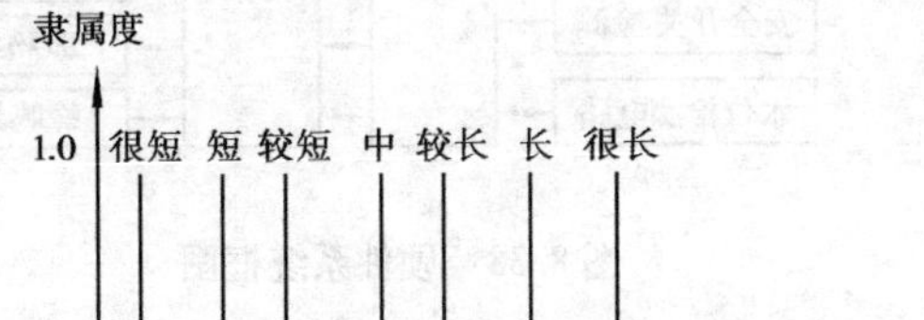

图8.37 洗衣时间的隶属度函数

表 8.14　洗衣设定时间模糊控制规则表

布质		化纤			棉布		
温度		高	中	低	高	中	低
布量	少	很短	短	中	短	短	中
	中	较短	较短	较长	较短	中	长
	多	较长	长	很长	长	长	很长

4)实际洗涤时间的调整方法

洗衣过程中必须根据实际洗涤衣物的脏污程度和脏污性质的不同,对洗涤时间做适当的修正,以保证洗净度高,洗衣时间又不过长。表 8.15 所示为洗衣修正时间模糊控制规则表。

洗衣修正时间的模糊子集为{负多,负少,零,正少,正多};脏污程度的模糊子集为{轻,中,重};脏污性质的模糊子集为{泥性,中性,油性}。

表 8.15　洗衣修正时间模糊控制规则表

修正时间		脏污性质		
		泥性	中性	油性
脏污程度	轻	负多	负少	零
	中	负少	零	正少
	重	零	正少	正多

(3)控制器硬件系统的结构

图 8.38 为一智能型洗衣机控制器的硬件系统,系统采用 MC68HC05B6 单片机作为核心控制部件,它处理来自操作键和各检测电路送来的信号,输出相应的显示信号和功率半导体的驱动信号。电源电路由桥式整流电路和稳压集成块 7805 组成,7805 输出的 +5 V 电压和交流电源一端相接组成双向晶闸管的直接触发电路。

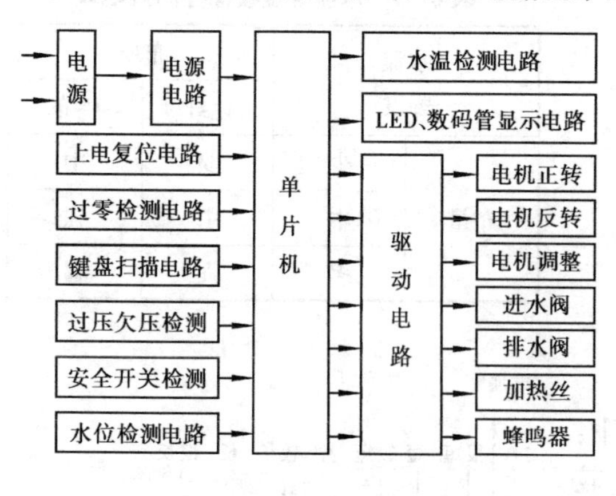

图 8.38　硬件系统框图

上电复位电路:在上电时,单片机的第 19 脚为低电平,单片机处于复位状态;当外接电容充足电时,单片机退出复位状态,进入正常工作状态。

过零检测电路:过零检测电路使单片机控制双向可控硅的触发输出信号与交流 220 V 电源过零信号同步,实现过零触发。

键盘扫描电路:开机后,由 PA_0、PA_3 输出不同时段的扫描方波,用来检测键盘的输入和控制指示灯、数码管的点亮/熄灭。软件不断检测 PD_5、PD_6 的输入,当有键按下时,软件便会检测到此按键输入口的高电平。根据扫描方波,可判断按下的是哪一个键,然后进行相应的处理。

过压/欠压检测电路：通过对电网电压进行采样、整流，形成与电网电压同步变化的直流电压，并输入到单片机的第 12 脚。当电网电压过高时，便产生报警信号并关机；当电网电压过低时，便关闭一切强电负载的输出并给出相应的提示。

安全检测电路：当安全开关的触点闭合时，使单片机的第 10 脚为高电平。CPU 检测到高电平，便知门盖已关好。

水位检测电路：由电位器和相应机械部件组成，并将水位的变化转换成频率信号。

布质布量检测电路：在断电后，电机的惯性运转会在电机绕组上产生反电动势。此反电动势经光电耦合器后，形成衰减脉冲。通过限流、整形和滤波，送至单片机的第 47 脚，进行脉冲计数。

温度检测电路：利用温度传感器可检测水温的高低。

LED 和数码管显示电路：通过 LED 指示洗衣机的各种工作状态，利用数码管可显示水温和各种定时时间。

驱动电路：主要包括电动机正反转驱动电路、电机调速驱动电路、进水阀、排水阀驱动电路、加热丝驱动电路和蜂鸣器报警提示驱动电路。

(4) 控制器软件系统的设计

全自动洗衣机模糊控制的软件系统比较复杂，其程序设计采用模块化结构。系统软件由主程序、各种子程序和中断服务程序组成，如图 8.39 所示。模糊推理在洗涤之前进行，当系统程序判别出洗衣机已经启动，就进行一系列的状态检测和推理工作，在推理工作完成后，就开始进入洗涤方式。在设定时间内对个别因素进行检测并修正程序，因而与人工操作十分接近，达到智能控制的效果。

8.3.2　模糊控制电冰箱

世界上第一台模糊控制电冰箱是日本三菱公司开发成功的。这种冰箱可以使食品迅速冷冻，延长保存期；可防止冷藏室温度过低而冻坏食品；并可根据冰箱使用状态，在适当时候进行除霜，以减少因除霜对食品产生的影响；还可根据使用情况避免不必要的冷却，以节约能源。模糊控制电冰箱工作原理，是把不同温度传感器检测到的温度和温度变化以及冰箱门的开关状态都用隶属函数的等级表示出来，再根据模糊理论的推理规则，分别推出冷冻室、冷藏室内食品的温度、冷藏室内食品温度的分布、使用状况以及蒸发器上结霜量等。根据这些参数，运用模糊控制技术控制压缩机、风扇电机和气流调节器的工作，使食品温度及温度分布时常保持最佳状态，并在对食品温度影响最小的情况下进行除霜处理。

家用电冰箱一般有冷冻室和冷藏室，冷冻室温度为 -6 ~ -18 ℃左右。冷藏室温度为 0 ~ 10 ℃左右。显然，电冰箱的主要任务是通过保持箱体内食品的最佳温度，达到食品保鲜的目的。但冰箱内的温度要受诸如存放的物品初始温度、散热特性及其热容量、物品的充满率及开门的频繁程度等影响。由于冰箱内的温度场分布极不均匀，数学模型难以建立，因此可以采用模糊控制技术以达到最佳的控制效果。

(1) 控制系统概述

家用电冰箱的发展，除了无氟、大容量外，主要是多门分体结构、一套制冷装置、多通道风冷式。为了适应这一情况，达到高精度、智能化控制的目的，本系统主要实现温度控制和智能化除霜。

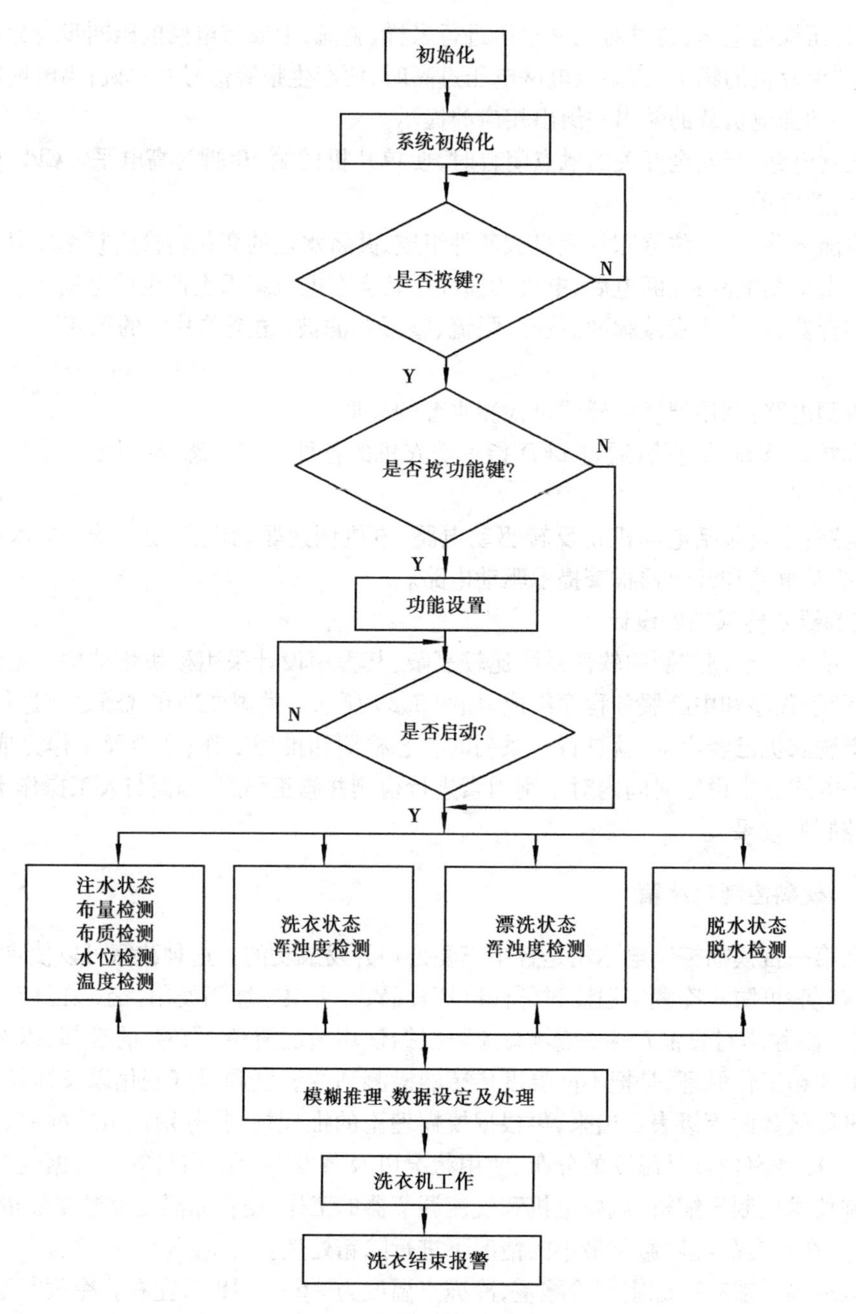

图 8.39　系统软件流程图

温度控制就是要把握冰箱内存放的食物的温度和热容量,控制压缩机的开停、风扇转速和风门开启度等,使食物达到最佳保存状况。这就需要用传感器来检测环境温度和各室温度,并运用模糊推理确定食物温度和热容量。

智能除霜就是要根据霜层厚度,选择在门开启次数最少的时间段,即温度变化率最小时快速除霜,这样对食物影响较小,有益于保鲜。这就要运用模糊推理来确定着霜量和考虑门开启状况,经模糊推理确定除霜指令。此外,本系统还具有故障自诊断及运行状态的显示等功能。控制电路如图 8.40 所示,系统程序框图如图 8.41 所示。

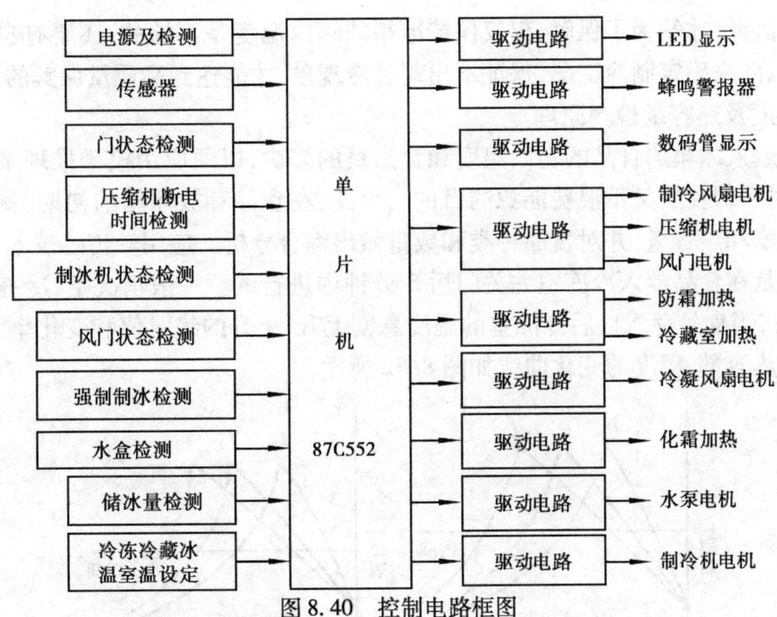

图8.40 控制电路框图

该系统采用PHILIPS公司高性能8位87C552单片机为控制器;传感器用于冷冻室、冷藏室、冰温室及环境等温度的检测,采用价格低廉的热敏电阻;在门状态检测电路中,为了减少输入线,简化装配工艺,多个状态开关共用一根输入线,通过输入线状态变化和箱内温度变化来决策是冷冻室箱门打开,还是冷藏室箱门打开;显示电路由LED显示和数码两部分组成。LED显示电冰箱运行状态,数码显示则为维修人员全面检查冰箱故障提供了有力的手段。压缩机断电时间检测克服了传统的只要控制主板上断电,无论压缩机是否已延迟3分钟,都需要再延迟3分钟后才能启动压缩机的缺陷,实现了无论是压缩机自动停机还是强制断电停机,只要压缩机停电时间超过3分钟,就可以启动压缩机。

(2)温度模糊控制

电冰箱一般以冷冻室的温度作为控制目标。根据温度与设定指标的偏差,决定压缩机的开停。由于温度场本身是个热惯性较大的实体,所以系统是一个滞后环节。冷冻室的温度和食品的温度

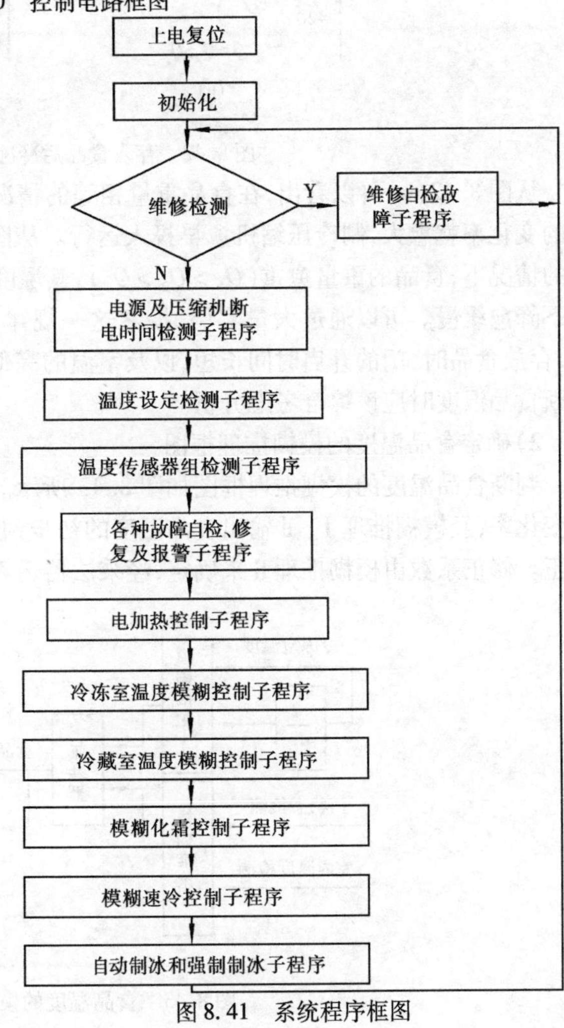

图8.41 系统程序框图

有很大差别。因此,冰箱为了保鲜,仅仅保持冰箱的箱内温度是不够的,还要有自动检测食品温度的功能,以此来确定制冷工况,保证不出现过冷现象,才能达到高质量保鲜的目的。

1)食品温度及热容量检测原理

为了检测放入冰箱的食品的初始温度和食品量的多少,以便应用模糊推理来确定相应制冷量,达到及时冷却食品又不浪费能源的目的。因此,在食品存放冰箱的初期,就应设法检测食品的初始温度和热容量,并对食品种类和数量做出综合分析。应用软传感技术,食品温度及热容量的检测是在食品放入冷冻室并关门后5分钟内进行的。一般情况下,冷冻室的温度都在 -15 ℃左右,当食品存入以后冷冻室的温度急剧上升,上升的绝对值和变化率,决定于放入食品的温度和热容量,温度的变化曲线如图8.42所示。

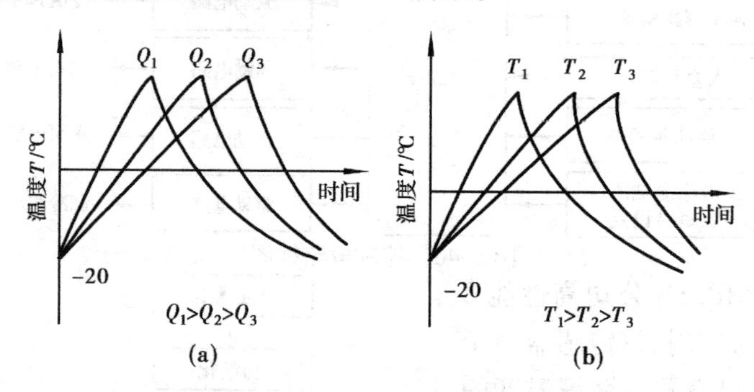

图8.42 存入食品后冷冻室温度的变化

从图8.42(a)可以看出,在食品重量相等的情况下,食品温度愈高($T_1>T_2>T_3$),温度升高的变化率就愈大,制冷压缩机愈早投入运行。从图8.42(b)还可以看出,在放入食品温度相同的情况下,食品的重量愈重($Q_1>Q_2>Q_3$),其温度上升变化率愈大,制冷压缩机启动后温度的下降愈缓慢。可以通过大量实验,摸索这一规律,建立一定的模糊推理关系。同时应该指出,存放食品时,门的开启时间长短,以及室温的高低,对冷冻室的温度也有相当大的影响,在判断食品温度时应该综合考虑分析。

2)确定食品温度的模糊推理框图

判断食品温度的模糊推理框图如图8.43所示。冷冻室温度传感器采集的信息和算出温度变化率,经模糊推理Ⅰ、Ⅱ输出食品温度的初步判断,还要根据开门状态及室温的情况加以修正。修正系数由模糊推理Ⅱ来确定,经乘法器运算得到推论的食品温度。

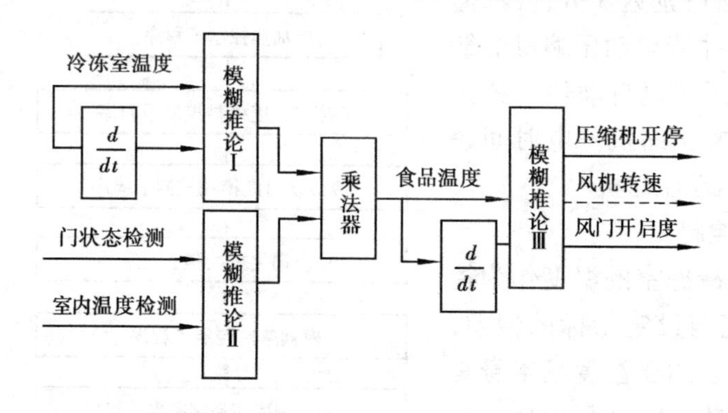

图8.43 食品温度的模糊推理框图

3)推理规则的建立

考虑适当的精度要求,并简化程序,冷冻室温度论域定为 T_0(-5, -20),模糊语言值为(低、中、高)三档。其变化率 dT 的论域为(0,5),(小、中、大)三档。食品温度初判的论域为 T_1(0,30),(低、中、高)三档。它们的隶属函数如图8.44所示。

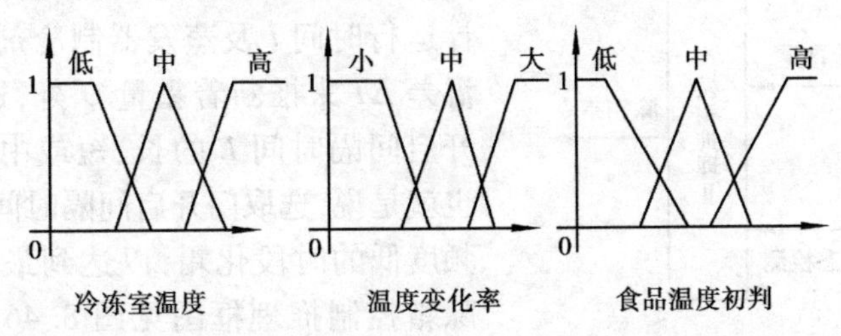

图8.44

模糊控制规则用如下形式的条件语句表示:

IF T_0 = 高 AND dT_0 = 大 THEN T_1 = 高

这样的语句共有9条,如表8.16所示。

考虑环境温度 T_C 和开门时间 t_k,食品温度应乘以修正系数 k,可以用如下形式的条件语句来描述:

IF T_C = "高" AND t_k = "长" THEN k = "大"

用推理规则来表示则见表8.17。各变量的隶属函数如图8.45所示。

表8.16　冷冻室温度条件语句

冷冻室温度论域范围	变化率大	变化率中	变化率小
高	高	高	中
中	高	中	低
低	中	低	低

表8.17　环境条件修正系数条件语句

开门时间	长	中短	
环温高	大	大	中
环温中	大	中	小
环温低	中	小	小

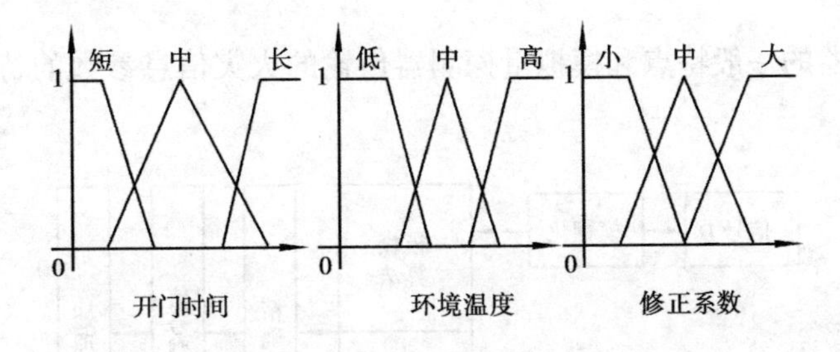

图8.45　修正系数隶属函数

4)制冷工况的控制决策

由食品温度和温度变化率,通过模糊推理,作出制冷工况控制决策。食品温度的论域为(0,20),语言模糊子集取(低、中、高)三档。温度变化率论域为(-5,5),语言模糊子集取正大(PB),正小(PS),零,负小(NS),负大(NB)。制冷工况的控制决策的规则可表示为:

如果食品温度高、变化率大,则压缩机开,风机高速运转,风门开启。如果食品温度低、变化率小,则压缩机关,风机低速运转,风门开启。类似规则共有15条。

(3)除霜的模糊控制

模糊控制智能化霜采取了与传统化霜控制大为不同的策略。控制目标是除霜进程要对食品保鲜质量影响最小。为此,除了根据压缩机累计运行时间 t 及蒸发器制冷剂管道进、出口两端温差 ΔT 来推断着霜量 Q 外,还要由化霜量及门开启间隔时间 L 的长、短或中来确定是否化霜。也就是说,选取门开启间隔时间长的,也就是开门频度低的时段化霜,以达到最理想的保温效率。除霜控制推理框图见图8.46,有关的规则见表8.18和表8.19。

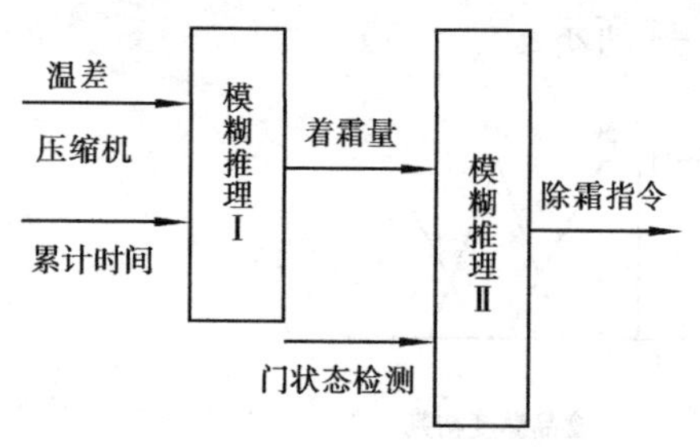

图8.46 除霜控制推理框图

表8.18 着霜量推理规则表

压缩机累加运行时间 t	制冷剂进、出口两端温差 ΔT		
	S(小)	M(中)	B(大)
S(短)	B(薄)	JB(较薄)	M(中)
M(中)	JB(较薄)	M(中)	JH(较厚)
L(长)	M(中)	JH(较厚)	H(厚)

表8.19 除霜决策(动作)推理规则表

门开启间隔 L	着霜量 Q		
	薄	中	厚
短	OFF	OFF	ON
中	OFF	OFF	ON
长	OFF	ON	ON

8.3.3 模糊控制火灾报警系统

随着模拟量式火灾探测系统的出现,火灾探测信号处理算法的选用显得尤为重要。模拟量探测器又分为单参数探测器和多参数探测器(复合探测器)。多参数探测器系统造价高,实际中广泛应用的仍是单参数探测器系统。在单参数火灾探测系统中应用较多的是阈值检测法或变化率检测法。为进一步降低误报率,可采用模糊控制技术将这两种火灾判据有效地结合起来以建立基于智能处理算法的单参量火灾信号的模糊控制火灾报警系统。

(1)系统概述

根据模糊控制器的一般特点和模拟量探测器传输的火灾信息参数的特点,将系统设计成图8.47所示形式。

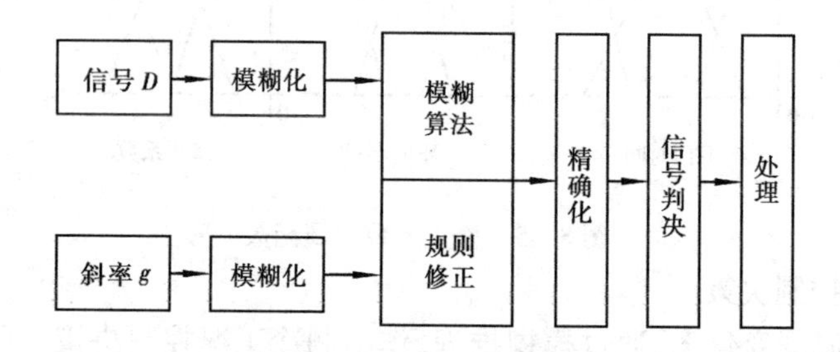

图8.47 模糊控制系统的基本结构

烟雾浓度信号 $D(n)$ 可定义为当前检测量 $D(X)$ 与时间段 Δt 内的平均检测量 h(本底浓度)的差,即

$$D(n) = D(X) - h$$

烟雾浓度信号变化斜率为

$$g(n) = \frac{\mathrm{d}D(n)}{\mathrm{d}t}$$

用最小二乘法拟合信号上升或下降的斜率。根据最小二乘法的拟合公式：

$$g = \frac{\sum_{i=1}^{n} f(i) \sum_{i=1}^{n} x_i - n \sum_{i=1}^{n} x_i f(i)}{\left[\sum_{i=1}^{n} x_i\right]^2 - n \sum_{i=1}^{n} x_i^2}$$

现用4点拟合,即 $n=4$。

x_i 为间隔点 $x_1=0$、$x_2=t$、$x_3=2t$、$x_4=3t$,$f(1)$、$f(2)$、$f(3)$、$f(4)$ 为对应点的信号值。则上式变为

$$g = \frac{3f(4) + f(3) - f(2) - 3f(1)}{10t}$$

此算式的实现涉及到双字节的除法。

(2)物理量的模糊化设计

由图8.47可知,实现模糊算法首先应对输入量和输出量进行模糊化。物理量的模糊化包括每一数据论域语言变量的划分和每一语言变量采用的隶属函数的形式。一般语言变量划分越细,系统对输入变化的反应灵敏度越高,对应推理规则条数越多。为了使推理规则不致太复杂,又可保证系统有足够的灵敏度,把语言变量分为五级:零(ZO)、小(S)、中(M)、较大(RB)、大(B)。

由于单片机只能存储和处理数字信息,且内存容量有限,故一般采用的隶属函数形式有梯形隶属函数、三角形隶属函数、正态分布隶属函数、单点隶属函数。从存储方便和计算简单的角度考虑,输入采用等腰直角三角形的隶属函数,输出采用单点隶属函数。烟浓度 D 模糊化示意图如图8.48,其中 $\mu_s(X) = D_h - |x - D_i|$。

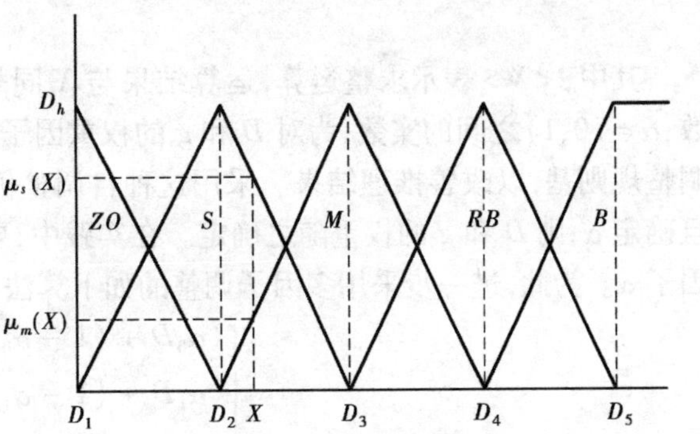

图8.48　烟浓度 D 模糊化示意图

(3)控制规则的设计和修正

确定模糊控制规则的方法有多种,本工作根据专家经验和火灾信息的测量结果来拟定相关的控制规则,然后用修正因子校正法对规则进一步优化。

根据系统对火灾的判断因素,以烟浓度的相对升高量和斜率来判断火灾的情况比较复杂,根据一些实验结果,作出图8.49所示的模拟火灾实例示意图。

在图8.49中,1表示在2个变化周期后探测器输出值大于设定的报警参考值,判断为发生火灾;2表示在2个变化周期后探测器输出值小于设定的报警参考值,判断为非火灾;3表示经过5个变化周期,烟浓度持续上升,判断为发生火灾;4表示烟浓度持续上升状态未保持5个变化周期时判断为非火灾;5表示烟浓度持续上升超过20个变化周期时,判断为火灾;6为报警参考值。

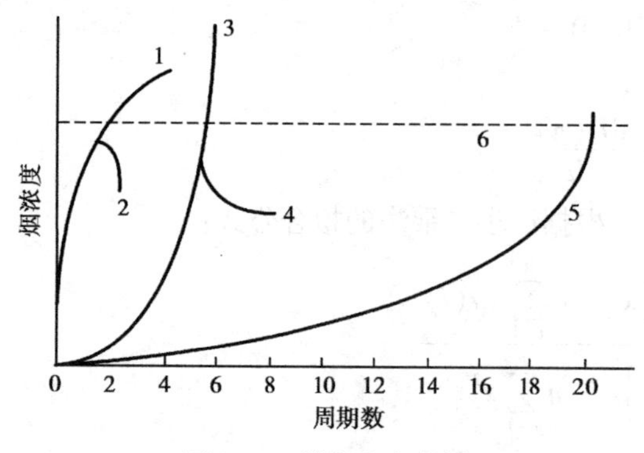

图 8.49 模拟火灾实例

根据资料及大量专家经验,做推理规则基。为了便于对推理规则进行校正以及使规则基更直观,把语言变量值零(ZO)、小(S)、中(M)、较大(RB)、大(B)定义为相应的整数0、1、2、3、4,把规则状态表数字化(如表8.20)。根据自组织模糊控制原理中的修正因子校正法对表8.20中的规则基按实际情况进行优化。

现在定义一个解析式来表示输出量η与输入量D和g的关系:

$$\eta = \langle \alpha D + (1-\alpha) g \rangle$$

表 8.20 数字型推理规则表

g	不同D值下的火灾可能性η值				
	0	1	2	3	4
0	0	1	2	3	3
1	1	1	2	3	3
2	1	2	3	4	4
3	2	2	3	4	4
4	2	3	3	4	4

其中,$\langle X \rangle$表示求整运算,运算结果与X同号,且其绝对值为大于或等于$|X|$的最小整数;$\alpha \in (0,1)$之间的实数,为对D和g的权重因子。可以看出:通过上式调整权重因子α便可调整规则基,以改善推理结果。采用这种自调整仍有某些不足,即规则只依赖一个参数α,一旦确定α,则D和g的权重随之确定。在实践中,要使系统处于不同的状态,须有不同的调整因子α。为此,进一步采用多因子调整的如下算法:

$$\eta = \begin{cases} \langle \alpha_0 D + (1-\alpha_0) g \rangle & (D=0) \\ \langle \alpha_1 D + (1-\alpha_1) g \rangle & (D=1) \\ \langle \alpha_2 D + (1-\alpha_2) g \rangle & (D=2) \\ \langle \alpha_3 D + (1-\alpha_3) g \rangle & (D=3) \\ \langle \alpha_4 D + (1-\alpha_4) g \rangle & (D=4) \end{cases}$$

式中,α_0、α_1、α_2、α_3、$\alpha_4 \in [0,1]$为实数。依照实际情况,在烟浓度D小时,主要考虑烟升斜率g;在D大时,主要考虑烟浓度D,并由此来决定权重因子。为此,设:

$$\begin{cases} \alpha_0 = 0.45 \\ \alpha_1 = 0.55 \\ \alpha_2 = 0.65 \\ \alpha_3 = 0.75 \\ \alpha_4 = 0.85 \end{cases}$$

$$\eta_j = \langle \alpha_i D_i + (1-\alpha_i) g_j \rangle$$

由此可重新得到控制规则基。规则基形成后，用强度转移法求出推理结果。

(4)模糊推理算法及结果的精确化

在模糊控制理论逐渐形成完善的过程中，人们根据各种实际需要提出了许多推理算法。本系统采用强度转移法，其过程示于图 8.50。

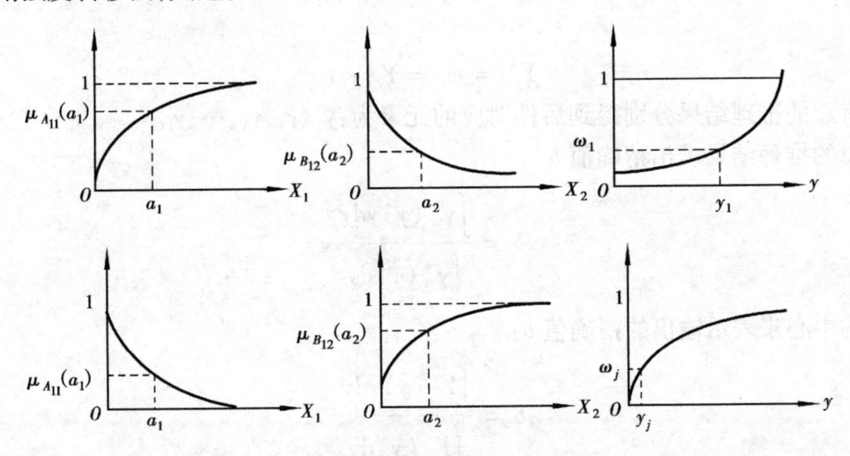

图 8.50　强度转移法推理示意图

强度转移法是当控制系统有精确输入时，精确值在条件语句中所得到的语言变量值转移到后件的语言变量值，从而得到推理结果的方法。现在以两个输入、一个输出的系统为例说明推理过程。设输入量为 X_1、X_2，输出量为 Y，它们的语言变量分别用 A_{i1}、B_{i2} 和 Y_i 表示，，则有

$$X_1 = \{A_{11}, A_{21}, \cdots, A_{j1}\},\quad X_2 = \{B_{12}, B_{22}, \cdots, B_{k2}\},\quad Y = \{Y_1, Y_2, \cdots, Y_m\}$$

推理规则为

$$\text{IF}\quad X_1 = A_{11}\quad \text{AND}\quad X_2 = B_{12},\quad \text{THEN}\quad Y = Y_1;$$
$$\text{IF}\quad X_1 = A_{21}\quad \text{AND}\quad X_2 = B_{22},\quad \text{THEN}\quad Y = Y_2;$$
$$\vdots$$
$$\text{IF}\quad X_1 = A_{j1}\quad \text{AND}\quad X_2 = B_{k2},\quad \text{THEN}\quad Y = Y_m$$

其中，j、k、m 分别为输入 X_1、X_2 与输出 Y 所划分的语言变量总数。

设输入 $X_1 = a_1$、$X_2 = a_2$，a_1、a_2 是精确值，则强度转移法的推理步骤如下：

①对每一条条件语句求强度

对于第一条规则，有 a_1、a_2 对 X_1、X_2 中语言变量值 A_{11} 和 B_{12} 的隶属度 $\mu_{A_{11}}(a_1)$ 和 $\mu_{B_{12}}(a_2)$，从而第一条规则产生的强度为

$$\omega_1 = \mu_{A_{11}}(a_1) \wedge \mu_{B_{12}}(a_2)$$

同理，有

$$\omega_2 = \mu_{A_{21}}(a_1) \wedge \mu_{B_{22}}(a_2)$$
$$\omega_3 = \mu_{A_{31}}(a_1) \wedge \mu_{B_{32}}(a_2)$$
$$\vdots$$
$$\omega_j = \mu_{A_{j1}}(a_1) \wedge \mu_{B_{k2}}(a_2)$$

②求推理结果

由于强度转移法是把精确值对前件的作用强度转移到后件，并作为后件的模糊量隶属度，

故对于第一条条件语句的推理结果为

$$Y_1^* = \omega_1 = Y_1(y_1)$$

同理,对第二条到第j条条件语句,有如下推理结果:

$$Y_2^* = \omega_2 = Y_2(y_2)$$
$$Y_3^* = \omega_3 = Y_3(y_3)$$
$$\vdots$$
$$Y_j^* = \omega_j = Y_j(y_j)$$

由最后所有总的推理结果分别得到后件对应的元素为:y_1、y_2、y_3、…、y_j。

③从总的推理结果求出精确值b

$$b = \frac{\int \gamma^*(y)y\mathrm{d}y}{\int \gamma^*(y)\mathrm{d}y}$$

一般用它的中心来表示输出的精确值b:

$$b = \frac{\int Y^*(y)y\mathrm{d}y}{\int Y^*(y)\mathrm{d}y}$$

通常取Y_1^*为Y_1的隶属度值,…,Y_m^*为Y_m的隶属度值,并设$Y_1,Y_2,\cdots,Y_m$是单调函数,$y_1,y_2,\cdots,y_m$分别为$Y_1,Y_2,\cdots,Y_m$在隶属度为$Y_1^*,Y_2^*,\cdots,Y_m^*$时的推理结果元素,则可以求出b如下:

$$b = \frac{Y_1^* y_1 + Y_2^* y_2 + \cdots + Y_j^* y_j}{Y_1^* + Y_2^* + \cdots + Y_j^*}$$

如果$Y_1,Y_2,\cdots,Y_m$不是单调的,那么可以先求出对应的重心元素,用重心元素取代式中的y_i,就可以求出输出精确值b。

在利用模糊控制信号处理技术的情况下,有可能实现目前所要求的高可靠性的火灾报警系统。同时可以考虑进行新的应用开发,使其具有自学习功能,进一步实现消防报警的智能化。

参考文献

[1] 李人厚.智能控制理论和方法.西安:西安电子科技大学出版社,1999
[2] 易继锴.侯媛彬.智能控制技术.北京:北京工业大学出版社,1999
[3] 韦魏.智能控制技术.北京:机械工业出版社,2000
[4] 王俊普.智能控制.北京:中国科学技术大学出版社,1996
[5] 王建华主编.智能控制基础.北京:科学出版社,1998
[6] 孙增圻主编.智能控制理论与技术.北京:清华大学出版社,1997
[7] 王顺晃.舒迪前编著.智能控制系统及其应用.北京:机械工业出版社,1999
[8] 蔡自兴.智能控制——基础与应用.北京:国防工业出版社,1998
[9] 李士勇.模糊控制/神经控制和智能控制论.哈尔滨:哈尔滨工业大学出版社,2002
[10] 余成波.信息论与编码.重庆:重庆大学出版社,2002
[11] 李人厚.大系统的递阶与分散控制.西安:西安交通大学出版社,1998
[12] 吴锡祺.多级分布式控制与集散系统.北京:中国计量出版社,2000
[13] 尤昌德.现代控制理论基础.北京:电子工业出版社,1996
[14] 刘有才.模糊专家系统原理与设计.北京:北京航空航天大学出版社,1995
[15] 李士勇,夏承光.模糊控制和智能控制理论与应用.哈尔滨:哈尔滨工业大学出版社,1998
[16] 王磊,王为民.模糊控制理论及应用.北京:国防工业出版社,1997
[17] 窦振中.模糊逻辑控制技术及其应用.北京:北京航空航天大学出版社,1995
[18] 王士同.模糊推理理论与模糊专家系统.上海:上海科学技术文献出版社,1995
[19] 戎月莉.计算机模糊控制原理及应用.北京:北京航空航天大学出版社,1995
[20] 张曾科.模糊数学在自动化技术中的应.北京:清华大学出版社,1997
[21] 诸静等.模糊控制原理与应用.北京:机械工业出版社,2001
[22] 谢宋和,甘勇.单片机模糊控制系统设计与应用实例.北京:电子工业出版社,1999
[23] 韩启纲,吴锡祺.计算机模糊控制技术与仪表装置.北京:中国计量出版社,1999
[24] 涂承宇,涂承媛,杨晓莱.模糊控制理论与实践.北京:地震出版社,1998
[25] 冯冬青,谢宋和.模糊智能控制.北京:化学工业出版社,1998
[26] 蔡弘,李衍达.一种快速收敛的遗传算法.智能控制与智能自动化(第二届全球华人智

能控制与智能自动化大会论文集).西安:西安交通大学出版社,1997
[27] 章正斌等.模糊控制工程.重庆:重庆大学出版社,1995
[28] 韩峻峰,李玉惠等.模糊控制技术.重庆:重庆大学出版社,2003
[29] 章卫国,杨向忠.模糊控制理论与应用.西安:西北工业大学出版社,1999
[30] 徐丽娜.神经网络控制.哈尔滨:哈尔滨工业大学出版社,1999
[31] 曹承志.微型计算机控制新技术.北京:机械工业出版社,2001
[32] 楼顺天,施阳.基于MATLAB的系统分析与设计——神经网络.西安:西安电子科技大学出版社,1999
[33] Z.米凯利维茨著.周家驹,何险峰译.演化程序——遗传算法和数据编码的结合.北京:科学出版社,2000
[34] 蔡自兴,徐光祐.人工智能及其应用.北京:清华大学出版社,2000
[35] 陈燕庆等.工程智能控制.西安:西北工业大学出版社,1991
[36] 王顺晃,舒迪前.智能控制系统及其应用.北京:机械工业出版社,1995
[37] Joseph Giarratano,Gary Riley著.印鉴,刘星成,汤庸译.专家系统原理与编程.北京:机械工业出版社,2001
[38] 王永庆.人工智能原理与方法.西安:西安交通大学出版社,2001
[39] 王志凯,郭宗仁,李茨.PLC分级递阶控制在变电站综合控制中的应用.电力系统及其自动化学报,2002;14(1):14-17
[40] Saridis G. N. On the Revise Theory of Intelligent Machines. CIRSSE Report #58. RPI,USA,1990
[41] Moed M C. Saridis G. N. A Boltzman Machine foe the Organization of Intelligent Machines. IEEE Trans. on SMC. 1990;20(5):45-47
[42] Wang F Y. A Coodinatory Theory for Intelligent Machines. CIRSSE Report #59. RPI,USA,1990
[43] Saridis G. N. Entropy Formulation of Optimal and Adaptive Control. IEEE Trans. on AC. 1988;33(8):21-24
[44] Moed M C. A Connectionist/Symbolic Model for Planning Robotic Tasks. CIRSSE Report #78. RPI,USA,1990
[45] 韩玉兵.遗传算法数学机理分析.河海大学学报,2001;29(3):92-94
[46] 叶晨洲,杨杰,黄欣,陈念贻等.实数编码遗传算法的缺陷分析及其改进.计算机集成制造系统—CIMS,2001;7(5):28-41
[47] 张晓缋,方浩,戴冠中.遗传算法的编码机制研究.信息与控制,1997;26(2):134-139
[48] 张雪江,朱向阳,钟秉林.利用基因遗传算法从数据库自动生成知识库.计算机工程与设计,1997;18(6):22-28
[49] 陈恩红,顾振梅,蔡庆生.用遗传算法解决FCC专家系统中的学习问题.计算机研究与发展,1997;34(增刊):23-27
[50] 吴斌,吴坚,涂序彦.快速遗传算法研究.电子科技大学学报,1999;28(1):49-53
[51] 吴斌,涂序彦,毕效辉,吴坚.基于快速遗传算法的PID控制器参数优化设计.信息与控制,2000;29(7):673-678

[52] WuBin. TuXuYan. WuJian. Generalized Self-Adaptive Genetic Algorithms. 北京科技大学学报(英文版),2000;7(1):72-75
[53] 李岩,吴智铭. 基于 GA 和机器学习的启发式规则调度方法. 控制与决策,1999;14(增刊):561-564
[54] 郭兴众. 基于遗传算法的产生式规则学习机制研究. 安徽师大学报(自然科学版),1998;21(1):22-26
[55] 张纪会,徐心和. 基于遗传算法的动态调度知识获取. 计算机集成制造系统—CIMS,1999;5(3):64-68
[56] 彭志刚,张纪会,徐心和. 基于遗传算法的知识获取及其在故障诊断中的应用研究. 信息与控制,1999;28(5):391-395
[57] 郭茂祖,洪家荣. 基于遗传算法的示例学习系统的并行实现. 计算机工程与应用,1997;2:40-42
[58] 梁吉业. 遗传算法应用中的一些共性问题研究. 计算机应用研究,1999;7:20-21
[59] 曲列锋,邵惠鹤. 宝钢冷轧过程故障诊断模糊专家系统. 工业控制计算机,1998;2:1-4
[60] 雷晓萍,李凡. 可能性理论在模糊专家系统中的应用. 华中理工大学学报,1997;25(2):27-30
[61] 李凡,卢安,刘学照. 模糊专家系统中约束最优化问题求解. 华中科技大学学报,2001;29(10):22-24
[62] 虞荣,符雪桐. 炼焦中模糊专家系统的研究. 计算机技术与自动化,1998;17(1):26-28
[63] 彭熙伟等. 电液位置伺服系统的智能控制. 北京理工大学学报,1997(6):34-37
[64] 李天利. 啤酒发罐温度智能控制. 西北轻工业学院学报,2001(3):22-24
[65] 刘建书,万维汉,王锐. 基于神经网络质量模型的磨矿过程智能控制. 有色冶金设计与研究,2003;24(增刊):115-117
[66] 鲁聪达,南余荣,陈幼君,高发兴. 工厂化有机肥发酵过程智能控制系统. 自动化技术与应用,2003(5):35 – 38
[67] 吴凌云,童毅才. 基于 PLC 的油田污水处理模糊控制系统. 工业仪表与自动化装置,2003;1(4):23-26
[68] 胡恒章,于镭,刘升才. 三轴转台快速精密定位系统的智能控制. 导弹与航天运载技术,1994(6):34-38